凝煉知識品味閱讀

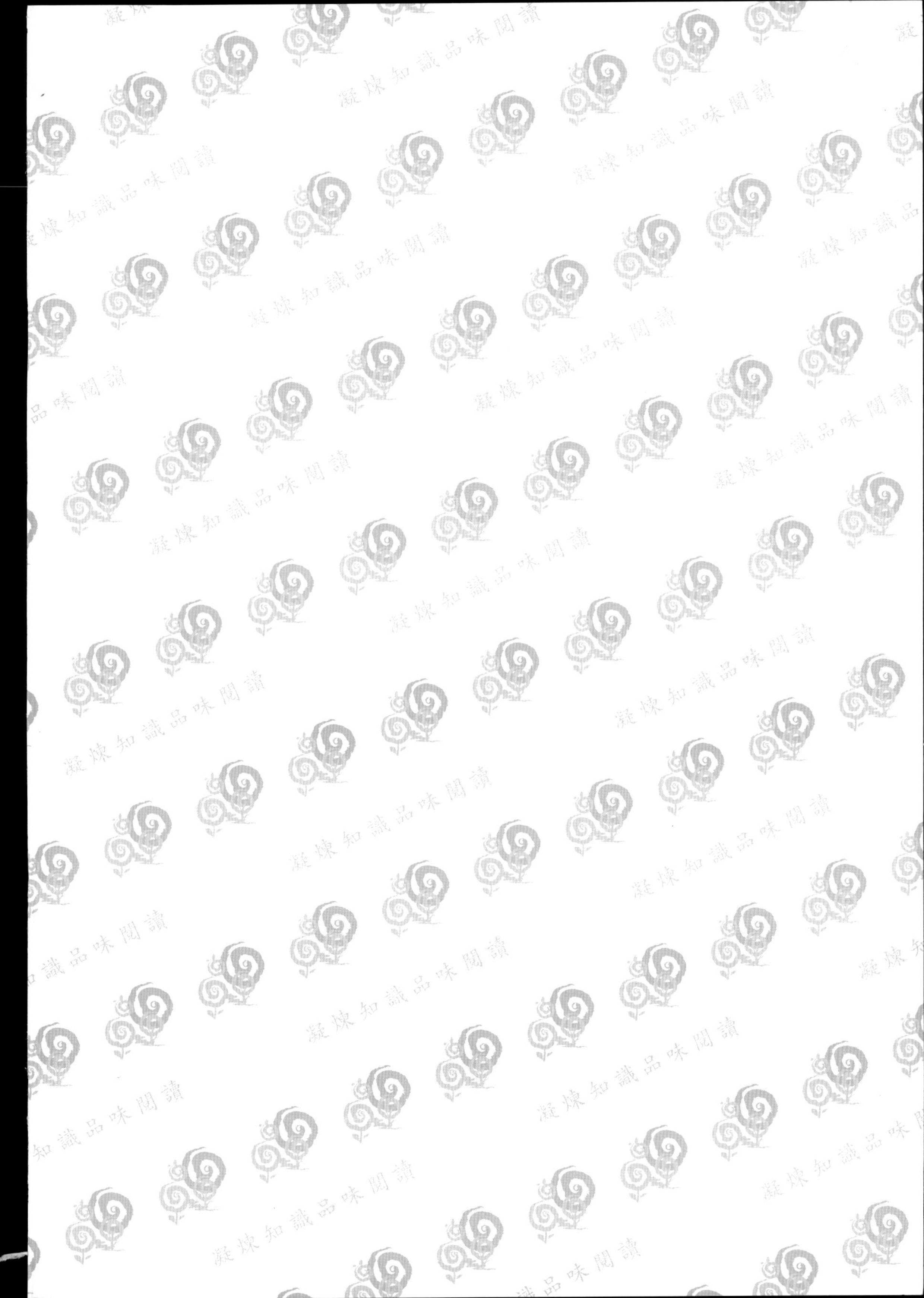

電子材料

張勁燕 博士
逢甲大學電子工程系副教授

編著

獻給我的內人和孩子們

五南圖書出版公司 印行

作者簡介

張勁燕博士，1944 年生。

學歷：

交通大學電子工程系學士，1968 年

交通大學電子工程研究所碩士，1971 年

交通大學電子工程研究所博士，1989 年

經歷：

新加坡 Intersil　電子公司工程師　1971-1973

ITT 環宇電子公司　工程經理　1973-1976

EMMT 台灣電子電腦公司　半導體廠廠長、總經理　1976-1981

萬邦電子公司　總工程師　1981-1982

明新工專電子科副教授（或兼科主任）　1986-1989

逢甲大學電子系或電機系副教授（1992-1996 兼電機系主任）1992-迄今

現職：

逢甲大學電子系副教授

已出版著作：

金氧半數位積體電路，大海書局，1986。

固態工業電子學，第三波文化事業公司，1989。

工業電子學實習，第三波文化事業公司，1989。

微電子電路實習，第三波文化事業公司，1989。

半導體廠務供應設施之教學研究，工研院電子所，1993

半導體設備和材料安全標準指引 SEM1 S1-S11，勞委會勞工衛生安全研究所，1999

工程倫理，高立圖書公司，2000。

半導體製程設備，五南圖書出版公司，2000。

工業電子學，五南圖書出版公司，2001。

深次微米矽製程技術，五南圖書出版公司，2002。

奈米時代（校閱，尹邦躍著）2002，五南。

奈米材料（校閱，張立德著）2002，五南。

智慧材料（校閱，姚康德、成國祥著）2002，五南。

材料物理學概論（校閱，李言榮、惲正中著）2003，五南。

家庭：

內人王全靜於中學教師退休。

長子張綱在美國。長女張絢就讀清華大學物理研究所。次女張綾畢業於東海大學美術系。

序

半導體工業的進步是一日千里的，它帶動了電子業和資訊業的進步，甚而使整個企業界或社會都有顯著的成長。半導體電子學的元件、物理、製程技術、廠務設施等方面的著作也在施敏、張俊彥、莊達人等前輩先進的努力下，有了豐碩的成果。本書則是第一本和半導體電子相關的材料方面的教科書。

本書是介紹電子元件，以半導體積體電路為主的製作，數百種材料，包括有機和無機、化學材料、金屬材料、半導體材料。型式有氣體、液體、固體或電漿。以及和材料相關的設備、製程、廠務及檢驗分析等等。

本書可作為大學、技術學院或專科的教科書，供材料、化學、化工、電子、電機、應化、應物、機械的同學使用。也可供和半導體製程、設備相關的工程師、研究生、教授、老師們參考。

本書共十二章，共分四大類。矽晶或化合物半導體的晶體成長。晶圓製程有微影照像、摻質材料（磊晶、擴散、離子植入）、介電材料（氧化、CVD）、清洗、蝕刻、金屬等。廠務製程包括純水製作、廢水廢氣處理。以及後段封裝，和厚膜及混成電路等製程的材料。

編著者在半導體電子學方面，承交通大學之教育，先後獲得學士、碩士、博士學位。在半導體封裝界服務十年，承新加坡 Intersil、環宇 ITT、台灣電子電腦、吉第微電路、萬邦等公司的栽培、訓練。民國 78 年起，服務於逢甲大學電子系或電機系，擔任各門相關課程之教授。承工研院電子所、機械所支援研究計劃。台積電、華隆微、光磊、德碁、茂矽、力晶等園區公司給予教授之實務經驗。經濟部智慧財產局、勞委會勞工衛生安全研究所、清華大學自強工業科學基金會、中國生產力中心、福昌半導體、豪勉企業、七益科技、台中精機、精威機電、廣東中山復盛、新世代半導體、天洋企業、美商斯麥半導體、強茂電子、高立圖書公司、永鑫創投、中山科學院、佳樂電子等單位或公司給予不少學習機會，在此一併致謝。

此外，衷心感謝五南圖書公司的張超雄總編輯邀請我寫這本書，張富珍小姐協助，逢甲電腦打字印刷行鄧鈴鈴小姐、何麗玫小姐協助打字、製圖、排版，內人和兒女們在各方面的幫忙。

編著者才疏學淺，雖已竭盡全力，然而匆忙之中，難免有錯，尚祈前輩先進、好友、同學們不吝指教。

張 勁 燕
逢甲大學電機系
中華民國八十八年九月一日
中華民國九十年二月七日
修訂再版
中華民國九十二年八月
修 正 改 寫 三 版

簡 介

電子材料包括範圍很廣，材料結構、材料物理或化學、半導體、超導體、液晶顯示器、薄膜電晶體、積體光學、全像術、微機電、醫工、感測器等等。本書專注半導體一個領域。重點在製造半導體元件所用的各種材料；長晶材料、晶圓製程材料、製程用材料、機器設備用材料、無塵室和廠務設施用材料、封裝材料等，本書均有詳盡的敘述。92 年三版修正時，增加奈米材料，一種可能改變世界的新材料。

編著者近十年來一直在從事半導體相關的教學、收集了不少寶貴的資料。以將近一年的時間編著了這本電子材料，祈望能給想從事半導體製造的同學們一項內容豐富、有力的教科書，業界工程師、研究生、教授老師們一項便捷的參考。

目 錄

第一章 矽和化合物半導體

第二章 微影照像用材料

第三章 摻質材料

第六章 蝕刻材料

第七章 金屬製程和材料

第八章 無塵室用材料

第九章 純水處理材料

第十章 廢水廢氣處理用材料

第十一章 封裝和材料

第十二章 厚膜和混成電路用材料

第十三章 奈料材料

第一章　矽和化合物半導體

1.1　緒　論

固體材料分爲導體(conductor)，半導體(semiconductor)，和絕緣體(insulator)。其電阻係數(resistivity)或電導係數(conductivity)，如圖 1.1 所示。其中半導體的導電度也會因溫度、光度、摻質(dopant)的變化而不同。

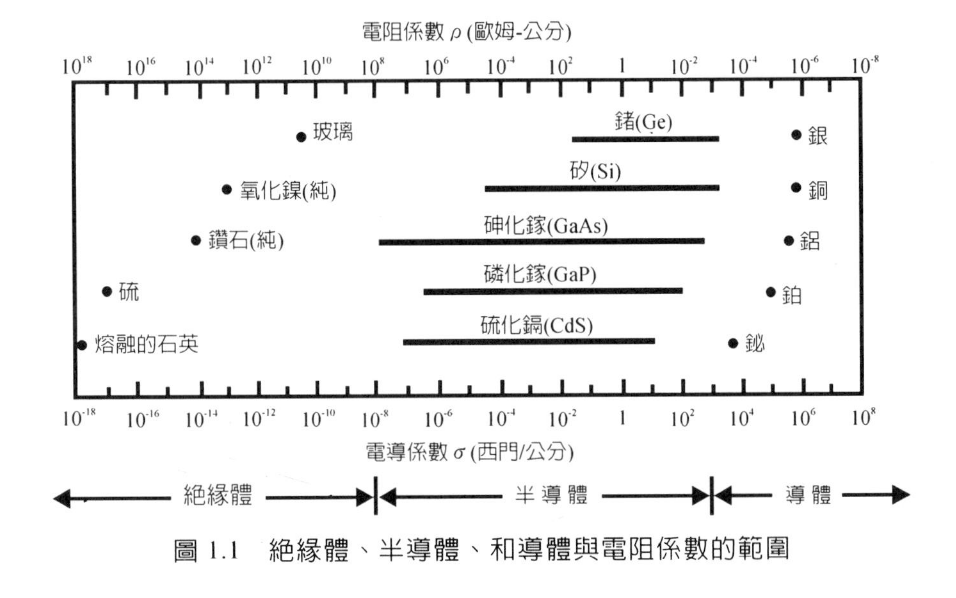

圖 1.1　絕緣體、半導體、和導體與電阻係數的範圍

半導體中，元素(element)以 IVA 族矽(silicon,Si)爲主。它的優點是能隙(energy gep)適中，氧化物也就是二氧化矽(SiO_2)不溶於水，適於電晶體(transistor)、積體電路(integrated circuit)或超大型 IC(VLSI)，極大型 IC(ULSI)的製作。全世界的半導體元件以銷售價値計算，矽元件約佔了 95%。至於

化合物半導體(compound semiconductor)，則以III-V 價化合物的砷化鎵(GaAs)、磷化鎵(GaP)、磷砷化鎵($GaAs_xP_{1-x}$)為主，多用於製作光電元件(opto-electronic device)。

矽(Si)是原子序 14 的元素，原子量為 28.0855。晶形矽具有鑽石型結構。比重 2.32～2.34，熔點為 1410℃，沸點為 2355℃。非晶形矽是褐色粉末，結晶性矽呈暗黑青色塊狀。在地殼中不以單體矽的形態存在，卻以矽酸鹽的形態大量存在，重量百分率約佔地殼總重的 28.15%。是僅次於氧的第二位。也以石英（矽砂、水晶）氧化物的形態大量產出。

鍺(Ge)的氧化物，二氧化鍺(GeO_2)會溶於水，不適宜製作元件。鍺未摻雜（本質）時的電阻係數大約 47Ω-cm，因此不適於做整流元件。那些需要高崩潰電壓的元件，和紅外光感測元件，一定要用矽。

鍺為原子序 32 的元素。原子量為 72.59。在地殼中的存在量為 1.5 ppm（第 52 位）。可於硫化物提煉金屬時成為副產物而得。製造半導體需要的鍺需極高的純度。鍺和矽一樣為鑽石晶格(diamond lattice)結構。為呈藍白色的堅硬金屬，熔點 936℃，沸點約 2700℃，比重 5.325，莫赫硬度(Mohs hardness)6。在空氣中頗穩定，不易被酸或鹼所侵蝕，其粉末能溶於濃硫酸。可溶於生水，但不溶於鹽酸。

莫赫硬度(Mohs hardness)反應礦物的原子結構，量度其面磨擦的阻力。莫赫硬度分十級，從一到十，代表性的礦物分別為滑石、石膏、方解石、螢石、磷灰石、正長石、石英(quartz)、黃玉、金剛石(corundum)和鑽石(diamond)。

周期表中和半導體相關的元素大約有二十種，如表 1.1 所列。

單一元素的半導體除最重要的矽以外，還有鍺(germanium, Ge)共二種。二種元素組成的化合物半導體大約有二十種，如表 1.2 所列。其組成關係則有IV－IV、III－V、II－VI和VI－IV四種。

三元化合物半導體主要的有磷砷化鎵(GaAsP)、磷化鋁鎵(A1GaP)，砷化鋁鎵(A1GaAs)等幾種。四元化合物半導體目前最流行的是磷化鋁鎵銦(AlGaInP)，那是超亮發光二極體(super bright LED)的材料。此類化合物組成的要素是成分之間的晶格常數(lattice constant)和能隙(energy gap)大小必須相容。

表 1.1　周期表中和半導體相關的元素

周　期	II	III	IV	V	VI
2		硼 (B)	碳 (C)	氮 (N)	
3	鎂 (Mg)	鋁 (Al)	矽 (Si)	磷 (P)	硫 (S)
4	鋅 (Zn)	鎵 (Ga)	鍺 (Ge)	砷 (As)	硒 (Se)
5	鎘 (Cd)	銦 (In)	錫 (Sn)	銻 (Sb)	碲 (Te)
6	汞 (Hg)		鉛 (Pb)		

表 1.2　元素和化合物的半導體

元　素	IV－IV化合物	III－V化合物	II－VI化合物	VI－IV化合物
矽(Si)	碳化矽(SiC)	砷化鋁(AlAs)	硫化鎘(CdS)	硫化鉛(PbS)
鍺(Ge)	矽鍺(SiGe)	氮化硼(BN)	硒化鎘(CdSe)	鉛碲(PbTe)
		砷化鎵(GaAs)	碲化鎘(CdTe)	
		磷化鎵(GaP)	硫化鋅(ZnS)	
		砷化銦(InAs)	硒化鋅(ZnSe)	
		磷化銦(InP)	鋅碲(ZnTe)	
		磷化鋁(AlP)		
		氮化鎵(GaN)		
		鋁銻(AlSb)		
		鎵銻(GaSb)		

砷化鎵(gallium arsenide)的分子式爲 GaAs，分子量是 144.64。是典型的無機化合物半導體。暗灰色金屬狀的晶體，熔點 1238℃。能隙(energy gap)是 1.4 eV。其單晶的製法是先熔化材料，將結晶往上拉，製成含雜質濃度 $10^{15}/cm^3$ 左右晶體，再以浮區法加以精製。

磷化鎵(gallium phosphide)的分子式爲 GaP，熔點高達 1525℃，其磷成分容易蒸發，不易獲得單晶，直到高壓熔化拉升法(LEC, liquid encapsulation Czochralski)法的開發，才可得到單晶晶體。

磷砷化鎵(gallium arsenide phosphide)是砷化鎵和磷化鎵的合成物，其中磷和砷爲五價元素，鎵是三價元素，所以 $GaAs_xP_{1-x}$ 表示砷和磷的原子數加起來等於鎵的原子數。

1.2　矽和砷化鎵的結晶結構

單晶(single crystal)是指半導體的原子呈週期性的規則排列。一般而言，組成晶體(crystal)的系統有七種，即立方、四角形、斜方、單斜、三斜、六角形、斜方六面等。由這七種晶體系統構成十四種點的圖案，也就是十四種布拉瓦士晶格(Bravis lattice)。單胞(unit cell)是一個晶格內的基本組成單元。三種常見的立方晶格爲簡單立方(simple cubic, SC)，體心立方(body centered cubic, BCC)，和面心立方(face centered cubic, FCC)，如圖 1.2 所示。面心方系交錯構成鑽石晶格(diamond lattice)，矽就是這種結晶。砷化鎵因二種組成原子不同，而形成閃鋅晶格(zinc blende lattice)，如圖 1.3 所示。

表示晶體結構中的某一平面，常用的米勒指標(Miller index)的求法爲：(1)找出平面與三個直角座標的交點，(2)求倒數，(3)求出最小整數的比。最常見的三種立方晶體的平面如圖 1.4 所示。

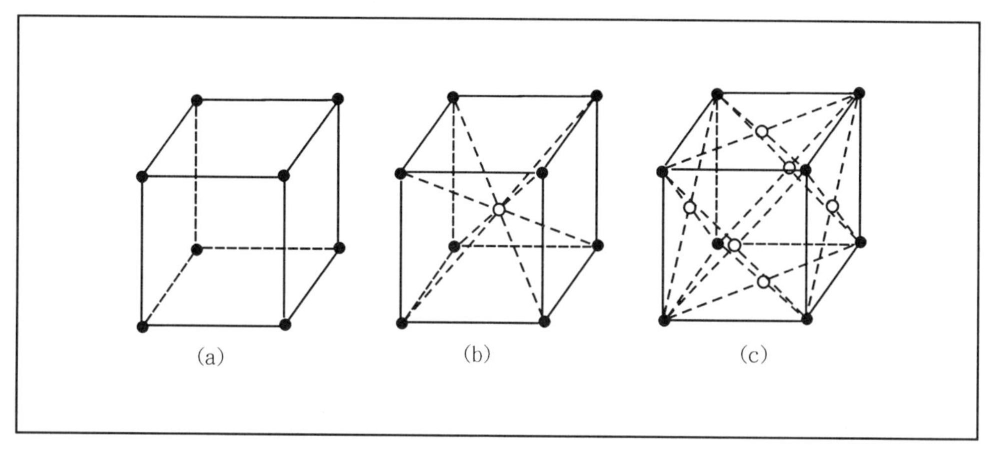

圖 1.2　三種立方結晶單元(a)簡單立方，(b)體心立方，(c)面心立方

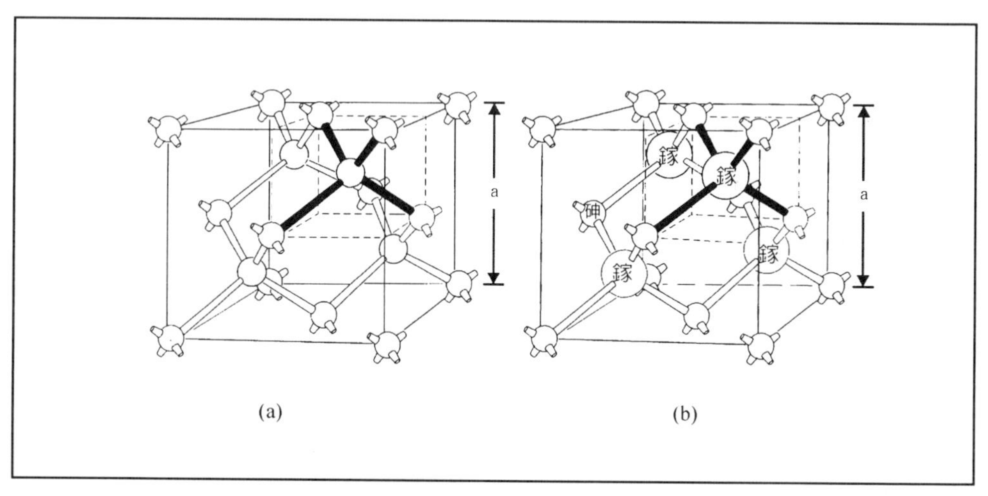

圖 1.3　(a)矽(鑽石晶格)，(b)砷化鎵(閃鋅晶格)的結晶結構

至於多晶矽(polycrystalline silicon,或 polysilicon)，則多以摻雜(dope)磷(P)、砷(As)或硼(B)，以增加其導電率，而用於金氧半場效電晶體(metal-oxide-semiconductor field-effect transistor 或 MOSFET）的閘極(gate)之製作。我們將它和金屬材料歸於同一類，於第七章討論。

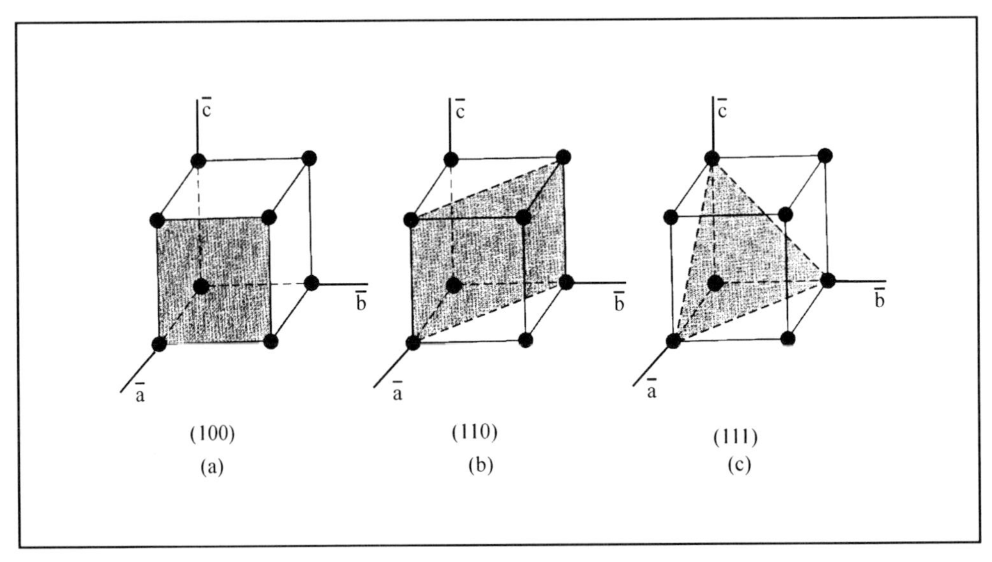

圖 1.4　立方晶體中的一些重要平面的米勒指標

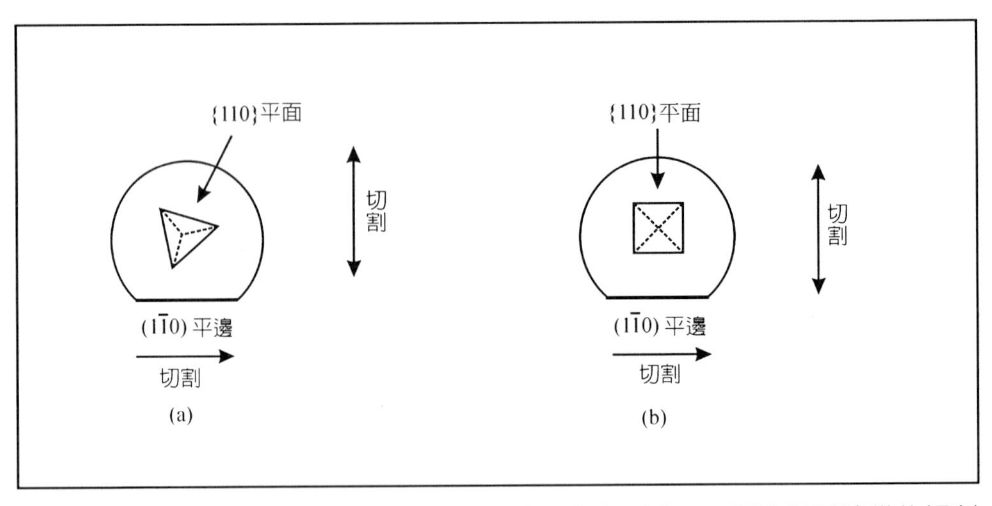

圖 1.5　矽的蝕刻圖案(a)<111>和(b)<100>長晶方向，以(110)平邊以及適當的切割方向為參考

晶格方向對元件製作有三種影響，(1)晶圓分割或裂片，(2)磊晶層的等方向沉積，和(3)金氧半(MOS)元件的表面狀態電荷的密度。單晶矽晶圓在

{111}平面間最容易分開。一般情形，晶粒(die)為長方形，最初的切割（鋸）的方向，如圖 1.5(a)或圖 1.5(b)所示。這樣可以得到最高的良率(yield)。蝕刻坑(etch pit)被斜的{111}平面圍繞，矽{111}表面顯示鑽石晶格的對稱，如圖 1.6 所示。

能帶圖(energy band diagram)是表示材料導電特性的一種方式，其中導電帶(coduction band)和價電帶(valence band)之間隙，即能隙(energy gap)的大小決定材料為絕緣體，半導體或導體，如圖 1.7 所示。

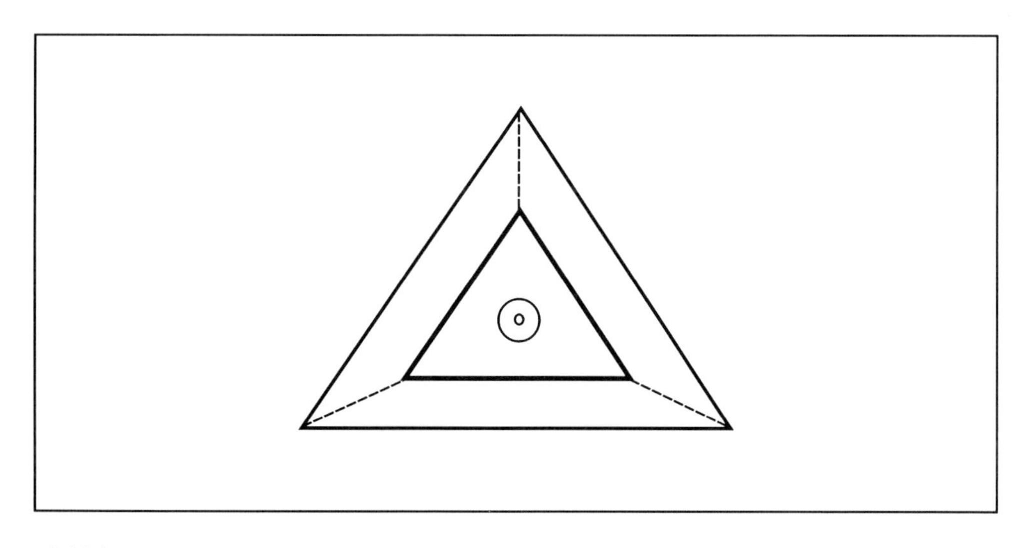

(資料來源：B. G. Streetman, Solid State Electronic Devices.)

圖 1.6　矽{111}表面，具鋁合金區域，顯示鑽石晶格的對稱

能帶圖中另一種表示方法，是以動量為橫座標，能量為縱座標，當導電帶的谷值和價電帶的峰值不在同一水平位置，即有動量差時，此材料稱為間接能隙元件，如矽。反之如兩者在同一水平位置，即沒有動量差時，稱為直接能隙元件，如砷化鎵（見圖 1.8）。這也就是三五化合物半導體所以比較容易發光的原因。

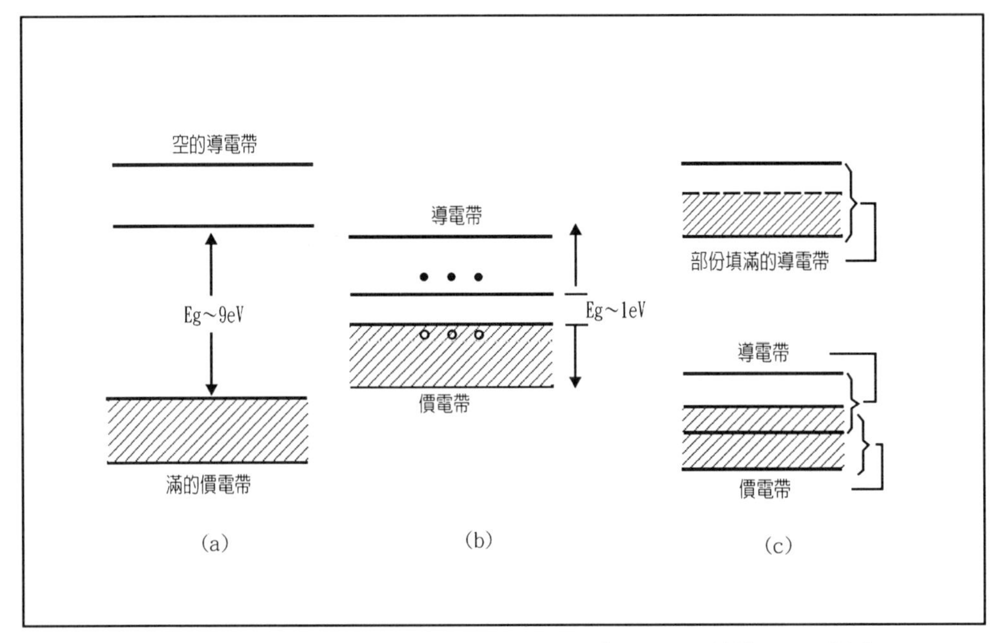

圖 1.7 概略的能帶圖表示法：(a)絶緣體，(b)半導體，(c)導體

三元化合物半導體，如磷砷化鎵(GaAsP)，會因組成元素成份而改變能帶結構,由直接能隙(砷化鎵 GaAs 100%)改變爲間接能隙(砷化鎵 GaAs 45%，磷化鎵 GaP 55%)。如圖 1.9 其中 Γ 表直接能隙，X 表間接能隙。

至於發光二極體(light emitting diode, LED)所發光的顏色，則由其波長而決定，隨著波長逐漸減少，可由紅外光(infrared)，而紅光、橙光(orange)、黃光、綠光、藍光，紫光(violet)，而製造的困難度也逐漸增加。一顆藍光 LED 要比紅光 LED 貴很多倍。用於交通號誌的紅綠燈中，三種燈以綠燈最貴，黃燈其次，紅燈最便宜。至於紅外光則多用於感測元件(sensor)。人類的眼睛反應最靈敏的部份是波長約爲 0.55 微米(μm),是在綠光部份。(圖 1.10)

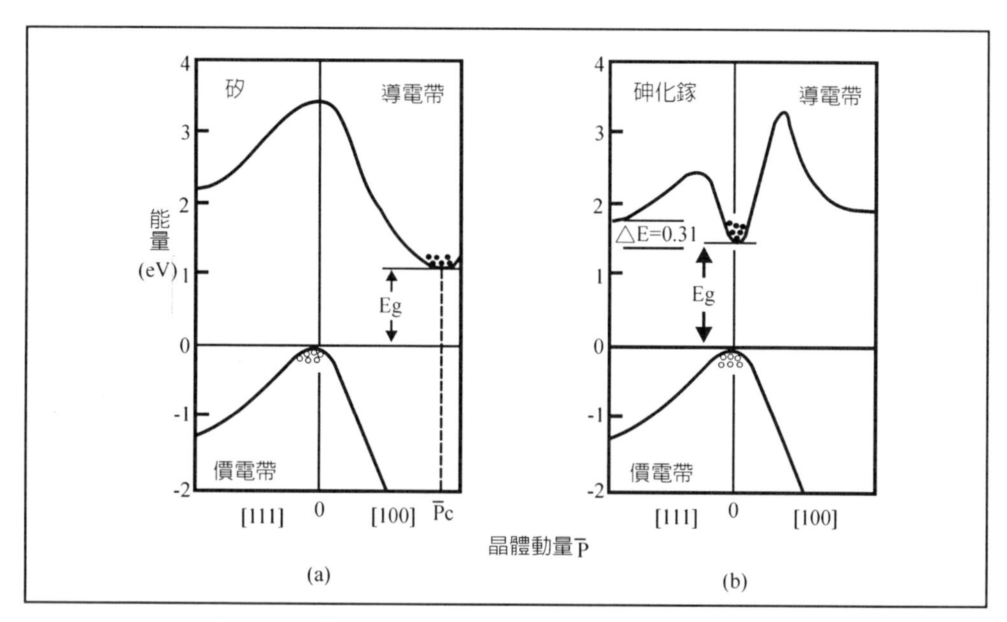

圖 1.8 矽和砷化鎵的能帶結構。圓圈(。)表示在價電帶的電洞，點(•)表示在導電帶的電子，(a)間接能隙，矽；(b)直接能隙，砷化鎵

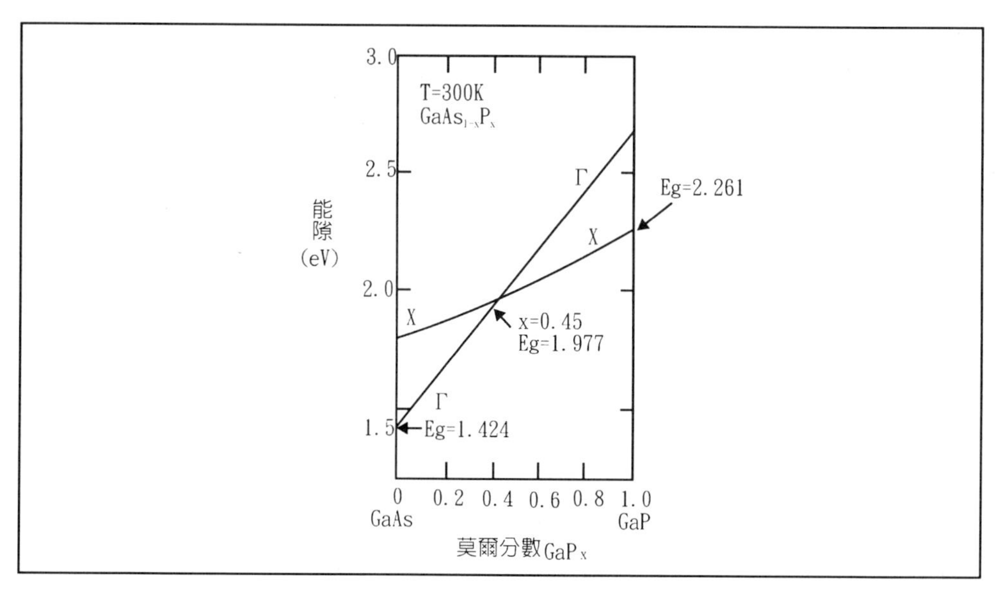

圖 1.9 磷砷化鎵的能隙對磷化鎵的莫爾分數變化圖

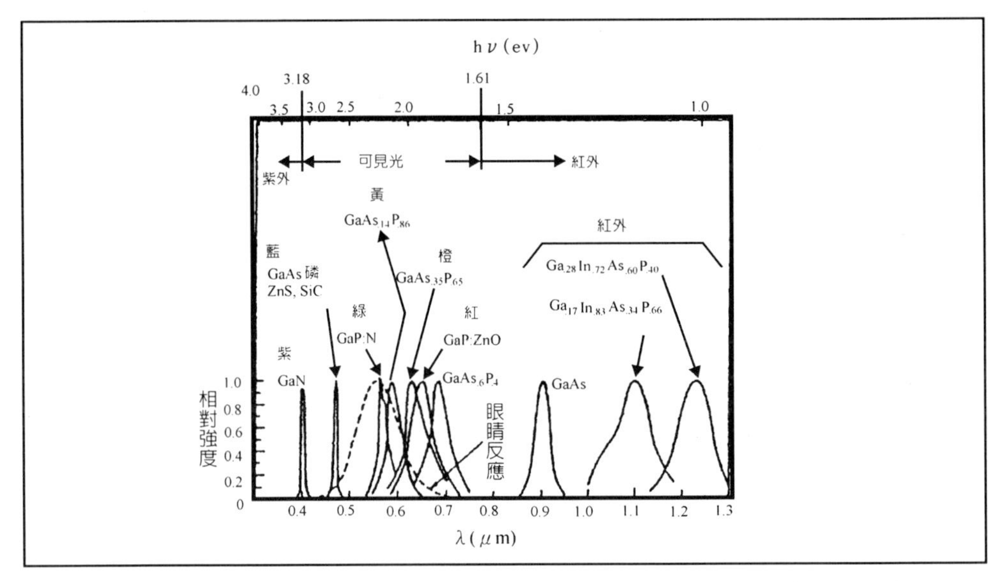

圖 1.10　各種可見光和紅外光發光二極體的發光相對強度對波長的關係圖

1.3　矽和砷化鎵的提煉和精製

將矽原料石英岩(quartzite)、焦煤(coke)、木炭(coal)和木屑，置於石英坩堝(quartz crucible)，以電極加熱至 1780℃，使矽原料融熔，以石墨(graphite)為容器，以熱阻(thermal resistance)或射頻感應(RF induction)方法加熱，可得到冶金級矽(metallurgical grade silicon, MGS)，再將 MGS 矽和氯化氫(HCl)作用，將生成物中的四氯化矽($SiCl_4$)分餾除去，而以另一種生成的三氯矽甲烷(trichlorosilane, TCS, $SiHCl_3$)以化學氣相沉積(chemical vapor deposition, CVD)方式精製，得到電子級矽(electronic grade silicon, EGS)。

電子級矽的製作也可用以矽甲烷(silane, SH_4)加熱分解而得。每年電子級矽的消耗量大約 5 百萬公斤以上。長晶過程中還要有一種晶(seed)帶領，以決定晶體的方向(orientation)，一般常用的長晶方法，如圖 1.11 所示，有(a)布氏法(Bridgman method)，是將原料多晶矽(polycrystal silicon)水平方式置放於坩堝內，此法僅適用於晶體不會和容器粘著之情況，而且其缺點是和坩堝接觸的一面會略扁平，而成為 D 字型。(b)柴氏法(Czochralski method)，是將原料矽垂直向上拉，則可以長出 O 字型晶棒(ingot)。但布氏法和柴氏法所得的矽晶都會受坩堝污染。(c)浮區法(floating zone method)，是以射頻線圈加熱，因為加熱時不用坩堝，線圈也不和矽晶棒接觸，不會有坩堝污染的問題。長晶的過程中同時要進行摻雜，以製作出正型(positive, p type)或負型(negative, n type)半導體。

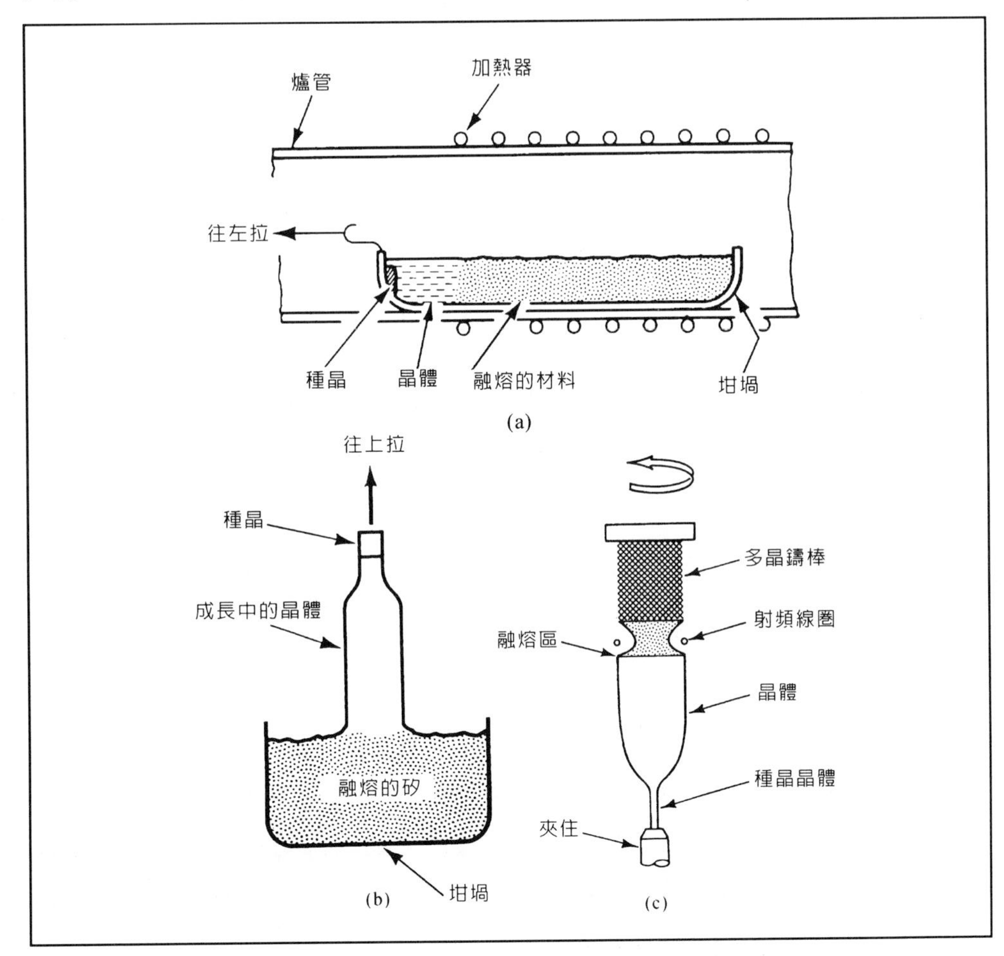

圖 1.11　(a)布氏法，(b)柴氏法，(c)浮區法長晶

砷和鎵的提煉則爲其他金屬精煉的副產品，砷是煉銅的副產品，鎵是提煉鋁的副產品。

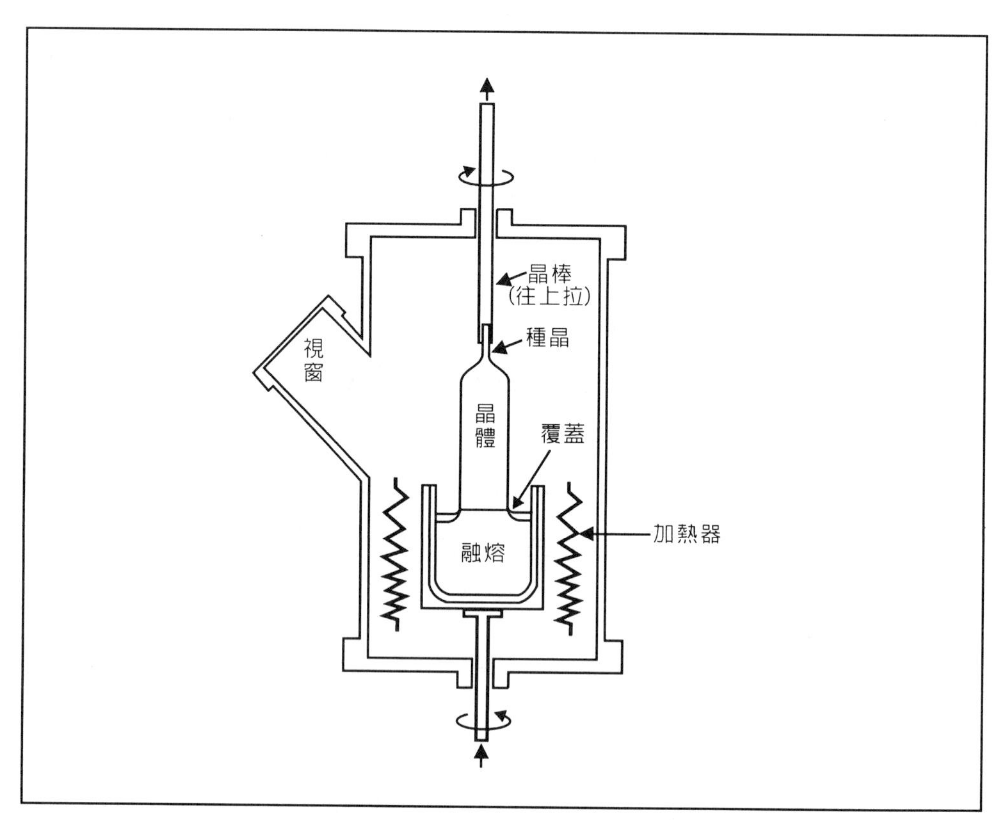

圖 1.12　砷化鎵和磷化鎵的長晶爐

至於化合物半導體的長晶，因爲磷和砷有很大的蒸氣壓，一般大約爲5～60 大氣壓，反應室(chamber)承受不了，在融熔的液體表面必須覆蓋一層氧化硼(B_2O_3)，如圖 1.12 所示。但是砷化鎵不易成長高品質的氧化物。因爲砷和鎵的氧化速率相差太大。砷化鎵也不容易摻雜，不易製造大直徑的鑄棒(ingot)或晶圓(wafer)。要製造砷化鎵的氧化物時通常是用化學氣相沉積(CVD)法的二氧化矽(SiO_2)來做。

氧化硼(boron oxide, B_2O_3)的沸點爲 1500℃以上，即使在 1000℃時，蒸氣壓也很高。可溶於水，經偏硼酸而生成正硼酸。屬於兩性氧化物。

柴氏法和浮區法長出的矽晶，其主要的電性特性分析有下列幾項：電阻係數(resistivity；單位爲歐姆－公分(ohm-cm))；電阻係數的梯度（resistivity gradient 以四點探針法測量，以%表示）；少數載子生命期(minority carrier lifetime，單位微秒μs)；氧或碳含量，以百萬個原子中幾個(parts per million atoms, ppma)表示；差排(dislocation)，單位爲公分$^{-2}$；表面平坦(surface flatness)，單位微米，如表 1.3 所列；重金屬雜質，單位以每十億個原子有幾個(parts per billion atoms, ppba)表示等等，如表 1.4 所列。

表 1.3　矽材料特性的比較

特　　性	特　　性		
	柴氏法	浮區法	VLSI的要求
電阻係數(磷)，n型(Ω-cm)	1-50	1-300及以上	5-50及以上
電阻係數(銻)，n型(Ω-cm)	0.005-10	－	0.001-0.02
電阻係數(硼)，p型(Ω-cm)	0.005-50	1-300	5-50及以上
電阻係數梯度(%)	5-10	20	＜1
少數載子生命期(μs)	30-300	50-500	300-1000
氧(ppma)	5-25	未測出	均勻且可控制
碳(ppma)	1-5	0.1-1	＜0.1
差排(cm^{-2})	≦500	≦500	≦1
表面平坦(μm)	≦5	≦5	≦1
重金屬雜質(ppba)	≦1	≦0.01	≦0.01

表 1.4 各種材料中的雜質含量（以 ppm 表示）

雜 質	石英岩	碳	冶金級矽	電子級矽	石英坩堝
鋁(Al)	620	5500	1570	–	–
硼(B)	8	40	44	＜1 ppb	–
銅(Cu)	＜5	14	–	0.4	0.23
金(Au)	–	–	–	0.07 ppb	–
鐵(Fe)	75	1700	2070	4	5.9
磷(P)	10	140	58	＜2 ppb	–
鉻(Cr)	–	–	137	1	0.02
鈷(Co)	–	–	–	0.2	0.01
錳(Mn)	–	–	70	0.7	–
鎳(Ni)	–	–	4	6	0.9

資料來源：Sze, VLSI Technology, 1 版及 2 版，部份摘錄。

晶棒製好以後，以鑽石杯輪磨其外圍，將不平或多餘的部份除去。（圖 1.13）。並將晶棒刻出大平邊(primary flat)和小平邊(secondary flat)，以標示出正、負型式或晶種方向（圖 1.14）。再用鑽石鋸，以其內緣把晶棒切片（圖 1.15）。再加以拋光，使其中一面像鏡子一樣的光亮（圖 1.16）。研磨矽晶圓使用的材料為碳化矽(SiC)、二氧化矽(SiO_2)或氧化鋁(Al_2O_3)、氧化鋯(ZrO_2)等。因為它們都可以製成粉末，而且硬度都比矽大。還要加一些氫氧化鈉(NaOH)的水溶液。研磨時，晶圓要用二層軟硬適當的墊子保護。磨好以後再用酸、鹽基和溶劑的混合物清洗，以除去殘渣。砷化鎵的研磨或拋光是以二氧化矽的粉末放在次氯酸鈉(NaOCl)的溶液中進行。八吋矽晶圓已不再用大平邊或小平邊，只刻一個小刻痕。

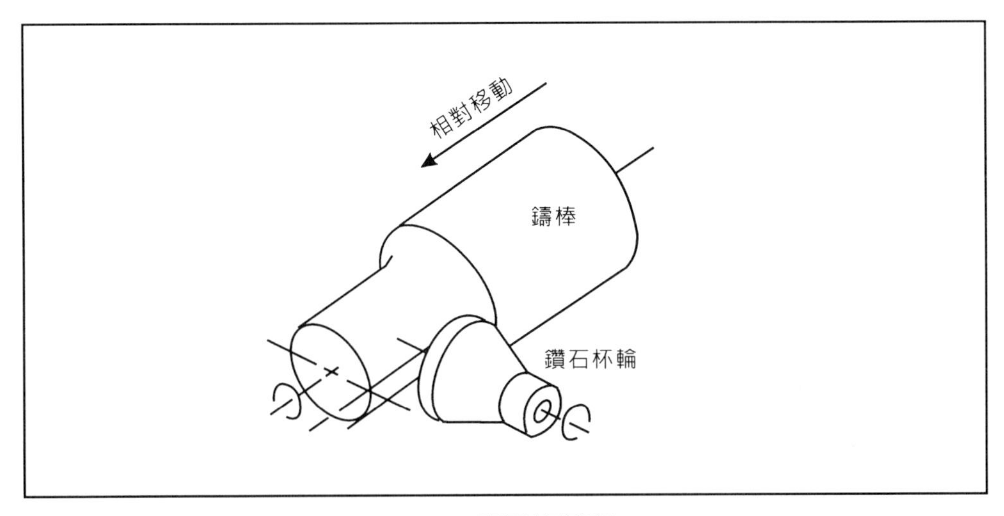

1.13　磨晶棒製程

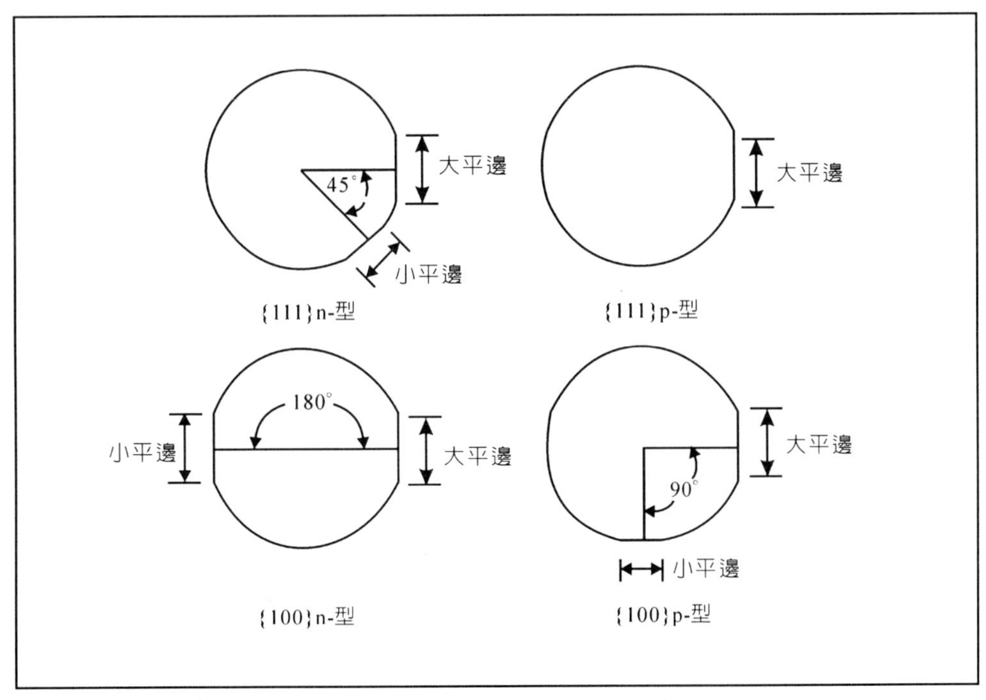

圖 1.14　將矽晶棒標示平邊

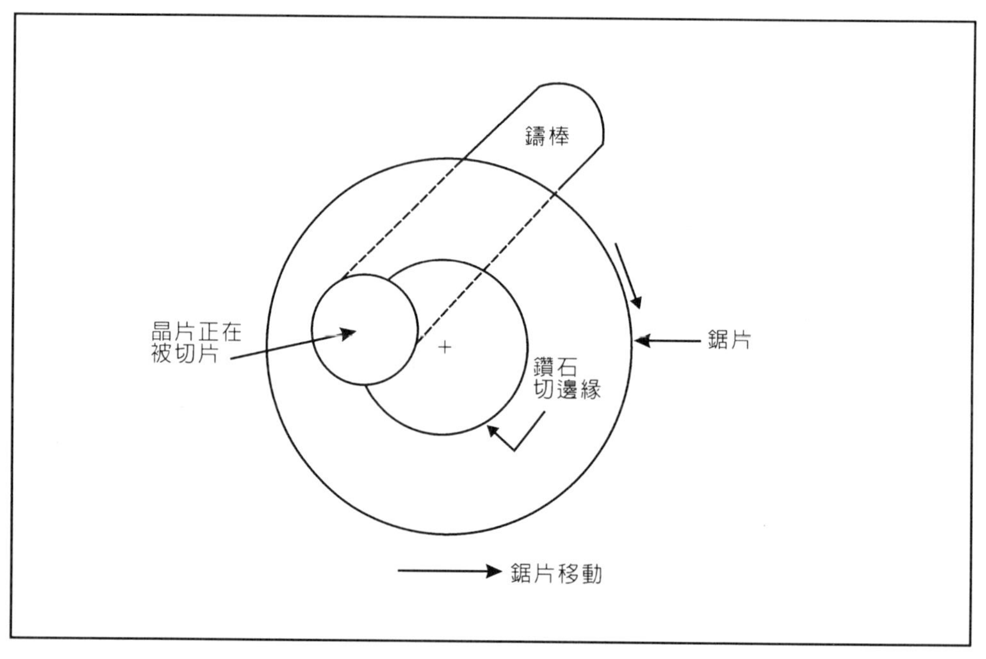

圖 1.15　以內直徑切片製程的概略圖

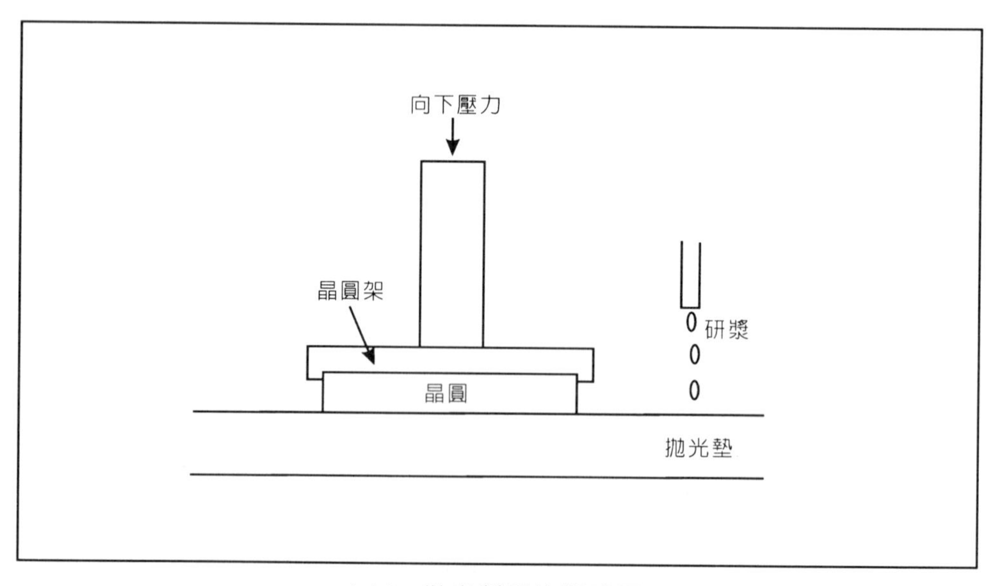

1.16　拋光製程的概略圖

1.4　電性測試

1.四點針測

比較簡單的測試方法是利用四點針測(four point probe)，可測量出矽晶片的正、負型態及片電阻(sheet resistance)，（圖 1.17）。

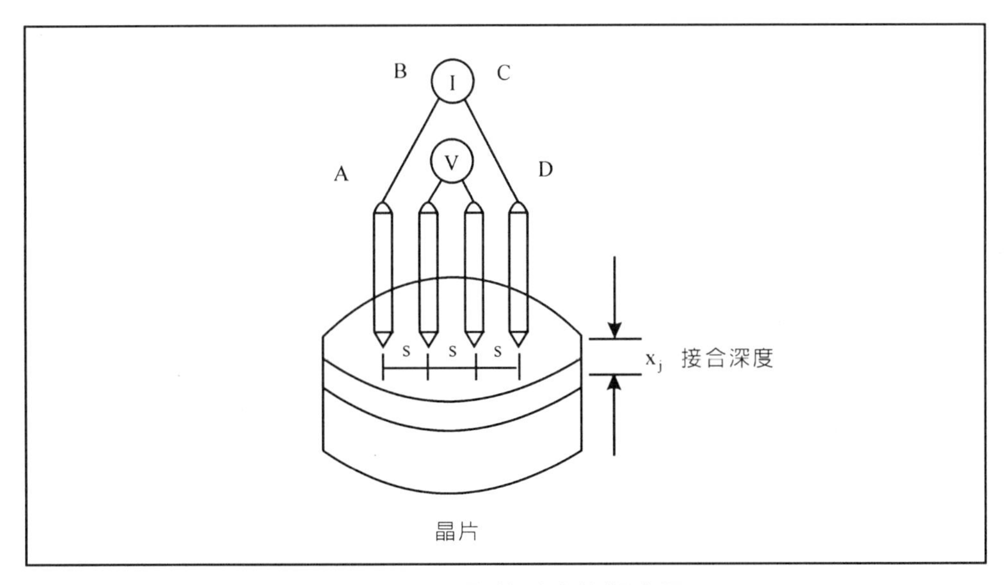

圖 1.17　四點針測法的概略圖

上圖 ABCD 四根針，A、D 間通以電流 I，B、C 兩針量取電位差(△V)，則片電阻 Rs 爲

$$R_s = K \cdot \frac{\Delta V}{I}$$

K 是比例常數，和機台及針尖距離有關。

電阻係數 $\rho = (V/I)2\pi s$ ，s 是針尖距離，單位是公分。此時待測物直徑

要大於 10s，厚度大約爲 10s。

2.展佈電阻分析

要得到比較精確的矽晶片內摻質濃度對深度的變化，就要利用展佈電阻(spreading resistance)法來測量。

在下列一些情況，可利用展佈電阻的方法來得到摻質的濃度變化情形。

1.n 在 n^+層的上面，p 在 p^+層的上面。

2.n 在 p 層的上面，p 在 n 層的上面。

3.摻質濃度在深度方面的變化(depth profiling)。

4.摻質濃度在側向的變化(lateral profiling)。

5.在很小的區域內測量摻質的濃度變化。

3.電阻係數和片電阻

物理學上定義電阻值（單位：ohm 或Ω，即歐姆）爲 $R \equiv \frac{\Delta V}{I}$，也就是在物體的兩個截面上，通以固定電流 I，測量得到電壓降，ΔV；則ΔV/I 即爲這個物體的電阻值。$R = \rho \frac{\ell}{A}$，如圖 1.18 所示。

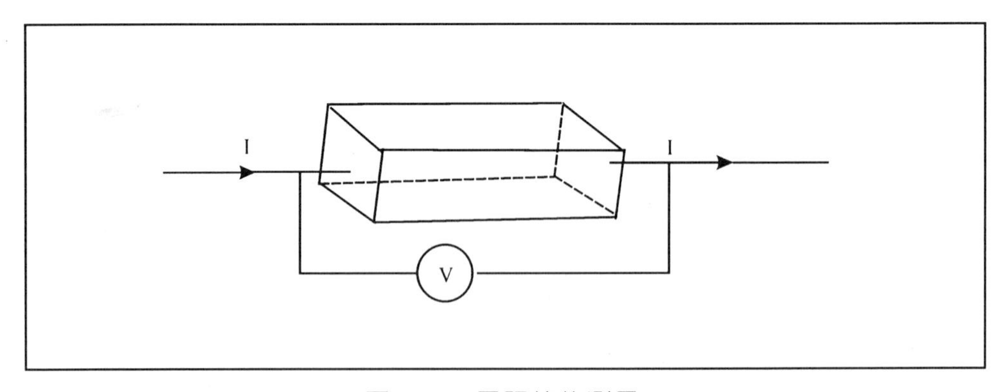

圖 1.18　電阻值的測量

電阻值由物質的電阻係數、電流所流過的元件的長度，和截面積而決定。其中的ρ即爲電阻係數，單位是歐姆－公分(ohm-cm)。電阻係數主要由晶圓的摻質濃度而決定。

但在半導體工業上，這樣定義電阻值並無太大的實用價值。我們只關心晶圓表面的電阻係數和薄薄一層主動區(active area)的阻值。於是另外定義一個薄層阻值(sheet resistance)或稱片電阻，以四點針測的方法量取ΔV及I。

$$Rs = \frac{\Delta V}{I}(\Omega/\square)$$

將它定義爲晶圓的片電阻值。□爲一個平方的面積，也就是電流流過方向的長度，和垂直方向的寬度是一樣大的一個面積。

4.少數載子生命期

自由載子(free carrier)有電子(electron)和電洞(hole)二種。在負型矽中，電子較多稱爲多數載子(majority carrier)，電洞較少，稱爲少數載子(minority carrier)。正型矽則相反。當負型矽發射多數載子電子，進入正型矽後即成爲少數載子。雙極接面電晶體(BJT, bipolar junction transistor)就是由射極(emitter)發射的多數載子，到了基極(base)就變爲少數載子。因此也被稱爲少數載子元件。

這些電子遇到原來在正型矽內的多數載子電洞，即復合(recombination)而消失。少數載子復合消失所需的平均時間即爲少數載子的生命週期。

至於多數載子雖然也會因復合而消失，但那只是極小的一部份。一般情形我們只談少數載子生命週期。少數載子生命期的應用範圍爲：

1. 評估爐管和清洗槽的乾淨度。（不潔淨的爐管少數載子生命期比較短）
2. 晶圓的清潔度及損傷程度對少數載子生命期的值的影響爲：

(1) 晶圓中離子污染濃度及污染的金屬種類。(金最容易降低少數載子生命期，有時我們也可以利用金來製造快速的開關元件。)

(2) 晶圓中結晶缺陷濃度，缺陷濃度愈高，少數載子生命期愈短。

一些和矽、鍺、砷化鎵等半導體或微機電(MEMS, micro electro-mechanical system)、相關的特性，分別列於表 1.5～表 1.8。

表 1.5　鍺、矽和砷化鎵的特性(室溫 300K)

特　　性	鍺(Ge)	矽(Si)	砷化鎵(GaAs)
原子量	72.60	28.09	144.63
晶體結構	鑽石	鑽石	閃鋅
密度（克／立方公分）	5.3267	2.328	5.32
介電常數	16.0	11.9	13.1
崩潰電場（伏／公分）	$\sim 10^5$	$\sim 3\times 10^5$	$\sim 4\times 10^5$
能隙（電子伏特）	0.66	1.12	1.424
本質電阻係數（歐姆－公分）	47	2.3×10^5	10^8
晶格常數（埃）	5.64613	5.43095	5.6533
線性膨脹係數($^\circ C^{-1}$)	5.8×10^{-6}	2.6×10^{-6}	6.86×10^{-6}
熔點(℃)	937	1410	1238
少數載子生命期(秒)	10^{-3}	2.5×10^{-3}	10^{-8}
移動率(平方公分／伏－秒) 電子 電洞	 3900 1900	 1500 450	 8500 400
比熱（焦耳／克－℃）	0.31	0.7	0.35
熱導係數(瓦／公分－℃)	0.6	1.5	0.46

資料來源：節錄譯自 S. M. Sze, Physics of Semiconductor Devices

表 1.6　一些半導體和金屬的機械特性

	熔點 (℃)	洛氏(Knoop hardness) 硬度(公斤／平方毫米)	彎曲強度 10^{10}(達因／平方公分)	熱導係數 (瓦／公分－℃)	熱膨脹 (10^{-6} δL/L-℃)
鑽石	＞3550	7000	53	20	1.0
鎢(W)	3410	485	4.0	1.78	4.5
碳化矽(SiC)	2700	2480	21	3.5	3.3
鉬(Mo)	2610	275	2.1	1.35	5.0
砷化鋁(AlAs)	1740	481		0.8	5.20
硒化鋅(ZnSe)	1520	150		0.13	7
磷化鎵(GaP)	1467	945		0.97	5.8
矽(Si)	1415	1150	7.0	1.57	2.56
砷化鎵(GaAs)	1238	750		0.54	6.8
不銹鋼	1000-1400	600	2.1	0.32	12
鎘碲(CdTe)	1098	100		0.07	5.5
磷化銦(InP)	1070	535		0.68	4.5
砷化銦(InAs)	973	381		0.26	5.19
鋁(Al)	660	130	0.17	2.36	25
銦銻(InSb)	525	223		0.18	5.04

資料來源：Sze, High Speed Semiconductor Devices

常用的硬度測試有洛氏硬度測試(Knoop hardness test)和維氏硬度測試(Vickers hardness test)兩種。二者的區別在測試器的幾何形狀不同。洛氏測試比較容易，使用負載爲 0.2～4 公斤，也較小。

表 1.7　微機電(MEMS)常用基板的材料特性

材　　料	破裂	長金屬	機械加工	介電常數	壓性	楊氏係數 E(GPa)	導熱係數 (w/mk)
單晶							
矽	脆、強	好	很好	11.8	壓阻	165	150
石英	脆、強	好	差	4.8	壓電	87	7
砷化鎵	脆、弱	好	差	13.1	壓電	119	50
寶石	脆、強	好	差	9.4	無	490	40
非晶							
熔融的矽石	脆、弱	好	差	3.9	無	72	1.4
塑膠	韌、強	差	普通	—	無	—	—
玻璃	脆、弱	好	差	4.6	無	64	1.1
多晶							
氧化鋁	脆、強	普通	差	9.4	無	400	～30
鋁	韌、強	好	很好	—	無	77	～240

資料來源：Senturia, ch.9 :Material Properties, MIT, 1994.

表 1.8　在地殼中各種半導體成份的蘊藏量

元　素	蘊藏量	元　素	蘊藏量
矽 (Si)	0.283	砷 (As)	1.8×10^{-6}
鋁 (Al)	0.083	銻 (Sb)	2×10^{-7}
磷 (P)	0.01	鎘 (Cd)	2×10^{-7}
硫 (S)	2.6×10^{-4}	銦 (In)	1×10^{-7}
碳 (C)	2×10^{-4}	汞 (Hg)	8×10^{-8}
鋅 (Zn)	7×10^{-5}	硒 (Se)	5×10^{-8}
鎵 (Ga)	1.5×10^{-5}	碲 (Te)	1×10^{-9}
鍺 (Ge)	5×10^{-6}		

資料來源：Sze, High Speed Semiconductor Devices.

1.5　參考書目

1. 合晶科技，矽晶成長技術，電子工業材料，1995 年 5 月號。
2. 林敬二等，英中日化學大辭典，高立。
3. 張俊彥譯著，施敏原著，半導體元件物理與製作技術，第一章，高立。
4. R. R. Bowman, et al. Practical Integrated Circuit Fabrication, ch. 1 and ch. 2, Integrated Circuit Engineering Corporation, 學風。
5. C. Kittel, Introduction to Solid State Physics, ch. 1, John Wiley & Sons，美亞。
6. M. Madou, Fundamentals of Microfabrication, 2nd ed., ch. 3, pp.125-128 CRC press, 高立。
7. D. A. Neamen, Semiconductor Physics and Devices, Basic Principles, ch. 1, Irwin, 台北。
8. B. G. Streetman, Solid State Electrionic Devices, 3rd Ed. ch. 1, Prentice Hall，新月。
9. W. R. Runyan, K. E. Bean, Semiconductor Integrated Circuit Processing Technology，ch. 2, Addison-Wesley, 全民。
10. S. M. Sze, High Speed Semiconductor Devices, ch. 1, Wiley Interscience，新智。
11. S. M. Sze, Physics of Semiconductor Devices, 2nd Ed. ch. 1, John Wiley and Sons，中央。
12. S. M. Sze, VLSI Technology, lst Ed. ch.1 and 2nd Ed., ch.1 McGraw Hill，中央。
13. L. H. Van Vlack, Elements of Materials Science and Engineering, ch. 3, Addison-Wesley，美亞。

14. S. Wolf and R. N. Tauber, Silicon Processing for the VLSI Era, Vol. 1, 2nd ed., ch. 1, Lattice Press.

1.6 習 題

1. 試計算原子包裝因數(packing factor)，在三種不同的晶體結構，(a)簡單立方，(b)體心立方，(c)面心立方。假設原子爲不可壓縮的球體。
2. 試計算原子的半徑 r，和一個單位的立方體之晶格常數(lattice constant) a 的比值，對於三種晶格結構 (a)簡單立方，(b) 體心立方，(c)面心立方。
3. 試比較間接能隙和直接能隙半導體。
4. 試比較介電常數和介電強度。
5. 試比較電阻係數和片電阻。
6. 試比較，(a)布氏法，(b)柴氏法，(c)浮區法，提煉矽晶的異同處。
7. 試比較四點探針和展佈電阻的異同。
8. 試比較矽(Si)和鍺(Ge)，以說明爲何元素半導體已完全由矽主控，而鍺幾乎是被淘汰出局了。
9. 爲何三五化合物的半導體的長晶不易，它們大多只是用於製造發光二極體等離散(discrete)的元件。
10. 三元化合物半導體各組成元素成份間有何關係。四元化合物又如何。
11. 試簡述以下各名詞：a.鑽石晶格。b.晶種。c.大平邊。d.晶棒。e.少數載子生命期。

第二章　微影照像用材料

2.1　緒　論

微影照像(photolithography)是半導體，尤其是極大型積體電路(ULSI)製程中最重要的一個製程，它佔用了整個機器投資的大約四分之一。它需要高級（約 0.1 級至 1 級）的無塵室(clean room)，在無塵室內除了微粒子的控制，還要有溫度、相對濕度(relative humidity, RH)的控制，防止振動等措施。當然，黃光室(yellow room)是一定少不了的，它的目的是防止光阻(photoresist)材料在日光下曝光，而降低了解析度(resolution)。

微影照像使用的材料，主要分為 1.光阻材料，用以塗敷於矽晶圓或半製品上，而從經過曝光(exposure)、顯影(development)和清洗(rinse)等過程，以完成圖案移轉。一般常用的光阻分為正光阻和負光阻兩種。2.光罩材料，將圖案製做於光罩上，一般常用的光罩有以 1：1 成像的，英文叫 mask，也有以縮小 2.5：1，5：1 甚或 10：1 成像的，英文叫 reticle（中文也可譯為網線）。3.光源材料，包括用以對準用的雷射(laser)和曝光用的汞(mercury, Hg)等。4.顯影、清洗材料。二甲苯(xylene)和甲基乙基酮(MEK, methyl ethyl ketone)等分別做為負或正光阻的顯影劑，清洗則分別使用正醋酸丁酯(n-butyl acetate)或丙烯乙二醇甲基醚(PGME, propylene glycol methyl ether)等。5.去除光阻的材料，負光阻為硫酸(sulfuric acid, H_2SO_4)和過氧化氫(hydrogen peroxide, H_2O_2)，正光阻用氫氧化胺(hydroxyl amine)或丙酮(acetone)。至於離子植入後的光阻則用電漿(plasma)來去除。

執行微影像要在黃光室(yellow room)內，黃光室就是所有光源（照明用）均為黃色光波波長的區域。由於積體電路晶方內的圖案均有賴光阻劑(photoresist)覆蓋在晶片上，再經曝光(expose)，顯影(develop)而定圖型(pattern)；而此光阻劑遇到光線照射，尤其是紫外線(ultra-violet, UV)即有曝光的效果，因此在顯影完畢以前的生產製程，均宜遠離此類光源。黃光的光波較長，大於 5000Å，使光阻劑曝光的效果很低，因此乃作為顯影前的照明光源。

因光阻對於某種特定波長的光線特別敏感，故在黃光室中，要將一切照明用光源過濾成黃色，以避免泛白光源中含有對光阻有感光能力的波長成份在，這一點應該特別注意，否則會發生光線污染的現象，而擾亂了精細的光阻圖形。

在積體電路的製造過程中，定義出精細的光阻圖形為其中重要的步驟，以運用最廣的 5 倍步進照像(5x stepper)為例，其方式為以對紫外線敏感的光阻膜作為類似照相機的底片，光罩上則有我們所設計的各種圖形，以特殊波長的光線（如 G-line 435 nm 或 I-line 365 nm）照射光罩後，經過縮小透鏡(reduction lens)，光罩上的圖形則呈 5 倍縮小後，精確地定義在底片上，即晶圓上的光阻膜的上面。

經過顯影後，即可將照到紫外光的光阻去掉（正光阻），或照不到紫外光的光阻去掉（負光阻），而得到我們想要的各種精細圖形，以作為蝕刻或離子植入等後續製程用。

2.2 光　阻

光阻為有機材料(organic material)，係利用光線照射，使有機物質進行光化學反應而產生分子結構的變化，再使用溶劑使之顯像。

目前一般商用光阻主要含二部份，即高分子樹脂和光活性物質。依工作原理不同，光阻可分為正、負型二類：

1.正型：

樹脂的成份是酚甲醛，酚醛樹脂(phenol formaldehyde novolac)或環狀聚異戊二烯的聚合物(cyclized polyisoprene polymer)，加上酚醛樹脂(novolac resin)，以提昇附著力，降低顯影中的膨脹。

酚醛(novolak)是在硫酸、鹽酸等酸觸媒下，以 100℃將酚(phenol)與醛(aldehyde)予以縮合而得的固形物，可溶於丙酮、乙醇、乙二烷等，也稱為乾性樹脂。和酚樹脂(phenol resin)相類似。

光活性物質為重氮醌(diazoquinone)類，照光前難溶於鹼金屬的溶液中，有抑制溶解樹脂的功能，照光後產生羧（音梭）酸(carboxylic acid)，反而有利於鹼金屬的溶液溶解。

重氮醌(diazoquinone)為偶氮(diazo)和醌(quinone)的化合物。脂肪族重氮化合物具有重氮基 $N_2^=$，其化合物大多為富於反應。固體的重氮鹽易受光分解，若加熱或打擊時，即發生劇烈爆性。醌(quinone)是芳族碳化氫的苯環的氫二原子，以氧二原子取代之形式的化合物。醌的衍生物在天然當作動、植物的色素存在。有醌構造的化合物是典型的有色物質，不少醌的衍生物，可以當作合成材料使用。

2.負型：

光活性物質為二氮聯苯甲醯(diazide)類，照光後生成極不安定的雙電子自由基，能與高分子樹脂鍵結，而增加分子量。因而在顯影時不會被除去。

光阻是一種對輻射敏感的化合物。正光阻曝光區域可溶解，而在顯影製程得以除去，所得的影像和原光罩的圖案相同。負光阻曝光區域較不易溶解，顯影後的圖案和光罩的圖案相反。

正光阻由光敏感化合物，鹽基樹脂和有機溶劑等三種成份組成。負光阻為高分子和光敏感化合物組成，正、負光阻成像的比較，如圖 2.1 所示。

因為以往負光阻顯影後會略膨脹，解析度較差，目前 ULSI 次微米製程均用正光阻。近來有些光阻製造廠宣稱已可做到顯影後不膨脹的負光阻。

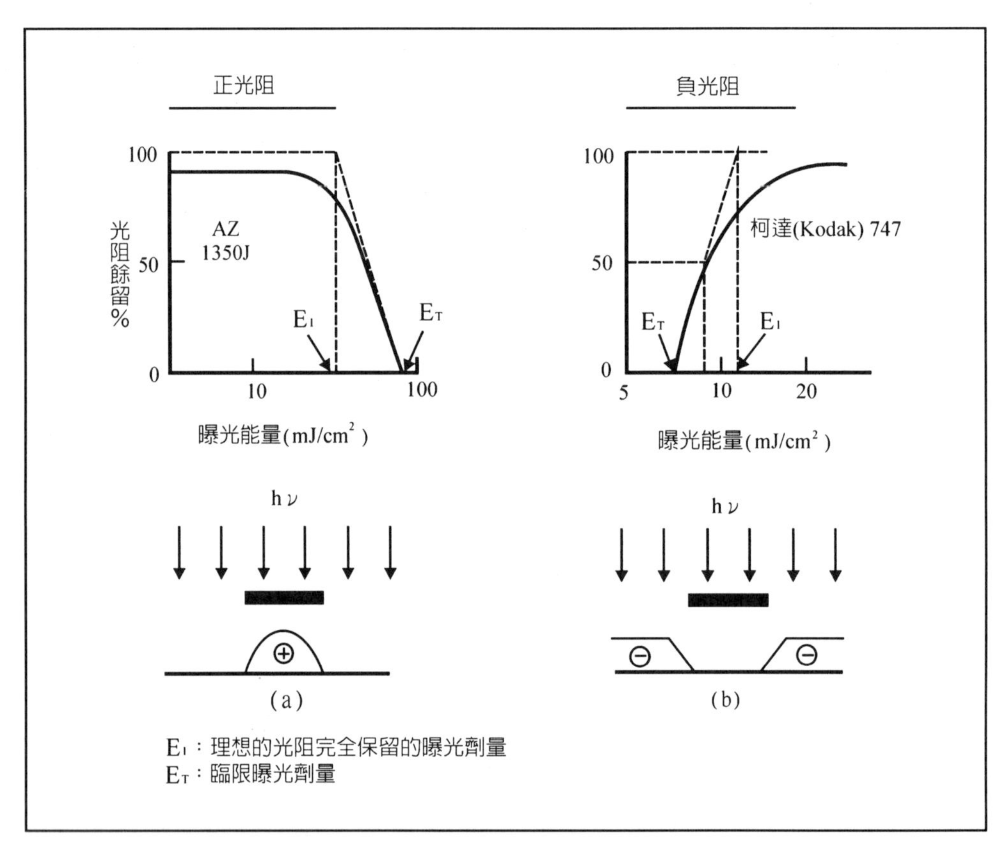

圖 2.1 (a)正光阻，和(b)負光阻成像的比較

目前使用的正光阻中，解析能力最好是聚甲基丙烯酸甲酯，英文是 polymethyl methacrylate, 英文縮寫是 PMMA。它有相當高的解析度。正光阻由樹脂和光活性化合物溶於溶劑組成。光活性化合物會溶解抑制劑。當它被光線破壞，樹脂更易溶於顯影液。不曝光部份較少膨脹，解析度較好。一般 VLSI 或 ULSI 因為要有極好的解析度，都要用正光阻。

聚甲基丙烯酸甲酯(PMMA)，為甲基丙烯酸甲酯的聚合物。透明性優異而外形美觀的樹脂。而且既硬又強韌。比重為 1.9，玻璃轉移點(glass transition point)為 100℃，通常在 120～160℃成形。另一種常用的正光阻是聚丁烯碸(PBS, poly-butene sulfone)。聚丁烯有立體規則的特性，為熱塑性材料。碸的通式為 RSO_2，R 為烷基或芳基。是非常穩定而結晶性良好的固體。

其他常用的正光阻有：AZ1350J，AZ2400，RE5000P，ZEP520，ma-P1200 等。各種光阻材料，及其使用的曝光儀器，如表 1.2 所列。

無機光阻(inorganic resist)硒化鍺(GeSe)玻璃膜是一種少用的光阻。無機光阻硫化銀(Ag_2S)，硫化鍺(GeS_2)可供電子束照像，有高解析度，製程需要在眞空中進行，薄光阻可避免駐波(standing wave)效用。

表 2.1　各種光阻材料

光阻型式	化學結構	使用曝光儀器
負	異戊二烯橡膠(isoprene rubber) 疊氮化合物(azide compound)	光罩對準儀
負	酚樹脂(phenol resin) 疊氮化合物(azide compound)	深紫外光
負	氯聚苯乙烯(chloropolystyrene)	深紫外光
負	酚醛樹脂(novolac resin) 疊氮化合物(azide compound)	I－線紫外光
負	酚樹脂(phenol resin)	深紫外光
正	酚醛樹脂(novolac resin) 疊氮(o-kyniadiazide)	G－線紫外光 或深紫外光
正	聚甲基丙烯酸甲酯(PMMA)	深紫外光
正	聚甲基丁基酮（PMIBK）	I－線紫外光
正	酚醛樹脂疊氮(novolac resin azide)	I－線紫外光

資料來源：Chang and Sze, ULSI Technology, ch. 6.

負、正光阻的組成，包括樹脂、光敏物、顯影劑或稀釋劑，如表 2.2 或表 2.3 所列。

表 2.2 負光阻的成份組成和顯影劑

基本樹脂	光敏物	顯影劑
聚桂皮酸乙烯 (polvinyl cinnamate)	硝基化合物 (nitro compound)	糠醛(furfural) 硝苯(nitro benzene) 醋酸(acetic acid)
環狀聚異戊二烯的聚合物 (cyclized polyisoprene polymer)	疊氮化合物 (azido compound)	二甲苯(xylene) 苯（benzene）

表 2.3 正光阻的成份組成

樹脂	光敏物	溶劑	稀釋劑
酚甲醛酚醛 (phenol formaldehyde novolac)	醌疊氮化合物 (napthoquinone diazide) ($C_{10}H_6O_2$)	乙烯乙二醇 (ethylene glycol)	乙酸丁酯 (butyl acetate) 二甲苯 (xylene) 醋酸纖維素 (cellosolve acetate)

上光阻的過程稱爲光阻覆蓋(coating)，是將光阻劑以浸泡、噴霧、刷佈、或滾壓或滴等方法加於晶圓上。各種光阻覆蓋製程方法中，效果最佳的方法還是旋轉法(spin)。

旋轉法乃是將晶圓以眞空(vacuum)吸附於一個可旋轉的晶圓支持器上，適量的光阻劑加在晶圓中央，然後開始轉動晶圓。晶圓上的光阻劑向外流開，很均勻的散佈在晶圓上。要得到均勻的光阻膜，旋轉速率必須適中穩定，而旋轉速度和光阻劑黏滯性決定所塗光阻劑的厚度。旋轉速率大約爲 2000～5000 轉／分(rpm)，光阻膜的厚度約爲 0.5～10 μ m。也有以二階段上光阻，以得到 30 μ m 或以上的厚度，如圖 2.2 所示。如果旋轉器上加蓋子，使溶劑不易揮發，光阻膜加厚，效果會更好，近來也有公司開發出這種關閉式的旋轉系統。

光阻劑加上後，必須經過軟烤(soft bake, 80℃)的步驟，以除去光阻劑中過多的溶劑，進而使光阻膜較爲堅硬，同時增加光阻膜與晶圓的附著能力，以便利後續的製程，而控制軟烤效果的主要方法，就是適當調整軟烤的溫度與時間。

經過以上的塗光阻膜及軟烤的過程，也就是完成了光阻覆蓋的步驟。

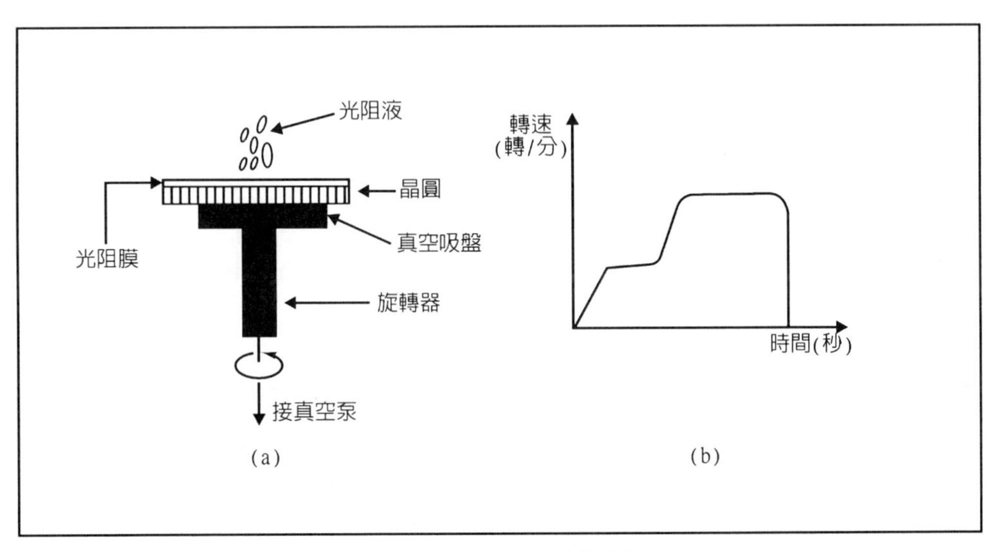

圖 2.2　光阻覆蓋製程

經過光罩對準機(mask aligner)或步進照相機(stepper)曝光(exposure)後的晶圓，便可以進行顯影(development)，使光阻層所轉移的潛在圖案顯像出來。然後烘烤，使光阻結構重新排列，以減少駐波(standing wave)現象，增加解析度。

正光阻經曝光後會溶於鹹金屬溶液。成像和原來的圖案一樣，如同照像館的幻燈片，也就是正片一樣。

負光阻曝光後不溶於顯影液，成像和原來的圖案相反，如同照像館的一般相片，也就是負片一樣。

負光阻的顯影劑之一是二甲苯(xylene)，亦名茬，分子式爲$C_6H_4(CH_3)_2$，分子量爲 106.16，大量含於石油重組油中，也存在於煤塔。二甲苯會氧化而變成苯二羧酸，使用於合成樹脂或合成纖維的原料。二甲苯混合物也在工業方面作各種溶劑之用。

負光阻的清洗劑之一是乙酸丁酯(n-butyl acetate)，分子式爲$CH_3COO(CH_2)_3CH_3$，分子量爲 116.61。常溫時爲液體，比重 0.8826(20℃)。可溶於乙醇、乙醚。可作人造皮革、照相底片、安全玻璃、香料及合成樹脂的溶劑。用以清洗正光阻的去離子水將於第九章再詳細討論。

正光阻的顯影液爲鹼金屬溶液，如氫氧化鈉(NaOH)、氫氧化鉀(KOH)。因爲 Na^+、K^+對積體電路元件有不良的影響，近來已改用有機鹼類取代，如四甲基氫氧化銨(TMAH, tetra methyl ammonium hydroxide, $(CH_3)_4NOH$)、四乙基氫氧化銨(TEAH, tetra ethyl ammonium hydroxide)等。也可以用甲基異丁基酮(methyl isobutyl ketone, MIBK)、甲基乙基酮(MEK, methyl ethyl ketone)、甲基異丙基酮(MIK, methyl isopropyl ketone)等。

正光阻清洗可以用去離子水(D. I. Water)，或丙烯乙二醇甲基醚(PGME, propylene glycol methyl ether)。

顯影後的烘烤稱爲硬烤(hard bake, 125℃)，將光阻內殘留溶劑含量蒸發而降到最少。接下來便可進行眞正要做的製程了。(如蝕刻、離子植入)。或有時候先蝕刻去掉光阻之下的 SiO_2，去除光阻再進行製程，如氧化、擴散、化學氣相沉積(CVD)等，製程後就可以把光阻去除，濕式除去負光阻

用 $H_2SO_4+H_2O_2$，使光阻中的碳氫分別成為 CO_2 和 H_2O。濕式除去正光阻用去離子水。乾式除去光阻用電漿。

因為負光阻顯影後會膨脹，使解析變差，一般次微米製程都用正光阻。微光阻科技(Micro Resist Technology)公司宣稱以一種特殊的酚醛（樹脂）(novolok)做為高分子接著劑，以雙疊氮化合物(bisazide)做為光活性化合物，再加上一種溶劑（比較安全的溶劑，會提昇附著力和表面潤滑的成份），這樣的負光阻在鹼金屬溶液中顯影就不會膨脹。因此使負光阻也可以用於次微米(submicron)的微影照像了。正、負光阻的特性比較，如圖 2.3 所示，或表 2.4 所列。

我們再把烘烤、軟烤、硬烤和去水烘烤幾個重要的名詞，用以下的方式明確的定義：

1.烘烤(bake)：在積體電路晶圓的製造過程中，將晶圓置於稍高溫（60℃～250℃）的烤箱內或熱板上均可謂之烘烤，隨其目的不同，可區分為軟烤(soft bake)與硬烤(hard bake)二種。

2.軟烤(soft bake)：其使用時機是在上完光阻後，主要目的是為了將光阻中的部份溶劑蒸發去除，並且可增加光阻與晶圓的附著力。

3.硬烤(hard bake)：又稱為蝕刻前烘烤(pre-etch bake)，主要目的為去除水氣，增加光阻附著性，尤其在濕蝕刻(wet etching)更為重要，預烤不全常會造成過度蝕刻。

4.去水烘烤(dehydration bake)：目的是去除晶圓表面水分，增加光阻附著力，以免曝光顯影後光阻被掀起。方法為在光阻覆蓋之前，利用高溫(120℃或 150℃)加熱方式為之。

在上光阻之前，為增加光阻和矽晶圓的附著力，一般為用塗底(priming)，使用六甲基二矽氮烷(HMDS)做為塗底材料。

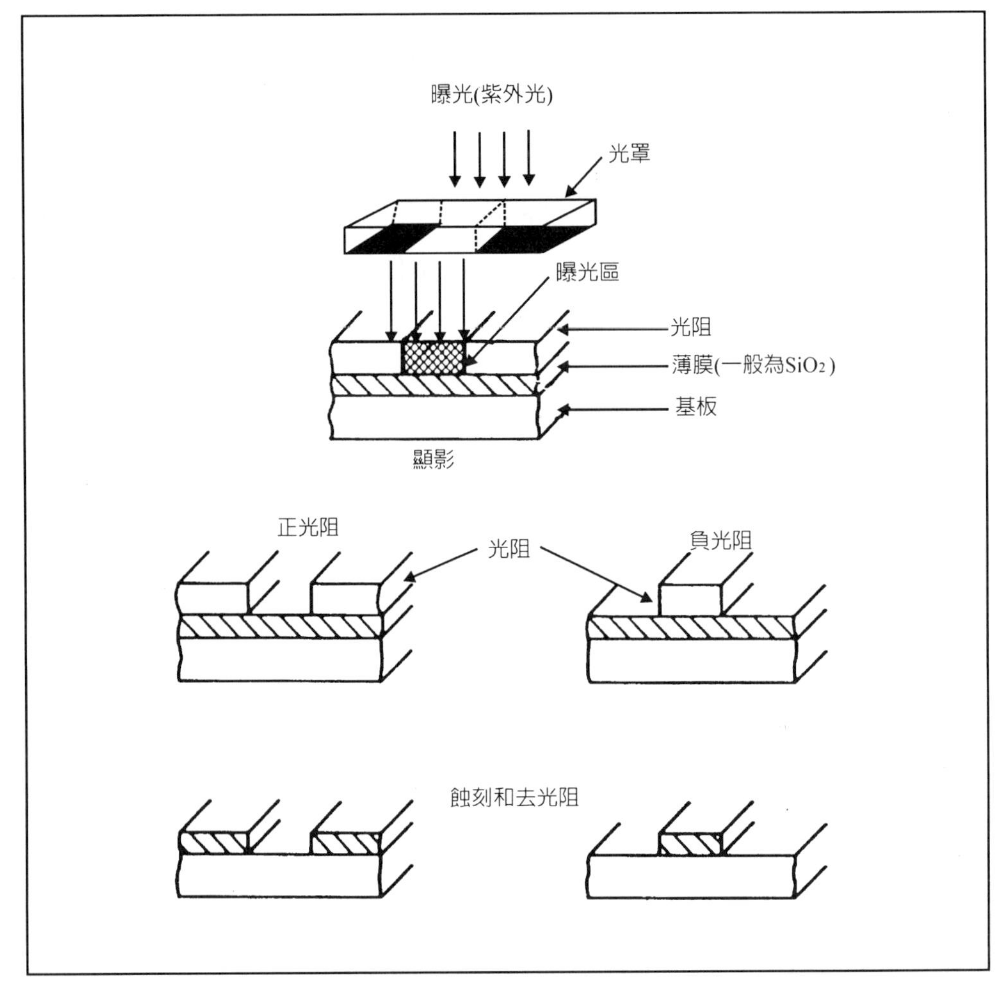

圖 2.3 (a)正光阻，(b)負光阻的特性比較

HMDS 原為化學藥品 hexa methyl disilazane（六甲基二矽氮烷）的縮寫，在此則是指晶圓在上光阻之前，先做一個預先處理的步驟。就是利用惰性氣體（例如氮氣）帶著 HMDS 的蒸氣通過晶圓表面，而在晶圓面上形成一層薄膜。其目的在於：消除晶圓表面的微量水份，防止空氣中的水蒸汽再次吸附於晶面，以及增加光阻劑（尤其是正光阻）對於晶圓表面的附

著能力，進而減少在稍後的顯影過程中產生光阻被掀起，或是在蝕刻時產生了底切(undercut)的現象。（底切將於第六章蝕刻材料再詳細敘述）

目前在規範中規定於 HMDS 塗底完成 4 小時以內必須上光阻以確保其功能。

表 2.4　正光阻和負光阻的比較

特　　性	正　光　阻	負　光　阻
對矽的附著	普通	極佳
對比	較高（如2.2）	較低（如1.5）
價格	較貴	便宜
顯影劑	水溶液（對生態較好）	有機溶劑
影像寬對阻厚	1：1	3：1
氧的影響	無	有
舉離(lift-off)	是	否
極小特徵	0.5 μm及以下	±2 μm
不透明污物在光罩上	不很敏感	會造成針孔
照像速度	慢	快
電漿蝕刻阻抗	很好	不很好
梯階覆蓋	較好	較差
去除光阻在氧化物上	酸	酸
去除光阻在金屬上	簡單溶劑	含氯的溶劑化合物
熱安定性	好	普通
濕化學阻抗	普通	極好

微影照像經過塗底、上光阻、軟烤、曝光、顯影、清洗、硬烤等製程，在顯影後光罩上的圖案即呈現出來，而一部份光阻即被去除，然後就用蝕

刻劑來去除沒有光阻保護的材料。一般多在矽晶圓上先長一層二氧化矽(SiO_2)做爲保護材料。大多製程眞正使用的光罩就是這一層二氧化矽。離子植入(ion implantation)有時也直接用硬烤後的光阻做光罩。接下來就要把不用的光阻去除。光阻去除(stripping)最常用 $H_2SO_4+H_2O_2$，也就是過氧一硫酸。

過氧一硫酸(peroxymonosulfuric acid)又稱爲卡洛氏酸(Caro's acid)，其是由硫酸加雙氧水反應而生成，反應化學方程式如下：

$$H_2SO_4 + H_2O_2 \rightarrow H_2SO_5 + H_2O \tag{2.1}$$

過氧一硫酸(H_2SO_5)爲一強氧化劑，可將有機物氧化分解爲 CO_2 + H_2O，因此在 IC 製程中常用來去除殘餘的光阻，另外對金屬污染及微塵污染也有相當好的清洗效果。過氧硫酸與光阻之間的劇烈反應，因此也有人用食人魚(piranha)來稱過氧一硫酸。在去除光阻時，硫酸會脫水，單獨使用會使光阻液形成焦黑，而加入的過氧化氫會氧化，使光阻的碳成爲 CO，CO_2，而不會有焦黑出現。而且劇烈反應會生熱，因而也無需加溫了。

過氧一硫酸是無色透明的晶體，熔點 45℃，具有吸濕性。在冷水中不會分解但有少量會溶化，在常溫下水溶液分解爲過氧化氫與硫酸。易溶於乙醇、乙醚及乙酸中。純粹者可保存幾天。尙未水解的新鮮溶液是強氧化劑。能以爆炸性的將苯、酚等有機物予以氧化。

如果光阻經過離子植入，就不易以硫酸和過氧化氫的混合溶液清除，而需要用電漿(plasma)來清除。

去除正光阻可以用甲基乙基酮(methyl ethyl ketone, MEK)、丙酮(acetone)和纖維素(cellosolve)。羥胺(hydroxyl amine)、酚(phenol)或甲酚酶

(cresol)，可以除去正光阻或負光阻。

甲基乙基甲酮(MEK)又稱丁酮，英文又名 butanone，分子式為 $CH_3COCH_2CH_3$，分子量為 72.10，是無色液體，味似丙酮，易燃。沸點 79.6℃，凝固點-86.4℃。比重 0.8(20℃)，可溶於苯、乙醇及乙醚，可作塗料、溶劑、無色樹膠、去漆劑、黏著劑及有機合成劑。

羥胺又名胲，分子式為 NH_2OH，分子量是 33.03，熔點 33℃，是還原性鹼性物質。

另一種去除正光阻或負光阻的材料是發煙硝酸(fuming nitric acid)，為二氧化氮(NO_2)含量較多的濃硝酸。比重為 1.48～1.54。為含硝酸(HNO_3)86%以上的紅褐色透明液體。其中氧化作用較大且呈紅色者，稱為紅色發煙硝酸。可作氧化劑、硝化劑、有機合成，醫藥用品、染料合成用品等。

所謂電漿光阻去除，就是以電漿(plasma)的方式，將晶片表面的光阻加以去除。

電漿光阻去除的原理，係利用氧氣在電漿中所產生的自由基(radical)與光阻（高分子的有機物）發生作用，產生揮發性的氣體，再由眞空幫浦(pump)抽走，達到光阻去除的目的，反應機構如下所示：

$$O_2+PR \rightarrow CO, CO_2, H_2O，高分子碎片 \quad (polymer fragments) \quad (2.2)$$

電漿光阻去除的生產速率(throughput)通常較酸液光阻去除($H_2SO_4+H_2O_2+H_2O$)為慢。但是若產品經過離子植入或電漿蝕刻後，表面的光阻或發生碳化或石墨化等化學作用，整個表面的光阻均已變質，若以硫酸吃光阻，無法將表面已變質的光阻加以去除，故均必須以電漿光阻去除的方式來做。

自由基(radical 或 free radical)在許多化合物的分子中都出現的原子團。最常見的自由基，如表 2.5 所列。

表 2.5 常見的自由基和其對應的化合物

基 名	化 學 式	化 合 物
甲 基	CH_3^-	CH_4 (甲烷)
乙 基	$C_2H_5^-$	C_2H_6 （乙烷）
硝 基	O_2N^-	HNO_2 （亞硝酸）
胺 基	H_2N^-	NH_3 （氨）
苯 基	$C_6H_5^-$	C_6H_6 （苯）
乙烯基	$CH_2=CH^-$	$CH_2=CH_2$ （乙烯）
磺酸基	HSO_3^-	H_2SO_3 （亞硫酸）
羧 基	$HOOC^-$	HCOOH （羧酸，甲酸）

另一個類似的製程移爲電漿預處理(descum)。電漿預處理，係利用電漿(plasma)方式，將晶圓表面的光阻加以去除，但其去光阻的時間，較一般電漿光阻去除(stripping)爲短。其目的只是在於將晶圓表面的光阻因顯影預烤等製程所造成的光阻毛邊或細屑（或稱渣屑）(scum)加以去除，以使圖形不失眞，蝕刻出來的圖案不會有殘餘，如圖 2.4 所示。

通常電漿預處理，均以較低的壓力，較小的功率爲之，也就是使光阻之蝕刻率降得很低，使均勻度能夠提高，以保持完整的圖形，達到電漿預處理的目的。

當光罩已設計好爲使用負光阻，但想要提高解析度，就可以用影像反轉(image reversal)來完成。

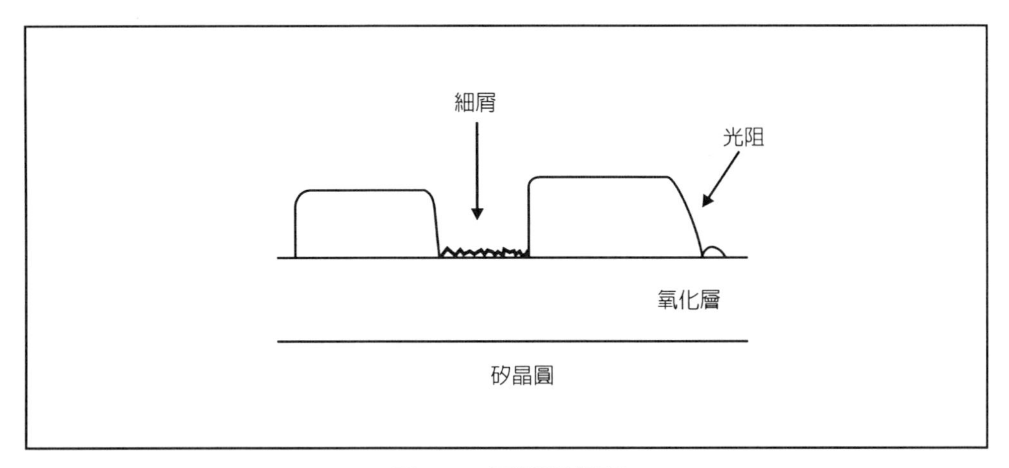

圖 2.4　電漿預處理

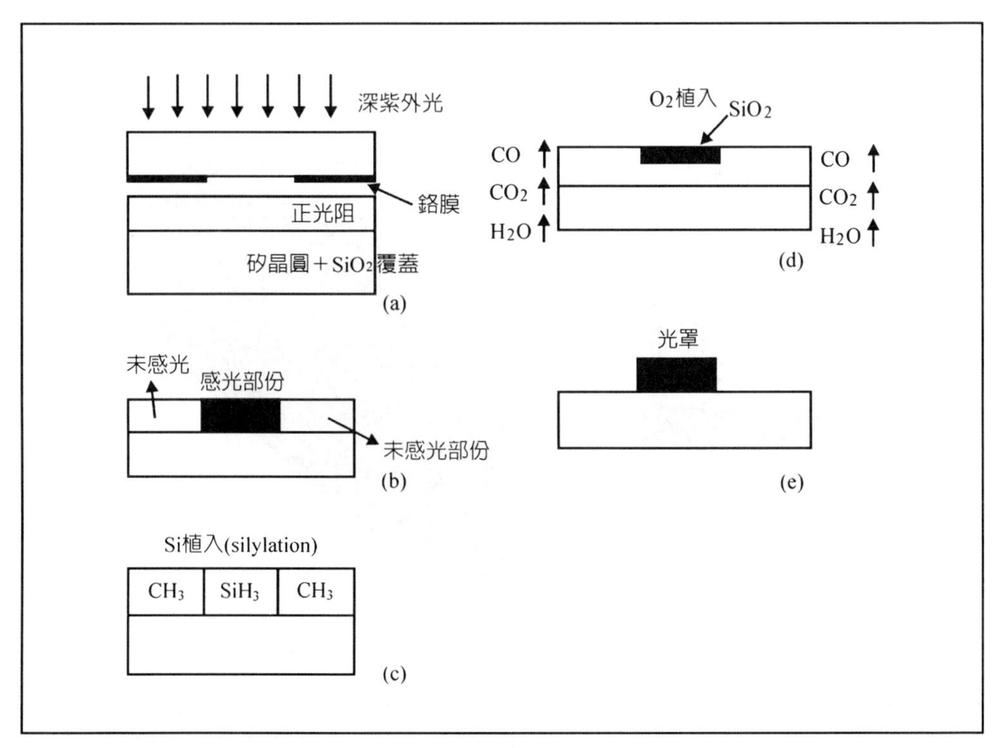

圖 2.5　影像反轉製程和(a)以深紫外光照像，(b)曝光後，(c)矽離子植入，(d)氧離子植入，(e)最後是光罩中透明的部份被保留了。

製程為將矽晶片長 SiO_2，上光阻、照像曝光(exposure)，使光阻在透明光罩圖案的部份感光，在不透明光罩圖案的部份不感光。暫時不要顯像。以矽植入(silylation)，也就是利用矽的離子，使已感光部份的光阻和矽化合。通氧電漿，使矽化部份生成 SiO_2 而被保留為製程用的光罩，未與矽化合的部份生成 CO、CO_2 或 H_2O 而揮發掉，如圖 2.5 所示。

曝光時，因入射光和由晶圓表面的反射光因相位差產生干涉駐波(standing wave)，曝光強度隨著光阻深度有固定強弱的變化，所以經顯像之後，光阻層的側面將成為波紋狀。使光阻線寬改變，進而影響後續的製程，如圖 2.6 所示。

進步的成像系統，標榜它可以使用較厚的光阻，而不會（或很輕微的）駐波現象。因為光阻越厚，阻擋曝光功能理論上越好，成像越清楚。

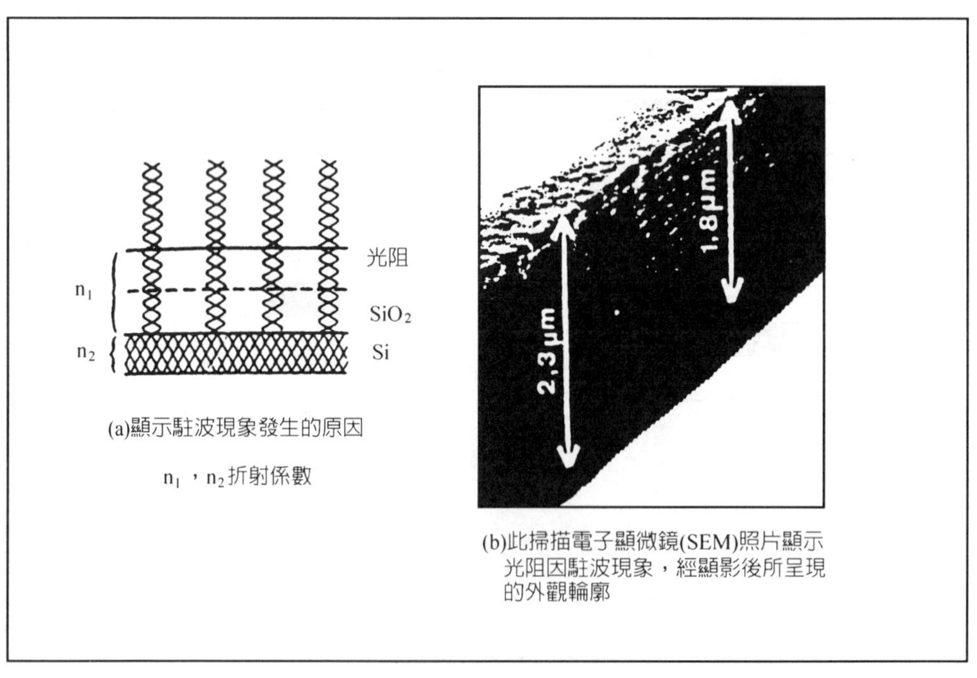

(a)顯示駐波現象發生的原因

n_1，n_2 折射係數

(b)此掃描電子顯微鏡(SEM)照片顯示光阻因駐波現象，經顯影後所呈現的外觀輪廓

圖 2.6 駐波現象

平行的光線照射到光罩(mask 或 reticle)上，理想地，光罩上有遮蓋的區域照不到光線，透明的區域均勻的光照射強度。事實上，遮蓋的地方也部份感光，使成像解析度(resolution)變差。這種現象稱爲繞射(diffraction)。因此，進步的微影成像系統都努力於減少繞射。讓光線從二個方向以一斜角入射，使光罩下的感光度造成 180° 相差而抵消。因此可以提高解析度，如圖 2.7 所示。

繞射(diffraction)是指音波、電磁波（包括光線）等的波繞射至小孔或障礙的等後方之幾何學上陰影部份的現象。波長 λ 和小孔的大小比愈大，則繞射現象愈甚。

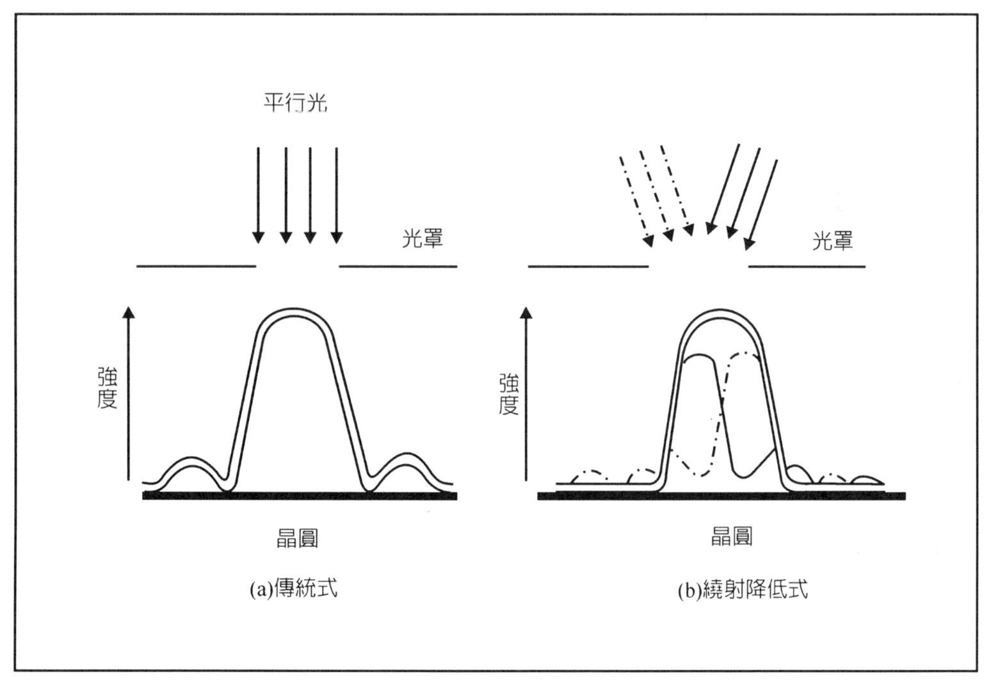

圖 2.7　(a)繞射現象和(b)降低繞射的比較

2.3 光罩材料

光罩(mask 或 photomask)是在微影照像中用來定義圖案的工具，其母材爲石英玻璃(quartz glass)或綠玻璃，其中一面鍍了一層鉻(chromium)，根據設計的佈局圖案(layout pattern)製佈光罩，部份鉻膜被蝕刻(etch)掉了。

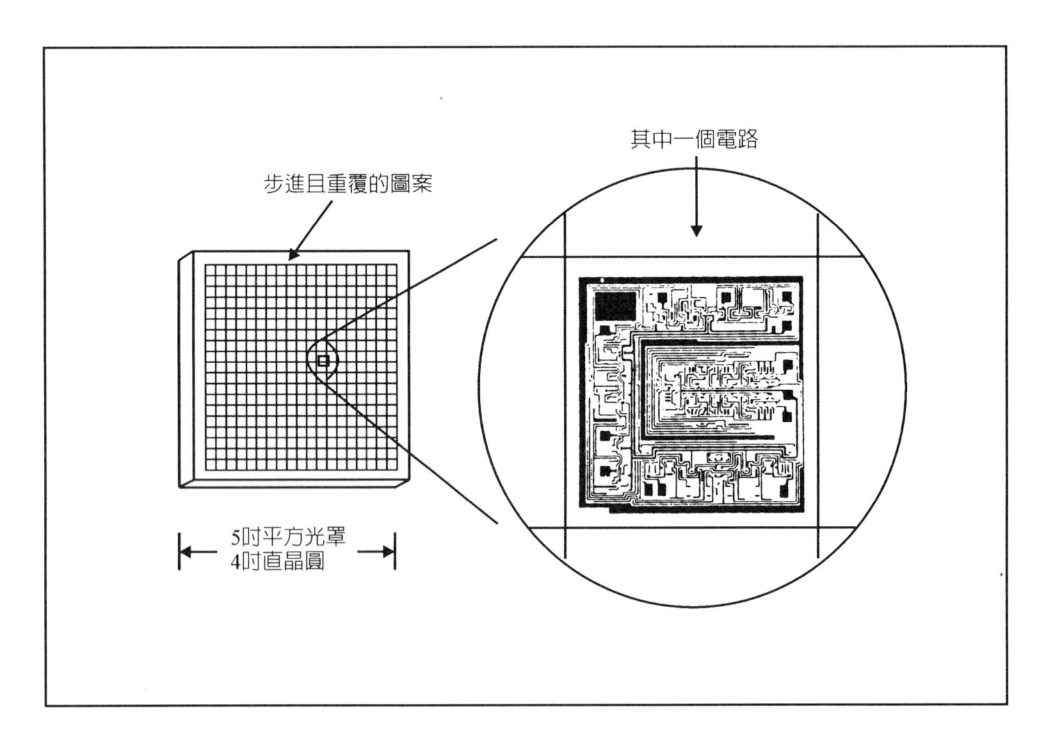

圖 2.8 一個光罩的例子

Mask 的原意爲面具。而事實上，光罩在整個 IC 製作流動上，所扮演的角色，亦有幾分相似。一個光罩的例子，如圖 2.8 所示。

光罩主要的用途，在於利用光阻製程，將我們所需要的圖形直接複印在晶圓上，製作很多的 IC 晶粒。

石英玻璃(quartz glass)是僅以二氧化矽為成分的玻璃。亦稱矽石玻璃(silica glass)。可通過 220 nm 為止的紫外線，不怕熱衝擊，而且化學劑耐久性亦優。比重 2.2，軟化點 1650℃，可當特殊光學儀器、電器零件、理化用品等。

鉻(chromium, Cr)是原子序 24 的元素。原子量為 51.996。因具有各種不同的色彩，故取希臘語"色"的諧音而命名的金屬。於地殼中的存量為 100 ppm（第 20 位）。沒有游離態者產出，而一般的礦石為鉻鐵礦和紅鉛礦。另外紅寶石及祖母綠的著色的原因，是因在這些寶石中均含有微量的鉻。熔點 1905℃，沸點 2200℃，比重 7.19。在常溫中極安定，在空氣中也不受到侵蝕，並在高溫下能與鹵素、硫、氧等非金屬直接反應。鉻的原子價通常為二價、三價及六價。用於光罩是因為鉻膜不透過紫外光。

製作光罩時鉻膜的濕蝕刻材料如表 2.6 所列。

表 2.6　鉻膜的濕蝕刻材料

鹼蝕刻(alkaline etch)	50g NaOH　1份 100ml H_2O 100g $K_3(Fe(CN)_6)$　3份 300ml H_2O
硝酸銨鈰(ceric ammounium nitrate)	310g $Ce(NH_4)_2(NO_3)_6$ 120ml HNO_3(濃) 1970ml H_2O
硫酸鈰(ceric sulfate)	飽和$Ce(SO_4)_2$溶液　9份 HNO_3(濃)　1份

而光罩因所用的對準機台，也分為 1x，5x，10x 光罩（即光罩圖形以 1：1 或 5：1，10：1 縮小而成像於晶圓）等，此縮小的光罩也可以稱為網線(reticle)。使用 1：1 光罩的曝光機器稱為光罩對準儀(mask aligner)，而

使用縮小圖案的光罩曝光機器，則爲步進式照像機器(stepper)。

光罩圖形縮小，灰塵也縮小，對晶粒的殺傷力就減少，可提高良品率(yield)。

一般在光罩曝光過程中，易有微塵掉落在光罩上，而使晶粒(chip)有重覆性缺陷，故在光罩上下面包圍一層膜，稱之爲光罩護膜(pellicle)。好處如下：

1.微塵僅只掉落在膜上，光繞射(diffraction)結果對於此微塵影響圖案程度將降至最低。
2.無需經清洗過程，而只需用空氣槍吹去膜上異物，即可將異物（微塵）去除。

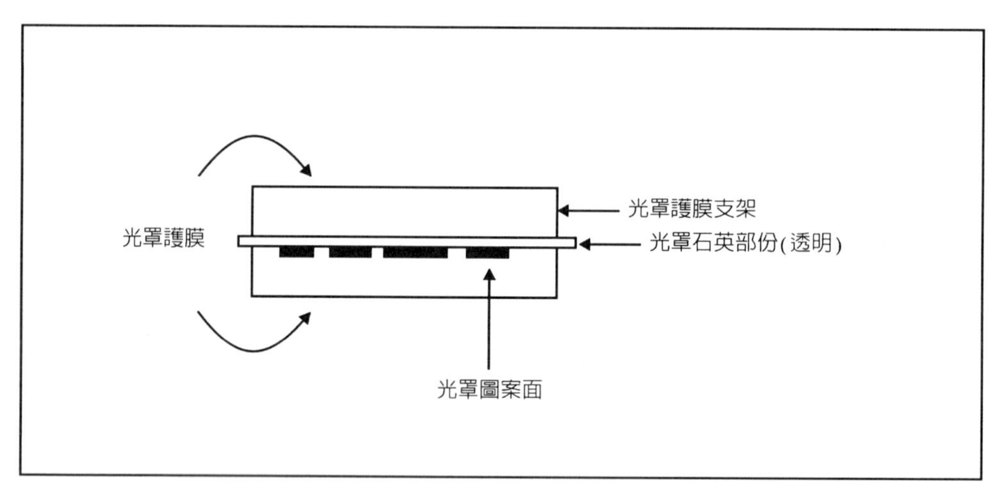

圖 2.9　光罩護膜

一些常見的污染源，如表 2.7 所列。去除光罩或晶圓上污染物的方法有乾式和濕式兩種，其特質的比較，如表 2.8 所列。

表 2.7　一些常見的污染源

晶圓傳送盒、卡匣(cassette)
晶圓處理
製程機器
殘餘的光阻或有機敷蓋物
金屬腐蝕
溶劑、化學品
大氣
靜電放電(electrostatic discharge, ESD)（無塵室必須要有導電地板）、濕度、溫度
不潔淨的傢俱、文具等
操作員（例如吸煙、擦粉、化粧）

表 2.8　乾式和濕式清潔的比較

特　質	濕　清　潔	乾　清　潔
微粒子去除	＋	－
金屬去除	＋	－
重有機物，如光阻去除	＋	－
輕有機物，如洩漏碳氫殘餘	＋	＋
產能	＋	－
製程重覆能力	＋	＋
水的用量	－	＋
製程化學潔淨	－	＋
環境衝擊、採購、拋棄成本	－	＋

資料來源：Iscoff, Semicond, Int. 14, 1991　＋好　－不好

顧名思義，光罩保護膜的最大功能，即在保護光罩，使之不受外來髒污物的污染，而保持光罩的潔淨；一般使用的材料爲硝化纖維素，而厚度較常用的有 2.85 μ m，0.86 μ m 兩種。

一般而言，可將光罩保護膜(pellicle)分爲兩部份：1.框架(frame)部分，支持其薄膜的支架，其高度稱爲遠離(stand-off)。愈高其能忍受微塵的能力愈高，但須配合機台的設計使用。2.透明的薄膜(film)，其厚度的均勻度，透光率是使用時重要的參數。

光罩保護膜的壽命，除了人爲損傷外，一般均可曝光數十萬次，透光率衰減後才停用並更換。

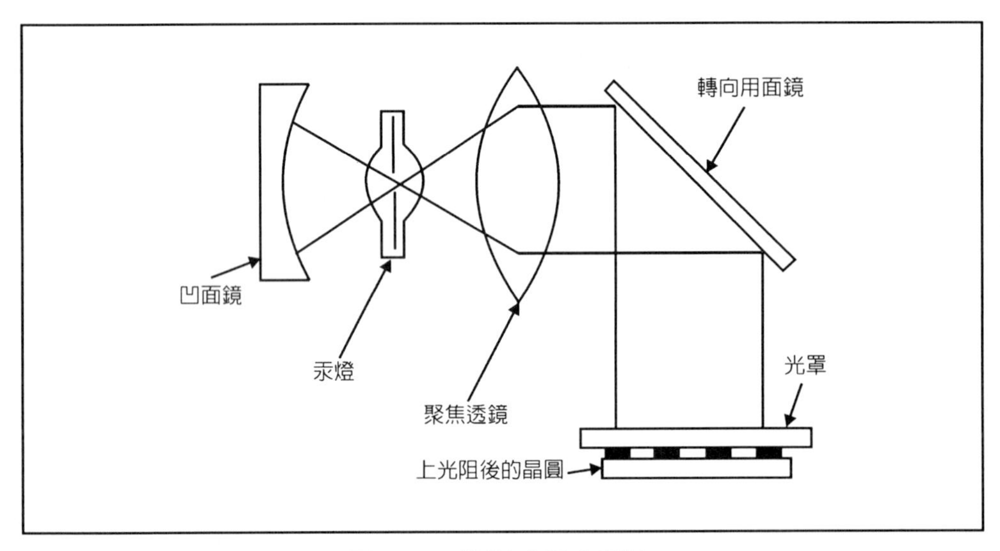

圖 2.10 接觸式曝光系統

接觸式曝光系統，如圖 2.10 所示，因光罩和晶圓會相互摩擦，而影響光罩的使用期限，或降低良率。而且其解析度(resolution)也無法配合 ULSI 的需求，現在先進的積體電路製造公司則已改用步進照像機器(stepper)或掃描機(scanner)了。

微影照像用設備，將一片晶圓分爲好幾次曝光，以提高解析度。步進照像如圖 2.11 所示。利用汞燈（發出紫外光）曝光的光源，橢圓形面鏡聚焦，干涉濾波器選擇所要的波長（如 I line 爲 365 nm，H line 爲 405 nm， G line 爲 436 nm），蒼蠅眼（複眼）透鏡集光，聚光透鏡將光線均勻投射於光罩(reticle)面上。再以投影透鏡將光罩上的圖案縮小，而投影到晶圓上。一個光罩可以有數個圖案，以減少光罩數目及儲存空間。

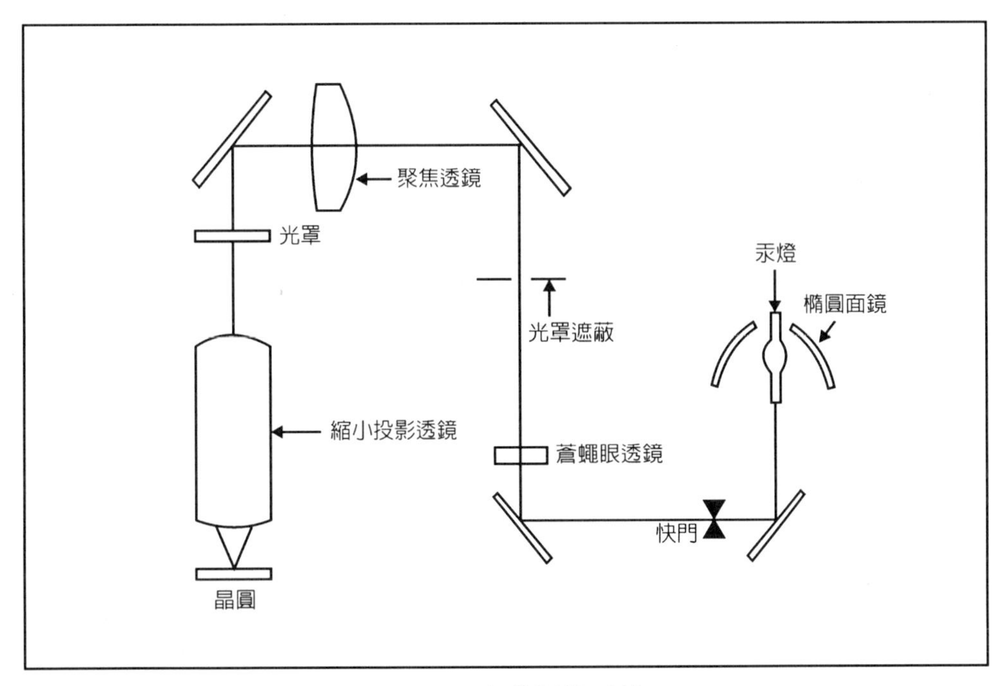

圖 2.11　步進照像系統

紫外光(ultraviolet)是比可見光的短波長極限 390 奈米還要短的光。其中 390～200 nm 稱爲近紫外線，200 nm 以下稱爲遠紫外線。紫外線的能量足夠進行分子的電子激發，或鍵的切斷。光化學用紫外光源，近紫外線普遍使用汞燈，而遠紫外線則使用鈍氣放電管。紫外線中波長 254 nm 以下對眼睛有害。

將光的信號送到光倍增管(photomultiplier tube, PMT)放大後，送入電腦，再產生電信號，轉換爲機械動作，以完成對準(alignment)動作。

光倍增管(photo multiplier tube)，是由光電管和二次電子倍增管組合而得。是利用光電面接收光，使其發出光子，以靜電方式聚集成光束，再碰撞第二個電極，使其放出更多的二次電子。如此反覆好幾段，以求光電子增多。如倍增管有 10 段，增益可達 10^6。

Stepper（步進式對準機）是 step projection aligner（步進投影對準機）的簡稱。Stepper 與投影對準機(projection aligner)原理類似，只是將每片晶圓分爲 20～60 次曝光，如圖 2.12 所示。光罩和晶圓的之間有一個投影光學系統。Stepper 使用自動對準，不但迅速、精確，且可使用電腦計算、補償。對準方式可分爲整片的(global)、一個一個晶粒的(die by die)、高級整片的(advanced global)等方式對準。此三種方式均可補償因晶圓變形造成的對準不良（如擠進／擠出）。步進對準機也可按縮影比例，分爲 1x、5x、10x 三種。以最常見的 5x 爲例，光罩上一條 5μm 的直線，曝在晶片上，僅爲 1μm 而已。如此，光罩上的灰塵也被縮小了 5 倍，殺傷力也減小了。

對準時利用一片均勻，但表面粗糙的霧狀晶圓(frosty wafer)，以及一些對準靶(alignment target)，氦氖雷射光(He-Ne Laser,波長 6328Å)等。

霧狀晶圓是用來做光罩(reticle)對準用的一種特殊的晶圓。它是在矽晶圓上先長一層 0.1μm 的 SiO_2，再蒸鍍一層 1.0μm 的鋁。因爲 SiO_2 厚度不均勻，鋁的表面不平，像霧一樣（不像鏡子那麼平，那麼亮）。或是將晶圓上的圖案蝕刻使它不平。它會使光線由光罩對準基準(alignment fiducial)散射(scatter，即改變方向)，而進入暗區。暗區中有光訊號就表示對到光罩對準基準了。再經由光倍增管、電腦和機械動作，光罩就可以對準了，如圖 2.13 所示。

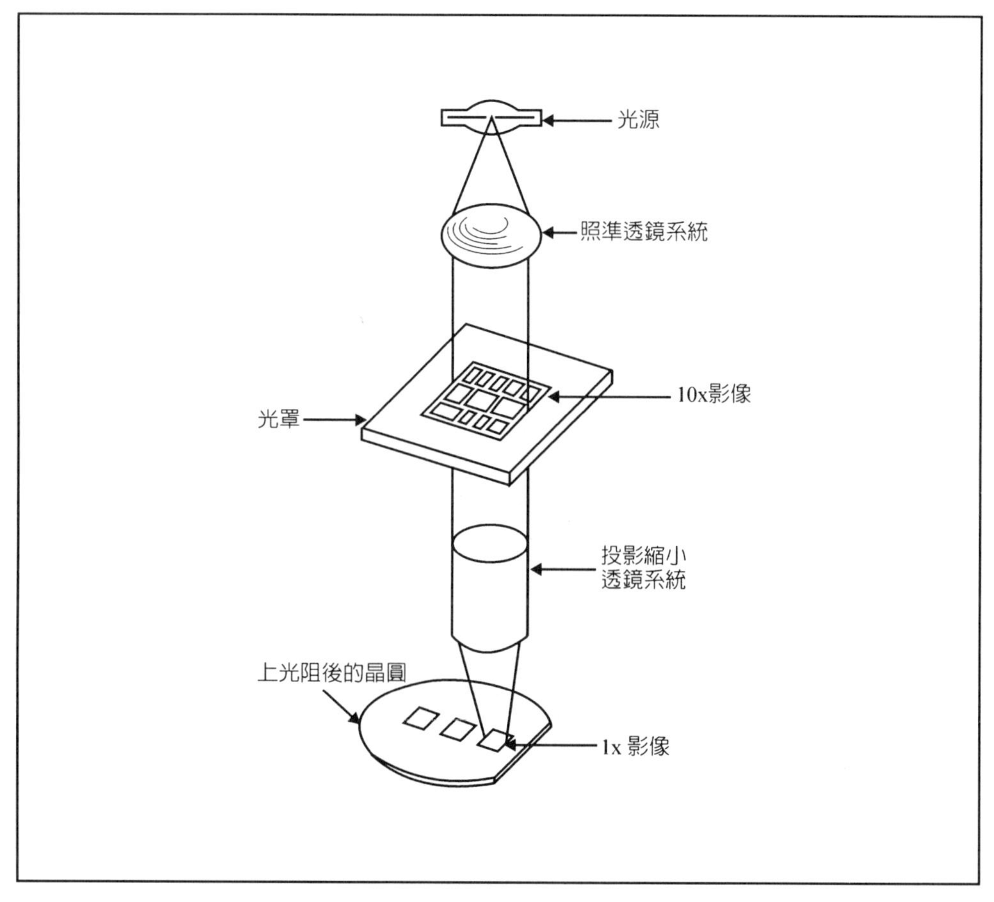

圖 2.12 在晶圓上步進曝光

另一個相類似的名詞是大霧狀晶圓(mega frosty wafer)，即則是以繞射坡度圖案(diffraction grading pattern)，再加以蝕刻而製得的。

散射(scattering)是入射波碰到比其波長稍大的物體時，會發生以該物體為中心向周圍擴展的現象。粒子的碰撞，在碰撞前後的粒子種類或粒子對不變化，也可稱為散射。

最近有人以相移光罩(phase shift mask)提高解析度，不過相移光罩製作成本太高。也有以深紫外光(deep UV)來提高解析度的，如圖 2.14 所示。

將光罩上加一層相移層，使晶圓上光強度的分佈有些相位的改變，而使不該曝光的部份感光的能量互相抵消，以提高解像能力(resolution)。

傳統光罩有透光(transparent)和不透光(opaque)兩部份。紫外光照射後，因繞射(diffraction)現象，光罩不透光下的晶片也會受到部份光，二相鄰部份，光幅度相加之後，可能造成解析度降低。

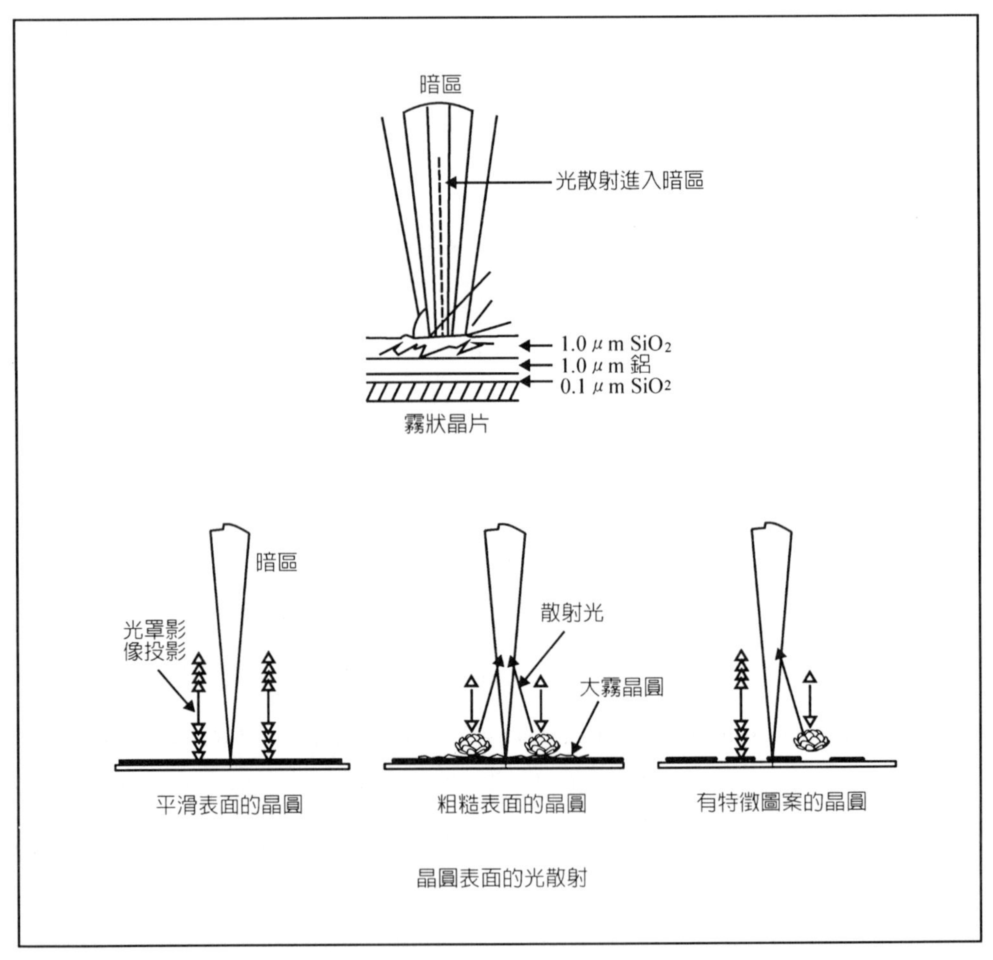

圖 2.13 霧狀晶圓的對準原理

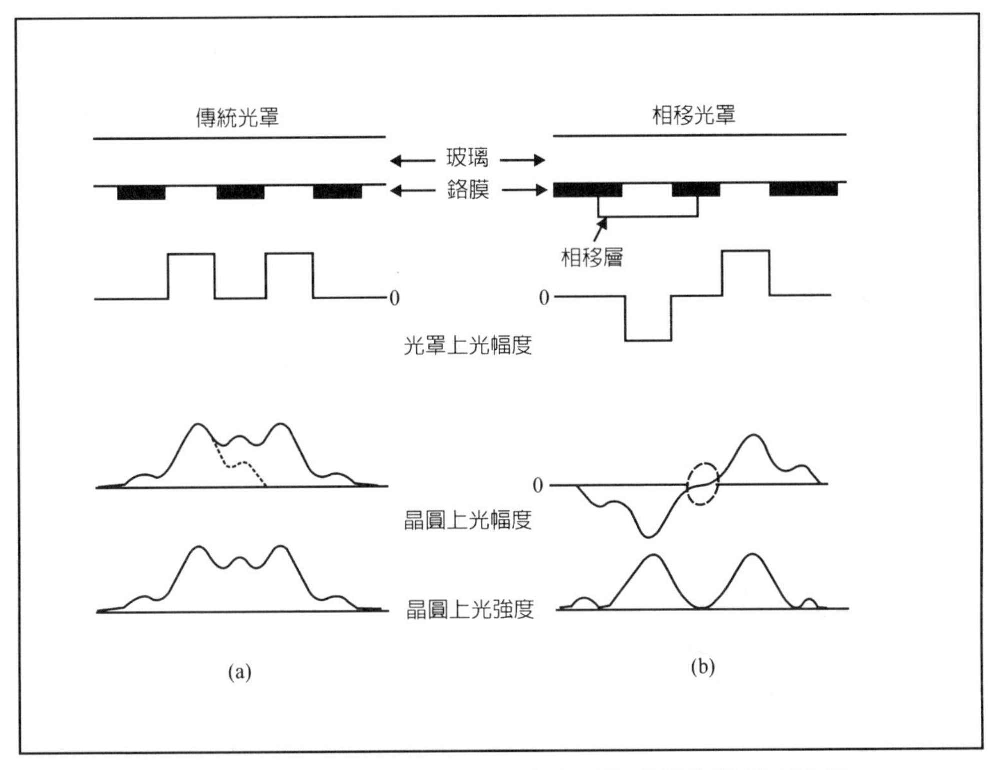

圖 2.14　(a)傳統光罩，和(b)相移光罩的成像的解析度比像

決定曝光成像的幾個重要參數，分別爲 1.光與系統的數值孔徑(numerical aperture)，2.焦距深度(depth of focus)，3.解析力(resolution)和 4.針孔問題(pinhole)，分別敘述如下：

1.數值孔徑(numerical aperture, NA)

數值孔徑的值是投影式對準機，其光學系統的解析力(resolution)好壞的一項指標。NA 值愈大，則其解析力也愈佳。

依照定義，參考圖 2.15，數值孔徑的值爲：

$$NA = n \cdot sin\theta \approx \frac{n \cdot D/2}{f} = \frac{n \cdot D}{2f} \tag{2.3}$$

上式中 n 是鏡頭的折射係數(refractive index)，D 是鏡面的直徑，θ 是半角，換算成照相機的光圈值(f-number)(f/#)，可得

$$f/\# = \frac{f}{D} = \frac{1}{2NA} \tag{2.4}$$

(f/#即我們在照相機鏡頭的光圈值，常見的 f/16, 8, 5.6, 4, 3.5, 2.8 等即是)。

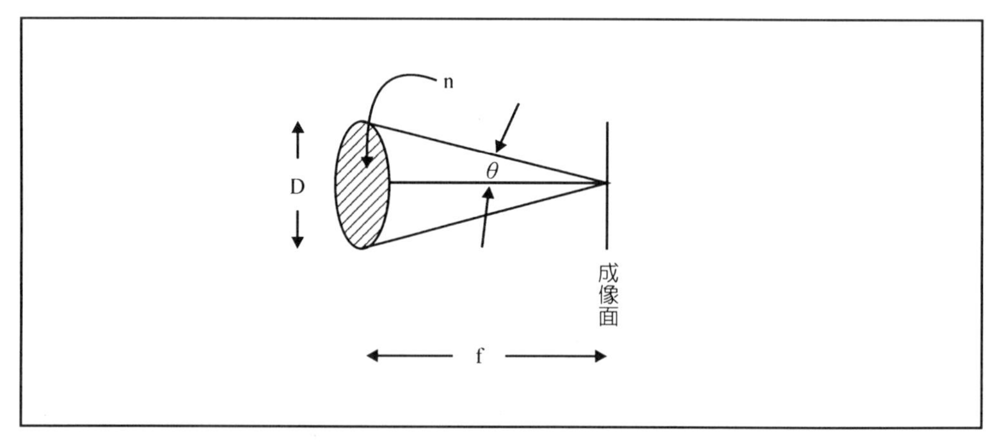

圖 2.15　數值孔徑的表示方法

亦即，鏡片愈大，焦距愈短者，解析力就愈佳，但鏡片的製作也就愈難，因爲容易產生色差(chromatic aberration)及像畸變(distortion)，以佳能(Canon)步進照像機爲例，其 NA = 0.42，換算成照像機光圈值，$f/\# = \frac{1}{2 \times 0.42} = 1.19$，如此大的光圈值，步鏡照相機鏡片之昂貴也就不足爲奇了。

2.焦距深度

投影成像時，光罩和投影光學系統的位置都固定，晶圓放在某一位置會得到最清楚的成像，此位置即爲焦距（或焦點，focus）。晶圓在焦點前

後稍許移動，會有一小段距離，成像的清晰度仍然是可接受的範圍，即爲焦距深度。如圖 2.16 所示。

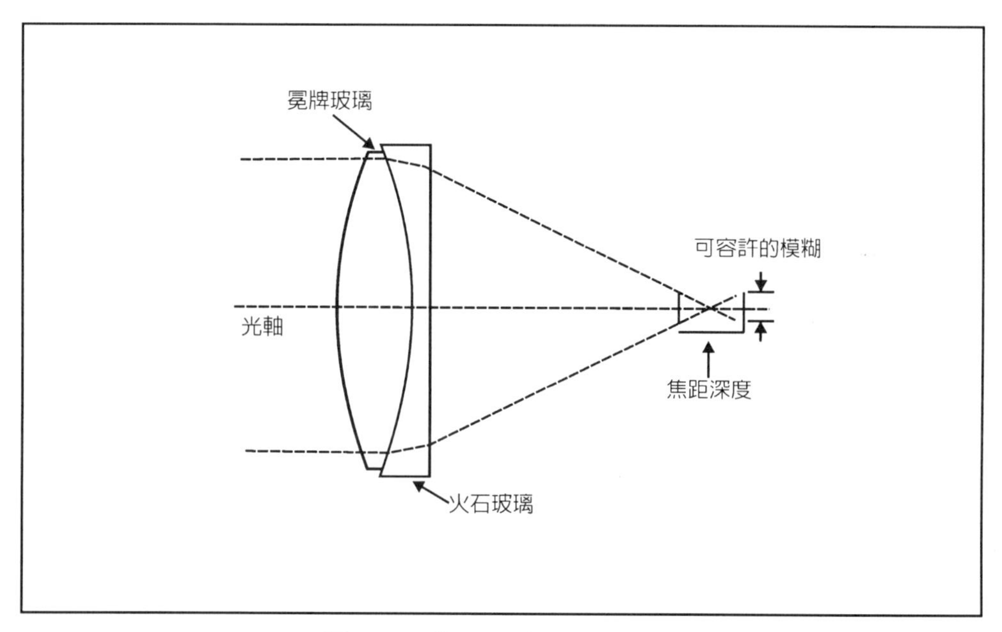

圖 2.16　焦距深度的表示方法

3.解析度

解析度在 IC 製程的對準照像(align & print)過程中佔著相當重要的地位，尤其演進到 ULSI 後，解析力的要求就更高了。它是對光學系統（如對準機、顯微鏡、望遠鏡等）好壞的評估標準之一。現今多以法國人瑞利(Rayleigh)所制定的標準而遵循的。

定義一物面上兩光點經光學系統投於成像面上，不會模糊到只被看成一點時，物面上兩點間的最短距離，如圖 2.17 所示。若距離愈小，則解析力愈大。通常鏡面大者，即數值孔徑(numerical aperture, NA)大者，其解析者也愈大。

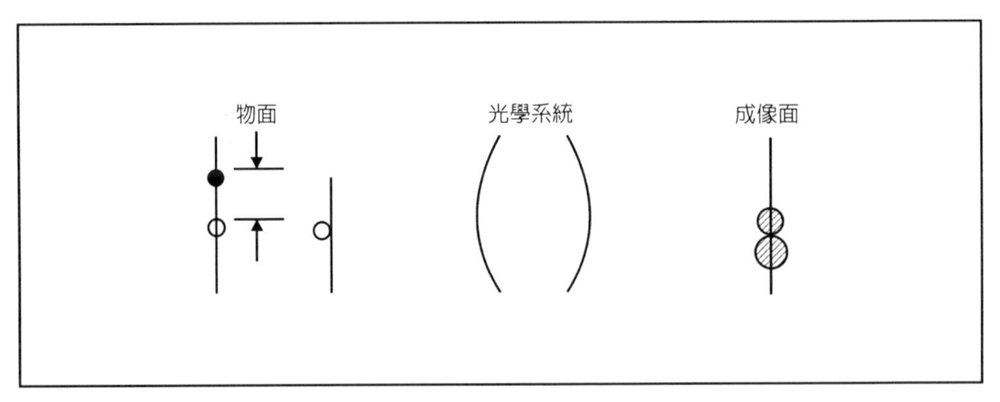

圖 2.17　解析力的表示方法

解析力不佳時，例如對準機對焦不清(defocus)時，就會造成關鍵尺寸(critical dimension, CD)控制不良、金屬橋接、接觸窗(contact window)、瞎窗或開窗過大等缺點。

4.針孔問題

在光阻製程所謂的針孔，就是在光阻覆蓋時，光阻薄膜無法完全蓋住晶圓表面，而留有細小如針孔般的缺陷。在蝕刻製程時，很可能就被蝕刻穿透，而導致晶粒的報廢。

在以往使用負光阻製程時，由於負光阻粘稠性較大，覆蓋較薄，因此容易出現針孔，故有些層次如接觸，必須覆蓋兩次，才能避免針孔的發生。目前製程大多使用正光阻，覆蓋較厚，已無針孔的問題存在，品質管制(quality control, QC)亦不做針孔測試。

2.4　光源材料

微影照像所使用的曝光光源為汞（即水銀）燈，水銀發出的光為紫外光(ultraviolet)。一般接觸式光罩對準儀(mask aligner)多會標示出其紫外光的波長範圍，如 UV400 指波長在 350-450 奈米(nanometer, nm)範圍，UV300

波長在 280-350 nm，UV250 指波長在 240-260 nm。大致上來說，波長越短繞射現象越少，解析度越好。步進照像機則標示出 G 線(G-line)，指波長爲 436 nm；或 I 線(I-line)，指波長爲 365 nm 等，如圖 2.18 所示。步進照像大致上可得到次微米（submicron，指小於 1 微米）的解析度。如果要得到深次微米（deep submicron，指小於 0.5 微米）的解析度，則需要使用深紫外光(deep UV)，如氟化氪(KrF)的波長爲 248 nm，大約可得到 0.18 微米的解析度。更高級的氟化氬(ArF)的波長爲 193 nm 的照像技術，則有待光阻液(resist)和透鏡(lens)材料的開發，才能更上一層樓。

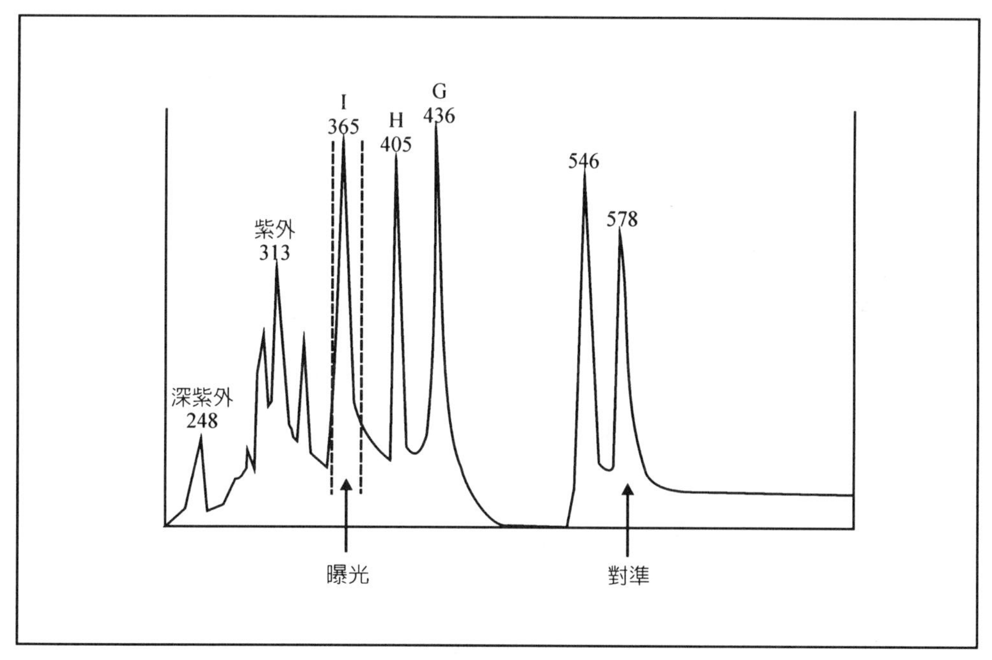

圖 2.18　各種紫外光和可見光光譜

汞(mercury)的化學元素符號是 Hg。原子序爲 80，原子量爲 200.59。可從辰砂(HgS)中分離汞，在空氣中將辰砂加熱至 400～600℃，產生的汞蒸汽冷卻則凝縮，呈銀白色。於常溫中是唯一液態的金屬元素，凝固點爲

-38.8℃。汞的蒸汽壓高，隨溫度上升而遽增，吸入汞氣會引起神經障礙。汞不溶於鹽酸、稀硫酸，可溶於硝酸、熱硫酸。

G-line 係指一種光波的波長，多係水銀燈所發出的光波波長之一，其波長爲 436 nm。G-line 的光源，經常作爲步進照像(stepper)的曝光用，步進照像機所用的水銀燈，本來係由許多不同波長的光組成，利用一些面鏡(mirror)、稜鏡(prism)、透鏡(lens)和快門(shutter)等，經聚焦、反射、過濾的結果，會將其他波長的光過濾掉，僅餘 G-line 作爲曝光用。使用單一波長作爲曝光光源，可以得到較佳的能量控制和解析力。但由於其爲單色波，故產生的駐波(standing wave)效應對光阻圖案產生很大的影響。在選擇最佳光阻厚度，以符合駐波的特性，成爲 G-line 步進照像的最主要的工作之一。

另一種常用於步進照像的是 I-line，波長爲 365nm。(1nm=10Å，$1nm=10^{-9}m$)，nm 中文可譯爲奈米。當光罩與晶圓對準後，利用 365 nm 的波長爲光源，將預作在光罩上的圖形以 2.5：1～10：1 的比例，一步一步的重覆曝至晶圓上的機器。

波長 248 nm 的氟化氪(KrF)深紫外光，可使解析度提高到 0.18μ m，如果把數值孔徑增大，也可再提高解析度。波長 193 nm 的氟化氬(ArF)深紫外光，期待光阻和透鏡材料的開發，才能大量生產。深紫外光燈可以是氙－汞(Xe-Hg)燈，或汞弧燈摻鋅(Zn)或鎘(Cd)或重氫(H_1^2, deuterium, D_2)。

光學系統方面將利用折射光學透鏡(dioptric lens)和／或全反折射(catadioptric)透鏡。

幾種進步的顯像照像爲 1.電子束微影技術(e-beam lithography)，2.x 光微影技術(x-ray lithography)，和 3.準分子雷射微影技術(excimer laser lithography)。

1.電子束微影技術

目前晶圓製作中所使用之對準機，其曝光光源紫外光(UV)波長約爲

365 nm～436 nm，可製作線寬約 0.5 μ m 之 IC 圖型。深紫外光(deep UV)的波長約爲 193～248 nm，可製作 0.25～0.18 μ m 的 IC 圖型。但當需製作更細的圖型時，則目前的對準機，受曝光光源波長的限制，而無法達成。因此在深次微米的微影技術中，即有用以電子束爲曝光光源者，由於電子束波長甚短(<1Å)，能量爲 10～15 KeV，故可得甚佳的解析度，作出更細的 IC 圖型，此種技術即稱之電子束微影技術。

電子束微影技術，目前已應用於光罩製作上，至於應用於晶圓製作中，則仍在發展中。

電子束(electron beam, e-bem)，或稱電子線，指發射於眞空中的自由電子的射線束(beam)，其意義和陰極射線完全相同。通常是由於熱電子被釋放而產生的。電子射線的能量大多以加速電壓 V 表示。波表 λ 以奈米(nm)爲單位，$\lambda = 12.3 / \sqrt{V(伏特)}$。利用電子射線的裝置，除微影照像還有示波器、電子繞射、電子顯微鏡及電子束蒸鍍(e-beam evaporation)，其中電子顯微鏡是材料分析最重要的儀器之一，電子束蒸鍍將於第七章，金屬材料再詳細討論。

2.x-光微影技術

在次微米微影成像技術中，x-射線微影技術倍受矚目。由於 x-射線的波長甚短（約 4～50Å），故可得甚佳的解析力，同時在深次微米線寬範圍內無干涉及繞射(diffraction)現象，因此可製作深次微米（小於 0.5 μ m，甚至小於 0.25 μ m）線寬的 IC 圖案。

這種以 x-射線爲曝光光源的微影技術，目前仍在開發中。

由於 x-光穿透力甚強，其光罩上圖案不再是鉻(Cr)膜，而是一般大都爲金（gold, Au），因爲金的原子量大，如圖 2.19 所示。

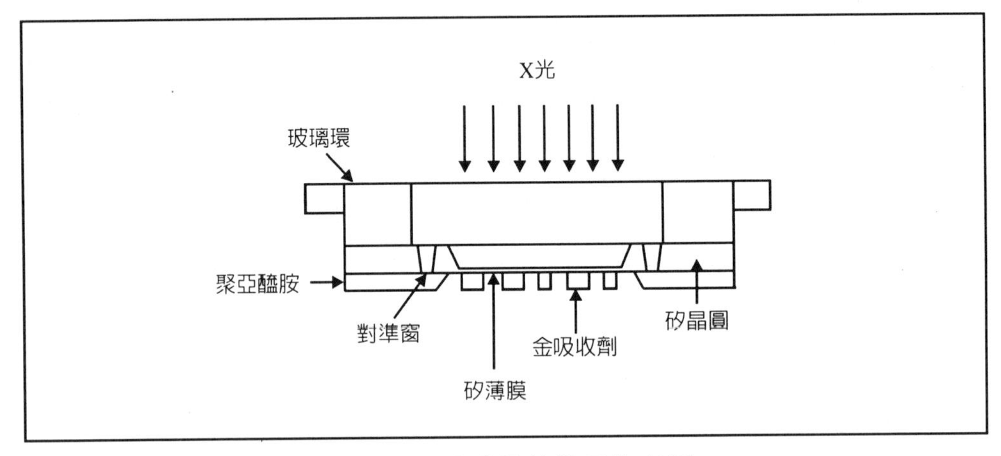

圖 2.19　x 光微影技術用的光罩

x 射線(x-rays)是波長爲數奈米以下的電磁波，或能量達數百電子伏特(eV)以上的光量子流。通常使高能量的電子碰撞於各種物質的碰撞板，可以發生 x 射線。如果藉人爲的手段發生時，或其發生機構是在於原子核外電子時，所發生的電磁波便是 x 射線。因爲波長比較短而且有連續性，故很難看到反射、折射、干涉等波動所固有的現象，因而有人認爲它是粒子射線之一種。事實上 x 射線有波動和粒子的雙重性。目前 x 射線在自然科學上的應用非常廣泛，在工業上也使用於材料試驗。

3.準分子雷射微影技術

準分子雷射有氟化氪(KrF)和氟化氬(ArF)兩種。用於深紫外光(deep UV)，可做深次微米(deep submicron)的微影照像。

氟化氪(KrF)準分子雷射步進照像的波長由 248 nm 直到 180 nm，生產 64 M 動態隨機存取記憶體(DRAM)，適用 0.25～0.35μm 的設計規則，需配合化學放大光阻(chemical amplified resist, CAR)和抗反射覆蓋(antireflection coating, ARC)使用。

氟化氪(ArF)準分子雷射的波長 193 nm 適用於 256 M DRAM。各種光源的比較，如表 2.9 所列。一些常用的正、負光阻，如表 2.10 所列。

表 2.9　各種曝光光源的比較

解析度	0.8 μm	0.45 μm	0.35 μm	0.25 μm
曝光光源	I-line	I-line	I-line	KrF準分子雷射
波長(nm)	365	365	365	248
縮小比例	1：2.5	1：5	1：5	
曝光面積	44　mm^2	224　mm^2 到17.9(H)×25.2(V)	224 mm^2 到17.9(H)×25.2(V)	25×33 mm
對準精確	100 nm或更好	55 nm或更好	55 nm或更好	55 nm或更好
數值孔徑		0.57	0.63	0.60
DRAM 產品積集度	16～256M DRAM 次要層之曝光	64 M DRAM	64 M DRAM	256 M DRAM

表 2.10　正光阻和負光阻的例子

阻的分類	阻的名稱	極性	微影照像靈敏度
光	Kodak 747	−	9 mJ/cm^2
	AZ-1350J	+	90 mJ/cm^2
	Kodak KTFR	−	9 mJ/cm^2
	PR 102	+	140 mJ/cm^2
電子束	COP	−	0.3　$\mu C/cm^2$
	硒化鍺 (GeSe)	−	80　$\mu C/cm^2$
	聚丁烯碸 (PBS)	+	1　$\mu C/cm^2$
	聚甲基丙烯酸甲酯 (PMMA)	+	50　$\mu C/cm^2$
x-射線	COP	−	175 mJ/cm^2
	DCOPA	−	10 mJ/cm^2
	聚丁烯碸 (PBS)	+	95 mJ/cm^2
	聚甲基丙烯酸甲酯 (PMMA)	+	1000 mJ/cm^2

J：Joule，焦耳　　C：Columb 庫倫

表 2.9 中的 DRAM 是動態隨意存取記憶體(dynamic random access memory)的縮寫，是一種簡單的揮發性，需要定期充電的記憶體元件。

2.5 參考書目

1. 丁志華等，x 光光罩吸收劑材料之評估，毫微米通訊，第五卷，第二期，1998。
2. 丁志華，以二氧化矽薄膜降低電子束近接效應，毫微米通訊，第六卷，第一期，1999。
3. 邱燦賓，光學微影設備，電子月刊，第四卷，第九期，1998。
4. 柯富祥、蔡輝嘉，積體電路製程用光阻的發展現況，電子月刊，第五卷，第一期，1990。
5. 劉台徽譯，準分子雷射(Excimer Laser)用光阻劑，電子材料，1998 年，元月號。
6. U. C. Bottiger et al, European Deep UV Lithography Competitive by Lambda 248 LITHO Laser, Lambda Physik, Jan. 1995.
7. R. R. Bowman et al, Practical Integrated Circuit Fabrication, ch. 7, Integrated Circuit Engineering Corporation, 學風。
8. C. Y. Chang and S.M. Sze, ULSI Technology, ch. 6, McGraw-Hill, 新月。
9. M. Madou, Fundamentals of Microfabrication, 2nd ed., ch. 1, CRC Press, Boca Raton, New York, 高立。
10. Micro Resist Technology, product information, 1999.
11. W. R. Runyan and K. E. Bean, Semiconductor Integrated Circuit Processing Technology, ch. 5, Addison-Weslay, 民全。
12. S. M. Sze, VLSI Tcchnology, 1st Ed. ch. 7, and 2nd Ed., ch. 4, McGraw Hill,中央。

13. S. M. Sze, Semicondudor Devices Physics and Technology, ch. 11, John Wiley and Sons. 歐亞。
14. S. Wolf and R.N. Tauber, Silicon Processing for VLSI Era, Vo1. 1, 2nd ed., chs 12 ～13, Lattice Press, 滄海。

2.6 習 題

1. 試例表比較正光阻和負光阻的區別，從材料、顯影、清洗、除去和成像過程及結果，做一簡單的比較。
2. 試比較光罩對準儀(mask aligner)和步進照像機(stepper)。
3. 試敘述微影照像的幾個重要材料，(a)HMDS，(b)PMMA，(c)二甲苯，(d)MEK，(e)酚醛樹脂，(f)苯，(g)過氧一硫酸。
4. 試解釋以下和微影照像相關的各名詞：
   (a)駐波，(b)繞射，(c)影像反轉，(d)黃光室，(e)I-線，(f)軟烤和硬烤，(g)數值孔徑，(h)焦距深度，(i)解析度，(j)深次微米。
5. 試簡單比較三種進步的微影照像技術，(a)電子束成像技術，(b)x 光成像技術，(c)準分子雷射成像技術。
6. 試比較幾種微影照像用的工具，(a)網線，(b)霧狀晶圓，(c)相移光罩，(d)鉻膜，(e)快門。
7. 試述以下幾曝光工具，(a)汞燈，(b)蒼蠅眼透鏡，(c)深紫外光。
8. 試比較以下有機化合物，(a)酚，(b)醛，(c)酮，(d)醌。

第三章　摻質材料

3.1 緒　論

半導體元件所使用的母材是矽(Si)，矽是四價元素。當部份的矽被三價元素硼(boron, B)所取代，而形成正型半導體(positive type semiconductor, p-Si)，當部份的矽被五價元素磷(phosphorus, P)或砷(arsenic, As)所取代，成爲負型半導體，negative type semiconductor, n-Si)。從提煉矽晶棒開始就要摻入(dope)一些摻質(dopant)，在 ULSI 製程中，打入摻質的製程包括磊晶(epitaxy)、擴散(diffusion)和離子植入(ion implantation)等。

純粹的矽在四週有四個矽原子鍵結而成八偶體，在室溫下不易導電。（如圖 3.1a）。

這時如加入一些 B 或 As 取代矽的位置，就會產生自由電洞或自由電子加以偏壓後就可輕易導電。加入的東西即稱爲摻質。（如圖 3.1b 或圖 3.1c）。

自由電子或電洞均稱爲自由載子(free carrier)。

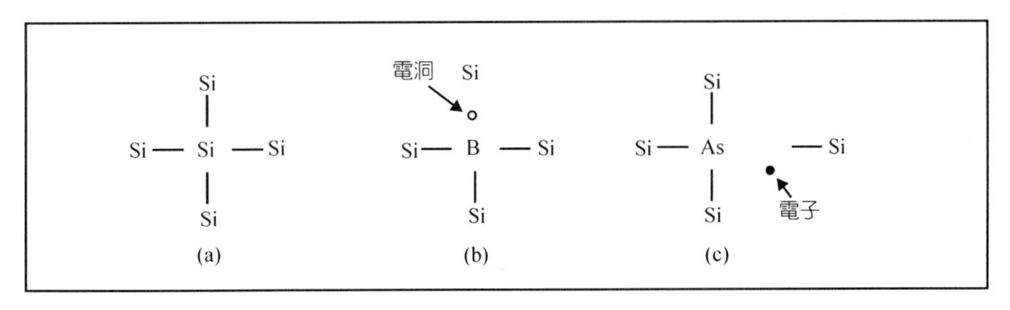

圖 3.1　(a)完全鍵結的矽，(b)摻入硼成為 p-Si，(c)摻入砷成為 n-Si

一般金屬由於電阻係數相當低($10^{-2}\Omega$-cm 以下)，因此稱爲良導體(conductor)。而氧化物等電阻係數高至 $10^{5}\Omega$-cm 以上，稱爲非導體或絕緣體(insulator)。若電阻係數值在 $10^{-2}\sim10^{5}\Omega$-cm 之間，則稱爲半導體(semiconductor)。

IC 工業使用的矽晶片，電阻係數就是在半導體的範圍，但由於矽(Si)是四價鍵結（共價鍵）的結構，若摻雜有如砷(As)、磷(P)等五價元素，且佔據矽原子的地位(substitutional sites)，則多出一個電子，可用來導電，使導電性增加，稱之爲 N 型半導體。若摻雜硼(B)等三價元素，且仍佔據矽原子的地位，則鍵結少了一個電子，因此其他鍵結電子在足夠的熱激發下，可以過來塡補，如此連續的電子塡補，稱之爲電洞傳導，亦使矽的導電性增加，稱之爲 P 型半導體。

因此 N 型半導體中，其主要帶電粒子爲帶負電的電子，而在 P 型半導體中，主要帶電粒子則爲帶正電的電洞。在平衡狀況下（室溫）不管 N 型或 P 型半導體，其電子與電洞濃度的乘積值不變，稱爲質量作用定律(mass action law)。當一方濃度增加，另一方即相對減少。

不論 N 型或 P 型半導體，在不加電壓的情形下，均爲電的中性(neutral)。因爲多出（或缺少）電子的數目和原子核內多出（或缺少）的質子數目相同。而且都是穩定狀況。

三種常用於矽半導體的摻質元素分別說明如下：

1.硼

硼是自然界元素之一，由五個質子及六個中子所組成，所以原子量是 11，另外有同位素(isotope)，是由 5 個質子及 5 個中子所組成，原子量是 10。自然界中這兩種同位素之比例是 4：1，可由磁場質譜分析中看出。硼(B)的原子量爲 10.81。硼是具有黑灰色金屬光澤的固體。晶體的硬度 9.3，熔點 2150℃，沸點 2550℃。在常溫時是半導體，但在高溫就變成導體。硼的單體可做半導體的摻質(dopant)。

常用的硼化合物是氮化硼(boron nitride, BN)、三氯化硼(BCl_3)、三氟化硼(BF_3)和硼乙烷(B_2H_6)。

2.磷

磷是自然界元素之一。由 15 個質子及 16 個中子所組成。

離子植入的磷離子，是由氣體氫化磷(PH_3)經燈絲加熱分解得到的 P^+ 離子，藉萃取(extraction)抽出氣源室，經加速管加速後，佈植在晶圓內。其他化合物磷有三氯醯磷(phosphoryl chloride 或 phosphorus oxychloride, $POCl_3$)等。

磷(P)的原子量爲 30.97。熔點 44.1℃，沸點 280.5℃，比重 1.82(25℃)。磷的變態有由 P_4 分子所形成的白磷、黑磷、紅磷、黃磷、赤磷等。

3.砷

砷亦爲自然界元素之一。由 33 個質子，42 個中子及 33 個電子所組成。和磷同爲 5A 族的元素。

半導體工業用的砷離子(As^+)可由氫化砷(AsH_3)氣體分解而得到。

砷(As)的原子量是 74.92，有灰色的非金屬砷和具有金屬光澤的金屬砷兩種。610～615℃時昇華(sublimation)。

另一種五價元素銻(Sb)是比較少用來做摻質用。

3.2　磊晶製程和材料

以低於熔點的溫度，在矽基座上長一層單晶(single crystal)矽。矽內也摻有三價或五價的摻質。磊晶矽的摻質濃度可以比基座矽的摻質濃度低。如 n/p^+，n/n^+，p/p^+或 p/n^+。n^+，p^+表示摻質濃度較高。有時也可以長濃度較低的 n^-或 p^-。或者濃度只比本質矽(intrinsic, Si)高一點的 ν (n 型)或 π (p

型)矽，如圖 3.2 和圖 3.3 所示。

磊晶製程相當危險、矽源氣體矽甲烷(silane, SiH_4)易燃，而且沒有材料可以使它滅掉，一旦著火，只好讓它燒完。摻質源氣體 PH_3、AsH_3、B_2H_6 等氫化物均爲劇毒。載送氣體中氯化氫(HCl)有腐蝕性，H_2 也會需要有除毒製置(scrubber)，以除去未反應物及反應後之殘留成品。

磊晶使用極高的電壓(12KV～16KV)，大電流（約 500A），相當危險。機器內有安全連鎖(interlock)裝置，以保障操作人員之安全。

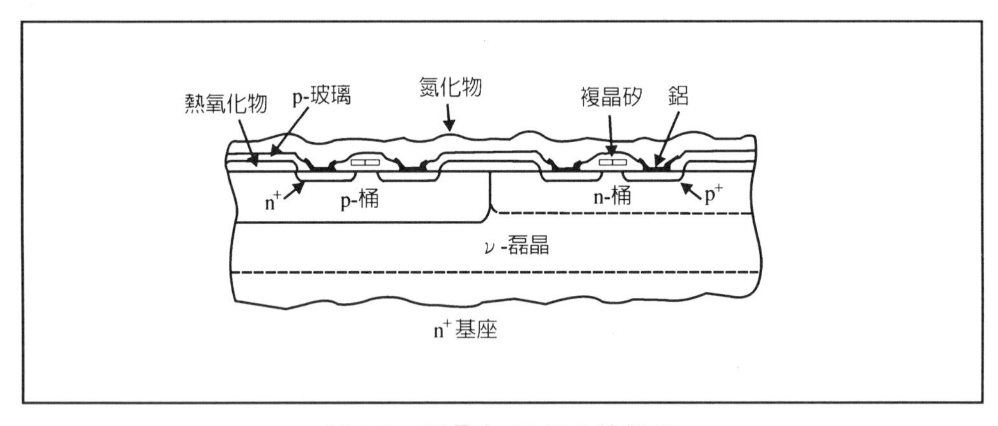

圖 3.2　磊晶在 CMOS 的例子

磊晶係在晶體表面成長一層晶體。狹義的磊晶指成長單晶矽(single crystal silicon)，成長過程其摻質型式（N 或 P）及濃度不受基底之摻雜型式或濃度之影響。

一般磊晶製程對整片晶圓成長，不需微影成像。較高級的磊晶爲分子束磊晶(molecular beam epitaxy)，大多用於三五化合物半導體的製程。

磊晶需要有矽源和摻質源。常用的矽源爲矽甲烷(silane, SiH_4)，二氯矽烷(dichlorosilane, DCS, SiH_2Cl_2)和三氯矽烷(trichlorosilanc, TCS, $SiHCl_3$)等，其沉積溫度、反應式如表 3.1 所列。

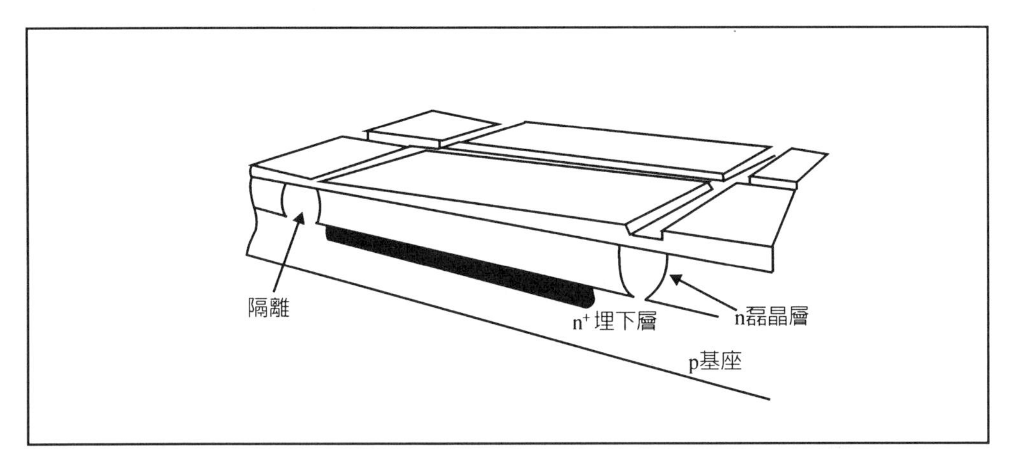

圖 3.3　磊晶晶片

矽甲烷亦名氫化矽(silicon hydride)，分子式爲 SiH_4，又名矽化氫(hydrogen silicide)。是有刺激臭的氣體，凝固點爲-185℃，沸點爲-112℃，遇水則徐徐分解。不溶於醇、苯、醚、氯仿、四氯化矽。加熱則燃燒變爲 SiO_2 與水。在鹼性溶液中分解爲矽酸鹽與氫。

矽甲烷燃燒沒有滅火劑，水、CO_2 或泡沫滅火劑對它皆沒有用，只好讓它慢慢燒完。所以儲存時必須限量，以降低火災的危險。

矽甲烷可用於磊晶(epitaxy)做爲矽源(silicon source)。也可以用於化學氣相沉積(chemical vapor deposition, CVD)，以製造 SiO_2、Si_3N_4 或多晶矽(polysilicon)。

二氯矽烷的分子式是 SiH_2Cl_2。它是無色氣體，高毒性，臨限極限值(threshold limit value, TLV)爲 5.0 ppm。會燃燒，與水接觸生成 HCl。可用於磊晶(epitaxy)做爲矽源。也可用於化學氣相沉積，以製造 SiO_2 或 Si_3N_4。反應化學方程式分別爲：

$$SiH_2Cl_2+2N_2O \rightarrow SiO_2+2N_2+2HCl \qquad (3.1)$$

$$3SiH_2Cl_2+4NH_3 \rightarrow Si_3N_4+6HCl+6H_2 \qquad (3.2)$$

三氯矽烷的分子式是 $SiHCl_3$，分子量是 135.47。它是無色的發煙性液體。凝固點-126.5℃，沸點 31.8℃，比重 1.34(15℃)，可被水分解。可溶於苯、氯仿、二硫化碳、四氯化碳。爲提煉矽晶時的中間產品。也可用於磊晶製程。

表 3.1 磊晶矽用的一些矽源材料

矽 源 材 料	沉積溫度(℃)	反應方程式	危險性
四氯化矽 ($SiCl_4$)	1150-1250	$SiCl_4+H_2 \rightleftarrows SiHCl_3+HCl$	
三氯矽甲烷 ($SiHCl_3$, TCS)	1100-1200	$SiHCl_3 \rightleftarrows SiCl_2+HCl$ $SiCl_2+H_2 \rightleftarrows Si+2HCl$	
二氯矽甲烷 (SiH_2Cl_2, DCS)	1000-1100	$SiH_2Cl_2 \leftrightarrows Si+2HCl$	可燃，有毒
四氫化矽 (SiH_4)	950-1050	$SiH_4 \rightarrow Si+2H_2$	可燃，有毒

資料來源：J. Nishizawa et al. J. Crystal Growth, 52, p.213, 1981.

磊晶製程中，除了矽源還需要摻質，使其成爲 N 或 P 型，並且有一定的導電係數。常用的摻質源爲氫化摻質(hydride dopant)。

摻質和氫化合，如 AsH_3（砷化氫，arsine）、PH_3（膦、磷化氫，phosphine），B_2H_6（硼乙烷、二硼烷，diborane）均爲劇毒氣體。也可以用於化學氣相沉積(CVD)或離子植入(ion implantation)。氫化物摻質的特性，如表 3.2 所列。

爲了降低氫化物摻質在製程中的危險，有時氫化摻質中以氮(N_2)或氫(H_2)稀釋儲存，或參與製程反應。

氫化砷(AsH_3)又名砷化氫。凝固點-113.5℃，沸點-54.8℃。是具大蒜臭的氣體，有毒。可作有機合成及軍用毒氣。

氫化磷的分子式爲 PH_3，是一種半導體工業用氣體。經燈絲加熱供給能量後，可分解成 P^+，PH^+，PH_2^+及 H^+。通常 $^{31}P^+$含量最多。可由質譜譜場分析出來，做 N-Type 的離子佈植用。PH_3 也稱爲膦，沸點-88℃。鹼性比胺弱很多，稍溶於水。

表 3.2　幾種氫化物摻質的特性

	凝固點	沸　點	對空氣的密度	氣　味	作　　用
AsH_3	-113.5℃	-54.8℃	2.70	大蒜味	影響神經與循環系統，徵兆在感染後數小時才發覺。
PH_3	-133.5℃	-88℃	＞1	爛魚味	影響循環系統，特別是腎、心臟和腦，有燃燒性。
B_2H_6	-165℃	-92.5℃	＞1	特異臭味	遇濕空氣爆炸。

二硼烷的分式是 B_2H_6，分子量爲 27.69。爲具有特異臭味的氣體，凝固點-165℃。沸點-92.5℃，可由金屬氫化物與 BF_3 的反應來製成，性質尚屬穩定，但過濕空氣即發生爆炸性的反應，遇水即成爲 H_2 及硼酸(H_3BO_3)。還原性很強，可使重金屬鹽還原爲金屬。

磊晶製程也常會發生一些缺陷，如表 3.3 所列。

分子束磊晶成長(molecular beam epitaxy, MBE)可以成長高品質的單層材料，對於量子井(quantum well)及超晶格(superlattice)等高級薄層結構的成長控制，更是各種不同磊晶技術中最佳的。之所以稱爲分子束，是因爲當氣體壓力減低至 10^{-4} 托耳(torr)以下時，氣體分子間的相互碰撞之平均自由徑(mean free path)，將比分子自熱源發射口到基板間距離長，而成爲一束不任意發散的分子群。基本上，分子束磊晶成長技術和眞空蒸鍍(vacuum evaporation)相似，只是其裝置的控制性和眞空要求程度，一般爲 10^{-10} 托耳，比一般蒸鍍高出許多。

分子束磊晶成長時，一般多用於化合物半導體，摻質物可以是元素態分子源，如矽(Si)、鈹(Be)，也可以是氣態分子源，如硫化氫(H_2S)、矽甲烷(SiH_4)或四乙基錫(TESn,$(C_2H_5)_4Sn$)、二乙基鋅(DEZn,$(C_2H_5)_2Zn$)等。以砷化鋁鎵(AlGaAs)而言，鈹、鋅可得 P 型，矽、錫、硫可得 N 型化合物半導體。而製造砷化鎵(GaAs)的母材源，則爲三甲基鎵(TMGa, $(CH_3)_3Ga$)或三乙基鎵(TEGa, $(C_2H_5)_3Ga$)和氫化砷(AsH_3)。

表 3.3　磊晶層的缺陷

名　　稱	定　　義	可 能 的 原 因
差排(dislocation)	晶體晶格不規則	局部應力、排列、滑動、污染
擦傷(scratch)	摩擦	不小心處理
坑洞(pit)	表面下陷	磊晶成長時有異物在表面
空洞(void)	穿過磊晶層的洞	基板表面有外來的矽微粒
針尖(spike)	針形突出物	樹枝狀成長（通常附近有空洞）
堆積缺點(stacking fault)	金字塔形不規則	差排的延伸
橘子剝皮(orange peel)	粗糙的表面	不平的蝕刻或研磨不足
凹進去(dimple)	淺的表面下陷	不平的基板支持或下垂
邊緣突出(edge ledge)	在邊緣的尖細	結晶平面方向不同
皇冠(crown)	堆起來的區域	靠近邊緣成長速率較快
霧(haze)	朦朧的外表	高密度的堆積缺點，多晶成長

資料來源：Bowman et al. Practical I. C. Fabrication.

3.3　擴散製程和材料

在一杯乾淨的水上點一滴藍墨水，不久後可發現水的表面顏色由深藍而漸漸淡去，而水面下層則漸漸變藍，但顏色是愈來愈淡，整杯水的顏色是愈來愈均勻，這即是擴散的一個例子。在半導體工業上常在矽晶圓上以預置或離子佈植的方法做擴散源（即藍墨水）。因固態擴散比液體慢很多，所以在爐管要加高溫，才能使擴散在一定時間內完成。

擴散的驅動力是靠矽晶圓內摻質(dopant)濃度的不同，摻質由高濃度區向低濃度區擴散。加熱可助長擴散的速率。三種形式的擴散源如圖 3.4 所示。

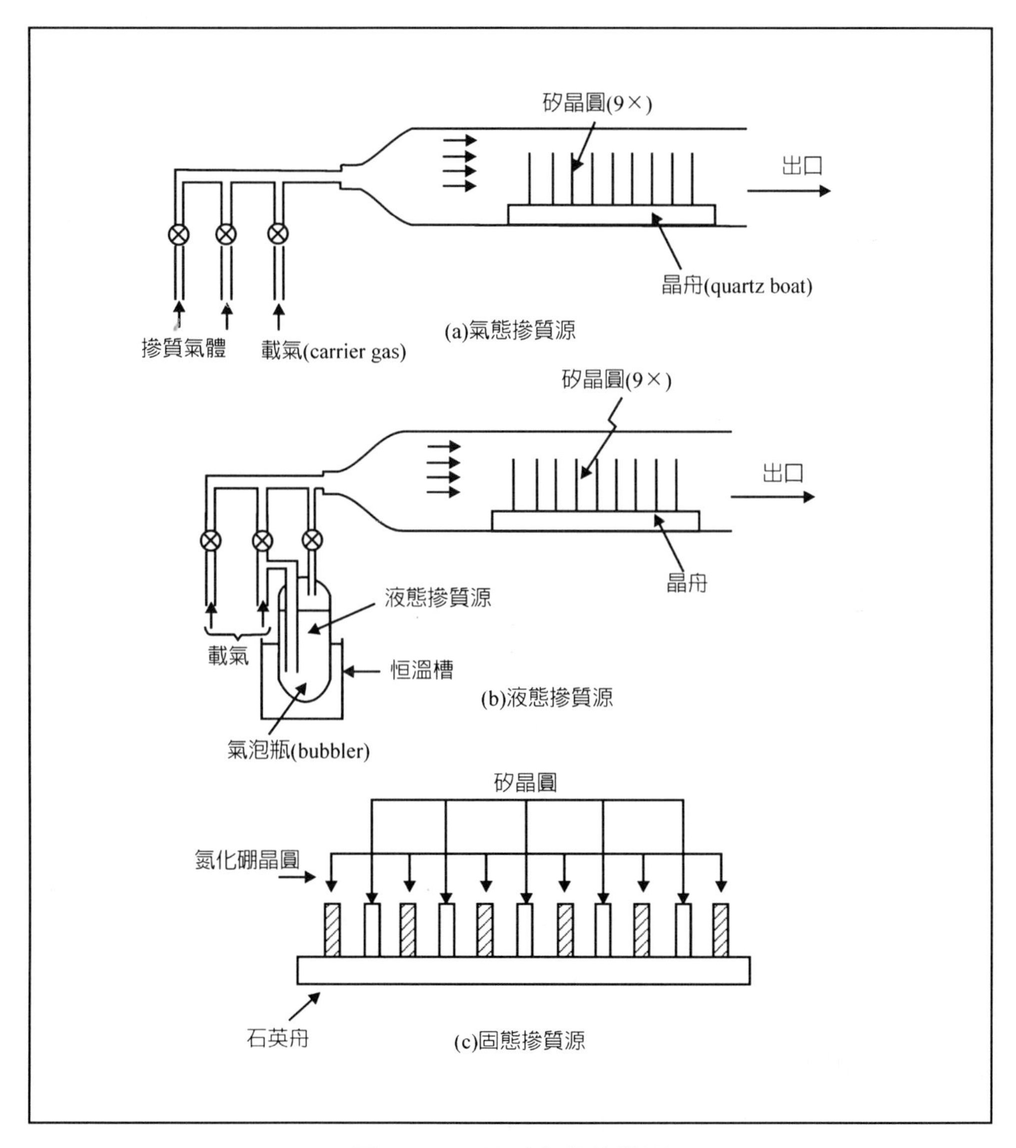

圖 3.4　三種形式的擴散源

摻質(dopant)原子在高溫爐(furnace)中，藉熱能從高濃度區往低濃度區移動的製程。擴散通常是在常壓狀況下，分為前置(pre-deposition)和推進(drive-in)兩個步驟來完成。前置過程是假設摻質源(dopant source)是在飽和蒸氣壓，矽晶圓的表面濃度固定，得到一層薄薄的擴散粒子源。推進是把摻質源移開，將溫度升高，使摻質粒子較深進入矽晶圓。為防止摻質稍後會從矽晶圓跑出來，通常推進過程會同時氧化(oxidation)。

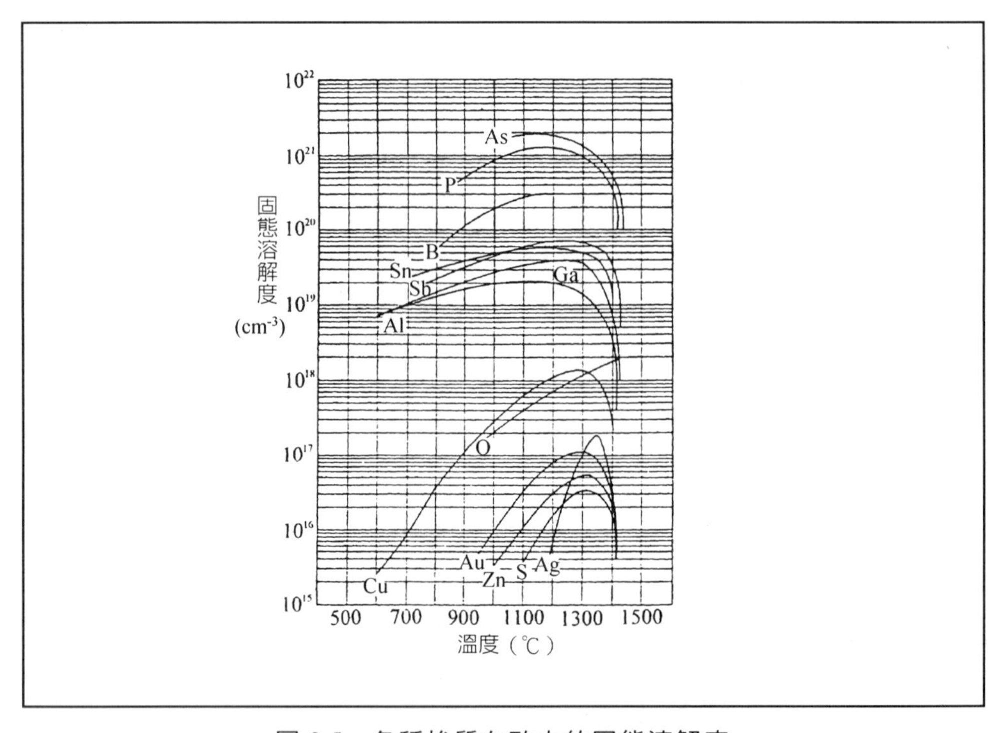

圖 3.5 各種摻質在矽中的固態溶解度

資料來源：P. Gise and R. Balanchord, Modern Semiconductor Fabrication Technology.

常用的擴散源材料：

氣體：AsH_3、PH_3、B_2H_6、BCl_3。

液體：$POCl_3$、BBr_3、PCl_3、BF_3、PBr_3。

固體：BN、$GaCl_3$、$GaBr_3$、As_2O_3、P_2O_5。

各種摻質在矽的固態溶解度(solid solubility)如圖 3.5 所示。由此可見 n 型半導體比 p 型容易製造，加上電子的移動率(mobility)比電洞大，N-MOS 或 NPN 就更比 P-MOS 或 PNP 重要了。

因爲擴散需要高溫，往往會造成摻質的側向移動，而無法做到高解析度(resolution)，ULSI 製程逐漸以離子植入(ion implantation, I^2)取代擴散。

三氯醯磷的分子式爲 $POCl_3$，又名氯化氫化磷，分子量爲 153.33。溶點 1℃，沸點 107℃，室溫下爲液體。⩾P=0 爲磷醯。是常用的液態擴散源(diffusion source)。

通常以 N_2 爲載氣(carrier gas)，帶著 $POCl_3$ 和氧氣（O_2）一起進入高溫爐管，然後產生下列化學反應：

$$4POCl_3 + 3O_2 \rightarrow 2P_2O_5 + 6Cl_2 \tag{3.3}$$

$$2P_2O_5 + 5Si \rightarrow 4P + 5SiO_2 \tag{3.4}$$

在反應過程中，磷沉積於矽表面之內部，同時矽表面亦形成一氧化層。

氮化硼的化學式是 BN，固體。與酸一同加熱即分解，與水共熱，如果加熱時間長，變成氧化硼(B_2O_3)及氨(NH_3)，但反應緩慢。與氫氧化鉀(KOH)反應不強。

在積體電路製程中，氮化硼(BN)常以圓片形狀做爲矽晶片的摻雜（擴散）源。使用時，將 BN 片和矽晶圓交互放置於高溫爐一段時間，硼即可摻入矽晶片，成爲正型(P-Type)矽，如圖 3.4 (c)所示。

此固體擴散源(solid diffusion source)的危險性較低（比 PH_3、$POCl_3$、BBr_3、B_2H_6 等）。

其他幾種硼或磷的摻質材料分別敘述如下：

三溴化硼(BBr_3)的分子量爲 250.57，是無色發煙液體，有劇毒及腐蝕性。加熱會起爆炸，比重 2.69 (150℃)，沸點 90℃，凝固點-46℃，遇水或乙醇則分離。

三氯化硼(BCl_3)的分子量爲 117.19。是揮發性液體，凝固點爲-107℃，沸點 12.5℃，遇水即水解爲硼酸及氫氯酸。

氯化磷(PCl_3)是無色液體，凝固點爲-93.6℃，沸點 74.7℃，具有發煙性。

一些常用的鹵素化合物，如表 3.4 所列。

表 3.4 常用的鹵素化合物

分子式	化學名	沸點(℃)	溶點(℃)	蒸氣壓(mmHg/℃)
$AsCl_3$	Arsenic trichloride	131.1	-16	10/25
BCl_3	Boron trichloride	12.4	-107	476/0
BBr_3	Boron tribromide	90.9	-46	69/25
$GaCl_3$	Gallium trichloride	200.0	78	10/78
$GeCl_4$	Germanium tetrachloride	85.8	-50	87/25
$MoCl_5$	Molybdenum pentachloride	280	194	
PCl_3	Phosphorus trichloride	76.1	-92	120/25
$POCl_3$	Phosphorus oxychloride	105.5	1	37/25

純度有 99.99%、99.999%、99.9999%等(4N，5N，或 6N)，容器有小玻璃瓶、鋼瓶等。
資料來源：東城科技公司

3.4 離子植入和材料

在積體電路製程中有時需要精確地控制摻質的濃度及深度，此時即不宜由擴散(diffusion)的方式爲之。故以“離子植入機”解離特定氣體後，調整離子束電流(ion beam current)，計算電流×時間，得到所植入摻質的劑量

(dose)，並利用加速電壓控制植入的深度。

由於加速器及眞空技術的發展，離子佈植機成爲本世紀高科技產品之一，如圖 3.6 所示。在 ULSI 的製程中取代了早先的擴散(diffusion)預置製程。其好處有：

1.可精確控制劑量(dose)。

2.在眞空下操作，可免除雜質(impurity)，如 Cu，Fe，Au 等污染。

3.可精確控制植入的深度。

4.是一種比較低溫的製程。

5.只要能游離，任何離子皆可植入。

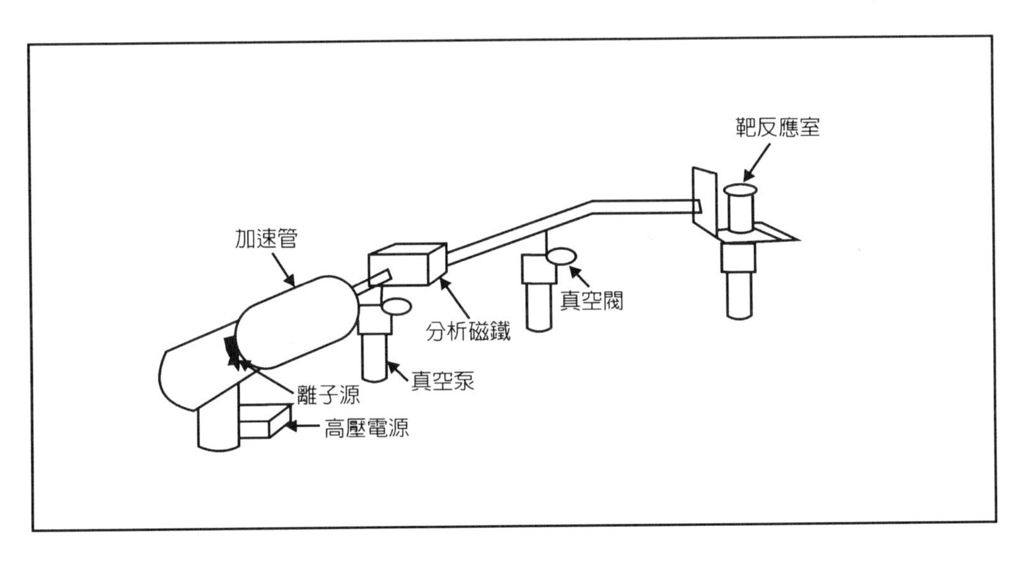

圖 3.6　**離子植入機的概略圖(德州大學之 400 KeV 機器)**

三氟化硼(boron trifluoride 或 boron fluoride)的分子式是 BF_3，爲無色氣體，凝固點-56.1℃，有刺激性，比空氣重，遇水水解呈白色煙霧狀，遇氧有強烈的爆炸性。

BF_3 是離子植入常用的氣體。BF_3 氣體經燈絲加熱分解成：$^{10}B^+$，$^{11}B^+$，

$^{19}F^{+}$，$^{11}BF_2^{+}$，$^{10}BF_3^{+}$，$^{11}BF_3^{+}$等離子形成。經萃取(extraction)拉出，並由質譜磁場分析後而得到其中某一種離子，如圖 3.7 所示。

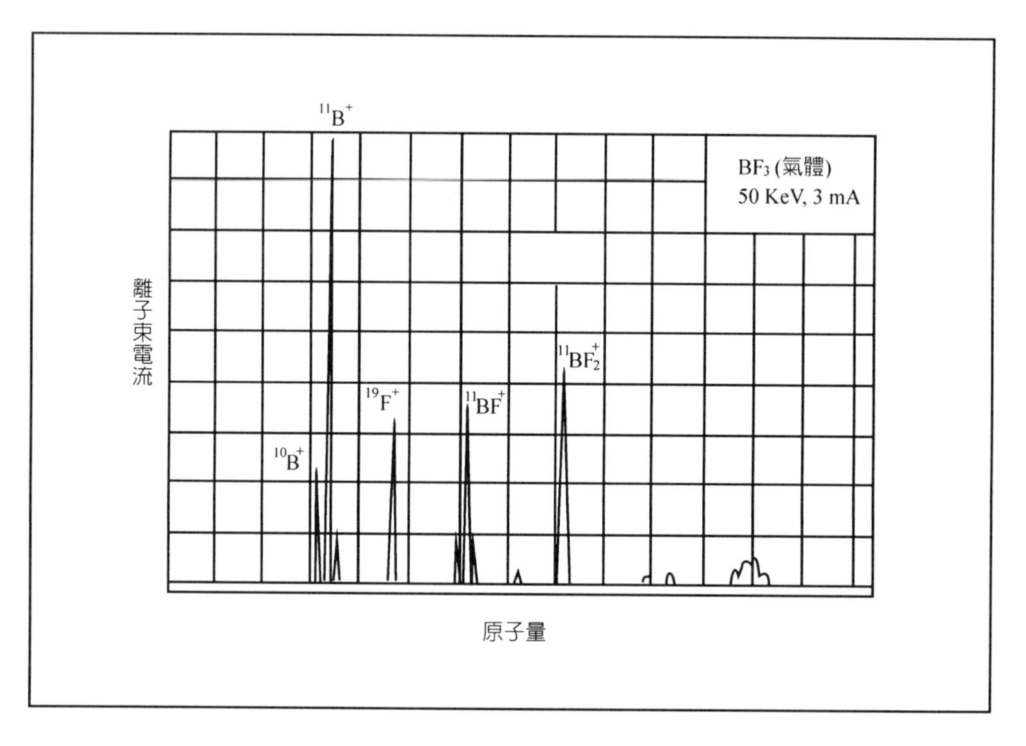

圖 3.7　三氟化硼解離後的譜圖(參考資料：Eaton Semiconductor Equipment)

離子植入(ion implantation)雖然能較精確地選擇摻質濃度，但受限於離子能量，無法將摻質打入晶圓較深(μm 級)的區域。因此需藉著原子有從高濃度往低濃度擴散的性質，在相當高的溫度去進行，一方面將摻質擴散到較深的區域，且使摻質原子佔據矽原子的位置，產生所要的電性，另外也可將植入時產生的缺陷消除。此方法稱之驅入(drive in)。

在驅入時，通常通入一些氧氣(O_2)，因爲矽氧化時，會產生一些缺陷，如空洞(vacancy)，這些缺陷會有助於摻質原子的擴散速度。另外，由於驅入是藉原子的擴散，因此其方向性是各方均等，甚至有可能從晶片基座向外擴散(out-diffusion)，通氧氣可以阻止摻質的向外擴散。

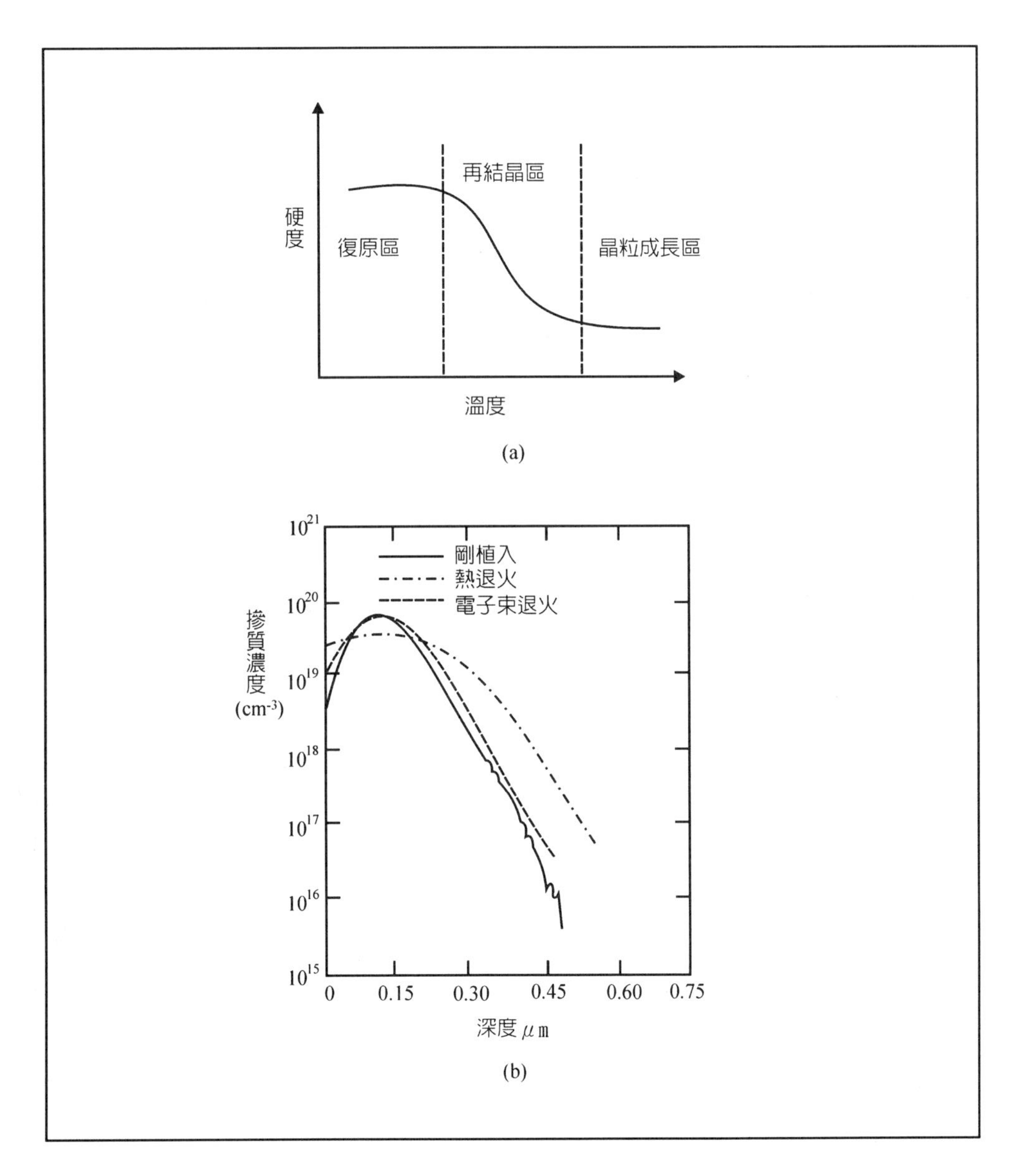

圖 3.8　(a)退火(anneal)後使矽晶再結晶，(b)退火後硼植入的濃度側繪圖

離子植入後加高溫以消除缺陷的製程也稱為退火(anneal)。退火是加熱以消除矽晶圓內產生的內應力而造成的一些缺陷。所施加的能量將增加晶格(lattice)原子及缺陷在物體內振動及擴散，使原子重新排列，矽晶圓的缺陷消失而再結晶，甚至成為單晶的晶體，如圖 3.8 所示。

一般退火的過程，大致分為復原、再結晶(recrystallization)和晶粒成長。

離子植入(ion implantation)時，有時植入的離子會行經晶格鬆散的路徑，而會到達比預期較深的深度，稱為通道效應(channel effect)。避免的方法是將植入機和矽晶圓呈一個傾斜角。如圖 3.9 所示。

三五化合物半導體的摻質材料，則以鋅(Zn)為正型摻質，如磷化鋅(Zn_3P_2)、砷化鋅(Zn_3As_2)、二乙烯基鋅(diethyl zinc, DEZn，分子式 $Zn(C_2H_5)_2$)等。矽(Si)或錫(Sn)為負型摻質。

二乙烯基鋅(DEZn)、三甲基鎵(TMGa)等均為有機金屬化合物(organometallic compound)，一些常用的有機金屬化合物，如表 3.5 所列。

表 3.5　常用的有機金屬化物

化學名	分子式	英文名	沸點(℃)	溶點(℃)	蒸氣壓 (mmHg/℃)
三甲基鎵	$Ga(CH_3)_3$	Trimethy gallium	55.6	-16	218/25
三乙基鎵	$Ga(C_2H_5)_3$	Triethyl gallium	142.4	-16	68/25
三甲基鋁	$Al(CH_3)_3$	Trimethyl gallium	124.7	15	8.4/20
三乙基鋁	$Al(C_2H_5)_3$	Trietlyl aluminum	136	-58	12/25
二乙基鋅	$Zn(C_2H_5)_2$	Diethyl zinc	116.8	-35.1	27/30
三甲基銦	$In(CH_3)_3$	Trimetlyl indium	135.8	88.4	72/70
三乙基銦	$In(C_2H_5)_3$	Trietlyl indium	144	-32	18/92

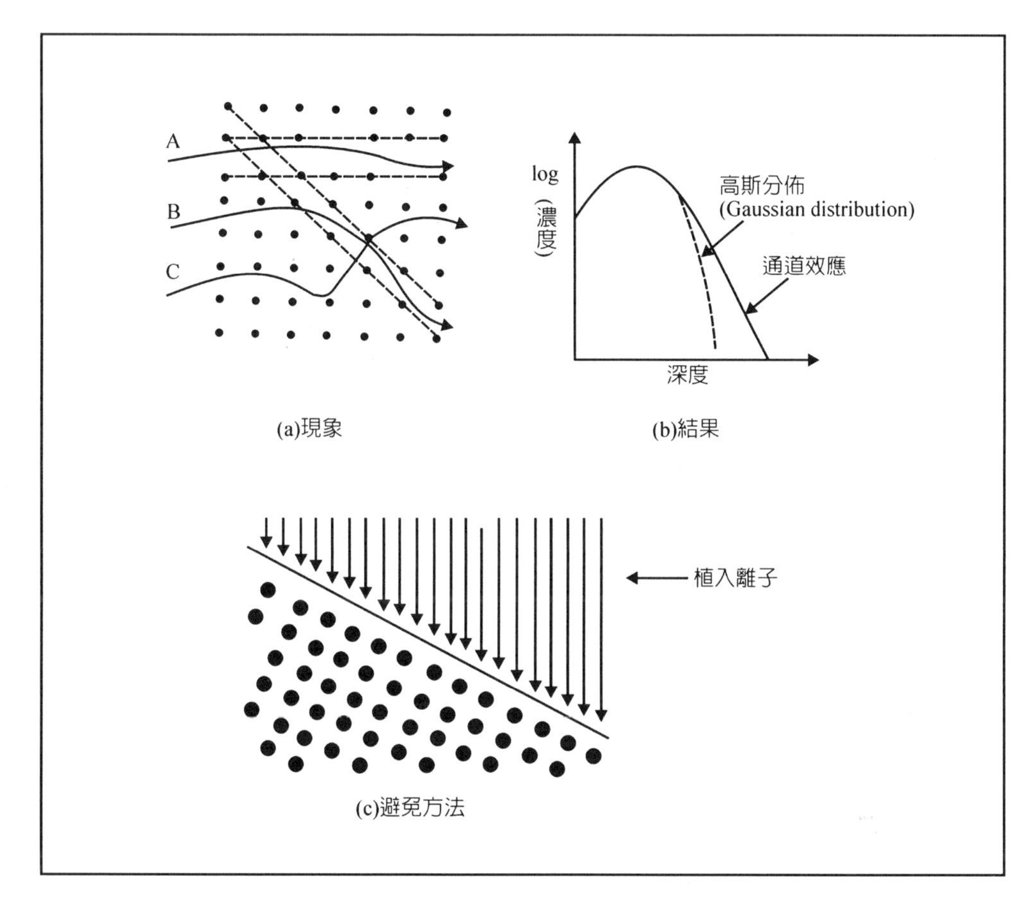

圖 3.9　通道效應

3.5　控制和安全考慮

摻入製程必須非常精確的控制製程溫度和氣體流量。更重要的是各種有毒的氣體或易燃燒的氣體，必須注意到工程的安全。用於控制反應爐溫度的稱為冷接合盒(cold junction box)，控制流量的是質流控制器(mass flow controller, MFC)。

冷接合盒是一種溫度控制的裝置，利用皮爾第效應(Peltier effect)，用二條材質相近的金屬線（電熱偶，thermocouples）連接，一端置於測待的高溫處，另一端置於一恒溫盒中（半導體製程多用 50℃）。由電流錶的指示可換算出溫度，如此可測得較精確的溫度。(西貝克效應 Seeback effect，冷端是在室溫，室溫會變化，而測不準)。如圖 3.10 所示。

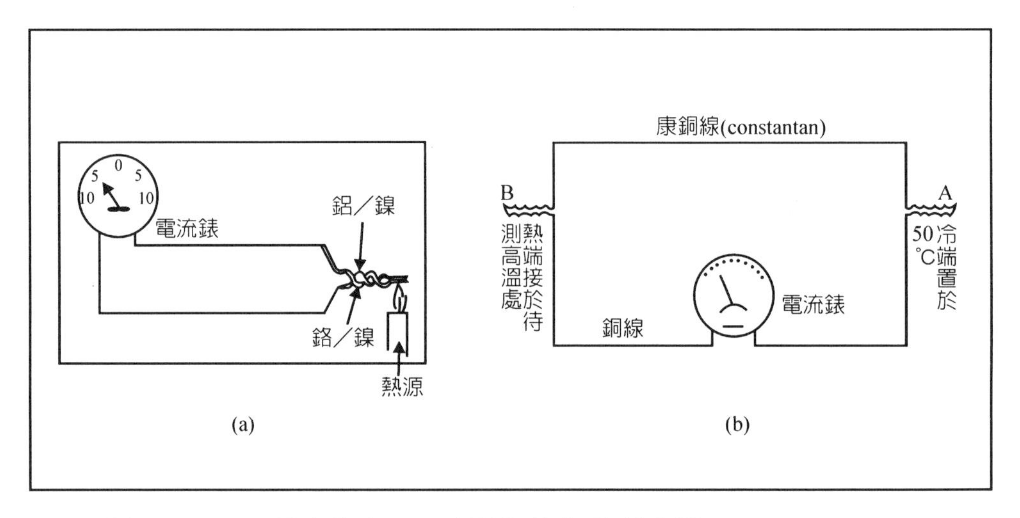

圖 3.10 (a)西貝克效應，(b)皮爾第效應(資料來源：MRL Industries)

質流控制器(MFC)的英文全文是 Mass Flow Controller。

它是由質流錶(mass flow meter)和比例控制器二部份組成，如圖 3.11 所示。原理是每種氣體都有不同的比熱(specific heat)。氣體流動經過一導管，因溫差而放（或吸）熱。將氣體引導一小部份，進入感測器(sensor)，感測器上的導管上有二組線圈，因先後受氣流影響而產生溫差，將此一微弱信號放大並使其線性化。再將電的信號用來控制撞針的移動，以驅動螺線閥(solenoid valve)到正確位置，得到如設定的流量值。

校正(calibration) MFC 精確度非常困難，用 N_2 不準。用製程氣體（如 PH_3）會污染 MFC 而且危險度度高。

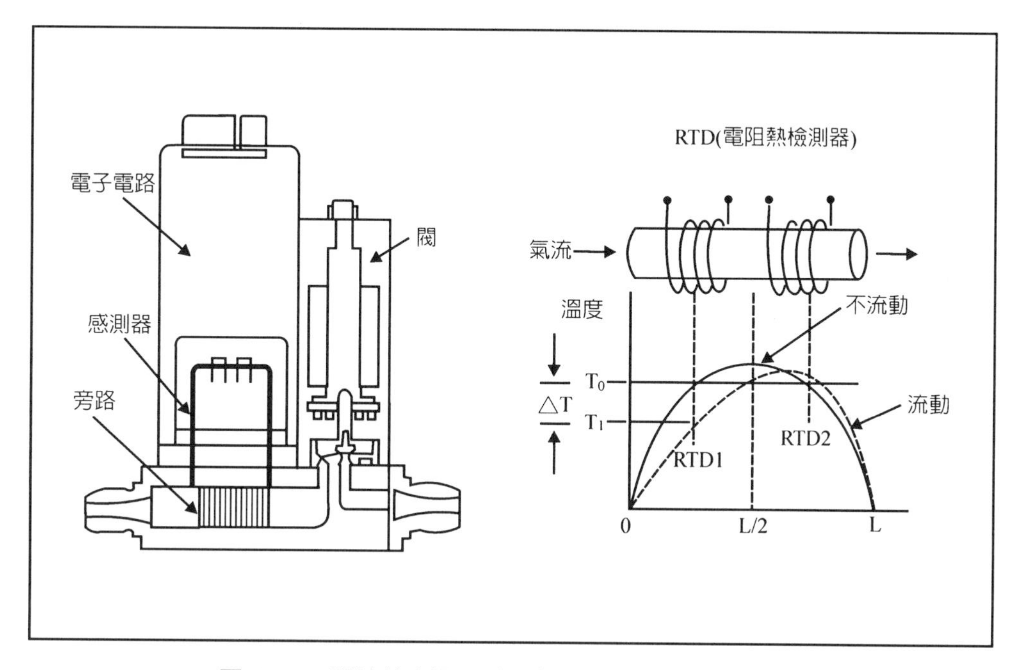

圖 3.11 質流控制器(a)概略結構圖，(b)測溫電路

摻入製程的安全考慮設施有：1.矽甲烷用氣體儲櫃(gas cabinet)，2.氣體連鎖系統(interlock system)；3.離子植入因氣體的安全輸送系統(safe delivery system, SDS)，4.游離輻射防範設施。5.高壓放電的接地鉤(grounding hook)，6.保護產品的電子簇射器(electron shower)。

1.矽甲烷用氣體儲櫃

因爲矽甲烷(silane)屬危險性氣體、會燃燒，而且沒有適當滅火材料（水、泡沫、CO_2 皆無效）。氣體儲櫃如圖 3.12 所示，必須：

(1)不繡鋼製。

(2)氣筒接頭必須是 CGA 632 型。

(3)氣筒接頭內必須裝有限流孔環，直徑約 0.01 吋，使最高流量不得高於 30 slm (liter/min)。

(4)清除用氮氣必須是筒製的，不可使用廠務供應的氮氣，以免受污染。

(5)氣筒到製程機器的所有的閥必須是氣動閥，而且清除(purge)的動作，均應以電子裝置自動清除，以避免人爲錯誤。

(6)應裝有紫外線－紅外線(UV-IR, ultraviolet-infrared)雙重掃描的火花偵測器，以監控 SiH_4 的狀況。

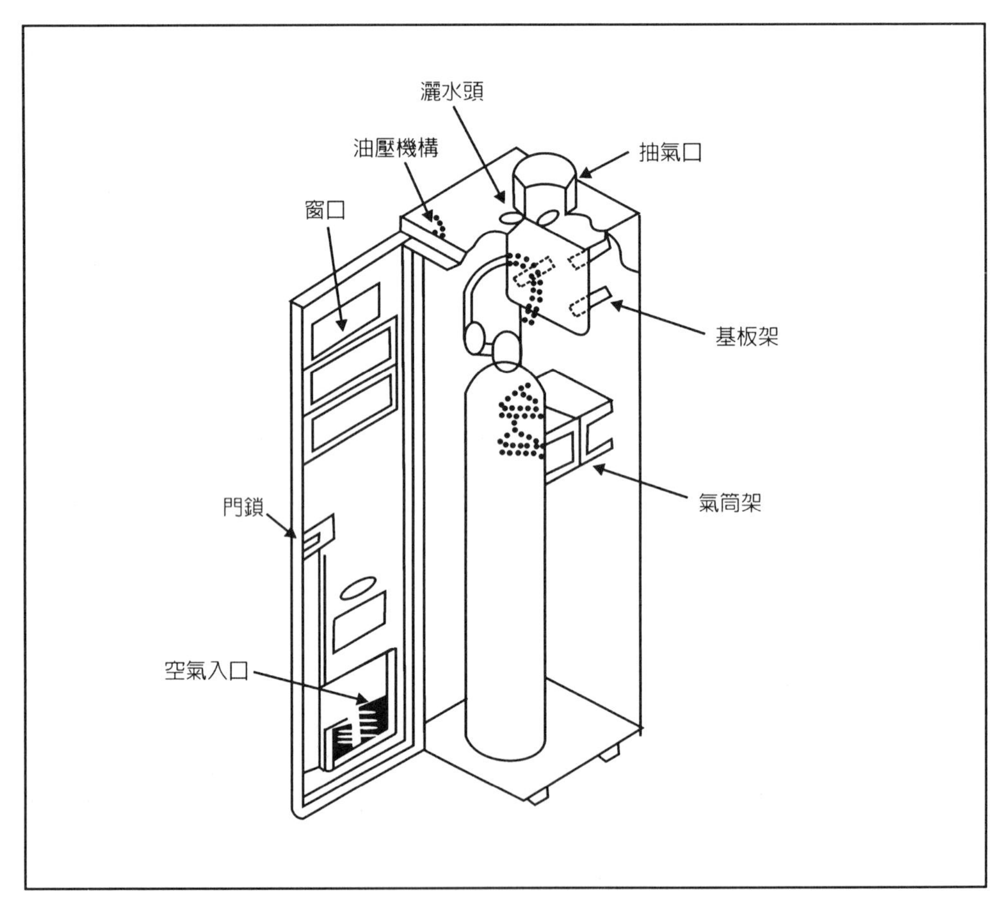

圖 3.12 氣體儲櫃的外觀

幾種矽烷的特性，如表 3.6 所列。

表 3.6　矽烷的特性

化　學　式	熔　點　(℃)	沸　點　(℃)
矽甲烷　(SiH_4)	-185	-112
矽乙烷　(Si_2H_6)	-133	-15
矽丙烷　(Si_3H_8)	-117	53
矽丁烷　(Si_4H_{10})	-94	80

資料來源：E. A. V Ebsworth, Volatile Silicon Compounds.　The Macmillan Co. New York, 1963.

2.氣體連鎖系統

以四個開關串聯，以確保氣體系統的安全，如圖 3.13 所示。

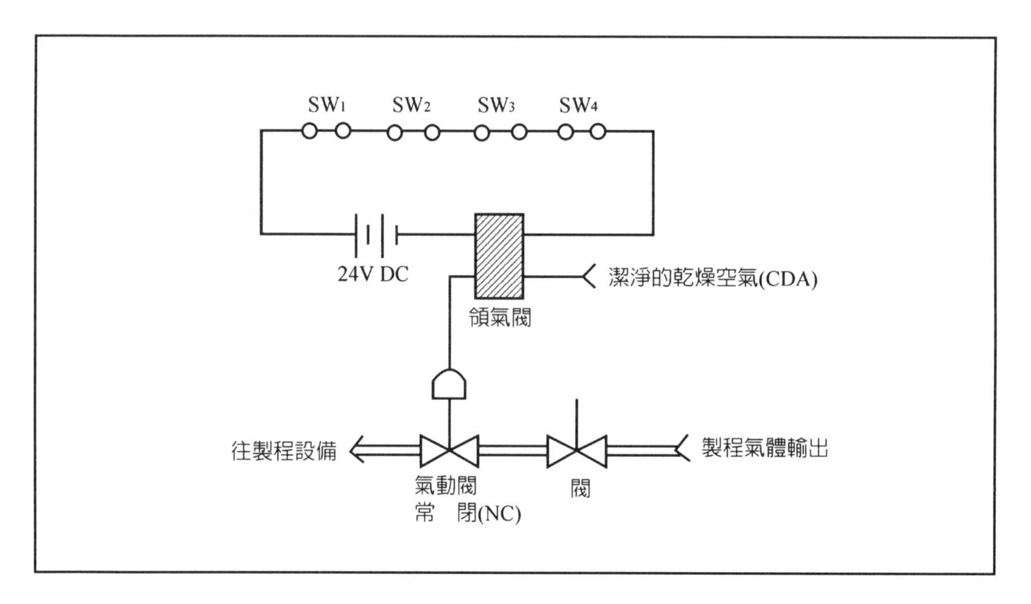

圖 3.13　氣體連鎖系統

(1)毒氣偵測器(toxic gas monitor)

(2)地震偵測器(seismic detector)

(3)火災警報器(fire alarm)

(4)儲櫃排氣流量計(exhaust flowmeter)

3.安全輸送系統

SDS 的英文全文是 safe delivery system。

利用吸附劑的原理，使劇毒或高腐蝕性的氣體如 AsH_3、PH_3、BF_3 等經吸附之後，使鋼瓶壓力大減。在充填至 650 托耳時(一大氣壓 760 托耳)，所含的氣體量，即爲傳統高壓氣體鋼瓶(>400 psi)的數倍至數十倍。因此不虞有鋼瓶爆炸或嚴重洩漏等情事，大幅提高此類鋼瓶的安全性。離子植入(ion implantation)常用的摻質氣體，如表 3.7 所列。

表 3.7　離子植入摻質氣體的毒性

氣　　體	臨限極限值(TLV)	立刻對生命或健康危險(IDLH)
AsH_3	50 ppbV	3 ppmV
PH_3	300 ppbV	50 ppmV
BF_3	1 ppmV	50 ppmV

ppmV、ppbV 體積濃度 parts per million, parts per billion
TLV: threshold limit value
IDLH: immediately danger to life and health

目前此類系統是用於離子植入製程，吸附劑有沸石(zeolite)和活性碳(activated carbon, active carbon)二種，前者吸附 PH_3，後者吸附 AsH_3、BF_3、SiF_4 等。

SDS 鋼瓶低於大氣壓，在打開鋼瓶閥後可能造成空氣倒灌，而使氣體與空氣中的氧燃燒，而初期會放熱、溫度上升。稍後熱量逐漸被吸附劑吸收，溫度下降，壓力則始終維持在 740 托耳左右，不會急速升高，導致爆炸，或大量氣體外洩等意外。常用的吸附劑，如表 3.8 所列。

4.游離輻射危險

離子植入機(ion implanter)因爲使用高電壓、大電流，又有大磁場，在萃取(extraction)加速區域，距離 5 公分處，輻射暴露速率可達每小時 0.25 毫欒琴(mR/hr, R: Rontgen)。對人體有害。安全措施爲：

(1)操作系統不可超過電流及電壓最大值。

(2)操作系統時，不可打開滑動門。

(3)不可暫時或永久性移走保護裝置。

表 3.8　常用吸附劑的特性

種　　類	表面積(m^2/gm)	體積(cm^3/gm)	大小分佈(Å)
5-A沸石	300	0.3	5
活性碳	1100	0.6	5-30
活性礬土(active alumina)	150	0.2	10-50
矽膠(silica gel)	600	0.4	10-50

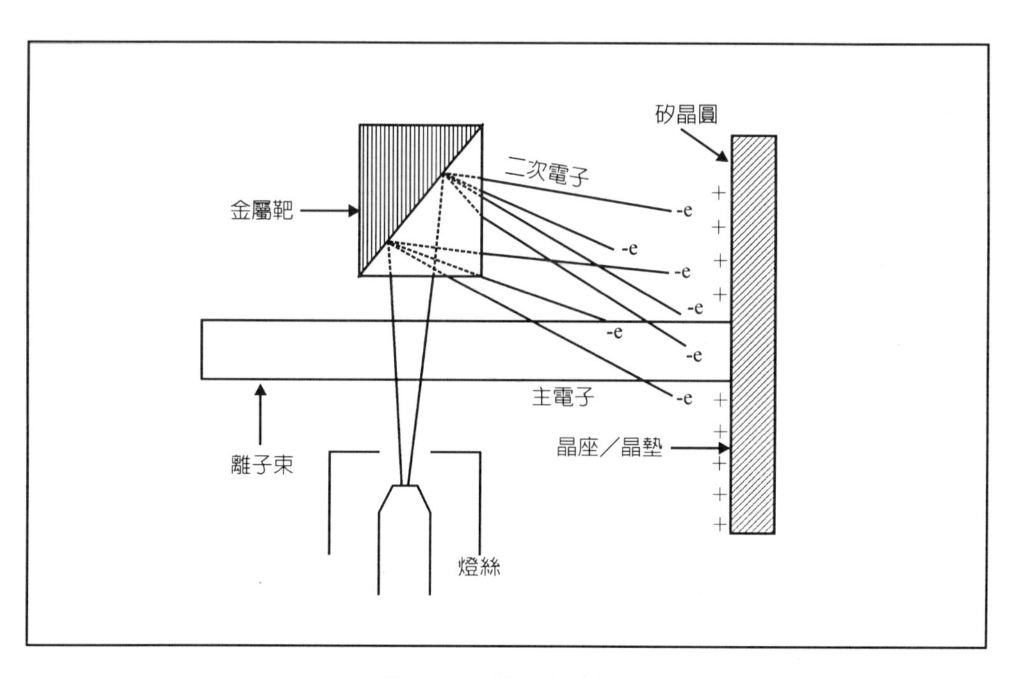

圖 3.14　電子簇射器

5.接地鉤

超大型積體電路製程中，如離子植入機(ion implanter)有高電壓、大電流，設備在關機後，以接地鉤(grounding hook)使其迅速放電，以維操作員安全。

接地鉤為一金屬棒，手握部份外有絕緣層。

6.電子簇射器

離子植入機(ion implanter)的正離子打到矽晶圓表面，正離子吸收電子而成為中性摻質(dopant)，而進入矽晶圓。但矽晶圓上有 SiO_2，Si_3N_4 等絕緣層，因使正電荷聚集。

濺鍍機(sputtering equipment)的 Ar^+打到靶材(target)，吸收電子而成為 Ar。如靶材有介電（或絕緣）材質，會使正電荷聚集，情形也類似。

電子簇射器(electron shower)，即將電子用像淋浴時的蓮蓬頭一樣，簇射到矽晶圓或靶材上，使電子和正電荷中和，以免晶圓或靶材被損壞掉。

電子簇射器和氾濫槍(flood gun)的作用相似。

3.6 產品分析

分析摻質進入矽晶圓的深度，可用斜角研磨(angle lapping)，分析摻質在矽晶內的濃度分析則可用電容－電壓測量(C-V test)。

1.斜角研磨

斜角研磨(angle lapping)（如圖 3.15 所示）的目的是為測量接面深度(junction depth)，所作的晶圓前處理。是採用光線干涉測量的原理。公式為 $X_j = \frac{\lambda}{2} NF$。即接面深度 ($X_j$) 等於入射光波長 ($\lambda$) 的一半與干涉條紋(interference fringe)數的乘積。但漸漸的隨著 ULSI 元件的縮小，準確度及精密度都無法因應，而由展阻探測(spreading resistance probing, SRP)替代。展阻探測也是應用斜角研磨的方法作前處理，採用的方法是以表面植入濃度與阻值的對應關係，求出接面的深度，精確度遠超過入射光干涉法。

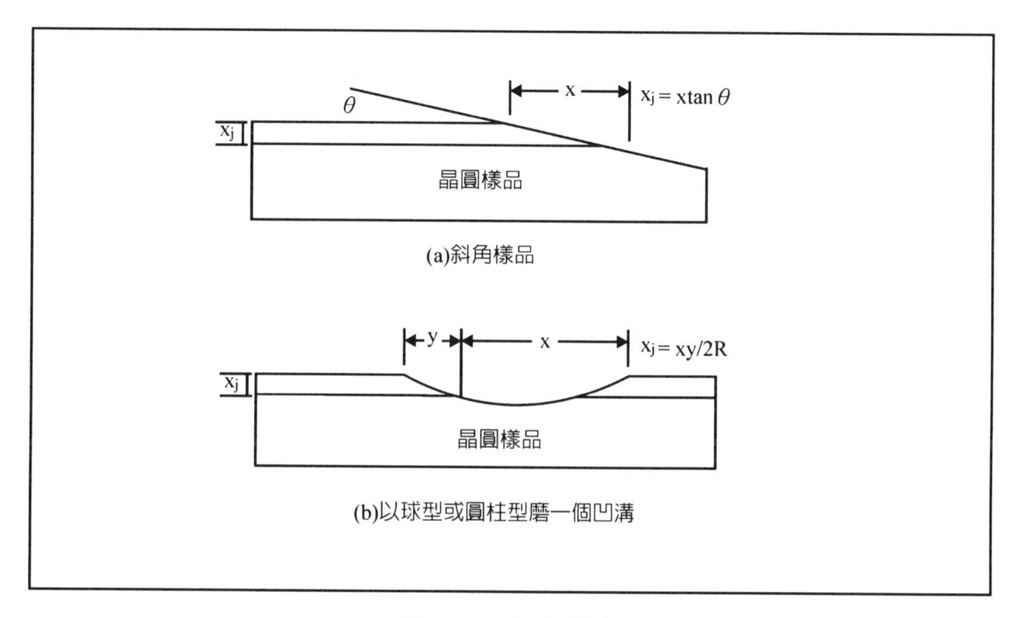

圖 3.15　斜角研磨

2.電容－電壓量測

金氧半(MOS)元件的電容－電壓(C-V)特性可被用以研究與控制半導體元件的特性。可用於分析元件內的摻雜濃度曲線(doping profile)，氧化層特性，及氧化層與半導體介面的特性(interface characteristics)。

一般而言，C-V 的量測大部份是針對在晶圓上的測試結構(test structure)，而非眞正工作的電路元件，位置是位於晶圓上，晶粒與晶粒間的切割巷(scribe lane)上。傳統的測試構造是類似三明治的形狀，由電極（鋁），絕緣層(SiO_2)，及矽晶圓構成。以 DRAM≧1M 位元的情況下，也有利用非等向蝕刻(anistotropic etching)，以形成 U 狀的溝的測試結構。

MOS C-V 的量測就是改變閘極和基座間的電壓，以觀察 MOS 電容的變化。可以測得其中污染物(contaminant)的數量。

電容－電壓圖，也就是說當元件在不同狀況下，在金氧半(MOS)元件的閘極上施以某一電壓時，會產生不同的電容值，(此電壓可爲正或負)。如果此元件爲理想的元件，也就是閘極及汲極和源極間幾乎沒有污染(contamination)或雜質(impurity)在裡面，則當外界環境改變時（溫度或壓力)，並不太會影響它的電容值，利用此可追蹤(monitor) MOS 元件的好壞，一般電壓偏差△V＜0.2V 爲正常。

C-V 測量時，要加一直流電壓，還要加上小信號電壓（在某一頻率)，一般 MOS 元件的 C-V 圖，如圖 3.16 所示。電容有傳統的金氧半(MOS)電容和壕溝電容，如圖 3.17 所示。

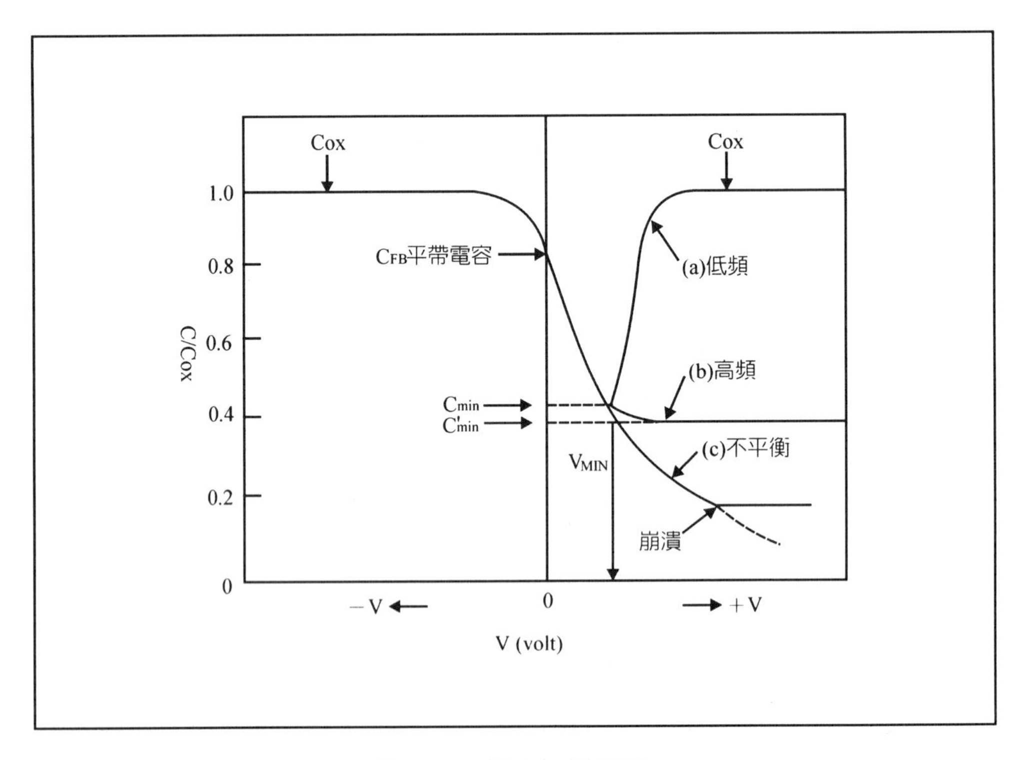

圖 3.16　電容－電壓圖

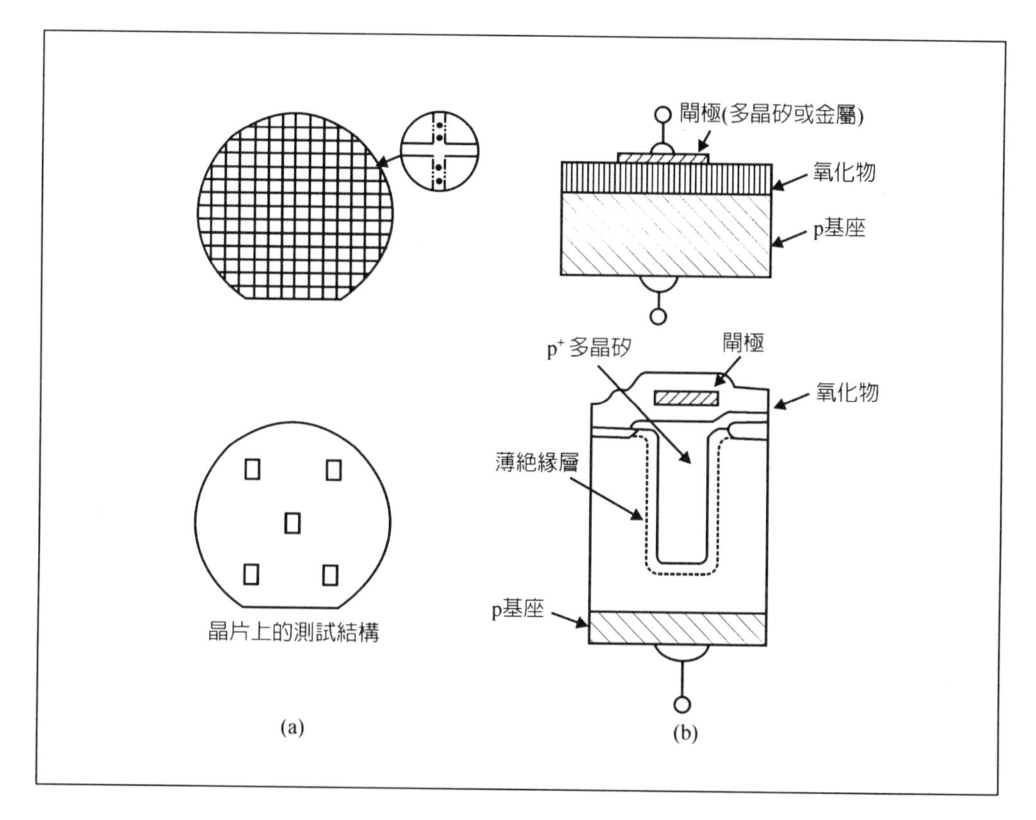

圖 3.17 (a)傳統的 MOS 電容，(b)壕溝電容

3.7 參考書目

1. 李秉傑等，分子束磊晶成長技術，科儀新知，第十三卷，第四期，1992。
2. 張家榮、梁美柔譯，化合物半導體領域之專用設備，電子月刊，第四卷，第十二期，1998。
3. 莊達人，VLSI 製造技術，二版，第九章，高立。
4. 曾堅信，離子佈植機，電子月刊，第四卷，第九期，1998。
5. 蔣曉白，曾堅信，低能量離子佈植技術與 F^+預先非晶化佈植之探討，毫微米通訊，第六卷，第一期，1999。

6. R. R. Bowman et al., Practical Integrated Circuit Fabrication, chs 3, 5, Integrated Circuit Engineering Corporation, 學風。
7. C. Y. Chang and S.M Sze, ULSI Technology, chs. 3, 5, McGraw Hill, 中央。
8. A. B. Glaser and G. E. Subak-Sharpe, Integrated Circuit Engineering, ch. 5, Addison-Wesley, 台北。
9. S. M. Sze, ULSI Technology lst Ed, chs. 2, 5 and 6, and 2nd Ed. chs 2, 7 and 8, McGraw Hill, 中央。
10. S. M. Sze, Semiconductor Devices Physics and Technology, ch. 10, John Wiley & Sons, 歐亞。
11. S. Wolf and R.N. Tauber, Silicon Processing for the ULSI Era, Vo1. 1-Process Technology, 2nd ed., ch. 7, chs 9-10, Lattice Press.
12. SDS Safe Delivery Source for Ion Implant Gases, Matheson Electronic Product Group, Sem. Gas Systems.

3.8 習 題

1. 試述(a)N 型半導體，(b)P 型半導體之製作及特性。
2. 試述常用的摻質元素(a)硼，(b)磷，(c)砷的特性。
3. 試述磊晶製程用的摻質材料。
4. 試述擴散製程用的摻質材料。
5. 試述離子植入用的摻質材料。
6. 試述離子植入製程的通道效應及其避免方法。
7. 試簡述以下各摻入製程相關之控制機制，(a)冷接合盒，(b)質流控制器。
8. 試簡述以下各摻入製程相關議題(a)氣體連鎖系統，(b)安全輸送系統，(c)電子簇射器，(d)接地鉤，(e)TLV，(f)IDLH。

第四章　介電質材料

4.1　緒　論

介電質(dielectric)也就是絕緣物，最常用到的介電質成份為矽的氧化物或氮化物，如二氧化矽(silicon dioxide, SiO_2)或氮化矽(silicon nitride, Si_3N_4)或氮氧化矽(SiON)。介電質在超大型積體電路中的用途為隔離兩層導電層或摻質(dopant)層，做為電容使用，或作用晶圓最外層的保護層(passivation)，以防止濕氣及污染物侵害元件等使用。

成長二氧化矽的製程稱為氧化(oxidation)，氧化的材料可以是氧氣(oxygen)做為乾式氧化(dry oxidation)，也可以用水蒸氣或以氫氧點火做濕式氧化(wet oxidation)。

其他常用的氧化材料還有氧化亞氮(N_2O)或四乙烷基氧矽酸鹽(TEOS, $Si(OC_2H_5)_4$)。成長氮化矽的製程稱為氮化(nitridation)，氮化的材料主要為氨(ammonia, NH_3)。氧化或氮化也可以用化學氣相沉積(chemical vapor deposition, CVD)，或電漿加強(plasma enhanced)的方式來提高品質。

隨著ULSI積集度提高，元件縮小，製造高電容量的材料就日益重要。代表性的電容材料為氧化鉭(tantalum oxide, Ta_2O_5)，鈦酸鋇($BaTiO_3$)，鈦酸鋇鍶($BaSrTiO_7$)或鈦酸鉛鋯($PbZrTiO_7$)等。

而在製程方面也有高密度電漿(high density plasma, HDP)的電子迴旋共振(electron cyclotron resonance, ECR)或感應耦合電漿(inductively coupled plasma, ICP)等新製程。

4.2 氧 化

氧化(oxidation)是在矽晶圓的表面藉高溫生成一層二氧化矽(SiO_2)，一般氧化分爲乾氧化和濕氧化兩種。乾氧化是利用液態氧(liquid oxygen, LO_2)，用於製造品質精良的閘極氧化物。濕氧化是利用氫、氧點火生成水蒸氣，而再與矽化合，品質稍差，但速率快，多用於製造場氧化物(field oxide, FOX)。濕氧化製程要注意先通氧，再通氫。製程完畢先關氫後關氧。氧化爐外有外火焰(external torch)，要點燃，把反應不完全的氫氣燒掉，以策安全。

氧化初期速率爲定值，氧化層厚度隨時間而線性增加，但是稍後因先前生成的 SiO_2 會阻礙後續的氧和矽反應，故反應速率降低，厚度隨時間增加成抛物線關係。氧化製程生成物 SiO_2 中的 Si 取自矽晶片的 Si，所以氧化後還減少一部份表面的矽。

氧化系統(oxidation system)常用的有三種：1.乾氧化(dry oxidation)，2.濕氧化(wet oxidation)，3.蒸氣氧化(steam oxidation)，如圖 4.1 所示。乾氧化的反應方程式爲 $Si+O_2 \rightarrow SiO_2$，濕氧化和蒸氣氧化的反應方程式爲 $Si+2H_2O \rightarrow SiO_2+2H_2$。

氧氣的分子式是 O_2。無色、無味、無臭、是雙原子的氣體。在-183℃液化成淺藍色的液體，在-218℃固化。在海平面上，空氣中約有 20%體積的氧，溶於水和乙醇，不可燃，可以助燃。

氧氣在 ULSI 製程還可以用在電漿光阻去除，利用 O_2 在電漿中產生氧的自由基(radical)，與光阻中的有機物反應產生 CO_2 和 H_2O 氣體而蒸發，達到去除光阻的效果。

在電漿乾蝕刻中，O_2 混入四氟化碳(CF_4)氣體中，可增加 CF_4 氣體的蝕刻速率。O_2 和 CF_4 的作用，傾向 O_2 和 C 作用，而使 F 多出來，而可增加蝕刻速率。但是 O_2 太多則對 CF_4 有稀釋作用，反而使蝕刻速度減緩。

另一個用於氧化物重要的氣體是氧化亞氮(nitrous oxide, N_2O)。它和二氯矽甲烷（dichlorosilane, DCS, SiH_2Cl_2，請參考第三章）反應生成 SiO_2 的方程式爲：

$$SiH_2Cl_2 + 2N_2O \rightarrow SiO_2 + 2N_2 + 2HCl \tag{4.1}$$

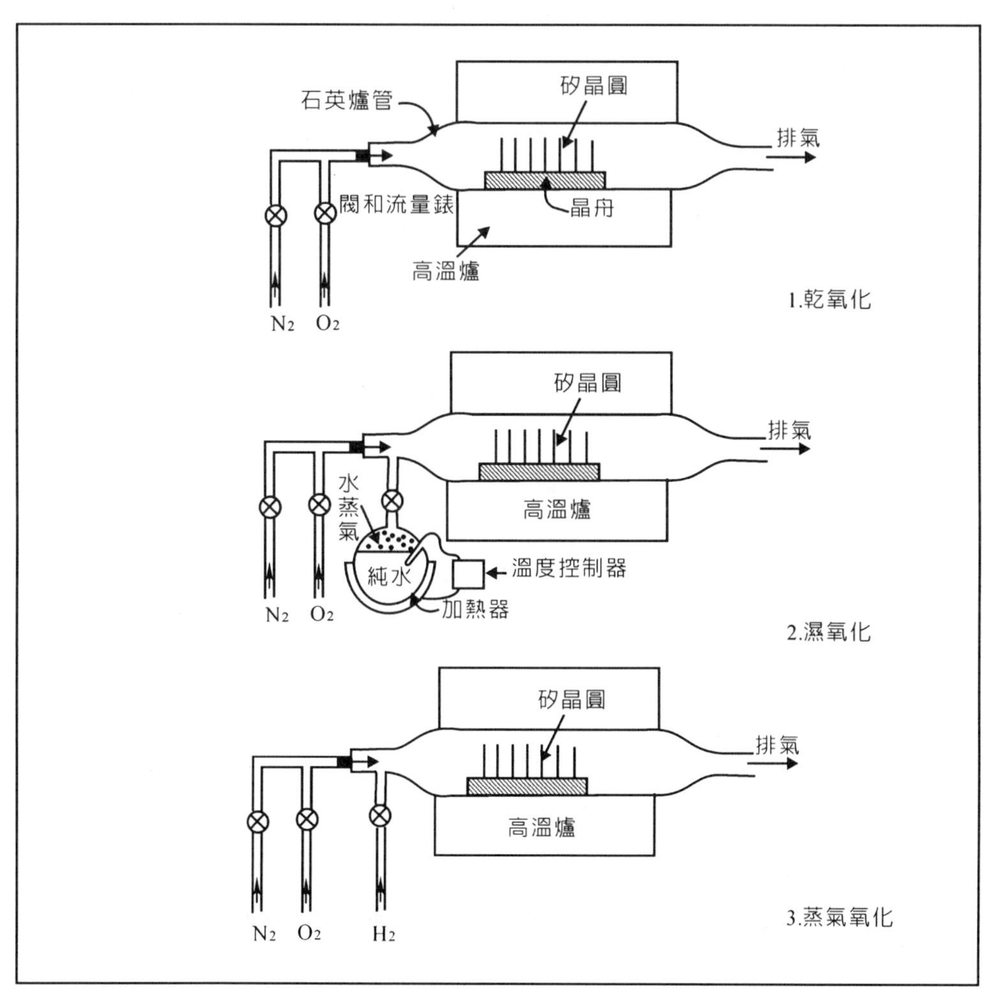

圖 4.1　三種氧化系統

氧化亞氮(nitrous oxide)，即一氧化二氮，又名笑氣。分子式爲 N_2O，無色氣體，凝固點-90.9℃，沸點-88.6℃。有微弱的臭味與甜味。高溫分解放出氧。有痲醉性，吸入會使臉部肌肉痙攣，看起來像發笑，故也稱笑氣。以前曾被用來做拔牙時的痲醉劑。

常用的液態氧化材料爲四乙烷基氧矽烷，或稱爲正矽酸乙酯。

四乙烷基氧矽烷的英文名稱是 tetraethoxysilane 或 tetraethylortho-silicate，簡稱 TEOS，化學式是 $Si(OC_2H_5)_4$，常溫下爲液態。經化學反應後，可生成一層二氧化矽，在 IC 製程裡通常被當作絕緣層使用。反應方式爲高溫低壓分解反應，或常溫加入觸媒分解反應，或電漿促進分解反應。

以四乙烷基氧矽烷製造二氧化矽的化學反應方程式爲：

$$Si(OC_2H_5)_4 \rightarrow SiO_2 + 4C_2H_4 + 2H_2O \tag{4.2}$$

反應的方式是低壓化學氣相沉積(low pressure chemical vapor deposition, LPCVD)。

在 TEOS 中加一些其他的材料也可以使生成的 SiO_2 中摻有摻質，以降低其電阻係數，這些材料如表 4.1 所列。這類材料又稱爲烷氧化物或醇化物(alcoholate)。Si-SiO_2 有一過渡區，如圖 4.2 所示。

矽氧化的生成物是二氧化矽(silicon dioxide, SiO_2)。二氧化矽在矽晶圓的功能與應用爲

1.阻擋離子植入與擴散，做爲罩幕(mask)，

2.保護矽晶圓表面(passivation)，

3.元件間隔離(isolation)，

4.元件閘極氧化層(gate oxide)，電容介電層(dielectric)，

5.場氧化層(field oxide, FOX)，

6.多層金屬連線間的絕緣(intermetallic dielectric, IMD)。

表 4.1　配合 TEOS 以產生有摻質的氧化物的材料

摻　質	摻質源	沉積壓力	沉積溫度(℃)
硼(B)	$B(OCH_3)_3$	常壓	650-730
	$B(OC_3H_7)_3$	低壓	750
磷(P)	PH_3+O_2	低壓	650
	$POCl_3+O_2$	低壓	725
	$PO(OCH_3)_3$	常壓	740-800
	$P(OCH_3)_3$	低壓	750
	$P(OC_2H_5)_3$	低壓	750
硼＋磷(B+P)	$B(OCH_3)_3+PH_3+O_2$	低壓	620-700
	$B(OCH_3)_3+PO(OCH_3)_3$	低壓	680
砷(As)	$AsCl_3+O_2$	常壓	500-700
	$As(OC_2H_5)_3+O_2$	低壓	700-730
	$AsO(OC_2H_5)_3+O_2$	低壓	700-770
銻(Sb)	$SbCl_5+O_2$	常壓	500
	$Sb(C_2H_5)_3+O_2$	常壓	250-500

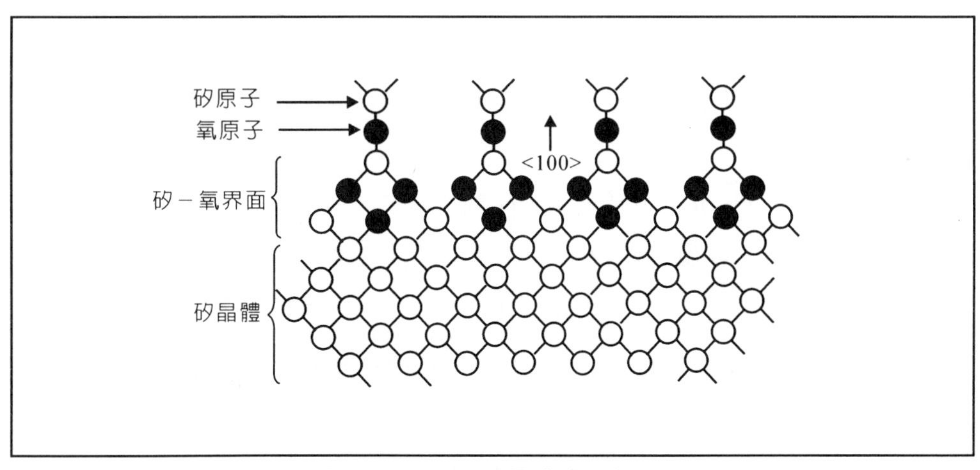

圖 4.2　Si-SiO_2 過渡區的模型

蒸氣氧化(steam oxidation)是使氫氣和氧氣點火以生成水蒸氣，使氧化製程得以進行。點火使用的是外火炬系統(outside torch system, OTS)。氫在內管，氧在外管，以加強火焰。氫、氧在加熱器加熱到 700～800℃。氫和氧在石英製飛船(ballon)內同時點火。製程爐管內的溫度相當均勻。外火炬系統是目前濕式氧化的標準選擇，如圖 4.3 所示。

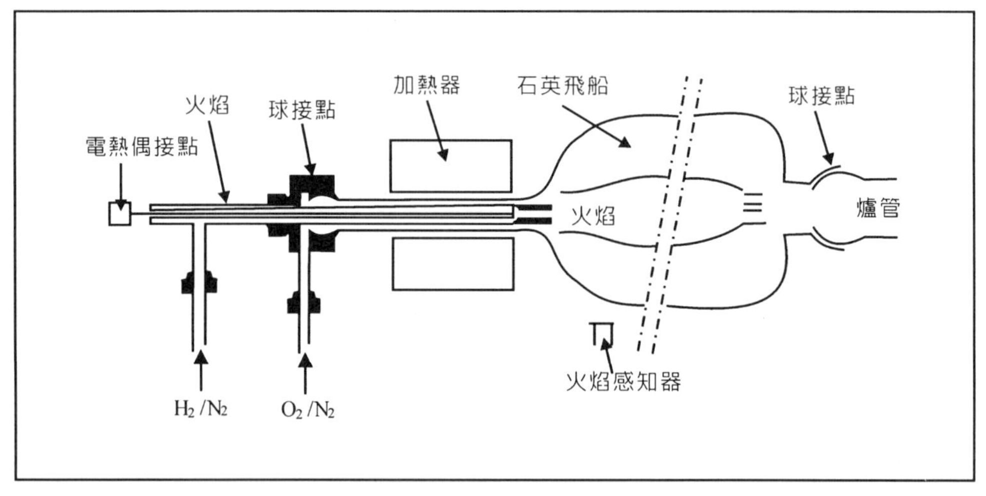

圖 4.3　外火炬系統

二氧化矽除了以氧化產生以外，也可以利用化學氣相沉積(chemical vapor depostion, CVD)的方式來製造。常見的 CVD SiO_2 的沉積方程和特性如表 4.2 所列。

ULSI 元件中最常用的氧化層有閘極氧化物(gate oxide)和場氧化層(field oxide, FOX)，如圖 4.4 所示。前者是很薄(100～1,000Å)的氧化層，主要藉乾氧化製程製作，後者是相當厚的氧化層（約 10,000Å），是利用局部氧化製程(local oxidation of silicon, LOCOS)完成的閘極氧化層(gate oxide)，閘極氧化層是金氧半場效電晶體(MOSFET)中相當重要的，是多晶矽閘極之下的氧化層。此氧化層厚度較薄，且品質要求也較嚴格。

表 4.2　常見的 CVD 二氧化矽

沉積方式	電　漿	SiH_4+O_2	TEOS	$SiH_2Cl_2+N_2O$
溫度(℃)	200	450	700	900
梯階覆蓋	不同形	不同形	同形	同形
密度(g/cm^3)	2.3	2.1	2.2	2.2
折射係數	1.47	1.44	1.46	1.46
介電強度(10^6V/cm)	3-6	8	10	10
蝕刻速度(Å/min) HF：H_2O：1：100	400	60	30	30

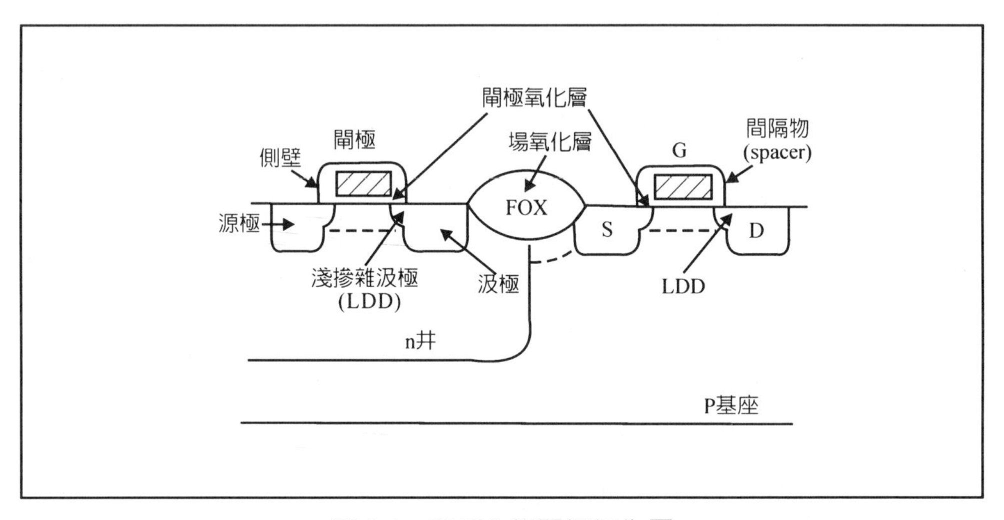

圖 4.4　CMOS 的閘極氧化層

矽局部氧化(local oxidation of silicon, LOCOS)，是利用氮化矽做保護墊，Si_3N_4 下方的矽不易氧化使矽晶圓上有快、慢二種氧化區，因而形成局部氧化。局部氧化可做爲積體電路中不同主動區的隔離之用，缺點是尖端的鳥嘴(bird beak)很佔地方，如圖 4.5 所示。因此稍後就有淺壕溝隔離(shallow trench isolation, STI)的推出。

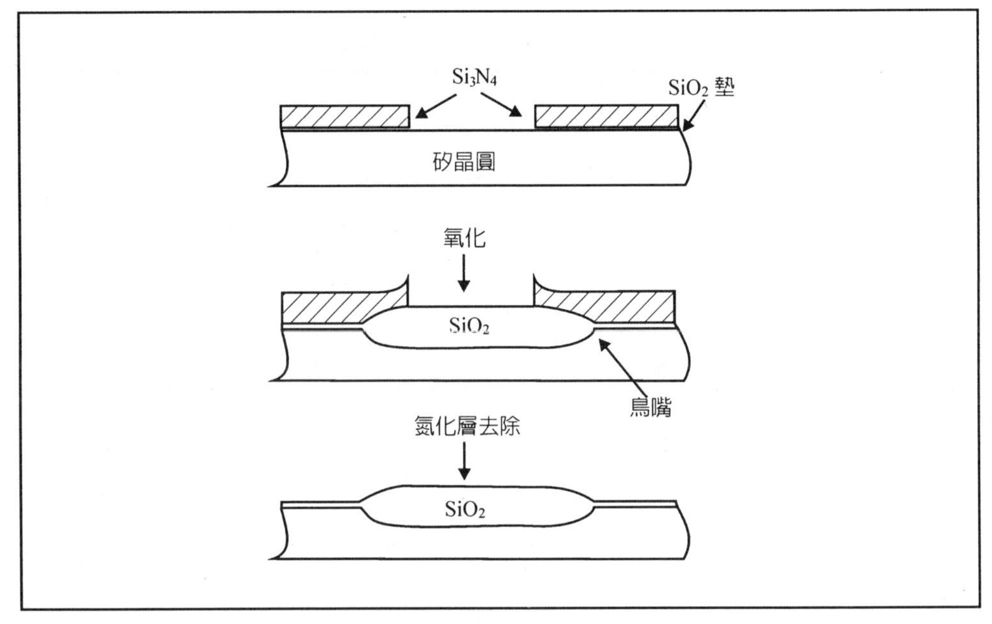

圖 4.5 矽局部氧化的步驟

另外還有幾個常用於 ULSI 製程的氧化物是：1.含硼及磷的矽化物，2.旋塗製玻璃，3.絕緣物上長矽。

1.含磷或硼的矽化物(PSG, BSG, BPSG)

磷矽玻璃(phosphosilicate glass, PSG)是一種含磷的二氧化矽。它可以藉著在矽甲烷氧化的反應裡，加入少量 PH_3 來製造。

$$SiH_4+4PH_3+6O_2 \rightarrow SiO_2+2P_2O_5+8H_2 \quad (4.3)$$

或以射頻(RF)反應製造：

$$SiH_4+7N_2O+2PH_3 \rightarrow SiO_2+P_2O_5+7N_2+5H_2 \quad (4.4)$$

或以有機化合物三甲基磷酸(trimethyl phosphate, TMPO)製造，反應式爲：

$$2PO(OCH_3)_3 \rightarrow P_2O_5+3CH_3OCH_3 \quad (4.5)$$

硼矽玻璃(boron silicate glass, BSG)是含硼的二氧化矽，也就是 SiO_2 中含有 B_2O_3。其中的 B_2O_3 可以藉由 B_2H_6 或三乙基硼酸(triethyl-borate, TEB)來製造，反應式分別爲：

$$2B_2H_6+3O_2 \rightarrow 2B_2O_3+6H_2 \tag{4.6}$$

$$或\ 2B(OC_2H_5)_3 \rightarrow B_2O_3+3C_2H_5OC_2H_5 \tag{4.7}$$

硼磷矽玻璃(boro-phosphosilicate glass)簡稱 BPSG。也就是 SiO_2 中同時含有 P_2O_5 和 B_2O_3。

BPSG 乃介於多晶矽(poly silicon)之上，金屬(metal)之下，可做爲上下二層絕緣之用，加硼、磷主要目的在使回流後的梯階(step)較平緩，以防止金屬線(metal line)濺鍍上去後，造成斷線。一個硼磷矽玻璃的應用，如圖 4.6 所示。

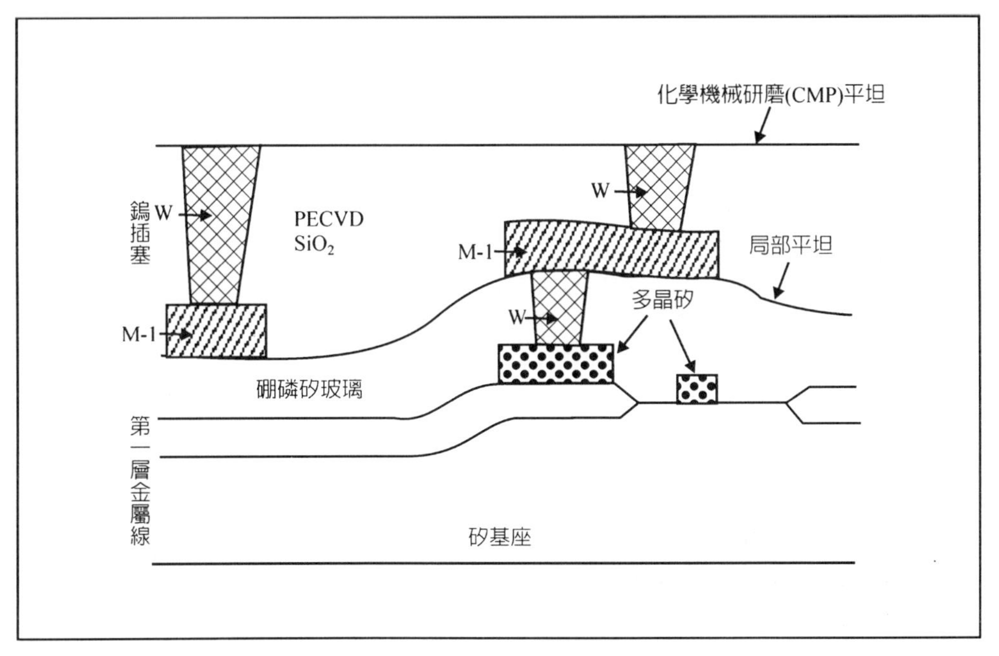

圖 4.6　硼磷矽玻璃在元件中應用的例子之一

2.旋塗製玻璃(spin on glass, S.O.G.)

旋塗製玻璃(spin on glass)是利用旋轉晶圓，將含有矽氧化物的溶液均勻地平塗佈於晶圓上，再利用加熱方式使溶劑驅離，並且使固體矽氧化物硬化，形成穩定的非晶相氧化矽。其簡單流程爲旋轉平塗，加熱燒烤，高溫（～450℃）硬化。

旋塗玻璃是應用在元件製造中，金屬層間的平坦化(planarization)，以增加層與層之間的接合特性，並增加後段製程的條件參數範圍，避免空洞的形成及膜的剝裂。其結構如圖 4.7 所示：

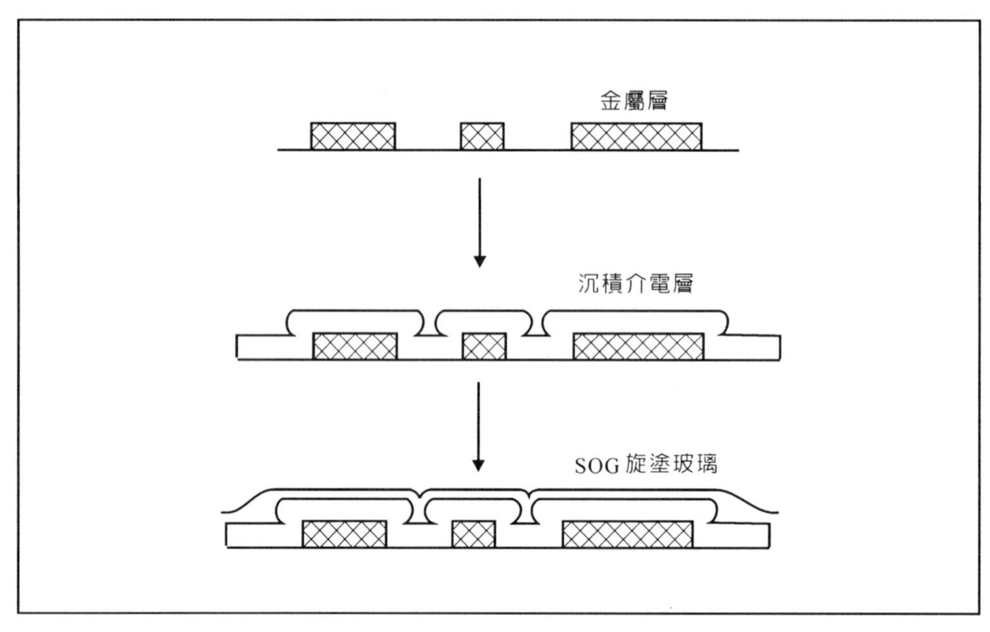

圖 4.7　SOG 的製程

3.矽元件做在絕緣層上(SOI)

將矽元件做在絕緣物上，有別於傳統的 MOS 元件。英文全文是 silicon on insulator。

如果此絕緣物爲藍寶石(sapphire, $Al_2O_3 \cdot xH_2O$)，也就是稱爲 silicon on sapphire 或 SOS，如圖 4.8 所示。其元件有工作電壓低、高速操作、功率消耗低等特性。

因爲接面電容(junction capacitance)低，背閘極效用(back-gate bias effect)減少。下埋有氧化層，所以不易沖穿(punch through)，降低了軟錯誤(soft error)發生的機會，短通道效用(short channel effect)也獲改進。臨限電壓(threshold voltage)也可以相當低。

電晶體以矽局部氧化(LOCOS)完全隔離，通道區在漂浮狀況，也會帶來靜態或動態的難題。如汲極(drain)崩潰電壓、源極－汲極電流無法以閘極電位控制，延遲時間和動態電路失敗等。

背閘極效用是指源極對基座逆偏壓，會使臨限電壓(V_t)增加。軟錯誤是元件被輻射照射，會暫時功能不正常，稍後即回復。短通道效用是元件通道短到小於某一極限之後，臨限電壓會出現不如正常預期之值。

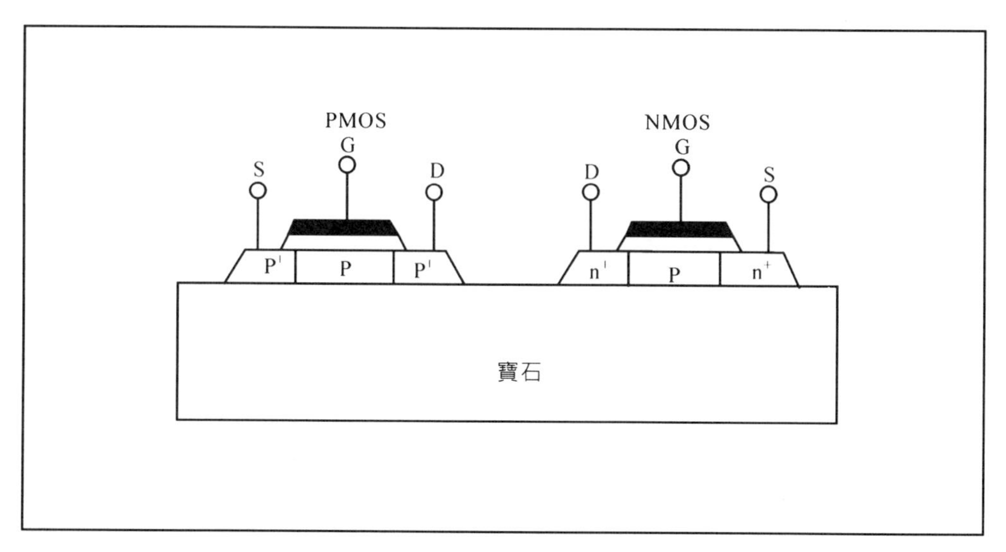

圖 4.8　一個 CMOS 長在寶石上

4.3 矽的氮化

因為氮(nitrogen)氣是惰性的(inert)，氮不易和矽起化合作用。矽的氮化一般多用氨(ammonia, NH_3)。

氨(ammonia)，分子式為 NH_3。在常溫下，具有刺激臭的無色氣體。由於細菌的作用，可使含氮有機物分解為氨。凝固點-77.7℃，沸點-33.44℃。加以冷卻或液化成無色透明的液態氨。易溶於水，在水中成鹼性，在氧中燃燒發出淡黃色的火焰，生成物為水及氮。遇過量的氯即生具爆炸性的三氯化氮(NCl_3)。可用於化學氣相沉積(CVD)以製造 Si_3N_4。

氮化矽(silicon nitride)是 Si_xN_y 的學名（常見的是 Si_3N_4）。這種材料跟二氧化矽有甚多相似處。氮化矽通常用低壓化學氣相沉積法(LPCVD)，或電漿加強化學氣相沉積法(PECVD)所生成。

以 LPCVD 製造氮化矽的反應之程式為：

$$3SiH_4+4NH_3 \rightarrow Si_3N_4+12H_2 \tag{4.8}$$

$$3SiCl_2H_2+4NH_3 \rightarrow 3SiN_4+6HCl+6H_2 \tag{4.9}$$

$$3SiCl_4+4NH_3 \rightarrow Si_3N_4+12HCl \tag{4.10}$$

以電漿加強 CVD 製造氮化矽的反應方程式為：

$$SiH_4+NH_3 \xrightarrow{\text{氬電漿}} SiN:H+3H_2 \tag{4.11}$$

$$2SiH_4+N_2 \xrightarrow{\text{放電}} 2SiN:H+3H_2 \tag{4.12}$$

另外 N_2-SiBr_4 在直流放電電漿，N_2-SiI_4 在微波(microwave)反應也可製得氮化矽。

LPCVD 所得的薄膜品質較佳，通常作 IC 隔離氧化技術中的阻隔層。而 PECVD 品質稍差，但因其沉積時溫度甚低，可以作 IC 完成主結構後的保護層(passivation)。氮化矽的特性，如表 4.3 所列。

表 4.3　氮化矽的特性

沉　積　方　式	LPCVD	電漿　CVD
沉積溫度	700-800	250-350
折射係數	2.01	1.8-2.5
密度(g/cm^3)	2.9-3.1	2.4-2.8
介電常數	6-7	6-9
電阻係數（Ω－cm）	10^{16}	10^{15}-10^{16}
介電強度(10^6 V/cm)	10	5
能隙 (eV)	5	4-5

有時矽在氮化製程中，因爲周圍環境有氧，也會起部份作用，而形成氧氮化矽(silicon oxynitride, SiO_xN_y)。有時也會用氧化層－氮化層－氧化層(oxide nitride oxide, ONO)。半導體元件，常以 ONO 三層結構做爲介電質（類似電容器），以儲存電荷，使得資料得以在此處存取。在此氧化層－氮化層－氧化層三層結構，其中氧化層與矽晶層的接合較氮化層好，而氮化層居中，則可阻擋缺陷（如針孔 pinhole）的延伸，故此三層結構可互補所缺。

爲了避免積體電路被外來雜質、微粒子、水蒸汽或機械應力的破壞。通常在元件上方加一層保護層(passivation)。一般多用氮化矽(Si_3N_4)爲材料，因爲它有較好的抵抗污染和濕氣侵入的能力。但是氮化矽的介電常數(dielectric constant)稍高，所以內部的絕緣層則多使用二氧化矽(SiO_2)。因爲 SiO_2 介電常數爲 3.9，Si_3N_4 的介電常數則爲 7.5。SiO_2 和 Si_3N_4 在常溫的各種特性，如表 4.4 所列。

表 4.4　SiO_2 和 Si_3N_4 在 300K 的特性

絕　緣　物	SiO_2	Si_3N_4
結構	非晶	非晶
熔點(℃)	1610	1900(昇華)
密度(g/cm^3)	2.2	3.1
折射係數	1.46	2.05
介電常數	3.9	7.5
介電強度(V/cm)	10^7	10^7
紅外光吸收帶(μm)	9.3	11.5～12.0
能隙(eV)	9	～5.0
熱膨脹係數($℃^{-1}$)	5×10^{-7}	—
熱導係數(W/cm-K)	0.014	—
直流電阻係數(Ω-cm) 在25℃ 在500℃	 10^{14}～10^{16} —	 -10^{14} ～2×10^{13}
在緩沖HF中的蝕刻(Å/min)	1000	5～10

註：緩沖氫氟酸(BHF)即爲 HF：NH_4F＝34.6%(wt)，HF＝6.8%(wt)，H_2O＝58.6%

保護層也可以用磷矽玻璃(PSG)，如圖 4.9 所示。當保護層的材料(P 含量 2-4%)。因元件的表面會與大氣接觸，故保護層著重在鋁腐蝕(Al corrosion)、龜裂(crack)、針孔(pin hole)等的防治。

除了防止元件爲大氣中污染而做隔絕，保護層也可當作下層金屬(metal)層的保護，避免金屬被刮傷。

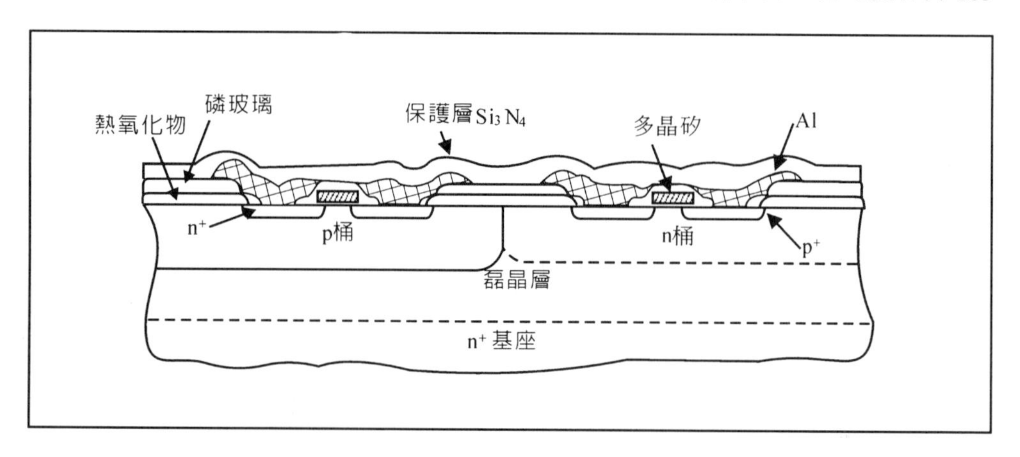

圖 4.9　一個雙桶 CMOS 上的保護層

4.4　氮氣和氣體供應系統

氮氣的主要作用是清淨製程反應器(process reactor)或爐管(furnace tube)。氮氣的使用量非常大，需要液態氮(liquid nitrogen, LN_2)儲存桶以提供純淨的氮氣，有時氮氣和氧氣也需要精製(purification)，在此也一併討論這些議題。

空氣中約 4/5 是氮氣(N_2)。氮氣是一安定的惰性氣體，由於取得不難且安定，故晶圓工廠內常用以當作清洗(purge)管路，除去髒污、保護氣氛、傳送氣體(carrier gas)、及稀釋(dilute)等用途，另外，氮氣在-196℃或 77K 以下即以液態存在，故常被用做抽眞空的冷卻源。

氮氣清淨系統(nitrogen purge system)是利用氮氣將爐管(furnace tube)或反應氣室(chamber)吹乾淨。完整的系統包括一質流控制器(mass flow controller, MFC)，一送風機(blower)，一高效率微粒子過濾器(HEPA filter, class 1)，一過壓釋放閥(over pressure relief valve)，及一排氣偵測器(exhaust flow monitor)。

液氮桶(liguid nitrogen tank, LN_2 tank)是用以儲存液態氮。桶的中間夾層抽成眞空，以絕熱避免液氮蒸發。使用時，開啓閥(valve)，氮以液態流出，經蒸發器(evaporator)而蒸發為氣態，同時吸收大量的熱，而使蒸發器管壁結一層厚厚的白霜。為安全起見，桶上有安全閥(safety valve)和安全碟(safety disc)，當部份液態氮吸熱蒸發為氣態，壓力超過一定值後，安全裝置會自動開啓、洩放。

氣體精製(gas purification)是指將主要供應氣體，N_2、O_2、H_2 加以精製，除去其中不純氣體。

1.N_2 精製：以鎳(Ni)觸媒(catalyst)或銅(Cu)觸媒氧化，以消耗其中氧氣。再以合成沸石(zeolite)將 H_2O、CO_2 吸著。反應筒可以用 H_2 將觸媒再生，如圖 4.10 所示。

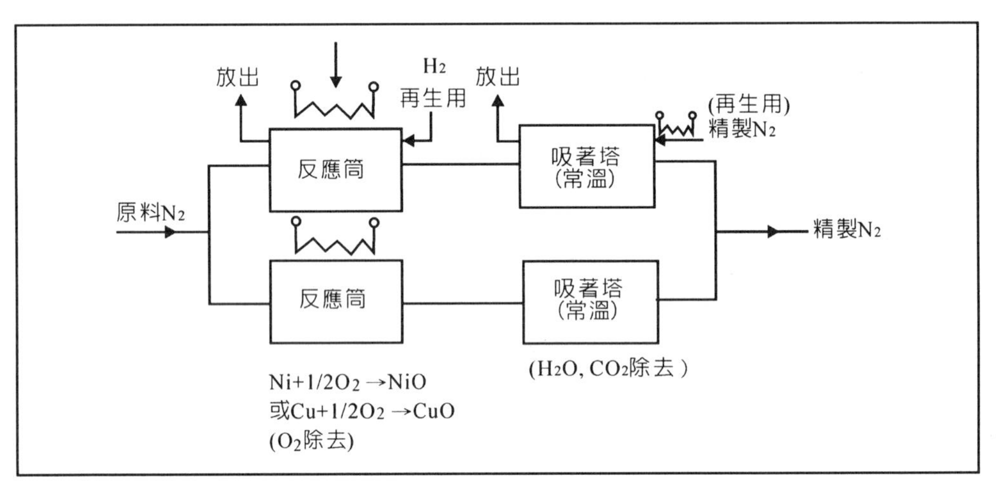

圖 4.10 精製 N_2

2.O_2 精製：以觸媒筒氧化除去碳氫化合物(CH)，以吸著筒吸著 H_2O、CO_2。反應筒以 H_2 再生。(和 N_2 精製相似)，如圖 4.11 所示。

3.H_2 精製：以觸媒筒除去 O_2，熱交換器(heat exchanger)除去 H_2O、CO_2。或用鈀(palladium, Pd)膜對不同氣體透過性的差異，加熱、加壓以精製 H_2，如圖 4.12 所示。大宗氣體純化設備，如表 4.5 所列。特殊氣體純化技術，如表 4.6 所列。大宗氣體的規格，如表 4.7 所列。

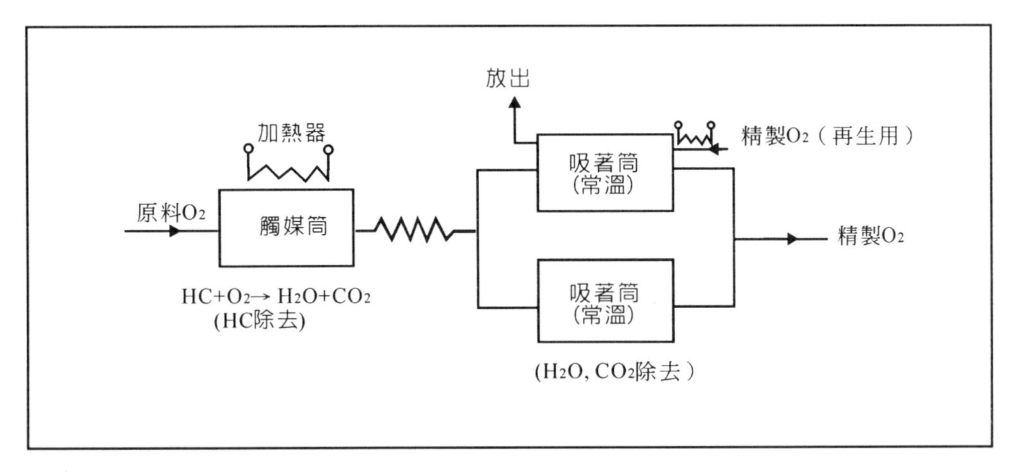

圖 4.11　精製 O_2

表 4.5　大宗氣體純化設備之應用

氮　(N_2)	觸媒及分子篩(molecular sieve)
惰性氣體（He, Ne, Ar）	和N_2相同
氦　(He)	低溫吸附
氫　(H_2)	低溫吸附，觸媒、分子篩，鈀合金膜
氧　(O_2)	觸媒及分子篩
空氣	觸媒及分子篩

表 4.6　特殊氣體純化技術

特殊氣體	純化物	不純物
AsH_3，PH_3，B_2H_6，NH_3，SF_6	三苯基甲基鋰 (triphenylmethyllithium, TPMLi)	H_2O，O_2
HCl，C_2，BCl_3，SiH_2Cl_2，NO，N_2O	氯化鎂 ($MgCl_2$)	H_2O
HBr	溴化鎂 ($MgBr_2$)	H_2O
CF_4，C_2F_6，C_3F_8，SiH_4	氫化鎂 (MgH_2)	H_2O，O_2

資料來源：黃俊寅，電子月刊，第四卷，第四期，1998。

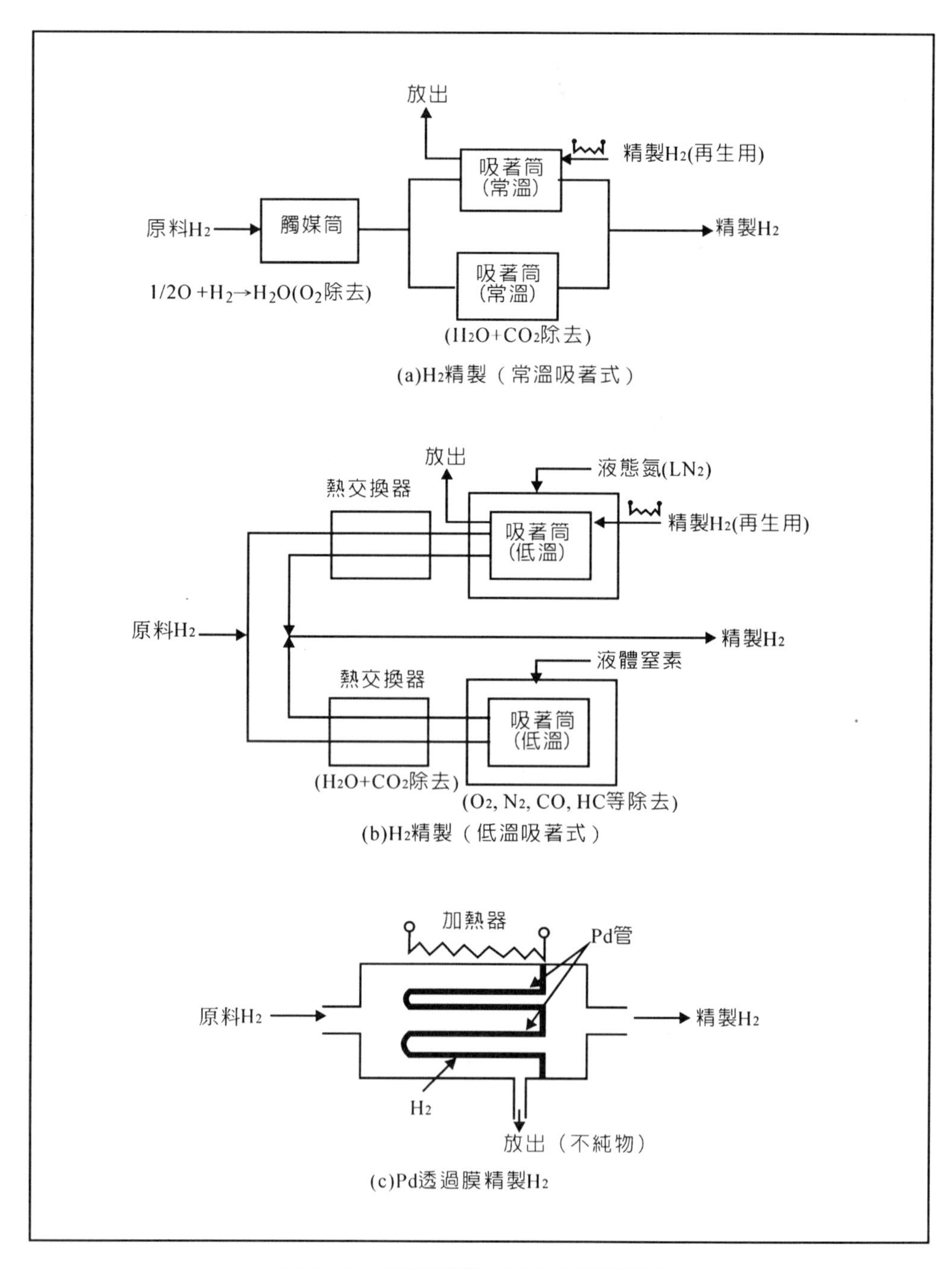

圖 4.12　三種精製 H_2 的系統概略圖

表 4.7　大宗氣體的規格

	DRAM　容積				
	256K	1M	4M	16M	64M
設計規則，μm	2.3	1.3	0.8	0.5	0.3
微粒子(粒徑，μm)	0.3	0.2	0.1	0.1	0.05
密度　粒／c.c.	＜10	＜10	＜5	＜5	＜5
雜質含量，ppb O_2	＜100	＜50	＜10	＜5	＜1
CO			＜10	＜5	＜1
CO_2			＜10	＜5	＜1
CH_4			＜10	＜5	＜1
水含量(dew point) 露點，℃	＜-76	＜-80	＜-90	＜-100	＜-120
濃度，ppb	1,000	500	100	10	0.13
金屬含量，$\mu g/m^3$	—	1	1	0.1	0.01

ppb: parts per billion，十億分之幾

資料來源：英國商業局(BOC, Bureau of Commerce)

4.5　電容和材料

二個平板金屬中間以介電質(dielectric)隔開，即爲一電容。ULSI 製程因元件縮小，而又要保持一定的電容量，因此爲增加平行板的層數，而有多種形狀的電容，如鰭(fin)、皇冠(crown)、半球顆粒重疊(hemispherical-grain stack, HGS)、高基座板(high substrate plate, HSP)等，如圖 4.13 所示。

另一種方式是使用高介電係數的材料，如鈦酸鋇鍶（BST, BaO、SrO、TiO_2 的混合物）或氧化鉭(Ta_2O_5)。

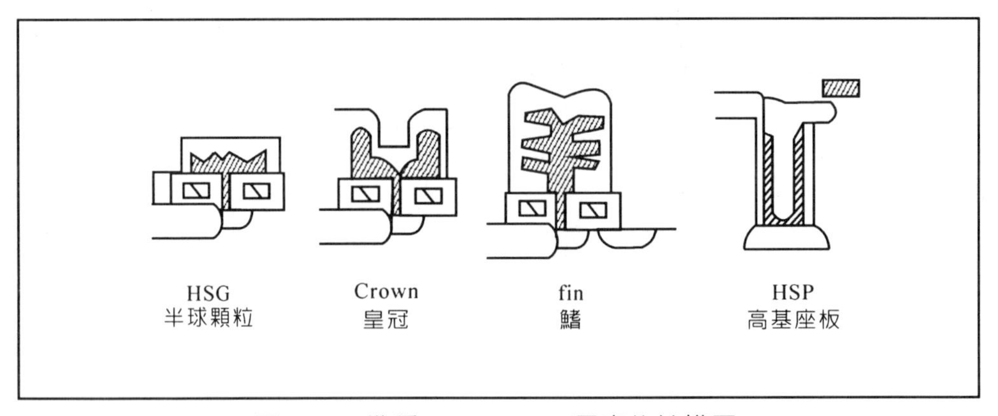

圖 4.13　幾種 64M DRAM 電容的結構圖

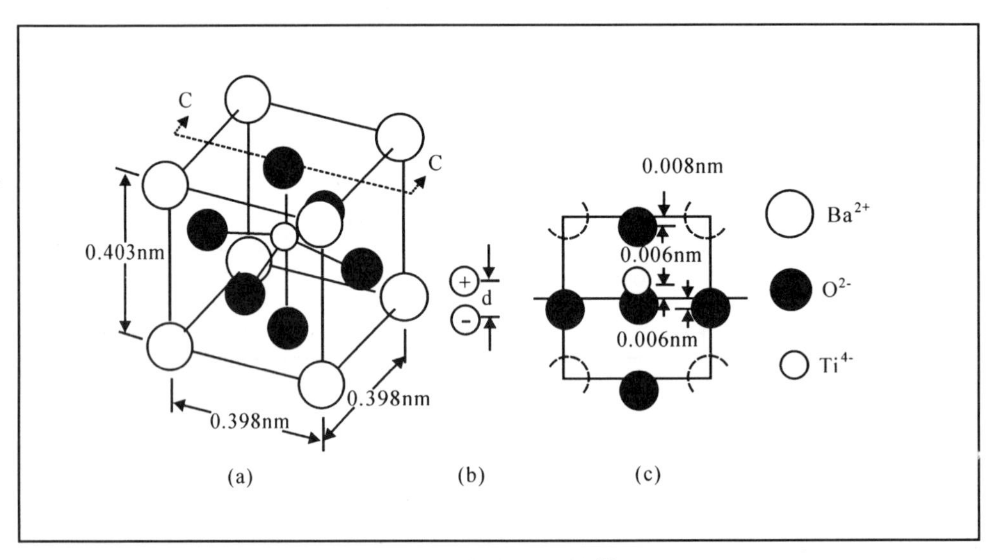

圖 4.14　鈦酸鋇的結構圖

氧化鉭 (tantalum oxide, Ta_2O_5) 是一種透明晶體，成斜方晶 (orthorhombic)對稱，不溶於水或酒精，但溶於氫氟酸(HF)。電子偏極化，介電常數爲 25，當沉積在釕(Ru)電極上，並且顆粒方向排列整齊時，介電常數爲 50，可用於 1 G (10^9)DRAM 的電容。

一個電晶體的 DRAM 儲存電容 25fF(femto=10^{-15}，飛)，漏電流小於 1 $\times 10^{-15}$A，可靠度時間大於 10 年。

鈦酸鋇鍶(BST)，BST 為 BaO、SrO、TiO_2 等的合成介電質(dielectric)，或以$(BaSr)TiO_3$ 表示，透明結晶固體鈣鈦礦(pervoskite)結構，由於原子尺寸與溫度關係，正負離子中心不重合，而有極化產生。在居里溫度(Curie temperature)下呈現鐵電(ferroelectric)性質，晶體為四角形(tetragonal)。該溫度以上為順電(paraelectric)，晶體為立方形。離子偏極化使其介電係數(permittivity)在居里溫度附近為數萬。當厚度降為數十奈米(nm)時介電常數 ε 為 300，太薄就會失去鐵電性，但原因不清楚。

鈦酸鋇的結構如圖 4.14 所示，在 120℃以上，$BaTiO_3$ 是立方型，(a)在常溫單位晶胞不是立方型。(b)因為 Ti^{4+}和 O^{2-}離子往相反方向移動，正負電荷的中心分開了，造成了電偶(electric dipole)，長度為 d，(c)離子相對移動，(d)電荷 Q 為 $6 \times 1.6 \times 10^{-19}$ 庫倫。

鈦酸鋇鍶(BST)、鈦酸鉛鋯($Pb(ZrTi)O_3$, PZT)、鉭酸鍶鉍($SrBi_2Ta_2O_7$, SBT)，三種高介電常數(high K)材料的特性比較，如表 4.8 所列。

表 4.8　三種高介電常數材料的特性

特　性	BST	PZT	SBT
介電常數 (整體) (薄膜)	 10^4 150-1000	 10^4 150-1000	 10^3 100-200
相態（室溫）	順電	鐵電	鐵電
殘留極化 (remanent polarization)	無	有	有
耐用次數	—	10^6(在Pt/Ti上)	＞10^{13}(在Pt/Ti上)
結晶溫度	～450℃	～600℃	～800℃
應用	DRAM	FeRAM, DRAM	FeRAM, MFS*

註：FeRAM 鐵電記憶體，*MFS：metal ferroelectric semiconductor 金屬鐵電半導體
資料來源：吳世全，電子月刊，第四卷，第七期，1998。

至於在低介電常數(low dielectric constant, lok k)的材料方面，國際事務機器(IBM)也早已用有機高分子介電材料聚亞醯胺(polyimide)做爲內金屬介電層。幾種低介電常數的有機高分子材料如表 4.9 所示。

表 4.9　有機高分子低介電常數材料

高　分　子	介　電　常　數
聚芳烯醚　(polyarylene ether)	2.5-2.6
聚亞醯胺矽氧烷　(polyimide siloxane)	2.6-2.7
氟化聚亞醯胺　(fluorinated polyimide)	2.4-2.6
乙烯基醚　(vinyl ethers)	＜2.7
氟化聚芳烯醚　(FLARE)	2.62-2.66
苯環丁烯　(benezo cyclobutene, BCB)	2.6

資料來源：張鼎張等，NDL，第六卷，第一期。

另外還有氫倍半矽氧烷樹脂類 HSQ(hydrogen silesquioxane, $(HSiO_{1.5})_n$)和甲基倍半矽氧烷樹脂 MSQ(methylsequioxane)等以矽酸鹽(silesequioxane)爲基材的高分子(polymer)材料的介電常數可以到 2.6～2.8 左右，也開始應用到 ULSI 的製程了。

4.6　化學氣相沉積

幾種常用的化學氣相沉積(chemical vapor deposition)系統，分別敘述如下：

1.常壓化學氣相沉積(APCVD)

APCVD 爲 atmospherical（大氣的），pressure（壓力），chemical（化學），vapor（氣相）及 deposition（沉積）的縮寫。也就是說，反應氣體（如

SiH_4，PH_3，B_2H_6和 O_2）在常壓下起化學反應，而生成一層固態的生成物（如 BPSG）於晶片上。

APCVD 的反應爐通常是以輸送帶(conveyor belt)的方法，產品由一端放入，另一端取出。產能(throughput)較大。但操作需較高的溫度，如圖 4.15 所示。

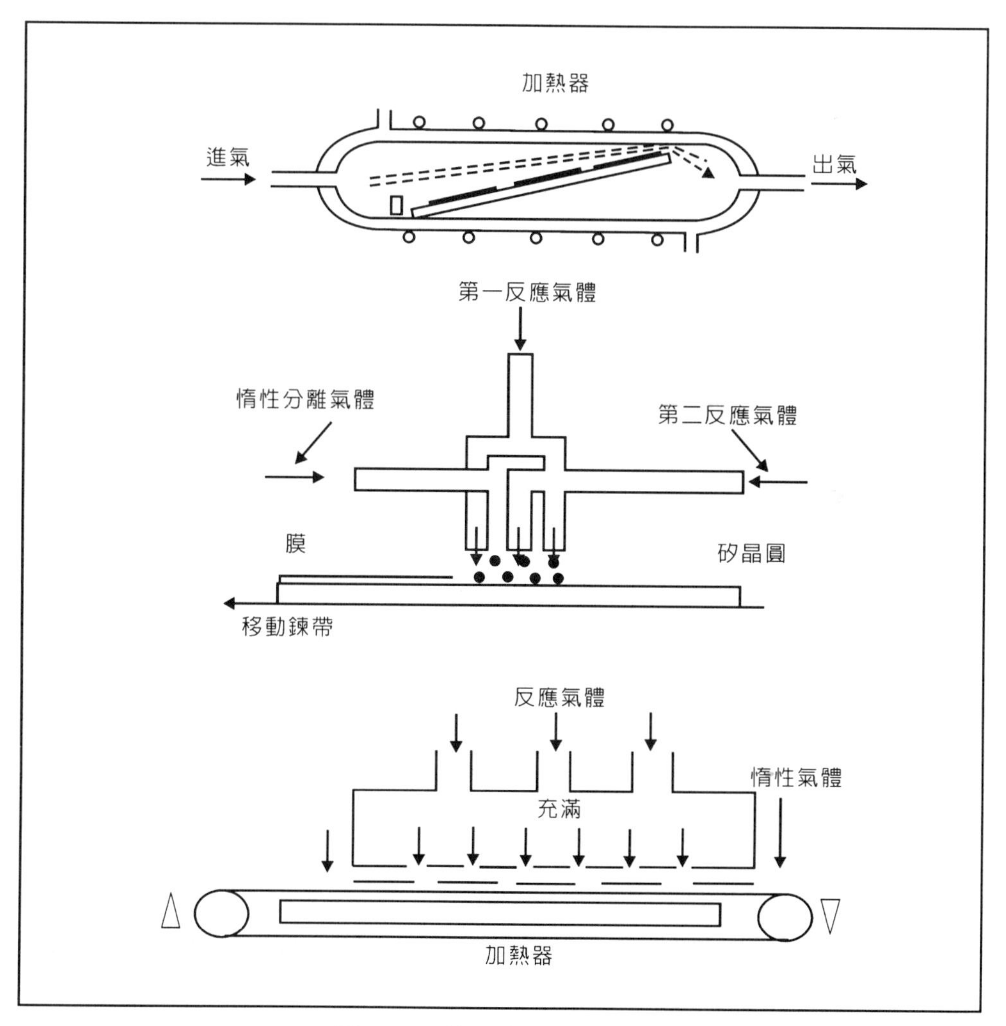

圖 4.15　常壓化學氣相沉積

2.低壓化學氣相沉積(LPCVD)

LPCVD 的全名是 low pressure chemical vapor deposition，即低壓化學氣相沉積。

LPCVD 是一種沉積的方法。在積體電路製程中，主要在生成氮化矽、複晶矽(polysilicon)、二氧化矽及非晶矽(amorphous Si)等不同材料。反應室先以眞空幫浦抽掉部份空氣，使壓力降到大約 0.05 托耳(torr)，優點是製程溫度可以降低。

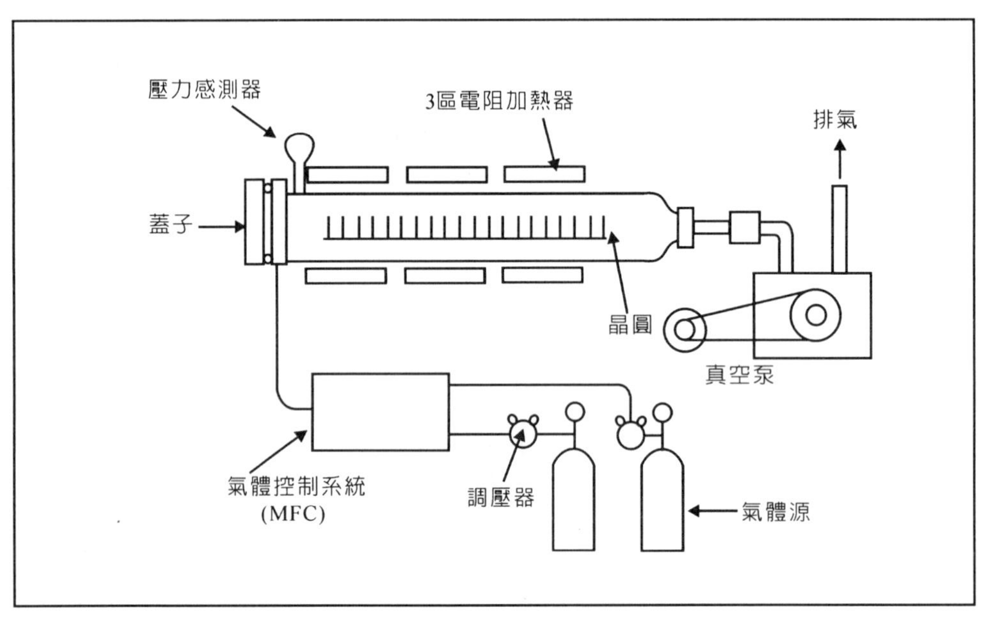

圖 4.16　低壓化學氣相沉積系統的概略圖

3.電漿加強化學氣相沉積(PECVD)

CVD 化學反應所需的能量可以是熱能、光能或電漿。以電漿催化的 CVD 稱做 PECVD。PECVD 的好處是反應速率快、較低的基板(substrate)溫度，及梯階覆蓋(step coverage)好；缺點是產生較大的應力(stress)。

PECVD 英文全名為 plasma enhanced CVD，如圖 4.17 所示。

產生電漿的機器是無線電頻率（或稱射頻）產生器(RF generator)，頻率是 13.56 MHz，原因是可避免干擾無線電通訊。

以上各種 CVD 製程中，因爲許多使用的氣體是有毒的。在低壓製程氣體濃度又高，因此安全顧慮更多。大致說來，危險氣體分爲四大類，即 1.有毒的(poisonous)，2.自燃的(pyrophoric)、可燃的(flammable)和爆炸的(explosive)，3.腐蝕的(corrosive)，4.幾種危險的集大成。許多可燃的氣體會和空氣反應而生成固體生成物。即使微小的漏洞會使微粒在氣體管路中生成，逐漸聚集或會阻塞管路。固體粉末也很危險，因爲它可能溶有有毒的氣體。CVD 常用氣體的特性，如表 4.10 所列。一些氣體的安全極限，如表 4.11 所列。

表 4.10　CVD 常用氣體的特性

氣　　體	特　　　性
矽甲烷　(SiH_4)	有毒，可燃，自燃
二氯矽烷　(SiH_2Cl_2)	有毒，可燃，自燃
氫化磷　(PH_3)	劇毒，可燃
硼乙烷　(B_2H_6)	劇毒，可燃
氫化砷　(AsH_3)	劇毒，可燃
氯化氫　(HCl)	有毒，腐蝕
氫　(H_2)	可燃
氨　(NH_3)	有毒，腐蝕
氧　(O_2)	助燃
笑氣　(N_2O)	無毒，不可燃
氮　(N_2)	惰性
氬　(Ar)	惰性

表 4.11　CVD 中一些氣體的安全極限

氣　　體	PEL (ppm)	IDLH (ppm)
氫化砷　(AsH_3)	0.05	6
硼乙烷　(B_2H_6)	0.1	40
氫化磷　(PH_3)	0.3	200
氫化銻　(stibine, SbH_3)	0.1	40
氨　(NH_3)	100	

註：PEL：permissibe exposure limit(容許的曝露極限，以每天 8 小時計)
IDLH：immediate danger to life and health 立刻對生命和健康成為危險（以曝露 30 分鐘計）
NIOSH：National Institute of Occupational Safety & Health 國家職業安全和衛生研究所
OSHA：Occupational Safety & Health Administratrion 職業安全和衛生署
資料來源：NIOSH/OSHA pocket guide to chemical hazards

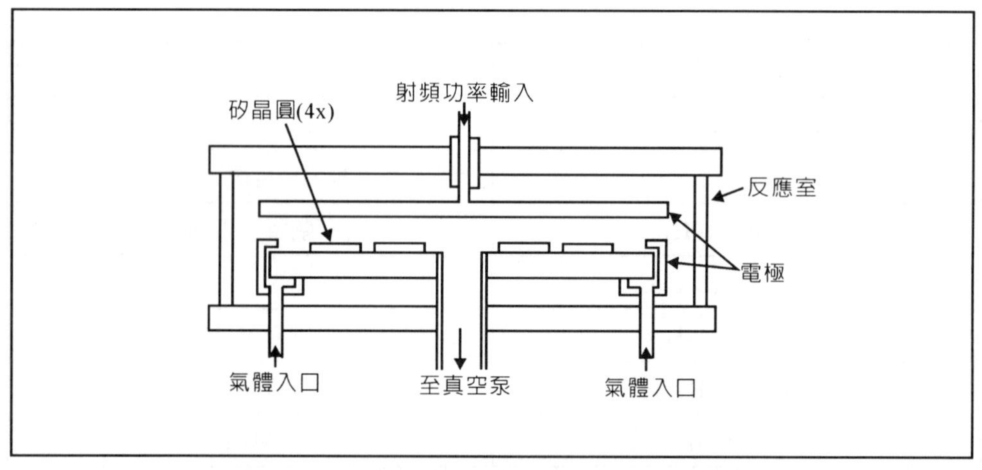

圖 4.17　電漿加強化學氣相沉積的概略圖.

4.電子迴旋共振化學氣相沉積(ECR CVD)

ECR 的英文全文是 electron cyclotron resonance。

電子迴旋共振是利用微波電源(microwave, 2.45 GHz, 1G =10^9，十億)和導波管(waveguide)，使氣體在高真空的電漿氣室(plasma chamber)被游離

(ionize)為電漿(plasma)。氣室外繞以線圈，通電流造成磁場 875(高斯 Gauss)，以限制電子軌道，以增加氣體游離率，提高電漿密度。晶圓置於電位接地的基板(substrate)上，放在沉積氣室(deposition chamber)，以完成化學氣相沉積，如圖 4.18 所示。

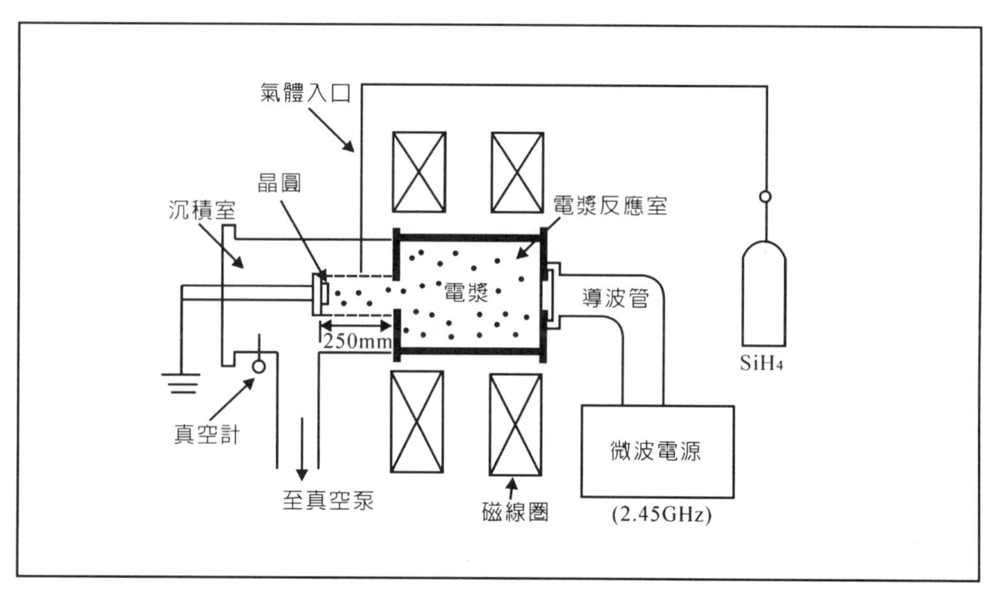

圖 4.18　ECR CVD 系統的概略圖

5.金屬有機化學氣相沉積(MOCVD)

化學氣相沉積(CVD)中，使用金屬有機物(metal organics)為原材料。

如 DEZn 為二乙基鋅，TMGa 為三甲基鎵，TMA1 為三甲基鋁。

乙烷分子式為 C_2H_6，乙烷基 C_2H_5 為負一價，需要二個 C_2H_5 和一個 Zn 化合，分子式為$(C_2H_5)_2Zn$。甲烷分子式為 CH_4，甲烷基 CH_3 為負一價，需要三個 CH_3 和 Ga 或 Al 化合，分子式分別為$(CH_3)_3Ga$ 或$(CH_3)_3Al$。

一般 MOCVD 多為成長三五化合物半導體（如 AlGaAs）。Zn 為摻質(dopant)，使半導體為正型(p type)，As 由 AsH_3 提供。基座晶體常用 GaAs，以射頻加熱，氣室還要抽眞空，如圖 4.19 所示。

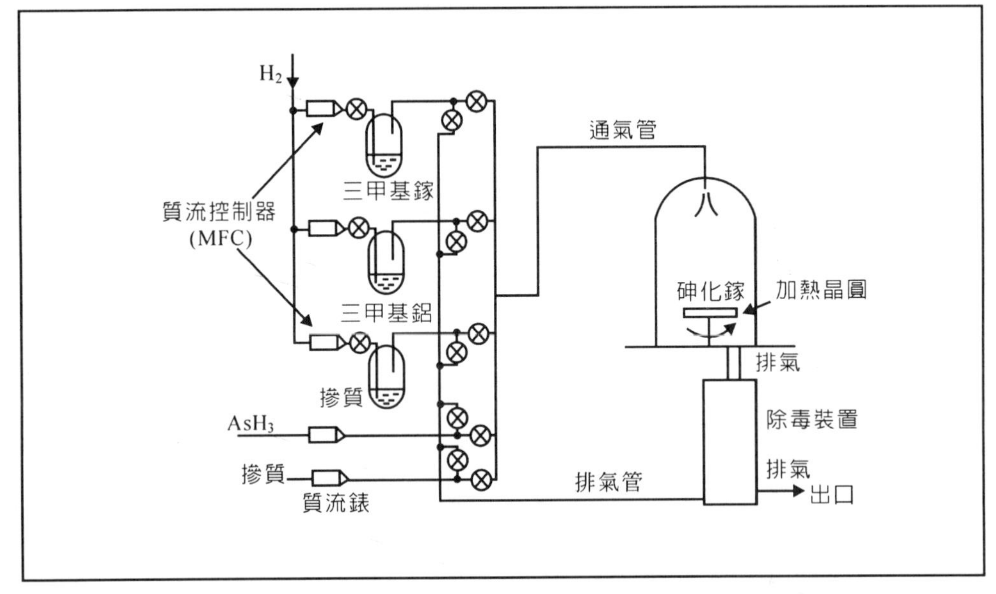

圖 4.19 MOCVD 系統的概略圖

6.快速熱製程(RTP)

快速熱製程(rapid thermal process)是利用氙(Xe)弧燈，氬(Ar)弧燈和鎢鹵素(W halogen)燈，使 CVD 等反應快速完成。因此反應室的牆是冷的。牆的污物不會影響製程。和傳統式高溫爐相比較，RTP 的特徵，如表 4.12 所列。

表 4.12 快速熱製程和高溫爐的比較

形　　式	高　溫　爐	快　速　熱　製　程
晶圓數量	批式	單一晶片
牆 溫 度	熱牆	冷牆
製程時間	長	短
測量溫度	在環境測量	由晶圓直接測量
問　　題	耗熱量大，有微粒污染，大氣控制要注意	均勻度、重覆性、產能、晶圓受到應力

4.7　製程控制和監督

1.磷玻璃流動(p-glass flow)

積體電路上沉積 SiO_2 的製程，如果摻入一些磷，並加溫 1100℃，約 20 分鐘，可使表面平順，也便利下一個製程。

階梯覆蓋(step coverage)係指晶圓上各層次間、各項薄膜、沉積材料等，當覆蓋、跨越過底下層次時，由於底下層次高低起伏不一，及有線條粗細變化，以致於會造成此薄膜、沉積材料在產品的部份區域（如高低起伏交界處）覆蓋度會變差，此變差的程度，即爲階梯覆蓋，良好的是同形或順應的(conformal)。階梯覆蓋不良的爲有些地方較薄，或有突出物，如圖 4.20 所示。一般係以材料的厚度變化比表示：

$$\text{階梯覆蓋}=\frac{\text{厚度最薄處}}{\text{厚度最厚處}}$$

此比例愈接近 1 愈佳，反的愈差，正常言均應達 50%以上。

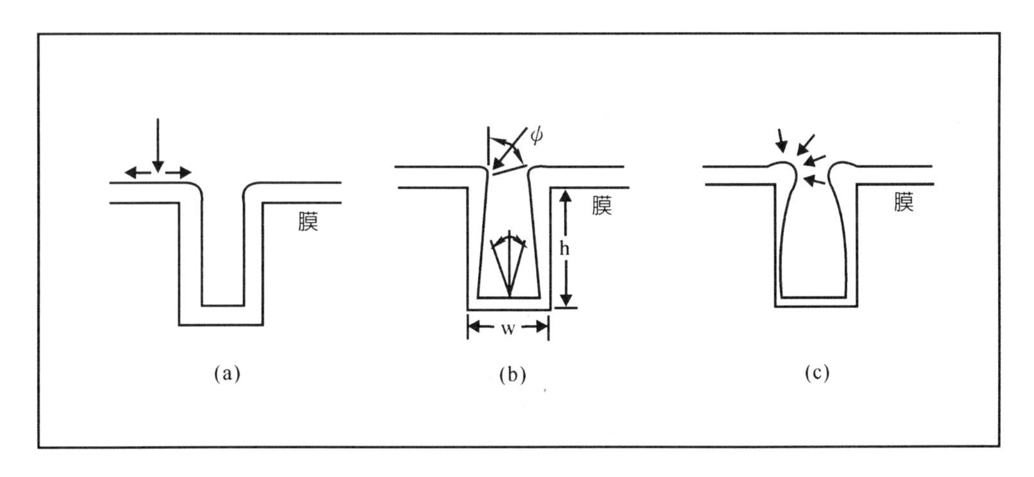

圖 4.20　階梯覆蓋(a)同形或順應（良好），　(b)和(c)不良

2.液體源質流控制器

ULSI 製程中使用液體源如正矽酸乙酯(TEOS)，控制其進入製程反應室的量，比控制氣體源複雜的多。有三種方式，如圖 4.21 所示：

1. 氣泡式，以載氣(carrier gas)通過質流控制器(MFC)，再進入氣泡瓶(bubbler)。並且將氣泡瓶置於恒溫箱內。
2. 蒸汽壓差式，以眞空幫浦(vacuum pump)在反應室另一端抽，使液體源成爲蒸汽流入 MFC，再進入反應室。
3. 直接控制液態方式，以加壓載氣通入液態源氣泡瓶，使其成爲蒸汽，再進入液態專用的 MFC，再經蒸發器而進入反應室。

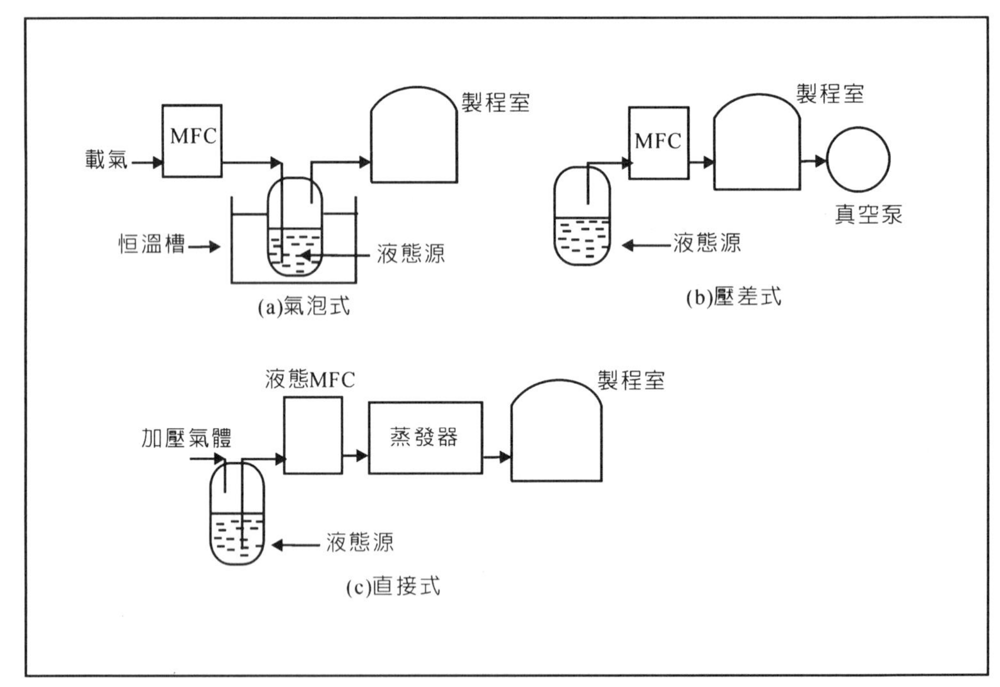

圖 4.21　三種液態源質流控制系統的概略圖

3.橢圓測厚機(ellipsometer)

將已知波長之入射光分成線性偏極化或圓偏極化，照射在待測晶圓，利用所得之不同橢圓偏極光之強度訊號，以傅立葉(Fourier)分析及菲涅耳(Fresnel)方程式，求得待測晶圓膜厚與折射率之儀器，稱爲橢圓測厚儀。使用的雷射爲氦氖雷射(He-Ne laser)，波長 6328Å，簡單之結構，如圖 4.22 所示：

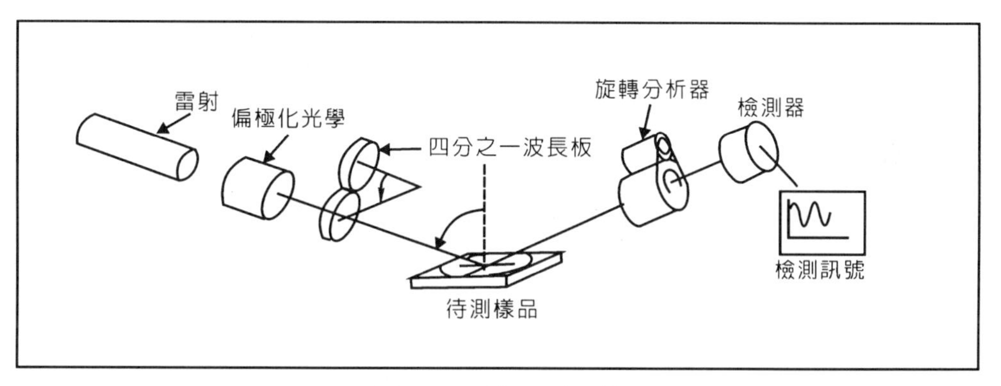

圖 4.22　橢圓測厚儀

4.8　參考書目

1. 三平博、丸藤哲曉，半導體廠務工安設備－氮氧化物去除裝置及粉狀物去除裝置，電子月刊，第四卷，第四期，1998。
2. 名琉譯，日本富士通特有的 FeRAM 製程，電子月刊，第四卷，第十二期，1998。
3. 吳世全，高介電材料在記憶元件應用的最新發展，電子月刊，第四卷，第七期，1998。
4. 段定夫，半導體工業用高純度氣體與化學品的應用，電子月刊，第四卷，第五期，1998。
5. 郭慶祥，半導體化學藥品供給系統及安全使用，電子月刊，第四卷，第四期，1998。

6. 張文宗、鄭晃忠，絕緣體上矽晶(SOI)的特性與應用，電子工程材料，1998 年，5 月。
7. 張國明，化學氣相沉積薄膜技術，科儀新知，第十三卷，第二期，1991。
8. 張鼎張、周美芬，有機高分子低介電材料簡介，毫米通訊，第六卷，第一期，1999。
9. 張鼎張、劉柏村，無機類低介電常數材質在積體電路上之應用，電子月刊，第四卷，第十一期，1998。
10. 陳孟邦等，淺層溝渠隔離技術，電子月刊，第四卷，第十一期，1988。
11. 陳佳麟、趙天生，超薄氧化層的研製，毫微米通訊，第六卷，第一期，1999。
12. 黃俊寅，半導體廠氣體純化技術，電子月刊，第四卷，第四期，1998。
13. 莊達人，VLSI 製造技術，二版，第六章，高立。
14. 游萃蓉，電漿輔助化學氣相沉積，科儀新知，第十七卷，第二期，1995。
15. 趙天生，深次微米元件之超薄氧化層製備，電子月刊，第四卷，第十一期，1998。
16. 蘇翔，ECR 微波放電之蝕刻及沉積，科儀新知，第十二卷，第一期，1990。
17. R. R. Bowman, et al. Practical Integrated Circuit Fabrication, chs. 4, 6 and 10, Integrated Circuit Engineering Corporation, 學風。
18. C. Y. Chang and S. M. Sze, ULSI Technology, ch. 5, McGraw Hill, 新月。
19. D. G. Ong, Modern MOS Technology Processes Devices and Design, chs. 3 and 4, McGraw Hill, 新月。
20. W. R. Runyan and K. E. Bean, Semiconductor Integrated Circuits Processing Technology, chs. 3 and 4, Addison-Wesley, 美亞。
21. S. M. Sze, VLSI Technology, 1st Ed. chs 3 and 4 and 2nd Ed, chs. 3 and 6

McGraw Hill, 中央。

22. L. H. Van Vlack, Elements of Material Science and Engineering, ch. 13, Addison-Wesley, 美亞。

23. S. Wolf and R. N. Tauber, Silicon Processing for the VLSI Era, 2nd ed., vol. 1. Chs. 6 and 8, Lattice Press.

4.9 習　題

1. 試簡述矽的氧化製程，(a)乾氧化，(b)濕氧化，(c)蒸氣氧化。
2. 試簡述矽的氮化製程。
3. 試比較幾種 CVD 的系統。
   (a)APCVD，(b)LPCVD，(c)PECVD，(d)ECR CVD，(e)ICP CVD，(f)MOCVD。
4. 試簡述 ULSI 的電容材料之特點。
5. 試簡述 N_2、O_2、H_2的精製。
6. 試述 CVD 系統的安全考慮。
7. 試比較幾種高介電材料。
8. 試寫出以下各種有機化合物的分子式通式：(a)醇(alcohol)，(b)醚(ether)，(c)酸(acid)，(d)酯(ester)。
9. 試述以下材料之特點，(a)N_2O，(b)TEOS，(c)NH_3，(d)ONO，(e)鈣鈦礦。
10. 試述如何製作(a)LOCOS，(b)STI，(c)BPSG，(d)SOI。
11. 試述質流控制器的構造、動作原理，如何控制液態源之流量。

第五章　清洗材料

5.1　緒　論

超大型積體電路製程中一個很重要的製程是清洗(cleaning)，目的是去除矽晶圓上的雜質(impurity)，包括重金屬如鐵、銅，油污和塵埃等。大約在每一個主要製程，如微影照像(lithography)、氧化(oxidation)或離子植入(ion implantation)、擴散(diffusion)、化學氣相沉積(chemical vapor deposition)、乾蝕刻(dry etching)，金屬蒸鍍(evaporation)或濺鍍(sputtering)之前，都要經過一道或數道的清洗過程。

清洗使用的材料，主要是溶劑(solvent)，溶劑可分爲有機溶劑(organic solvent)和無機溶劑(inorganic solvent)，前者包括三氯乙烯(trichloroethylene)、丙酮(acetone)或異丙醇(isopropyl alcohol)等，後者包括硫酸(sulfuric acid)，氫氧化銨(ammonium hydroxide)、鹽酸(hydrochloric acid)、過氧化氫(hydrogen peroxide)等。最有名的清洗製是美國無線電公司(RCA)開發出來的，也就稱爲 RCA 清洗製程(RCA cleaning process)。

半導體洗淨的方式以多槽洗淨爲主，有加熱槽煮沸洗淨、蒸氣洗淨、冷浸洗淨和超音波洗淨。洗淨液則採逆向注入方式，即潔淨的洗淨液注入最後一道的超音波槽，而後流入冷浸槽，滿了以後再流入加熱槽。爲了防止溶劑的揮發，或被操作員吸入身體內造成肝硬化等傷害，整個洗淨槽的上方多以冷卻水管環繞，這樣還可以節省化學液的使用量，並且有利於環保。

5.2 溶劑和有機溶劑

兩種物質相互溶解，混合成一種均勻的物質時，較少的物質被稱爲溶質(solute)，較多的物質，被稱爲溶劑(solvent)。例如：糖溶解於水中，變成糖水，則糖爲溶質，水爲溶劑，混合的結果如糖水，便稱爲溶液(solution)。

溶劑分有機溶劑與無機溶劑兩種：

1. **有機溶劑**：分子內含有碳(C)原子的溶劑，稱爲有機溶劑，例如：丙酮(acetone)分子式爲 CH_3COCH_3，異丙醇 IPA 分子式爲 $CH_3CH(OH)CH_3$ 等。
2. **無機溶劑**：分子內不含有碳(C)原子的溶劑，稱爲無機溶劑。例如硫酸(H_2SO_4)、氫氟酸(HF)等。

在工廠內所通稱的溶劑，一般是指有機溶劑而言。

最常用的有機溶劑有三氯乙烯(trichloroethylene)、三氯乙烷(trichloroethane)、丙酮(acetone)、異丙醇(isopropyl alcohol)、甲醇(methanol)和弗利昂(freon)等。

三氯乙烯英文又名 trichlene，分子式爲 C_2HCl_3，或 $ClHC=CCl_2$。分子量爲 131.40，是有氯仿臭味的無色液體。凝固點-73℃，沸點 88℃，比重 1.4397（在 15℃時秤得）。不可燃，有毒。受日光照射則不大穩定。在水的存在下，用碳酸鈣或鹼將四氯乙烷脫去鹽酸，或將乙烯用於氯化，再分餾而得。也可做橡膠、樹脂、塗料等的溶劑，並可做滅火劑的成分，或十二指腸驅蟲劑。

三氯乙烷(trichloroethane)，分子式爲 $C_2H_3Cl_3$ 或 CCl_3CH_3，CCl_2HCHCl，分子量爲 133.42，常溫下爲液體。比重 1.3376（在 20℃測量得到），沸點 74.1℃，不溶於水。可溶於丙酮、苯、四氯化碳，甲醇及乙醚。會刺激眼睛及黏膜，由乙烷或乙烯經氯化而得，也可做油脂、蠟、生物鹹及樹脂的溶劑。

丙酮(acetone)也是常用的有機溶劑的一種，分子式爲 CH_3COCH_3。無色，具有醚的香味。凝固點-94.6℃，沸點 56.6℃。易溶於水、乙醇、乙醚，高溫起熱分解。在晶圓區內的用途，主要在於黃光室內正光阻的清洗、擦拭。俗稱溶劑之王，有脫脂作用，使用時注意不要吸入呼吸器官，以免肝硬化。對神經中樞具中度麻醉性，對皮膚粘膜具輕微毒性。長期接觸會引起皮膚炎，吸入過量的丙酮蒸氣會刺激鼻、眼結膜、咽喉粘膜、甚至引起頭痛、噁心、嘔吐、目眩、意識不明等。允許濃度爲百萬分之 1000 (1000 ppm)。

異丙醇(isopropyl alcohol)，英文又名 2-propanol。分子式爲 $CH_3CH(OH)CH_3$。分子量爲 60.09，是脂族飽和醇類之一。無色，具揮發性，易燃的液體。凝固點-88.5℃，沸點 88.23℃，比重 0.78084（在 25℃測得）。爆炸範圍爲 2.0～12.0 體積百分比。易溶於水、烴油，含氧有機溶劑。和水混合而產生共沸混合物。可作溶劑、醫藥及防凍劑用。

在 ULSI 製造中，異丙醇可用於清洗晶圓或氣體管路。但其廢氣必須以瓦斯燒掉，以利環保。

甲醇(methanol)，英文又名 methylalcohol，分子式爲 CH_3OH，分子量爲 32.04，是最簡單的脂族醇。存在於木材的乾餾液中，故亦稱爲木精。過去是由木材乾餾液分離精製而得。現在用合成法，將一氧化碳與氫，經觸媒反應製造而得。無色、透明、具流動性、揮發性、可燃性、刺激臭及有毒的液體。凝固點-97.68℃，沸點 64.51℃，比重 0.78652。易溶於水，乙醇與乙醚。爆炸範圍爲 6.72～36.5 體積百分比。也可供製造甲醛、有機合成原料、乙醇的變性劑及一般溶劑。近來有不肖商人以甲醇滲入米酒，造成飲酒者死亡，間接使薑母鴨滯銷。

弗利昂，英文是 freon 或 flon，爲冷媒或噴霧劑用有機氟化合物，是杜邦(Dupont)公司的商品名。弗利昂也就是甲烷、乙烷的氟取代物的總稱。

除了氟之外，也多含氯，故亦稱爲二氯二氟甲烷碳。分子式可爲 CCl_2F_2 或 $CHClF_2$ 等。根據化合物之不同，編以不同的號碼。如 F-12(CCl_2F_2)、F-22 ($CHClF_2$)、F-113 (CCl_2FCCF_2)等。其中個位數表示 F 數，十位數表示 H 的數目加 1，百位數表示 C 數減 1。一般在常溫常壓下多爲氣體。故也可稱爲弗利昂氣體(flon gas)。表 5.1 所列爲較具代表性的弗利昂之溶點和沸點：

表 5.1　各種弗利昂的物理特性

規　格	化學式	溶點(℃)	沸點(℃)	備　註
F-11	CCl_3F	-111.1	23.77	
F-12	CCl_2F_2	-155	-29.8	
F-22	$CHClF_2$	-160	-40.8	常用之冷媒
F-113	$C_2Cl_3F_3$	-35	47.6	常用之溶劑
F-115	C_2ClF_5	-106	-38	

弗利昂是非分解性產品，經擴散而到平流層，以致現壞臭氧(ozone)層，進而使紫外線指數增加，而影響人的健康，而遭非議。因此 F-11，F-12 等被禁止使用。弗利昂通常是在觸媒(catalyst)的存在下，以無水氟化氫將多氯烷屬烴進行氟取代製造而得。

5.3　RCA 清洗製程及材料

美國無線電公司(RCA)公司開發出來一種非常好的晶圓清洗製程。於微影照像(photolithography)之後，去除光阻(photoresist)，清洗晶圓，並做到酸鹼中和，使晶圓可以進行下一個製程。過程及清洗劑的成份爲：

1. $H_2SO_4 + H_2O_2$ (SPM, sulfuric acid-hydrogen peroxide mixture) 4：1，約 5 分鐘，去除光阻。硫酸脫水，過氧化氫使脫水後的光阻氧化，以免焦黑，同時產生大量的熱，使清洗劑自動升溫，而不必加熱。

2.$NH_4OH + H_2O_2 + H_2O$ (APM, ammonium hydrogen peroxide mixture)，亦稱 SC-1 或 HA，製程時間約 10 分鐘，80～90℃，高 pH 值 SC-1 可以藉由氧化而除去有機污染和粒子。

3.$HCl + H_2O_2 + H_2O$ (HPM, hydrochloric acid hydrogen peroxide mixture)，亦稱 SC-2 或 HB，製程時間約 10 分鐘，80～90℃，低 pH 值 SC-2 可以形成可溶性錯離子(complex ion)，而除去金屬污染。

當然，每二道清洗劑之間，還要用去離子水(D. I. Water)清洗，以除去其殘餘成分。矽晶圓的標準清洗方法，如圖 5.1 所示。

清洗製程除了要除去微粒子、金屬、有機物，還要注意晶圓的微粗糙度(microroughness)，以免氧化物有低的崩潰電場(breakdown field)，並同時要除去自然生成的氧化物(native oxide)，以免 MOSFET 閘極氧化物品質變差。

在 SC-1 中加入金屬鉗合劑(chelating agent)，可以抑止金屬污染物的逆向吸著。在 SC-1 洗淨法中，利用超音波(supersonic)加上化學洗淨，也可提高洗淨效果。

硫酸(sulfuric acid)的分子式是 H_2SO_4。硫酸是目前最廣泛使用的工業化學品。強力腐蝕性、濃稠、油狀液體，依純度不同，由無色至暗棕色。與水以各種不同比例互溶。甚具活性。溶解大部份的金屬。濃硫酸具氧化、脫水、磺化大部份的有機化合物，常常引起焦黑。比重 1.84，沸點 315℃。與水混合時，必須格外小心，由於放熱引起爆炸性的濺潑，永遠是將酸加到水中，而非加水至酸中。不小心被濺到，立刻用大量水沖洗。目前在晶圓製程上，主要用於矽晶圓清洗及光阻去除。

過氧一硫酸(peroxymonosulfuric acid)又稱爲卡洛氏酸(Caro's acid)，主要由硫酸加雙氧水反應而生成，反應式如下：

$$H_2SO_4 + H_2O_2 \Leftrightarrow H_2SO_5 + H_2O \tag{5.1}$$

過氧一硫酸(H_2SO_5 +H_2O_2)爲一強氧化劑，可將有機物氧化分解爲 $CO_2 + H_2O$，因此在IC製程中常用來去除殘餘的光阻，另外對金屬污染及微塵污染也有相當好的清洗效果。

過氧一硫酸與光阻之間會發生劇烈反應。故也稱爲食人魚(piranha)。在去除光阻時，硫酸會脫水，單獨使用會使光阻液形成焦黑，而加入的過氧化氫會氧化，使光阻的碳成爲CO，CO_2，而不會有焦黑出現。而且劇烈反應會生熱，因而也無需加溫了。

氫氧化銨(ammonium hydroxide)，分子式爲 NH_4OH，俗稱氨水。呈弱鹼性，可使許多金屬鹽水溶液發生氫氧化物沉澱作用。可用於化學機械研磨(CMP)，配合四甲基氫氧化銨(TMAH, $(CH_3)_4NOH$)或乙二胺四醋酸(EDTA)做爲研磨後清洗矽晶圓之用。在大氣中能吸收二氧化碳而形成碳酸銨，宜密封保存。濃氨水宜注意，勿沾上皮膚或吸入，以免黏膜受到浸蝕。

鹽酸(hydrochloric acid)（液態）或氯化氫（氣態）的分子式是 HCl。無色或淡黃色、發煙、刺激性液體。鹽酸也就是氯化氫的水溶液。鹽酸是一種強烈酸性及高腐蝕性的酸。市面出售之“濃”或發煙鹽酸含有氯化氫38%，比重1.19。氯化氫溶解在水中有各種不同的濃度。可溶於水、酒精、苯，不可燃。用途廣泛。可用於食品加工、金屬的酸洗與清潔、工業酸化、一般的清洗、實驗試藥。不小心被濺到，要用大量水清洗。目前半導體生產線上，主要用於晶圓清洗。

過氧化氫(hydrogen peroxide)，分子式爲 H_2O_2，分子量爲 34.02。可以用氫和氧藉高電壓、大電流密度電解而得。或以過氧二硫酸($H_2S_2O_8$)溶液水解而製得。純粹的 H_2O_2 是淡藍色的糖漿狀液體，凝固點-0.89℃，沸點152.1℃，可與水無限混合，易溶於醚，可溶於乙醇、不溶於苯、石油醚。

物理性質有很多與水相似，純粹的 H_2O_2 液體介電常數(dielectric constant)在 25℃時爲 93，而 65％的水溶液爲 120。無論純液體及水溶液，都是非常強的游離性溶劑，有強烈的氧化力，無論在酸性溶液或鹹性溶液。也可作漂白劑、消毒劑、乙烯聚合催化劑及液體火箭燃料。

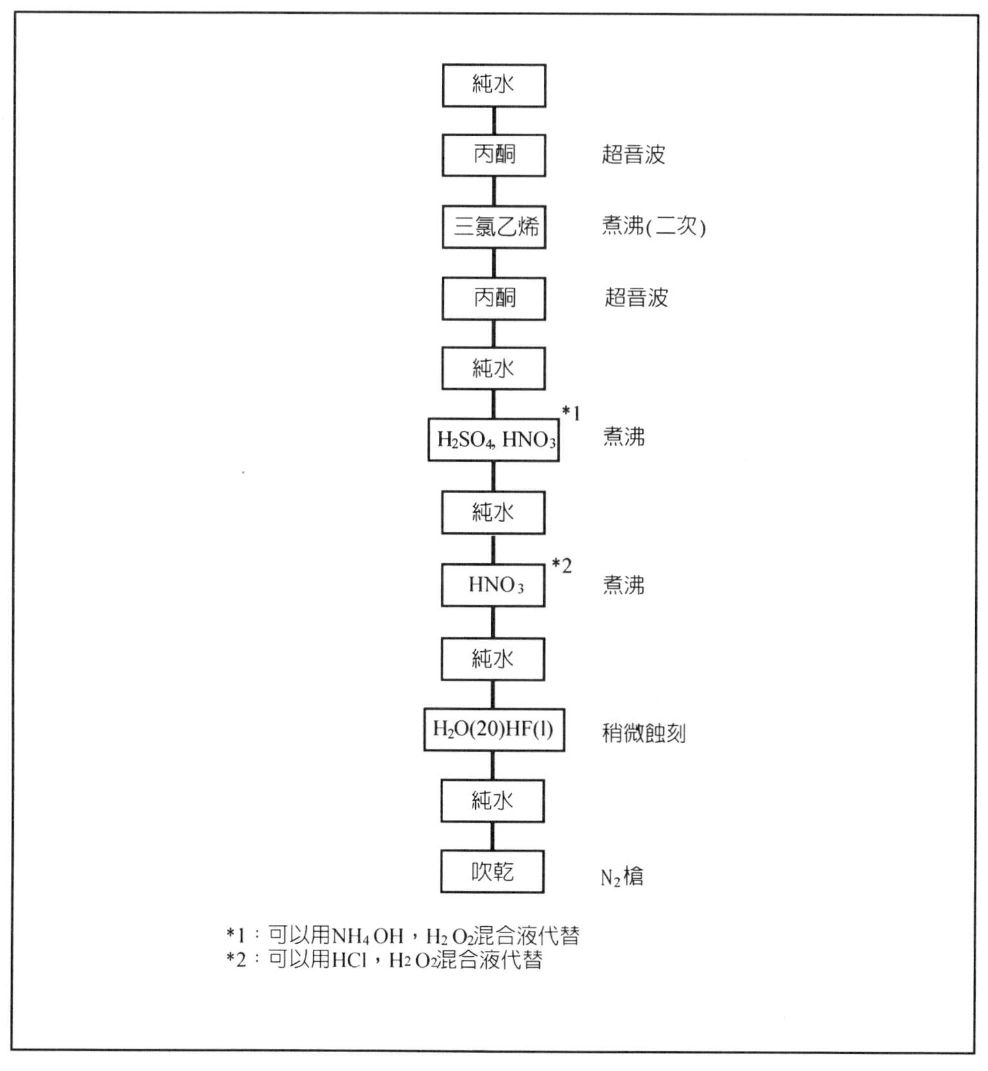

圖 5.1　矽晶圓的標準清洗方法

以上各種洗淨液的目的可以綜合，如表 5.2 所列。

表 5.2　洗淨溶液和其目的

	洗淨溶液	目的
1	APM：NH_4OH：H_2O_2：H_2O	去除微粒子及有機物
2	SPM：H_2SO_4：H_2O_2：H_2O	去除有機物
3	HPM：HCl：H_2O_2：H_2O	去除金屬
4	DHF：HF：H_2O	去除自然氧化膜及金屬
5	FPM：HF：H_2O_2：H_2O	去除自然氧化膜及金屬
6	BHF：HF：NH_4F	氧化膜濕式蝕刻
7	熱磷酸：H_3PO_4	氮化膜濕式蝕刻

資料來源：皖之譯，電子月刊，第四卷，第五期，1998。

以上溶液之代號：A：ammonium 銨，P：peroxide 過氧化物，M：mixture 混合物，S：sulfuric acid 硫酸，H：hydrochloric acid 鹽酸，D：dilute 稀釋的，B：buffer 緩沖液，HF：氫氟酸。

5.4　污染物及除去方法

半導體材料中，會造成元件電器特性變差的鐵、銅或其他重金屬，稱爲雜質(impurity)。因爲這些雜質，元件有大的漏電流(leakage current)或提早崩潰(breakdown)。在半導體製程中 impurity 有時也被人譯爲摻質(dopant)，實在不妥，impurity 應該譯爲雜質，dopant 譯爲摻質，以資區分。

半導體材料中的金屬污染物以金(Au)、鋁(Al)、鉻(Cr)、鐵(Fe)、鈣(Ca)、銅(Cu)等爲主。金的離子可以用負電性(electronegativity)的原理，使金沉澱在矽表面而除去。Al、Cr、Fe 等會在矽表面生成氧化物，可以用稀釋的氫氟酸(HF)除去。Ca 可以用 $HF-H_2O_2-H_2O$ 除去。

有機物污染主要來源是有機物的蒸氣和光阻的殘留物。光阻可以用臭氧(ozone, O_3)乾式灰化(ashing)，再用 $H_2SO_4-H_2O_2$ 除去。也可以用超純水中打入臭氧，或用紫外光(254 nm)酸化分解再過濾除去。但臭氧也會使矽晶圓表面產生自然的氧化物(native oxide)，經臭氧洗淨後的晶圓，還要用稀氫氟酸(DHF)浸一下，以除去此層很薄的自然的氧化物。

去除金屬離子還可以用檸檬酸(citric acid)。檸檬酸的分子式是 $C_6H_8O_7$，分子量 192.12。含於未成熟的檸檬、柳橙、橘子等果實之中，成游離狀態存在。可溶於水、乙醇及醚。爲製造果汁、清涼飲料的原料。

清洗製程中常用到一種界面活性劑(surfactant 或 surface active agent)。界面活性劑於溶液時，吸附於氣－液、液－液或固－液界面，使界面性質顯著變化，亦即界面活性比較大的物質，其分子中具有親水性及親油性原子團等兩種介質。界面活性劑有優異的洗淨力、分散力、潤濕力、溶化力、殺菌力、起泡力、浸透力，根據其種類可作不同方面的應用。界面活性劑在水溶液中，於某種濃度以上就會形成膠微粒，而於此濃度，其表面活力、黏度、電導率發生顯著變化。界面活性劑可分爲陽離子(cation)型、陰離子(anion)型、非離子型、兩性離子型等種類。

另外，還有幾種較少使用的洗淨方式。

乾洗淨(dry cleaning)是利用氣相的化學作用，如紫外光－臭氧(UV-O_3)洗淨或氟化氫／水蒸氣洗淨，氬／氫電漿洗淨、熱洗淨等方式。

紫外光加臭氧可有效地除去碳氫化合物。原因是臭氧經紫外光照射而產生初生態氧原子(O)，氧原子和碳氫化合物雜質起化學作用，而生成揮發性的氣體，因而除去。

氟化氫／水蒸氣洗淨是藉由氟的作用，使晶圓表面由親水性(hydrophilic)變爲恐水性(hydrophobic)，而除去氧化物。

熱洗淨是以 800℃和極高的眞空(＜10^{-10}托)，以使氧化物蒸發。

另一個和清洗有類似作用的製程爲吸除(gettering)。Gettering 係於半導體製程中，由於可能受到晶體缺陷(crystal defect)或金屬類雜質污染等之影響，造成元件介面之間可能有接面漏電流(junction leakage)存在，而影響元件特性；如何將這些晶格缺陷、金屬雜質摒除解決的種種技術方法，就叫做吸除(gettering)。

吸除一般又可分內部的吸除(intrinsic gettering)及外部的吸除(extrinsic gettering)，前者係在生產製造之前，先利用特殊高溫步驟，讓晶圓表面的晶格缺陷，或含氧量儘量降低。後者係利用外在方法，如晶背傷害、三氯醯磷($POCl_3$)預置等，將晶圓表面的缺陷，及雜質等儘量吸附到晶圓背面。

二者均可有效改善上述問題。

晶圓上的微粒子(particulate)會影響到製程良率(yield)，一般而言，粒子越大，越可能造成傷害。幸運地，大的粒子比較容易去除，如表 5.3 所列。如果用噴水方式，去除粒子所需的水速，如表 5.4 所列。

表 5.3　粒子大小對附著力

粒子尺寸　(μm)	相對附著力　（在空氣中）
500	2
50	200
5	20,000
0.5	2,000,000

表 5.4　去除粒子所需要的水速

粒子尺寸　(μm)	水速　(cm/sec)
500	10.8
250	8
100-80	7
40-30	17
10-5	41

5.5　清洗製程相關材料

清洗製程一定會用到化學站(chemical station)，超音波(supersonic)、超純水(D. I. water)等設備或材料。

化學站(chemical station)的主要用途是清洗晶圓、去除光阻、蝕刻前後。常用的化學站的種類有硫酸槽、HF 槽、去光阻槽、熱磷酸槽。水槽可用霧狀噴洗或底部氣泡清洗。材質是聚偏二氟乙烯(PVDF)、鐵弗龍(teflon)、石英(quartz)等。附屬設備有去離子水(D. I. Water)、自來水、氮氣、潔淨乾燥空氣(CDA)和冷卻水。安全措施爲當不慎沾到氫氟酸(HF)時，以清水沖洗，並且用 3%硫酸銅($CuSO_4$)泡 3 分鐘，葡萄糖酸鈣(calcium gluconate)或葡萄糖酸鈉(sodium gluconate)粉末摻上洗淨。

超音波，英文名稱有 supersonic, ultrasonic, megasonic 或 finesonic 等。Megsonic 的頻率爲 800－1000 KHz，有較高的頻率，除去較小粒子的效果好，較適用於雙面拋光的矽晶圓，系統也比較貴。Ultrasonic 的頻率爲 100 KHz，配合 RCA 清洗製程，清洗裸矽晶圓，可得小於 0.2μm 的粒子少於 10 粒／平方公分。Finesonic 大多爲韓國人所用。超音波清洗的主要目的是用來除去附著在晶圓表面的微粒子，其洗淨原理如圖 5.2 所示，反應機構有二：

1.化學作用：利用 SC-1 中的 NH_4OH、H_2O_2 與矽晶圓表面反應，將微粒子剝除。

2.物理作用：利用頻率 800KHz，功率 450W×2 的超音波震盪去除微粒子。

機械性清洗除了超音波振盪，另一種方法是以聚乙烯醇(polyvinyl alcohol, PVA)，刷洗(scrub)矽晶圓的表面。聚乙烯醇聚合物富含氫氧基，有 85～90%的體積為孔洞，柔軟、吸水性強，可抵抗一般無機酸的腐蝕，孔洞可以捕捉微粒。PVA 有親水性(hydrophilic)，當它與矽晶圓接觸時，會產有一層水膜以間隔，所以不會造成晶圓表面之損傷。

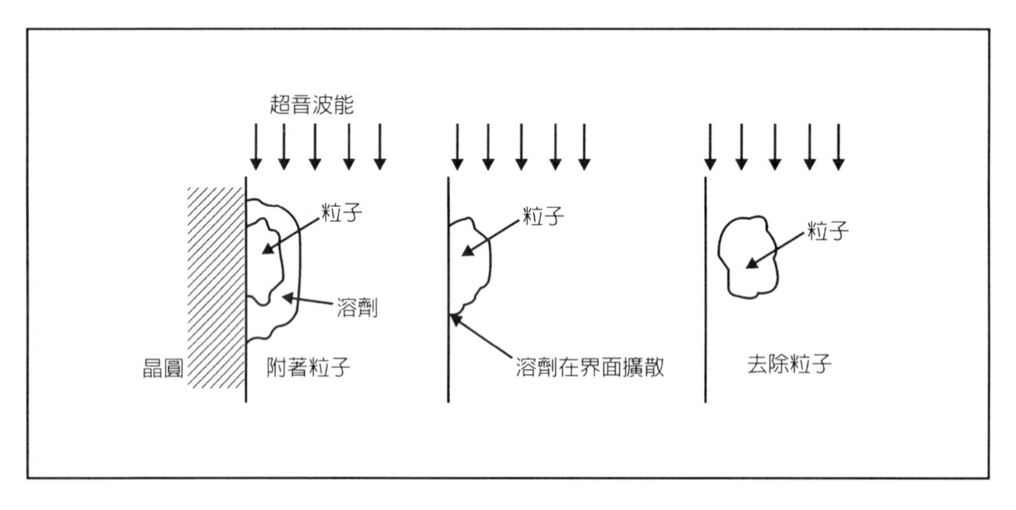

圖 5.2　超音波清洗的原理

聚乙烯醇(PVA)的玻璃移轉溫度(glass transition temperature)約 65～85℃，有優異的抗拉強度，壓縮強度、耐衝擊性、耐磨擦性。徐徐溶解於水，不溶於一般有機溶媒，但熱時溶於乙酸、甘油、酚、液氨。

去離子水(D. I. water)，即 de-ionized water 的縮寫。

積體電路製造過程中，常需要用酸鹼溶液來蝕刻、清洗晶片。這些步驟之後，又需利用水把晶圓表面殘留的酸鹼清除。而且水的用量是相當大。

然而 IC 工業用水，並不是一般的自來水，而是將自來水或地下水經過一系列的純化而成。原來自來水或地下水中，含有大量的細菌、金屬離子、酸根離子或氯離子，以及微粒子(particle)，經廠務的設備將之殺菌、過濾和純化後，即可把金屬離子等雜質去除，所得的水即稱爲去離子水。

目前技術最好製程可製造出電阻係數約爲 18.3MΩ-cm 的去離子水。幾個重要的參數爲：

1.**電阻係數**：理論值爲 18.5MΩ-cm，標準值爲 15～18 MΩ-cm。
2.**電解質含量**：殘留電解質的絕對值，以離子吸光光計(ion chromatic graphy)測定，爲十億分之幾(parts per billion, ppb)等級。
3.**微粒子**：需測定 0.2μm 以上的微粒子（含死菌）。
4.**全有機碳**(total organic carbon, TOC)：有機物以紫外線(UV)氧化，或以高溫氧化法分解爲碳，以紅外線分析法測定其含量，要達到 ppb 等級。
5.**生菌**(bacteria)：以玻璃片(glass slide)培養，取數滴樣品水，加藥劑用的葡萄糖或牛肉汁，以 37℃培養 24～48 小時，再著色放大，以檢查其中之生菌群數(colony)，規格是不超過 0.1 群/c.c.。

判斷矽晶圓是否已清洗乾淨，可以用接觸角(contact angle)，接觸角小表示疏水（或恐水），接觸角大表示親水。親水的原因之一是晶圓表面有一層薄薄的氧化物(oxide)。

親水基(hydrophilic group)是和水的親和性較大的能基。如極性基—COOH，$-CH_2OH$。當高級脂肪酸或高級醇在水面上形成單分子膜時，這些基朝向水分子。相反的煙基和水的親和性較小，不朝向水分子方向，稱爲疏水基(hydrophobic group)或恐水基。

5.6　化學機械研磨和清洗劑

化學機械研磨(chemical mechanical polishing)，簡稱 CMP，是利用重

壓墊(weight pad)、晶圓墊(wafer pad)、研漿(slurry)、蝕刻劑(etchant)等，將製程中的晶圓磨平，如圖 5.3 所示。CMP 同時利用到化學和機械二種作用，速率快、均勻度高。以便利下一個製程得以在平坦的基座上進行，得到良好的照像解析度。

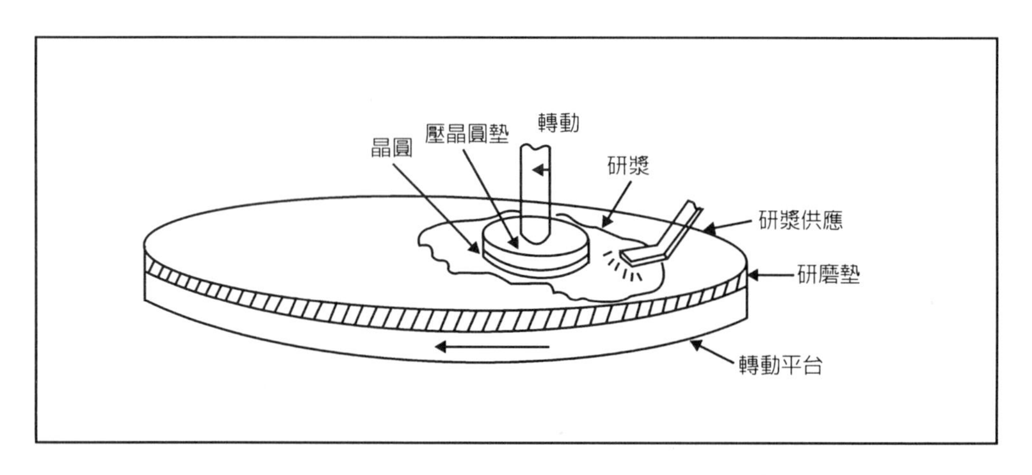

圖 5.3 化學機械研磨

CMP 使用的清洗材料中，一種是乙二胺四醋酸，簡稱 EDTA。英文全文是 ethylene diamine tetra acetate，分子式為 $C_2H_4N_2(CH_2COO)_4$。EDTA 用於化學機械研磨(chemical mechanical polishing, CMP)，使用時配合氫氧化銨，$NH_4OH:EDTA=10^4$：1，做為螯狀配位劑(chelating agent)，以去除研磨後殘留的金屬。

螯狀配位劑(chelating ageat)簡稱鉗合劑。以一個配位子擁有二個以上的官能團(functional group)，來包夾中心離子的形態，這種現象稱為鉗合化或鉗合作用。這種配位子就是鉗合劑，所生成的化合物則稱為鉗合物。除了乙二胺四醋酸(EDTA)外，生長激素(auxin)、胺基乙酸(glycine)也可以做鉗合劑。因為鉗合劑可以形成安定的錯合物，可以作金屬離子的分析、分離、精製以及去污劑、掩蔽劑等用途。

此外，CMP 研磨後的清洗還要加入化學助劑，如調整酸鹼度(pH value)的緩衝劑，氫氧化鉀(KOH)、氫氧化銨(NH_4OH)、硝酸(HNO_3)或有機酸。加入氧化劑如雙氧水(H_2O_2)、硝酸鐵($Fe(NO_3)_3$)、碘酸鉀(KIO_3)和界面活性劑(surfactant)等。

5.7 參考書目

1. 林敬二等，英中日化學大辭典，高立。
2. 黃豐，有關 CMP 之後洗淨的方法，電子月刊，第四卷，第四期，1998。
3. 皖之譯，300 mm 時代之洗淨製程－減少化學品使用量之對策。電子月刊，第四卷，第五期，1998。
4. 薛明蒔，化學機械研磨後清洗技術簡介。毫微米通訊，第六卷、第一期，1999。
5. 潘扶民，積體電路製程濕式洗淨技術，電子月刊，第四卷，第十一期，1998。
6. 劉台徽譯，小型少量爲重點之 300 mm 晶圓洗淨技術。電子月刊，第四卷，第四期，1998。
7. 鍾郁信譯，300 mm 晶圓用之批式(Batch)型多槽清洗設備。電子月刊，第四卷，第二期，1998。
8. R. R. Bowman, et al., Practical Integreted Circuit Fabrication, ch. 8, Integrated Circuit Engineering Corporation, 學風。
9. C. Y. Chang and S. M. Sze, ULSI Technology, McGraw Hill, 新月。
10. S. Wolf and R. N. Tauber, Silicon Processing for the VLSI Era, 2nd ed., vol. 1, ch. 5, Lattice Press.

5.8 習　題

1. 試述 ULSI 製程中清洗之目的。
2. 試簡述以下各種有機溶劑之特性。
   (a)三氯乙烯，(b)三氯乙烷，(c)丙酮，(d)異丙醇，(e)甲醇
3. 試述 RCA 清洗製程。
4. 試簡述以下各種無機酸、鹹清洗材料之特性
   (a)硫酸，(b)氫氧化銨，(c)鹽酸，(d)過氧化氫。
5. 試述 CMP 製程和 EDTA。
6. 試述(a)螯狀配位劑，(b)界面活性劑，(c)食人魚，(d)吸除。
7. 試述去離子水的主要參數。
8. 試述弗利昂的命名規則。

第六章　蝕刻材料

6.1　緒　論

蝕刻(etch)的意思是把不要的東西去掉，在體積電路製程中，用什麼蝕刻材料(etching material)，要看我們要去掉什麼物質。一般而言，二氧化矽(SiO_2)、光阻、多晶矽(polysi)或矽化物(silicide)等是製程中最常遇到的待蝕刻物質。化學機械研磨(CMP)也用到一些蝕刻材料。至於金屬的蝕刻材料，將合併於金屬材料一章討論。

在積體電路的製程中，常常需要將整個電路圖案定義出來，其製造程序，通常是先長出或蓋上一層所需要的薄膜，再利用微影技術在這層薄膜上，以光阻定義出所欲製造的電路圖案，再利用化學或物理方式將不需要的部份去除，此種去除步驟，便稱為蝕刻(etch)。

一般蝕刻可分為濕式蝕刻(wet etch)，及乾式蝕刻(dry etch)兩種。所謂濕蝕刻乃是利用化學品，通常是酸液，與所欲蝕刻的薄膜起化學反應，產生氣體或可溶性生成物，達到圖案定義的目的。而所謂乾蝕刻，則是利用乾蝕刻機台產生電漿，將所欲蝕刻的薄膜，反應產生氣體，由幫浦抽走，達到圖案定義的目的。

6.2　蝕　刻

常見用的幾種蝕刻方法，如表 6.1 所列。

表 6.1　幾種蝕刻方法

蝕　刻　方　法	使用材料或條件	備　　註
濕化學蝕刻 (wet chemical etching)	蝕刻溶液	最早、最便宜的方法
電化學 (electro chemical) 蝕刻	電解液	應用很有限
純電漿 (plasma)	低壓氣態電漿	小幾何的應用 較少安全問題，較少化學廢棄物問題
反應離子 (reactive ion etching, RIE)	低壓、氣態電漿	小幾何的應用 較多安全問題，較多化學廢棄的問題
離子束研磨 (ion beam milling)	眞空	較少用
濺擊(sputtering)	低眞空	慢，有表面傷害，只用於表面清潔
蒸汽洗淨	溫度1000℃以上	用於磊晶(epitaxy)前，在原位置的洗淨

濕化學蝕刻(wet chemical etching)大量用於半導體製程，從晶圓切片以後，用以研磨拋光以得到平坦光亮的表面。熱氧化之前，磊晶成長以除去污染物，絕緣物開窗等都會用到。

濕化學蝕刻有三個步驟，反應物先傳送到表面，發生化學反應，除去生成物。攪拌和加溫都可提高蝕刻速率。最大缺點是最終輪廓為等向性(isotropic)，也就是會有底切(under cut)。濕式蝕刻的優點是產量大、製程單純。溫度升高，蝕刻速度加快。也可以利用氣泡(bubble)與超音波振盪(ultrasonic agitation)，適當攪拌以加快反應，減輕底切(under-cut)現象。例：

1.矽的蝕刻

以硝酸(HNO_3)和氫氟酸(HF)可以蝕刻矽或多晶矽。

$$Si + HNO_3 + 6HF \rightarrow H_2SiF_6 + HNO_2 + H_2 + H_2O \qquad (6.1)$$

如果使用含氫氧化鉀(KOH)或肼聯胺(hydrazine, N_2H_4)的溶液，對矽(100)的蝕刻速度大於(111)的蝕刻速度，會造成 V 型溝渠(v-groove)。

有時需要把矽晶圓挖一個 V 字型槽，以在 V 字的側面做元件，如垂直金氧半(VMOS)，此時就要用非等向的蝕刻劑，如表 6.2 所列。

表 6.2　矽的非等向蝕刻劑成分

1.KOH，水，正丙醇(n-propanol)(250gm, 200gm, 800gm)，～1μm/min，80℃
2.KOH，水～0.8μm/min，80℃, (100)矽
3.肼聯胺(hydrazine, N_2H_4)，鄰二酚(pyrocatechol)
4.乙二胺(ethylene diamine)，鄰二酚，吡哄(pyrazine)，水，115℃
5.乙二胺，水
6.肼聯胺，異丙醇，115℃
7.肼聯胺，水
8.四甲基氫氧化銨(TMAH, $(CH_3)_4NOH$)，水，90℃

肼聯胺(hydrazine)的分子式爲 N_2H_4，分子量爲 320.5。和氨相似的無色液體鹼，有毒。熔點 2℃，沸點 113.5℃。比重 1.011(150℃)。常溫時穩定，藉強熱分解爲氮、氫、氨。在空氣中，發出大量的熱，而生成氮與水，是強烈的還原劑。由於穩定性，可以當作火箭燃料用，但是比較高的熔點被認爲是一大難題。

吡哄(pyrazine)，分子式 $C_2H_4N_2$，分子量 80.09，有類血石靛似的芳香的無色晶體。熔點 57℃，沸點 116℃，比重 1.031(61℃)。可溶於乙醚、醇。

2.SiO_2 的蝕刻

利用氫氟酸，反應方程式爲：

$$SiO_2 + 6HF \rightarrow H_2 + SiF_6 + 2H_2O \tag{6.2}$$

加氟化銨(NH_4F)於 HF，形成緩衝氧化物蝕刻劑(buffer oxide etchant, B.O.E.)，使蝕刻速率降低，而易於控制，速率約為 1000 埃／分(Å/min)。

濕蝕刻時需要用幕罩材料(mask material)，以定義圖案，只把一部分不要的東西除去。幕罩材料當然必須能抵抗酸、鹼、有機物的侵蝕。半導體製程中最常用的幕罩材料是二氧化矽(SiO_2)，其次是光阻(photoresist)。表 6.3 列出各種幕罩材料，和它們的酸性蝕刻劑及蝕刻速率。

表 6.3　幕罩材料和其蝕刻劑

幕　罩	蝕　刻　劑		備　註
	過氧一硫酸 4：1 H_2O_2：H_2SO_4	緩衝氫氟酸 5：1 NH_4F：濃HF	
熱　SiO_2		0.1 μ m/min	
CVD SiO_2 (450℃)		0.48 μ m/min	
光阻	侵蝕大多有機膜	短時間不被侵蝕	
未摻雜多晶矽	形成30C厚的SiO_2		
金／鉻	不被浸蝕		石英光罩上幕罩材料
LPCVD Si_3N_4		1Å/min	
康寧(Corning)玻璃		0.063 μ m/min	

3.Si_3N_4的蝕刻

加熱磷酸(H_3PO_4)可對 Si_3N_4 加以蝕刻，速率約為 60Å/min。

6.3　乾蝕刻

乾蝕刻(dry etching)可分為濺擊蝕刻(sputtering etch)、活性離子蝕刻(reactive ion etch, RIE)和電漿蝕刻(plasma etching)等三種。濺擊蝕刻是利用惰性氣體（如氬，Ar）在真空反應室內被游離(Ar^+)，再對矽晶圓轟擊，將未被罩幕遮住的部份除去，爲純物理的蝕刻技術，具有極佳的非等方向性(anisotropic)。

電漿蝕刻是將反應氣體離子化成電漿，藉離子與待蝕刻薄膜進行化學反應，生成具揮發性(volatile)的氣體，再用眞空系統將其抽離，具有等向性(isotropic)或非等向性(anisotropic)的蝕刻能力，同時具備極佳的選擇性(selectivity)。

通常電漿蝕刻使用較高的壓力（大於 200 mTorr），及較小的無線電頻(RF)功率。當晶圓浸在電漿之中，曝露在電漿的表層原子或分子與電漿中的活性原子接觸，並發生反應，而形成氣態生成物，而離開晶面造成蝕刻，此類蝕刻稱爲電漿蝕刻。所謂電漿(plasma)即爲氣體分子在一電場中被游離成離子（正電荷或負電荷）、電子、及中性基(radical)等。在純化學反應中，我們用中性基爲蝕刻因子，在 RIE 時，取活性離子作爲蝕刻因子。

近來高密度電漿(high density plasma, HDP)也逐漸被開發出來做爲高級的電漿蝕刻製程。主要的高密度電漿製程有電子迴旋共振(electron cyclotron resonance, ECR)，和感應耦合電漿(inductively coupled plasma, ICP)二種。

電漿蝕刻反應的原理和步驟是將反應室抽成眞空，矽晶圓置於接射頻(RF)電源的電極(electrode)上，反應室外殼接地，RF 電源使反應室內產生電漿(plasma)。其步驟爲：

1.導入氣體，被電子撞擊而生成氣體碎片，氣體分子被撞成較小的分子、原子、離子或電子，並且傳送到晶圓表面。
2.部份碎片吸附(adsorption)在晶圓表面，而起化學或物理反應(reaction)。
3.反應生成物吸附於晶圓表面。
4.離子轟擊(ion bombardment)，使反應生成物吸解或脫附(desorption)，吸附以後再釋放出來，形成氣態生成物。

5.氣態生成物傳送到氣室內氣體的主體，並且以眞空泵抽走。

6.蝕刻製程也會使反應器壁腐蝕，也有些氣體生成物會再度沉積到矽晶圓，或分解而加入下次蝕刻製程。

6.4 濕蝕刻用材料

最常用的濕蝕刻(wet etch)材料是氫氟酸(HF)，再加入氟化銨(NH_4F)即形成緩衝氧化物蝕刻液(B.O.E.)。

B.O.E.(buffer oxide etch)是氫氟酸(HF)與氟化銨(NH_4F)依不同比例混合而成。6：1 BOE 蝕刻即表示 HF：NH_4F＝1：6 的成份混合而成。HF 為主要的蝕刻液，NH_4F 則做爲緩衝劑使用，降低蝕刻速率，使製程得以控制。利用 NH_4F 固定$[H^+]$的濃度，使之保持一定的蝕刻率。

HF 會浸蝕玻璃及任何含矽石的物質如石英，對皮膚有強烈的腐蝕性，不小心被濺到，立刻用大量水沖洗，再用葡萄糖酸鈣(calcium gluconate)或葡萄糖酸鈉(sodium gluconate)的水溶液浸泡。否則會痛的使你寧願把手指頭剁掉。而且刻骨銘心，終生難忘。

另一個常用的濕蝕材料是磷酸(phosphoric acid)。磷酸的分子式是H_3PO_4。無色無味起泡液體，或透明結晶形固體。依溫度、濃度而定。在20℃50%及 75%濃度爲易流動液體，85%似糖漿，100%磷酸爲結晶體。比重 1.834，溶點 42.35℃，在 213℃失去水份，形成焦磷酸。

磷酸可溶於水、乙醇，會腐蝕鐵及合金。對皮膚、眼睛有刺激，不小心被濺到，可用水沖洗。

目前磷酸用於 Si_3N_4 的去除，濃度是 85%。沸點 156℃。對 Si_3N_4 與 SiO_2 的蝕刻比約爲 30：1。

氫氟酸(hydrofluoric acid, HF)又名氟化氫，是氟化氫的水溶液。讓水吸收由氟化鉀(KF)藉分解而得的氟化氫。工業製法是在螢石加濃硫酸予以加熱，讓水吸收所發生的氟化氫而得。無色而具有刺激性的液體。在空氣中發煙，有毒，會強烈侵害皮膚、黏膜。已知的水合物有 HF・H_2O（凝固點-35.2℃）、4HF・H_2O（凝固點-100.3℃）等數種。和水所產生的共沸混合物，在混合溶液中，液相的組成與其在平衡狀態的氣相之組成相同時，此溶液稱爲共沸混合物，如 95%酒精和 5%水的混合物，是含 HF 37.7%，沸點 111℃，與其他鹵化氫酸不同，稀溶液時是弱酸。與鹼金屬(alkaline metal)、鹼土類金類(alkaline earth metal)、銀、鉛、鋅等金屬的氧化物、氫氧化物或碳酸鹽發生反應而產生氟化物。與 SiO_2 或玻璃反應而產生四氟化矽。會侵蝕一切金屬，但不會侵蝕鉑、金、銀和銅。

氟化銨(ammonium fluoride, NH_4F)是無色具潮解性針狀晶體，通氨於冰冷的 40%氫氟酸中，或 1 份 NH_4Cl 加 2.25 份 NaF 予以加熱，經昇華(sublimation)而得。比重爲 1.009（25℃），高溫時會分解爲 NH_3 與 HF。對 100 克水的溶解度爲 100 克（0℃）。遇熱水即分解爲 NH_3 與氟化氫銨 NH_4F・HF。能侵蝕玻璃。工業上（發酵工業等）作爲消毒劑之用。若不愼誤食，會產生嘔吐、腹痛、下瀉，並引起胃腸出血等症狀，也可能致死。

蝕刻製程中最重要的參數之一是底切度(undercut)。

底切度(undercut)是蝕刻時的專用術語，簡單的說，底切就是原來定義的圖形之偏離度的大小，如圖 6.1 所示。

如圖 6.1，原來定義的圖形其寬度爲 dm，但蝕刻後變爲 df。故其底切 ≡(df－dm)/2。

對於等向性蝕(isotropic etching)，底切度(undercut)較大。而對於完全非等向性蝕刻(full anisotropic etching)，其底切度等於零，亦即能忠實地將原圖形複製出來。

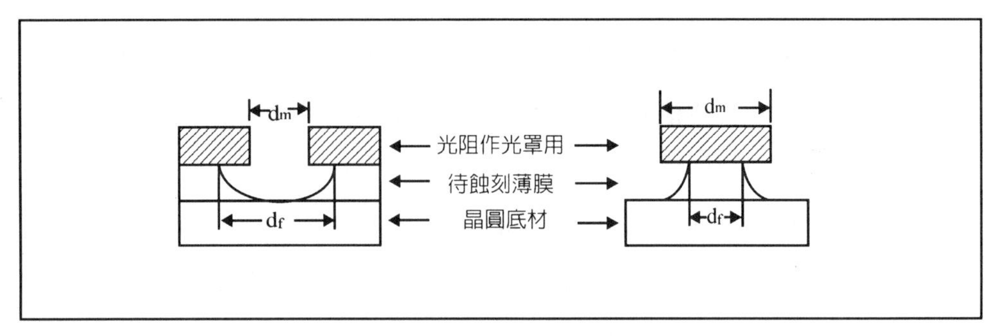

圖 6.1　蝕刻的底切度

在濕蝕刻反應中，除了縱向反應發生外，橫向反應亦同時發生（見圖6.2(a)），此種蝕刻即稱之爲等向性蝕刻。一般化學濕蝕刻，此種蝕刻底切(undercut)現象很明顯。這也是濕蝕刻的最大缺點，因爲它使半導體的結構比預期的大很多，因此積體電路的積集度無法有效地提高。

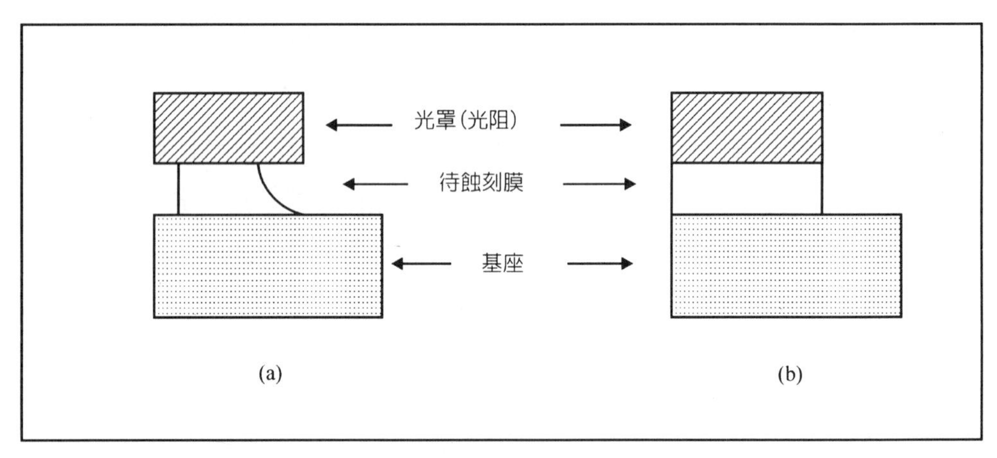

圖 6.2　(a)等方向蝕刻，(b)非等方向蝕刻

乾式蝕刻，其蝕刻後的橫截面具有異向性蝕刻特性(anisotropic)，即不會（或相當緩慢）的對側向蝕刻，即可得到較陡（當然是較好）的圖形（如圖 6.2(b)）

有時爲了分析矽或砷化鎵的缺點，而特別調配的一些蝕刻劑

(etchant)，如表 6.4、表 6.5 和表 6.6 所列。

表 6.4　分析缺點用的矽蝕刻劑

名　稱	成　份	備　註
達許(Dash)	1HF, $3HNO_3$, $10CH_3COOH$	描繪(111)矽的缺陷，需要長蝕刻時間，和濃度相依
希爾特(Sirtl)	1HF, 1(5M-CrO_3)	描繪(111)的缺陷，需攪動，對(100)的蝕刻坑(etch pit)顯露的不十分好
希可(Seeco)	2HF, 1 (0.15M-$K_2Cr_2O_7$)	描繪(100)矽的氧化重疊缺陷(oxidation stack fault, OSF)十分好，攪動可以減少蝕刻時間
萊特－金肯斯 (Wright-Jenkins)	60ml HF, 30ml HNO_3, 30ml (5M-CrO_3), 2gm $Cu(NO_3)_2$ 60ml CH_3COOH, 60ml H_2O	描繪(100)和(111)矽的缺陷，需要攪動
斯奇摩 (Schimmel)	2HF, 1 (1M-CrO_3)	描繪(100)矽的缺陷，不需攪動，對電阻係數0.6-15Ω-cm　n和P型矽作用很好
修改的斯奇摩 (Schimmel)	2HF, 1(1M-CrO_3), 1.5H_2O	對重摻雜(100)矽作用很好
楊 (Yang)	1HF, 1 (1.5M-CrO_3)	描繪(111)(100)和(110)矽的缺陷，不需攪動
CP-4	3HF, $5HNO_3$, $3CH_3COOH$	矽晶圓拋光或研磨
CP-8	1HF, $5HNO_3$, $2CH_3COOH$	矽晶圓拋光或研磨
接面染色蝕刻	HF+0.1% HNO_3	矽晶圓接面深度測量
方向相依的蝕刻	KOH, 丙醇, H_2O	矽晶圓蝕刻溝槽

資料來源：Runyand and Bean, ch. 6.　　M：mol, mole（莫爾或克分子）

表 6.5 其他分析用蝕刻劑

蝕 刻 劑	成 份	作 用
普度(Purdue)蝕刻液	HF 2毫升，HNO_3 1毫升，5%$Cu(NO_3)_2 \cdot 3H_2O$ 2ml	矽的差排(dislocation)坑洞(pit)
沃哥(Vogel)和拉夫爾(Lovell)	HF 3毫升，HNO_3 5毫升，CH_3COOH 3毫升，3%$Hg(NO_3)_2$ 2毫升	矽的差排坑洞
多晶矽(polysilicon)蝕刻液	HNO_3 720毫升，HF 20毫升，CH_3COOH 240毫升	染色N擴散區爲暗色
矽差排蝕刻液	HNO_3 300毫升，HF 100毫升，$Cu(NO_3)_2 \cdot 3H_2O$ 240克，Br_2 2.4克	

表 6.6 分析砷化鎵缺陷用的蝕刻劑

名 稱	成 份	備 註
斯奇爾(Schell)	$1HNO_3$，$2H_2O$	顯示鎵{111}面的坑洞
R-C	1HF，$5HNO_3$，10 $AgNO_3$溶液	顯示砷和鎵{111}面的坑洞
W-R	2HCl，$1HNO_3$，$2H_2O$	顯示鎵{111}面的坑洞
A-B	1HF，$2H_2O$，Cr＋Ag	顯示砷{111}面的坑洞
KOH	熔融的KOH，400℃	顯示鎵{100}面的坑洞
希爾特(Sirtl)	1HF，1(5M-CrO_3)在水中	留下土堆(hillock)，而不是坑洞(pit)

硝酸銀(silver nitrate)的分子式是 $AgNO_3$，分子量 169.89。斜方晶系，比重 4.35(20℃)。160℃以上轉爲六方晶系。熔點 212℃，加熱至熔點以上則變成 $AgNO_2$ 與 O_2，$AgNO_2$ 再分解爲 Ag 與 NO_2。溶於水及丙酮、乙醇。有蛋白質凝固作用，會侵害皮膚及組織。

砷化鎵化合物半導體，因結晶複雜，蝕刻時是先氧化，然後把氧化物溶解。蝕刻劑可分爲酸性或鹼性二種。有時也可以用有機溶劑，常用的蝕刻劑，如表 6.7 所列。

表 6.7　砷化鎵的蝕刻劑

成　　份	備　　註
1次氯酸鈉(NaOCl)・20H_2O	機械拋光用
NH_4OH，H_2O_2	機械拋光用
3H_2SO_4，1H_2O_2，1H_2O	不宜定圖案，會侵害光阻
0.3N-NH_4OH，0.1N H_2O_2	對SiO_2光罩的底切小，可得平坦的表面
1HCl，1醋酸，1重鉻酸鉀($K_2Cr_2O_7$)	對光阻溫和
10檸檬酸，1H_2O_2	對光阻溫和，對光邊線蝕刻不會加強
3H_3PO_4，1H_2O_2，50H_2O	同上

次氯酸鈉(sodium hypochlorite)的分子式爲 NaOCl，分子量爲 74.44。有毒及強烈刺激性可燃。晶體，熔點 18℃，可溶於冷水，於空氣或熱水中會分解。可作漂白劑、消毒劑、殺菌劑、有機化學品，中間體(intermediate)及試劑。

重鉻酸鉀(potassium dichlormate)的分子式爲 $K_2Cr_2O_7$，分子量爲 294.21。熔點 398℃，500℃以上就放出氧而分解。是很佳的氧化劑。製鉻酸鹽及重鉻酸鹽的原料。與鉻酸的混合液是重要的試劑。也用於有機合成用試劑、媒染劑、鍍鉻、照片印刷等，用途廣泛。

檸檬酸(citric acid)，含於未成熟的檸檬、橘子、橙等果實之中，成游離狀態存在。可溶於水、乙醇及醚。爲製造果汁、清涼飲料的原料。

鄰二酚(pyrocatechol)或稱兒萘酚，分子式爲 $C_6H_4(OH)_2$，分子量 110.11，是無色晶體，有毒及強烈刺激性，可燃。接觸空氣和光即作用變成棕色，比重 1.371，熔點 104℃，沸點 245℃（揮發），可溶於水、乙醇、乙醚、苯、氯仿、吡啶及鹼性溶液。可作爲防腐蝕、染料、電鍍、抗氧化劑、光安定劑及有機合成。

乙二胺(ethylene diamine)或稱伸乙二胺，分子式爲 $NH_2CH_2CH_2NH_2$，分子量爲 60.01。是無色液體，有氨臭味，有毒及強烈刺激性、強鹼、易燃，比重 0.8995(20℃)，沸點 116℃，熔點 85℃，閃點（引火點）爲 33.9℃，可溶於水及乙醇，微於乙醚。可作殺蟲劑、螯合劑，化學中間體，溶劑、乳化劑及織品潤滑劑。

當矽的表面接觸到 HNO_3・HF 的混合液，就會被染色(stain)、例如做接觸窗(contact window) 的蝕刻，或在硼(B)擴散製程。因爲 HNO_3-HF 的混合液通常會使 P-Si 的顏色比 N-Si 顏色較深。利用此一特性，也可以做 p/n 接面深度(junction depth)的分析。

濕蝕刻用的酸鹼或鹽等溶液的濃度常以莫爾(mol)表示；而酸或鹼的強度則以 pH 值表。1 莫爾(morality)的溶液是 1 公升溶液(solution)有一克分子的溶質(solute)。

pH 值表示一升溶液中的溶質濃度的-10 $\log_{10}$。因此一克分子量的強酸，如鹽酸在一升的溶液會完全游離，產生 H_3O^+濃度爲每升 1 莫爾，pH 值就爲 0。水本身些微分解等量的氫和氫氧離子，濃度各爲 10^{-7} 莫爾，因爲正負離子數相等，水溶液是中性，pH 值爲 7。酸的 pH 值在 0－7 之間，鹽基（鹼）的 pH 值在 7－14 之間。

6.5 乾蝕刻用材料

半導體用氣體依照其供應方式，可區分爲：

1.大宗氣體(bulk gas)，可現地製造或使用大型運輸工具來供應，使用量相當大，如氮氣(N_2)、氧氣(O_2)、氬氣(Ar)，此三種氣體而且均以液態型態供應。還有氫氣(H_2)和氦氣(He)等。

2.特殊氣體(special gas)，一般使用較小的鋼瓶(cylinder)供應，因單位價值較高，鋼瓶多經過特殊眞空處理，以達到淨化的作用。

(1)矽族氣體：含矽的矽烷類氣體，如矽甲烷(silane, SiH_4)，二氯矽烷(DCS, SiH_2Cl_2)，三氯矽烷(TCS, $SiHCl_3$)等。

(2)摻質氣體：含磷(P)、砷(As)或硼(B)等摻質(dopant)元素的氣體，如 PH_3、AsH_3、BF_3、B_2H_6 等。

(3)蝕刻氣體，含鹵素(halogen element)的鹵化物及鹵碳化合物爲主，如 Cl_2、NF_3、HBr、CF_4、C_2F_6、三氯乙烷($C_2H_3Cl_3$)、二氯乙烯($C_2H_2Cl_2$)等。

(4)反應氣體，以碳(C)系和氮(N)系的氫化物、氧化物爲主，如 CO_2、NH_3、N_2O 等。

(5)金屬用氣相沉積氣體：含鹵化金屬及有機烷類的金屬，如 WF_6、MoF_6、$(CH_3)_3Al$ 等。

另一方面，依照其危險性來區分，則可分爲毒性(poisonous)、腐蝕性(corrosive)、可燃性(flammable)、自燃性(pyrophoric)、助燃性及氧化劑(oxidizer)或惰性(inert)等。

常用於半導體製程的乾蝕刻材料或蝕刻劑(etchant)，如表 6.8 所列。

四氟化碳(carbon tetra-fluoride)的分子式爲 CF_4。無色氣體。凝固點-185℃，沸點-128℃。可溶於乙醇和醚，不溶於水。在乾蝕刻(dry etching)時常用來蝕刻 Si、SiO_2、Si_3N_4、氧氮化矽(SiON)、磷矽玻璃(PSG)、硼磷矽玻璃(BPSG)、鋁合金、鎢等。在 CF_4 中加入少量的 O_2，可以增加蝕刻速率，原因是氧易於和碳作用，而增加 F 的比例，但是 O_2 太多，就對 CF_4 產生稀釋作用，使蝕刻速率降低。

在 CF_4 中加入 H_2，會降低蝕刻速率，原因是氫易於和氟作用，減少 F

的比例。

表 6.8　常用的乾蝕刻材料

待蝕刻物　質	矽化物 (silicide)	矽 (Si)	二氧化矽 (SiO_2)	氮化矽 (Si_3N_4)	砷化鎵 (GaAs)
蝕刻劑	$CFCl_3$	Cl_2	CHF_3	CF_4+O_2	CF_2Cl_2
	CF_2Cl_2	F_2	CF_4+O_2	CHF_3	$CCl_2F_2+O_2$
	CCl_4	HF	CF_4+H_2	C_2F_6	Cl_2+SiCl_4
	BCl_3+Cl_2	$CFCl_3$	$SiCl_4$	SF_6+He	
	CF_4+O_2	CF_2Cl_2	C_2F_6		
	SF_6	CCl_4	C_3F_8		
	NF_3	BCl_3+Cl_2			
		CF_4+O_2			
		SF_6			
		NF_3			
		HBr			
		He			
		SiF_4			

四氯化碳(carbon tetra-chloride)的分子式是 CCl_4，無色的重液體，凝固點-23℃，沸點 76.7℃，在水中的溶解度爲 0.08 重量%，能與乙醇、醚、苯、氯仿和石油醚混合，用做乾蝕刻，以非等方向蝕刻(anisotropic etch)多晶矽耐火金屬矽化物(polycide)、鋁、鈦(Ti)、氮化鈦(TiN)、鈦鎢合金(TiW)等。

三氯化硼(boron trichloride)的分子式是 BCl_3。揮發性液體，凝固點-107℃，沸點 125℃，遇水即水解爲硼酸及氫氯酸。液體的導電性不大，可做乾蝕刻的製程氣體。

溴化氫(hydrogen bromide)的分子式爲 HBr。是有刺激性臭味的無色氣體。吸入 1000～1300 ppm，30 分鐘致死。凝固點-86.9℃。遇乙醇、乙醚、酯可加熱而溶解。比氯化氫更易氧化，加熱則分解。和氧起反應變成水和溴，和臭氧會產生爆炸性的反應。也和許多金屬反應而生成溴化物。

溴化氫可用於乾蝕刻，以去除多晶矽（配合 Cl_2、O_2），去除鋁（配合 Cl_2），去除單晶矽（配合 NF_3）等，是一種較新的蝕刻劑，用以替代 CCl_4、CF_4、$SiCl_4$、BCl_3 等。

一些特殊材料的乾蝕刻劑，如表 6.9 所列。

表 6.9　一些特殊材料的乾蝕劑

物　質	有機物如光阻	鈦酸鉛鋯(PZT)（電容材料）	氧化銦錫(ITO)（透明導體材料）
乾蝕刻劑	O_2	CF_4 He Ar	H_2 CH_4

一般而言，乾蝕刻的底切均較小，大多屬於非等方向(anisotropic etch)。乾蝕刻製程的幾個重要的因數，除了產率(throughput)，即單位時間之內處理的晶圓數目。另一個重要的因數就是選擇性(selectivity)，兩種材料，一般指上層（欲蝕刻材料）和下層（基層材料）遇到相同的酸液或電漿作蝕刻，其兩種蝕刻速率的比值；謂之選擇性或選擇度。

例如，複晶矽電漿蝕刻：對複晶矽的蝕刻率爲 2000 Å/min，對氧化層的蝕刻爲 200 Å/min，則複晶矽對氧化層的選擇性 S

$$S = \frac{2000\text{Å}/\text{min}}{200\text{Å}/\text{min}} = 10$$

選擇性愈高，表示蝕刻特性愈好。一般乾式蝕刻，選擇性較化學濕蝕刻爲差。我們取較高的選擇性的目的，即在於電漿蝕刻專心蝕刻該蝕刻的複晶矽層，而不會傷害到上層光阻或下層氧化層，以確保蝕刻後晶圓的完整性。

在電漿蝕刻中，利用其反應特性，特別設計用以偵測反應何時完成的一種裝置，稱爲終點偵測器(end point detector)，一般終點偵測器可分爲下三種（如圖 6.3 所示）：

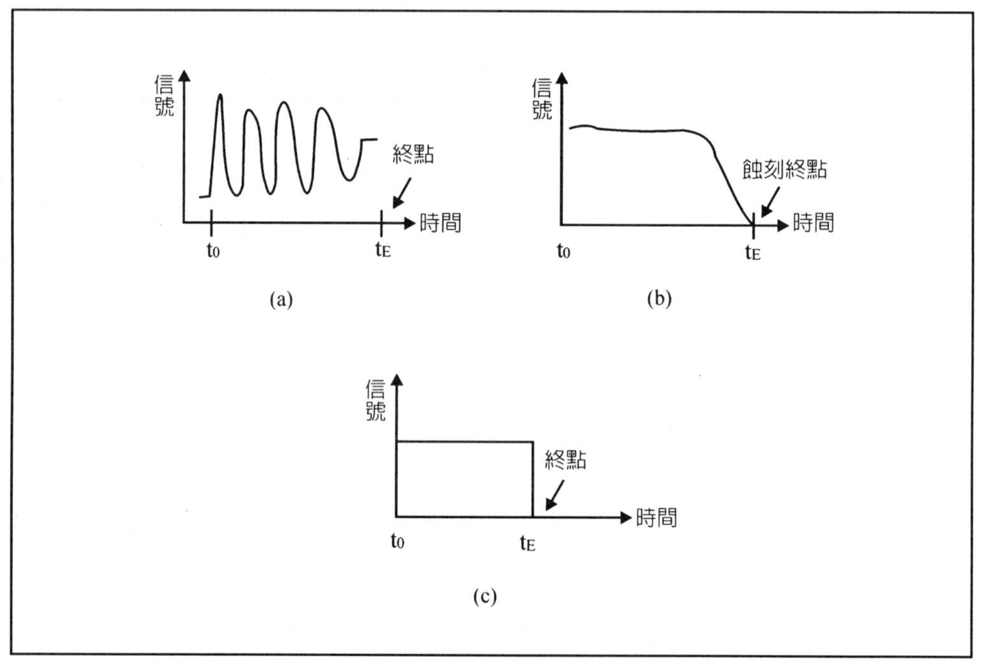

圖 6.3　三種乾蝕刻終點偵測器之原理圖

1.雷射終點偵測器(laser endpoint detector)：

利用雷射光入射反應物（即晶圓）表面，當蝕刻發生時，反應層之厚度會逐漸減少，因而反射光會有干涉訊號產生，當蝕刻完成時，所接收之訊號亦已停止變化，即可測得終點。

2.光發射終點偵測器(optical emission end point detector)：

用一光譜接收器，接收蝕刻反應中某一反應副產物(byproduct)所激發之光譜，當蝕刻反應逐漸完成，此副產物減少，光譜也漸漸變弱，即可偵測得其終點。

3.時間偵測器：

直接設定反應時間，當時間終了，即結束其反應。

因爲乾蝕刻製程中一大部份的能量會被轉換爲熱（即浪費掉了），而使機器系統的溫度上升。因此蝕刻機器多需要冷卻，即熱交換(heat exchange)，冷卻器常用過氟碳(PFC, perfluoro carbon)傳遞熱量，也用乙二醇(ethylene glycol)做抗凍劑。

氟碳的化學分子式爲 CF_4 或 CHF_3。氟碳在大氣中的生命長，地球溫暖計數大。用於乾蝕刻機的冷卻劑，以傳導循環冷卻器的熱量，並除去乾蝕刻中的黏性或沉澱物質。不含氯原子(Cl)或氫原子(H)。電絕緣，但熱導能力極佳。不可燃、不破壞臭氧層。德國禁止用它做爲表面處理（如清洗），原因是在紅外光區域被吸收，會造成溫室效應(green house effect)。

乙二醇是具有甘味的無色黏稠液，凝固點-13.0℃，沸點 197.6℃。易溶於水、乙醇、丙酮。在 ULSI 製程用做防凍液。醫學界也用乙二醇作急凍屍體之用。（參考書目 4）

乾蝕刻(dry etching)的能量只有一少部份有於蝕刻，其餘轉換爲熱，因此也需要用純水來冷卻。不可用自來水，因其離子含量太多，會導致電極漏電而短路。而純水（或稱去離子水，D. I. water）不可太冷，否則會凍結而失去冷卻作用，因此要用乙二醇做防凍液。

在所有的物質，除了光阻(photoresist)以外，鹵素材料最常用來作爲乾蝕刻劑了。因為鹵素性質安定，多種弗利昂(freon, flon)或氟碳(fluoro carbon)，如表 6.10 所列。而 $SiCl_4$、BCl_3、Cl_2、HCl、SF_6和 NF_3 也常被使用，矽、SiO_2、SiN_4 和多種矽化物(silicide)，和一些金屬可以用氟化合物蝕刻，鋁(Al)必須用氯(Cl_2)蝕刻，這樣才能生成揮發性氣體。光阻是用氧(O_2)電漿蝕刻。在乾蝕刻劑中也常添加 H_2，O_2 和惰性氣體的氬(Ar)。用於電漿蝕刻的氟碳化合物及其命名，如表 6.10 所列。

表 6.10　用於電漿蝕刻的氟碳化合物

分子式	常用名稱	化學名稱
CCl_3F	Freon 11	三氯氟甲烷
CCl_2F_2	Freon 12	二氯二氟甲烷
$CClF_3$	Freon 13	氯三氟甲烷
$CBrF_3$	Freon 13B1	溴三氟甲烷
CF_4	Freon 14	四氟甲烷
C_2F_6	Freon 116	六氟乙烷
C_3F_8	Freon 118	八氟丙烷
C_4F_8	Freon C318	八氟環丁烷
$C_2Cl_2F_4$	Freon 114	二氯四氟乙烷
C_2ClF_5	Freon 115	氯五氟乙烷
$CHCl_2F$	Freon 21	二氯氟甲烷
$CHClF_2$	Freon 22	氯二氟甲烷
CHF_3	Freon 23	三氟甲烷(fluoroform)，氟仿

要做一個非等方向的(anisotropic)乾蝕刻，準備工作相當複雜，包括長幕罩層、照像及清洗等，表 6.11 列出詳細的製程步驟。

表 6.11　乾蝕刻前的準備步驟

製　　程	時　　期	製程溫度(℃)
氧化	視厚度而定，數小時	900-1200
上光阻，旋塗以5000 rpm	20-30秒	室溫
軟烤	10分	90
曝光	20-60秒	室溫
顯影	1分	室溫
硬烤	20分	120
去氧化物(BHF)	10分	室溫
去光阻（丙酮，正光阻）	10-30秒	室溫
洗淨(RCA　洗淨製程)	30分	沸騰
浸HF (2% HF)	10秒	室溫
非等向蝕刻	由數分到一天	70-100

6.6　幾種乾蝕刻機器

1.桶狀蝕刻反應器(barrel etching reactor)

蝕刻反應器爲桶狀，如圖 6.4 所示。通常用來做整批(batch)蝕刻製程。

反應器略抽眞空（0.5～5 托耳）。爲等向性蝕刻(isotropic etching)。蝕刻速率均勻度(uniformity)很差。只適用於比較不重要的製程步驟，如光阻(photoresist)的去除(stripping)。這些光阻因爲是在離子植入時用作罩幕(mask)，經過離子的轟擊，不再可以用濕化學的過氧一硫酸(H_2SO_4+H_2O_2)來蝕刻了。

因爲矽晶圓是放在經穿孔的金屬圓筒內，電漿特有的光輝放電(glow discharge)現象，侷限於反應室內壁和金屬圓筒之間，無法到達晶圓。晶圓的蝕刻是藉由原子團(radical)以化學反應的方式;把晶圓上欲蝕刻的薄膜去除。

通常蝕刻光阻是用氧氣，藉著氧和光阻內的碳和氫元素的化學反應，形成具揮發的 CO，CO_2 和 H_2O，由眞空系統將其排出。

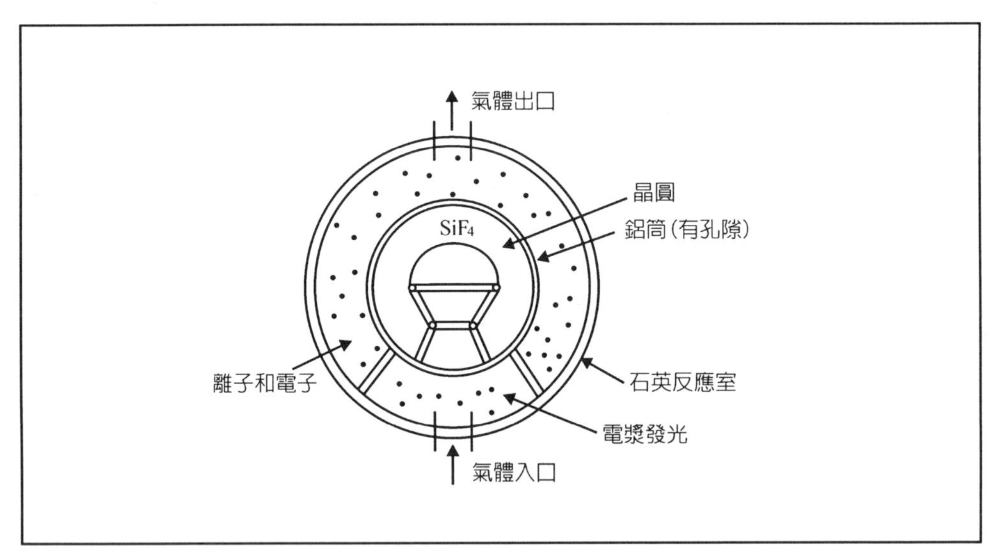

圖 6.4　桶狀蝕刻反應器內的正視圖

2.反應性離子蝕刻(reactive ion etch, RIE)

英文全文是 reactive ion etching，將反應室(chamber)抽眞空，放置晶圓的電極上接射頻電源(RF power 13.56 MHz)，另一電極接地。氣體導入反應室以後，在兩個電極之間產生電漿。浸在電漿中的晶圓，除了與到達晶圓表面的活性基(reactive radical)起化學的反應外，同時電漿中的離子受到強大的電壓降而加速，以頗高的能量(1～500 eV)打到晶圓表面。因此也有濺擊蝕刻(sputtering etching)的物理作用。

反應離子蝕刻(RIE)結果可得到非等方向性的(anisotropic)，即只向無光罩遮蓋的下方蝕刻，不向側向蝕刻。同時有物理和化學的作用，蝕刻速度快。

反應離子蝕刻(RIE)已成為 VLSI 技術的主流，與高解析度的微影成像設備，如紫外光步進照像(stepper)，或深紫外光步進照像配合，可成功製造出次微米(submicron)的元件。

在電漿蝕刻時，電漿裡包含了活性原子、活性離子（正離子）及電子，當壓力較低（小於 100 mT），而且氣體兩端所加的射頻功率(RF power)夠高時，活性離子即被迅速加速，衝向電極上的晶圓，而撞擊矽晶面上曝露在電漿中的表層，將表層的原子擊出，再與活性原子反應，因而造成蝕刻，此類的蝕刻即稱之為活性離子蝕刻。

RIE 蝕刻反應介於濺擊蝕刻(sputter etch)和電漿蝕刻(plasma etch)之間，結合物理與化學反應的蝕刻機構。同時具備非等向性(anisotropy)，與高選擇性(selectivity)。是當前蝕刻製程的主流，電漿蝕刻和 RIE 蝕刻的比較，如圖 6.5 所示。

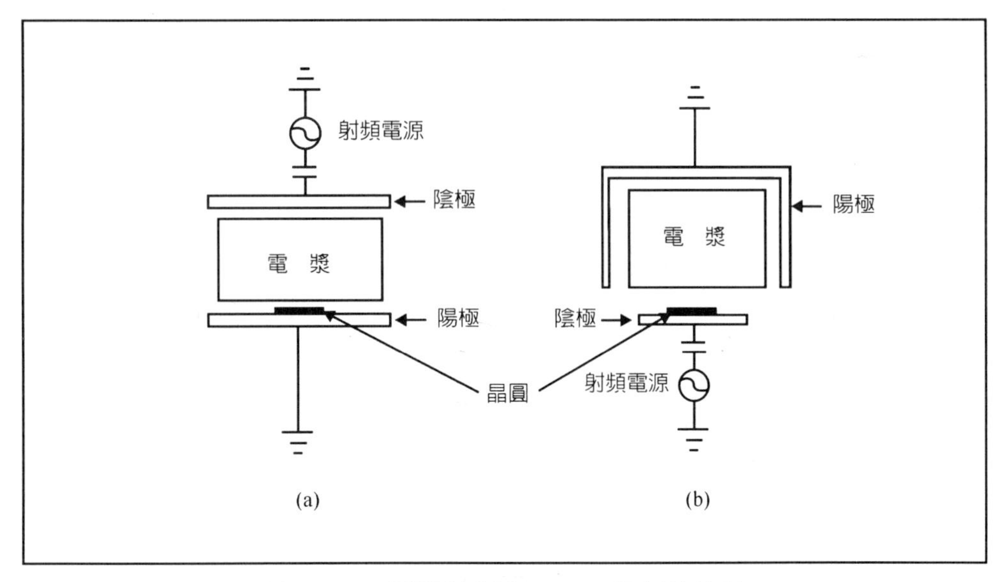

圖 6.5　(a)電漿蝕刻和(b)RIE 蝕刻的比較

三極 RIE，利用兩個 RF 電源，以便控制電漿的產生及離子的能量。可提高選擇能力並降低轟擊的破壞。基座下端有電容，用以濾除直流成分，如圖 6.6 所示。

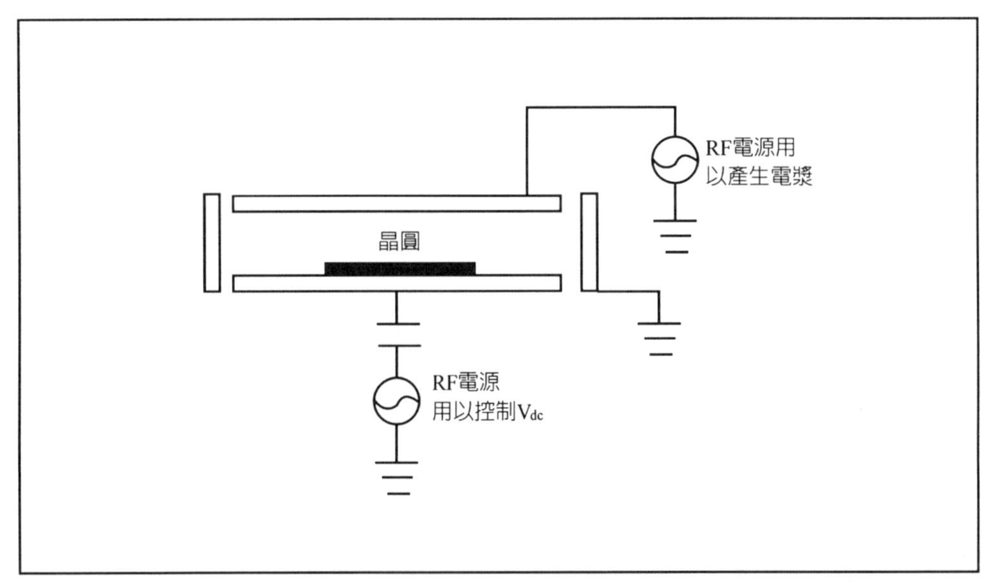

圖 6.6　三極 RIE 的概略圖

反應離子電漿蝕刻機(reactive-ion plasma etcher)的工作原理，是以射頻電力(RF power)加於兩電極之間，並且用匹配網路(matching network)，在兩電極之中間部份產生電漿(plasma)，靠近兩電極的部份形成離子鞘(ion sheath)，爲無電漿的絕緣層。電漿電位 V_p，RF 兩極端電位 V_c，離子鞘的電位爲 $V_p - V_c$。接地面的表面積 A_a，RF 電源電極的面積 A_c。圖 6.7 中 $A_a > A_c$，$\frac{V_p - V_c}{V_p} = (\frac{A_a}{A_c})^n$，隨反應器設計不同 n=1～4。

3.濺擊(sputtering)

將惰性氣體（如氬，Ar）導入已抽眞空的反應氣室，加電壓直流磁電

(DC magnetron)，或射頻(radio frequency, RF)，使氬游離爲 Ar^+，再對陰極上的靶轟擊，將靶上的原子打出來。濺擊是一種純物理的反應。

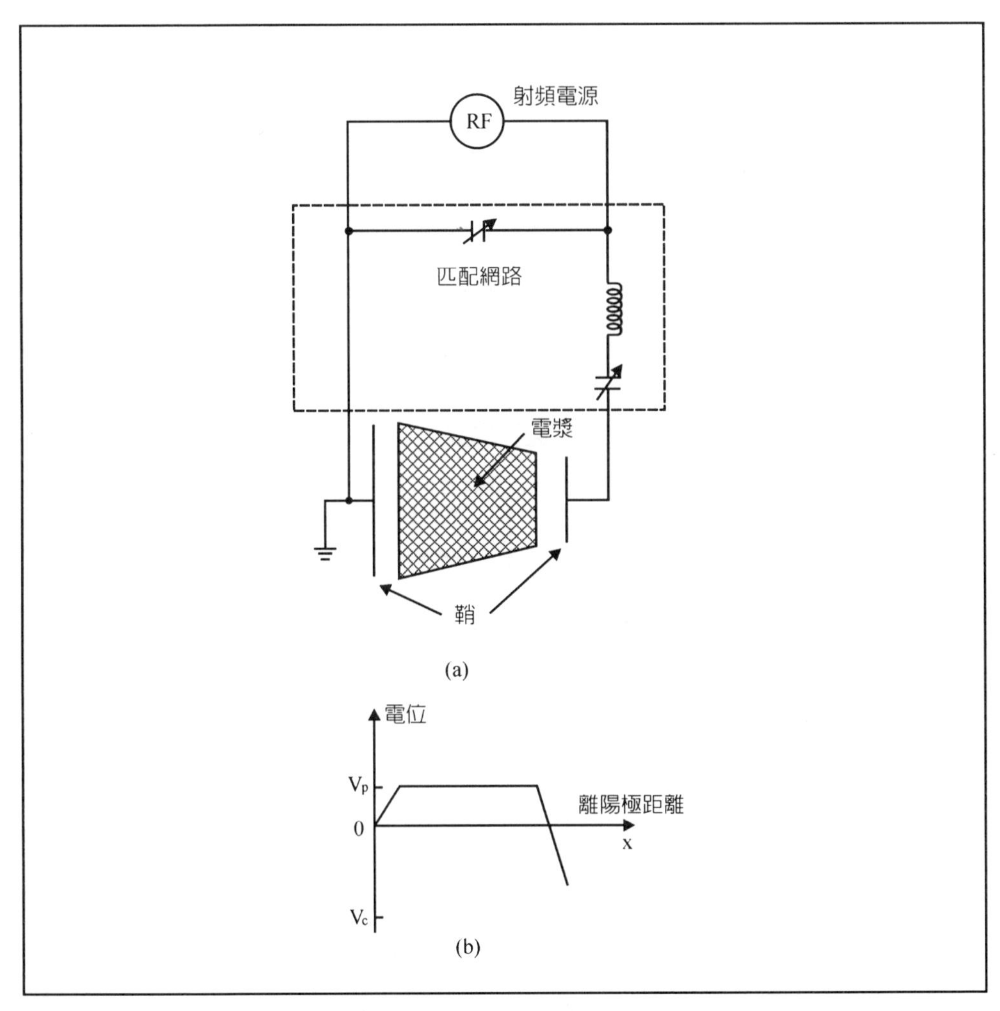

圖 6.7　(a)RIE 蝕刻機的概略圖，(b)電位分佈圖

如果靶爲金屬，矽晶圓放在陽極，則晶片上會沉積(deposition)金屬膜。如果靶爲矽晶圓，則晶圓上未被罩幕遮蓋的部份就被蝕刻(etching)了，圖 6.8 顯示此二不同機制。

濺擊如同撞球(billiard)遊戲，轟擊的離子如母球，靶原子如子球。入射離子轟擊到靶面上，除了會打出靶原子以外，也會打出反射離子，中性原子或分子、二次電子，同時也可能造成靶材的結構改變，或離子植入靶母體(bulk)。

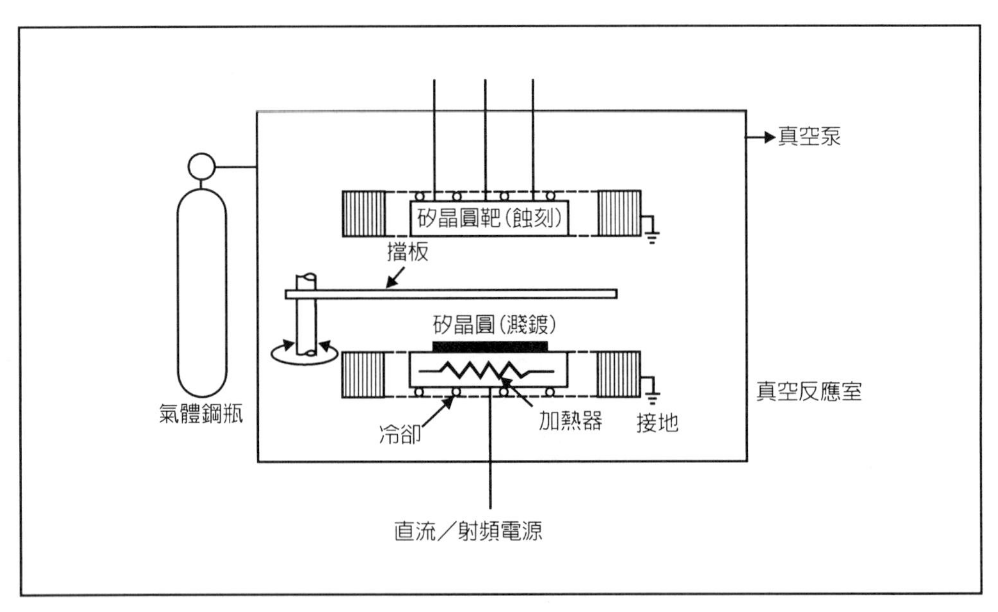

圖 6.8　濺擊蝕刻和濺鍍的概略圖

4.磁場輔助 RIE 反應器(MERIE)

MERIE 英文全文是 Magnetically Enhanced RIE Reactor。

磁場與電場垂直，可約束電子在陽極附近作螺旋運動，以增加離子化(ionization)機率，增加離子濃度，同時降低自我偏壓電壓(self-bias voltage)，使電子不易接觸反應器壁而復合(recombination)消失，如圖 6.9 所示。

另外一種磁場約束電漿蝕刻機(magnetic confinement plasma etcher, MCP etcher)，利用永久磁極，將其安排 N.S 磁極交互圍繞著反應室，在晶圓周圍造成一個無磁場的區域。電子由磁場吊桶(bucket)的表面反射而進入電漿，因而得到高密度的離子。使電子的有效路徑大幅增加，由於電子和中性物之間的碰撞，也使得離子密度增加，如圖 6.10 所示。

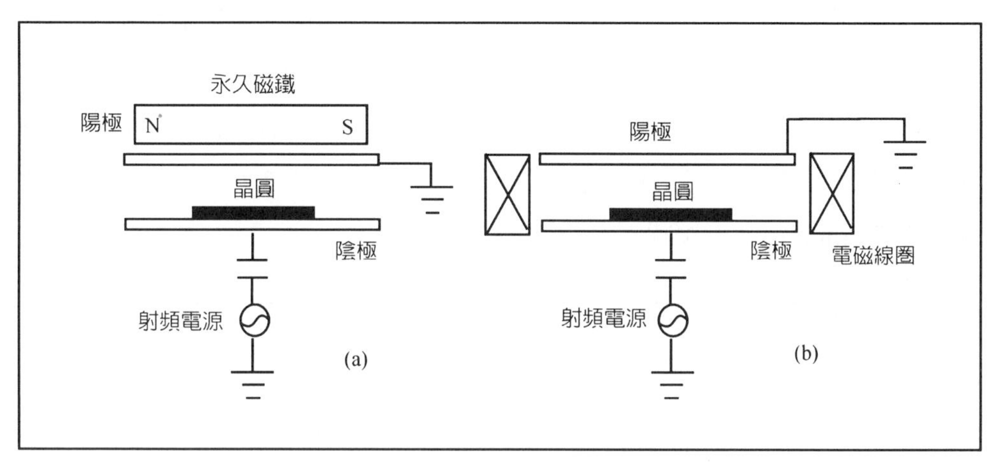

圖 6.9　MERIE(a)以永久磁鐵，(b)以電磁線圈產生磁場

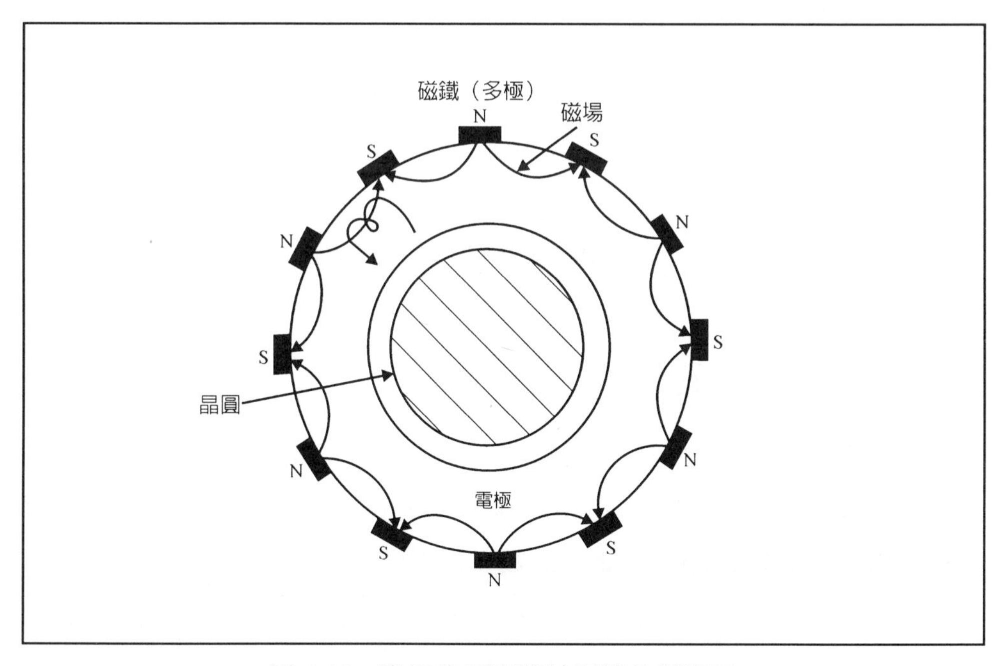

圖 6.10　磁場約束電漿蝕刻機的概略圖

5.離子輔助蝕刻反應(ion-enhanced etching reaction)

以反應性氣體如氟化氙(XeF_2)配合離子束（如 Ar^+），使矽晶片的蝕刻速率大幅度提高。離子垂直轟擊矽晶圓無罩幕的部份，破壞表面結構，使得矽晶圓更易被蝕刻劑(etchant，如 XeF_2)蝕刻。而且使表面為非等向性(anisotropy)，離子轟擊使吸附在表面的生成物剝離表面，也會增加蝕刻速率。如果想要得到非等向性的蝕刻，也可以在矽晶圓罩幕邊緣下側加上表面抑制劑(inhibitor)，如圖 6.11 所示。

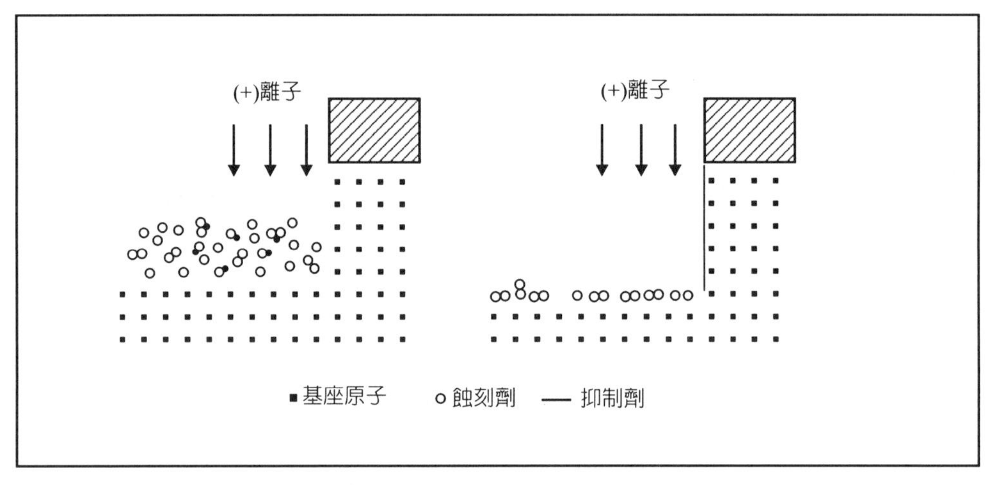

圖 6.11　離子輔助蝕刻反應的原理

6.7　高密度電漿蝕刻(HDP etching)

高密度電漿蝕刻的英文全文是 high density plasma etching，常用的高密度電漿設備有電子迴旋共振(electron cyclotron resonance, ECR)和感應耦合電漿(inductively coupled plasma, ICP)二種。

HDP 蝕刻技術的優點是：高蝕刻速率，高產能。高方位比(aspect ratio)蝕刻。小接觸(contact)或連接洞(via hole)蝕刻。對下層材料有高選擇性（低蝕刻速率，不傷害下層材料）。蝕刻輪廓控制好。蝕刻速率幾乎不受方位比影響或稱無微負載效用(microloading effect）。

1.電子迴旋共振蝕刻機(ECR etcher)

ECR 電子迴旋共振是利用微波(microwave)電源(2.45 GHz, 1G=10^9十億)，和導波管(waveguide)，使氣體在高眞空的氣室被游離爲電漿(plasma)，氣室外繞以線圈，通電流造成磁場 875 高斯(Gauss)，限制電子軌道，以增加氣體游離率，提高電漿密度，晶圓以射頻(RF, 13.56 MHz)或直流偏壓來控制離子能量，以增加非等向蝕刻(anisotropic etching)，如圖 6.12 所示。使用微波電源，可能造成電信干擾，要向電信單位申請許可。使用大磁場要防止輻射，機器外殼要適當的以金屬隔離。

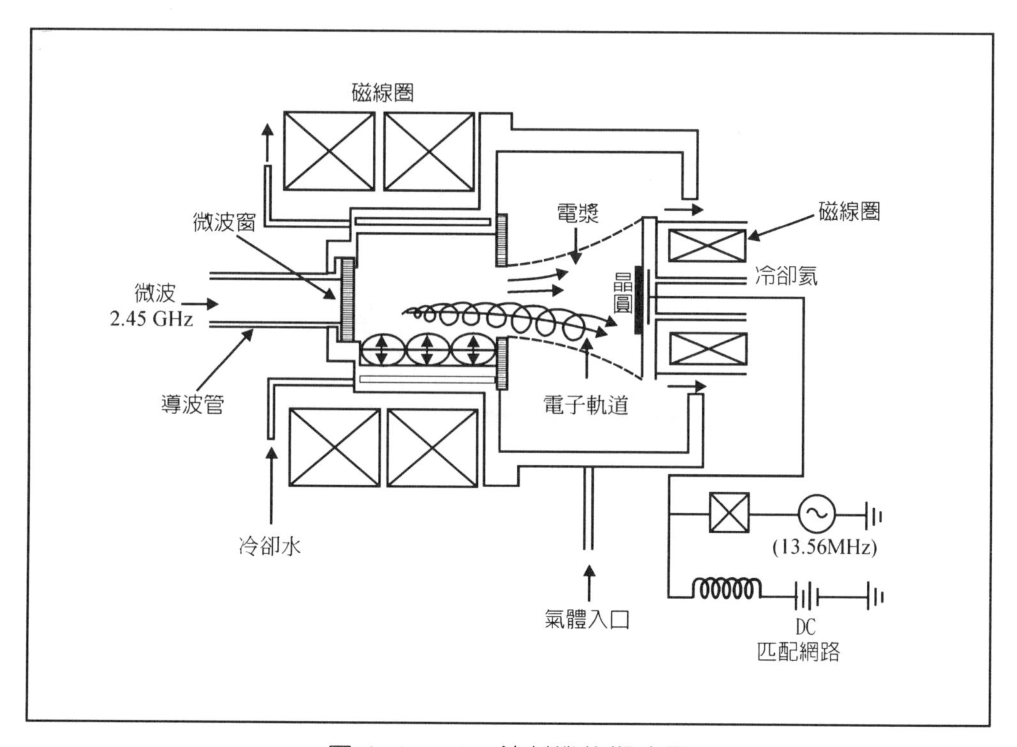

圖 6.12　ECR 蝕刻機的概略圖

2.感應耦合電漿蝕刻機(ICP etcher)

ICP 的英文全文是 Inductively Coupled Plasma。系統有渦輪分子眞空幫浦(turbo molecular pump)，眞空在 10^{-3}～10^{-4} 托耳。高功率射頻電極，頻率為 13.56 MHz，水冷線圈天線。天線和絕緣管之間有接地的靜電屏障，以使系統能純粹在電感式的耦合(inductively coupled)之狀況，使電容式的耦合降為極小，如圖 6.13 所示。高能量離子在半個週期之內打到管壁上，而在下一個半週打到基座上，離子密度約為 10^{11}～10^{12}cm^{-3}，離子電流密度大於 1 mA/cm^2。

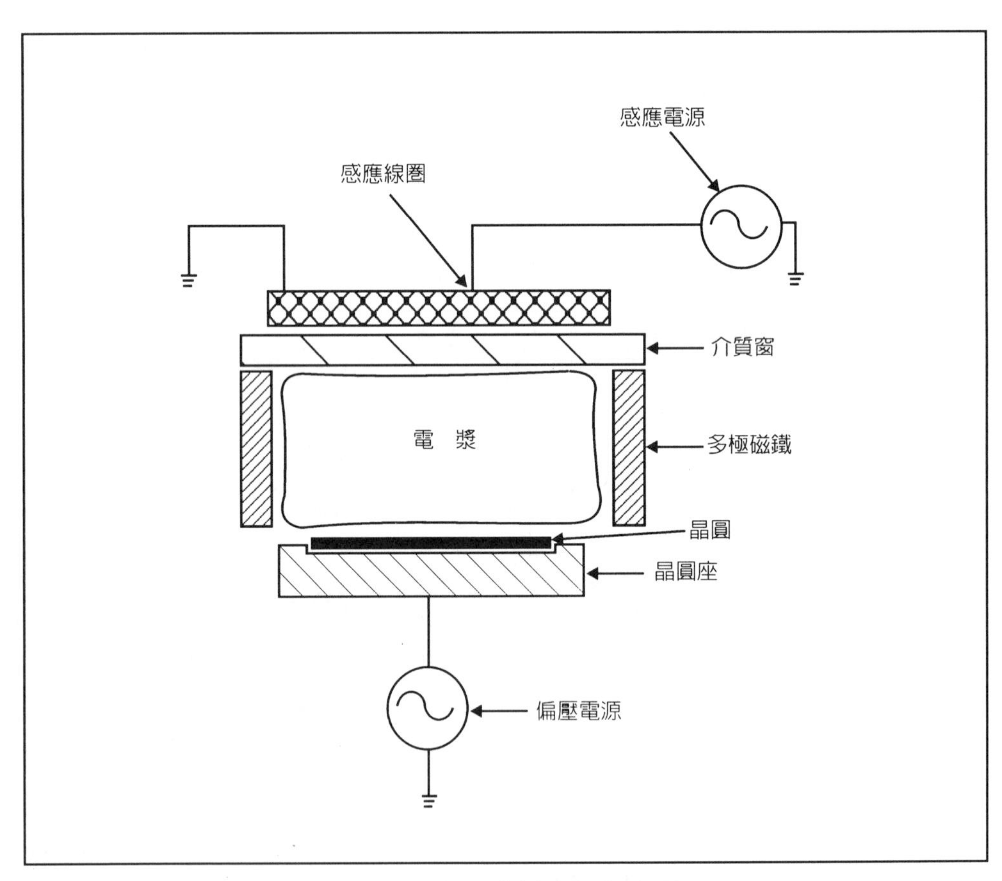

圖 6.13 ICP 蝕刻機的概略圖

6.8　化學機械研磨的蝕刻

化學機器研磨(chemical mechanical ploishing, CMP)的製程是將製程進行中的矽晶圓置於研磨墊(polishing pad)，放在研磨平檯上，晶圓上以承載器(carrier)及支柱施以壓力。使平檯支柱和晶圓承載器相對轉動。並於平檯上加研漿(slurry)。研漿的成份中含有 KOH 或 NH_4OH 等鹼性溶液，以及高硬度的小顆粒 SiO_2、Al_2O_3，如圖 6.14 所示。製程中(work in process, WIP)的矽晶圓得以磨得平坦，以利下一個製程的進行。

CMP 最好配有終端偵測器，製程進行才更順利。

研磨後需加以清洗，以去除微粒子，金屬和表面缺陷。要注意清洗之前晶圓不能乾掉。清洗可以用超音波、刷子，也可以加一些表面活性劑(surfactant)。

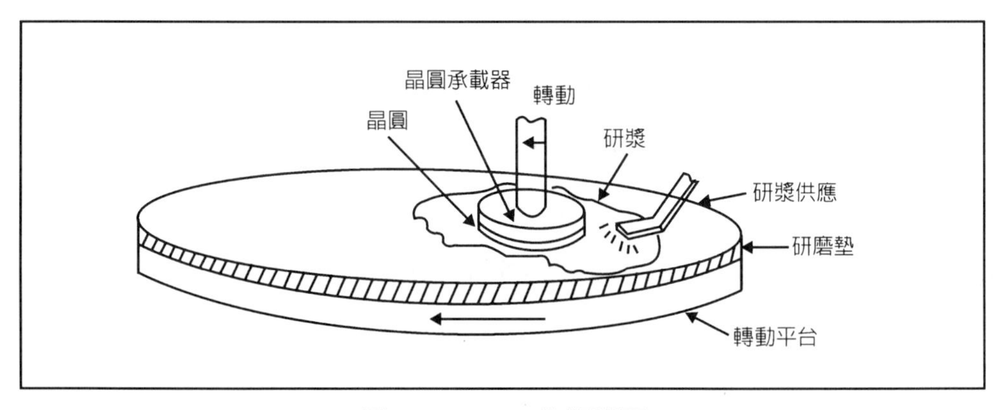

圖 6.14　CMP 的概略圖

CMP 中用以去除矽的材料是四甲基氫氧化銨(TMAH)，分子式為$(CH_3)_4NOH$，英文全文是 tetra-methyle ammonium hydroxide。用於化學機械研磨(chemical mechanical polishing, CMP)，作為表面活性劑(surfactant)，使用時配合氫氧化銨，NH_4OH：TMAH=100：1，使矽晶圓表面由恐水

(hydrophobic)變爲親水(hydrophilic)，而將表面的矽除去。

磨除鎢(tungsten, W)是利用 $Fe(CN)_6^{3-}$ ，部份反應方程式爲

$$W + 6Fe(CN)_6^{3-} \rightarrow WO_3 + 6Fe(CN)_6^{3-} + H^+ \quad (6.3)$$

$Fe(CN)_6^{3-}$ 爲氧化劑，鎢形成三氧化鎢（化學方式），再利用 Al_2O_3 將其磨掉（機械方式）。

研磨鋁(Al)用過氧化氫(hydrogen peroxide, H_2O_2)和磷酸(H_3PO_4)，反應方程式爲

$$2Al + 3H_2O_2 \rightarrow Al_2O_3 + 3H_2O \rightarrow 2Al(OH)_3 \quad (6.4)$$

$$2Al(OH)_3 + 3H_2O_2 \rightarrow 2Al(H_2O)_3(OH)_3 \quad (6.5)$$

$$2Al(H_2O)_3(OH)_3 + H_3PO_4 \rightarrow [Al(H_2O)_6]PO_4 \rightarrow AlPO_4 + 6H_2O \quad (6.6)$$

（以上爲部份反應式，未平衡各成份元素）

研磨銅(Cu)用硝酸 HNO_3 ，硫酸(H_2SO_4)和硝酸銀($AgNO_3$)等，部份反應方程式爲：

$$3Cu_{(s)} + 8[H^+_{(aq)} + NO^-_{3(aq)}] \rightarrow 3[Cu^{++}_{(aq)} + 2NO^-_{3(aq)}] + 2NO_{(g)} + 4H_2O \quad (6.7)$$

$$Cu_{(s)} + 2H_2SO_4 \rightarrow [Cu^+_{2(aq)} + SO^{2-}_{4(aq)}] + SO_{2(g)} + 2H_2O \quad (6.8)$$

$$Cu_{(s)} + 2AgNO_{3(aq)} \rightarrow 2Ag_{(s)} + Cu(NO_3)_{2(aq)} \quad (6.9)$$

以上 S 表固態，aq (aqueous)是水溶液，g 是氣態。

6.9 化學品供應系統的進展

半導體製程用到大量而且種類繁多的化學品，隨著 I. C.積集度提升，化學品的純度要求也跟著水漲船高。表 6.12 列出 1975 年以來化學品供應

系統的進展。

表 6.12　化學供應系統的進展

年　份	1975	1980		1985	1990		1995
DRAM	16K	64K	256K	1M	4M	16M	64M
微粒子(μ m)	0.6	0.4	0.2	0.1	0.08	0.06	0.04
運送系統	手動	小型	中型	大型	非常大		
容器	玻璃/PE	PFA/不銹鋼		PE/不銹鋼	PTFE/不銹鋼		
存放位置	無塵室	維修區		一樓	化學供應室		
分配方法	手動	自動＋局部		自動＋局部＋中央分配	自動＋中央分配		
金屬雜質，ppb			100	30	10	1	

ppb: parts per billion，十億分之幾。PFA: perfluoroakoxy vinylation 過氟氧乙烯醚

PTFE: polytetrafluoroethylene 聚四氟乙烯。PE: polyethylene 聚乙烯

半導體製程用化學品的容器材料大多爲玻璃、不銹鋼(stainless steel)、聚乙烯(polyethylene, PE)或氟樹脂(fluororesin)等。

表 6.13　化學品容器和特性

玻璃	除H_2O_2，HF，鹼族外大多可用 撞擊阻力差，可能溶於金屬雜質
不銹鋼(SS)	用於有機溶劑（如丙酮、甲醇、異丙醇等），有機鹼（正光阻的顯影液） 化學阻力極佳，適宜攜帶危險物質
聚乙烯(PE)	用於酸、鹼 可能產生微粒子（因PE內添加了安定劑、紫外光吸收劑）
氟樹脂	常用的PFA和PTFE 適用於酸、鹼 不宜模造，價格貴

而聚乙烯(PE)製的瓶子或罐子都要經過測漏(leak test)，掉落測試(drop test)，煮沸水測試(boiling test)，應力裂痕測試(stress crack test)，塞子也要通過抗化學測試。

6.10 參考書目

1. 林安如譯，CMP 製程的良率管理，電子月刊，第四卷，第十期，1998。
2. 林敬二等，化學大辭典，高立。
3. 張勁燕編譯，工程倫理，第二版，第二章，p.71，高立。
4. 莊達人，VLSI 製造技術，二版，第八章，高立。
5. 蘇宗燦，化學在半導體材料之應用，材料化學應用研討會，1997 年 3 月。
6. C. Y. Chang and S. M. Sze, ULSI Technology, chs. 7～9, McGraw Hill, 新月。
7. R. R. Bowman et al., Practical Integrated Circuit Fabrication, ch. 8, 學風。
8. M. Madou, Fundamentals of Microfabrication, 2nd ed., ch. 2, CRC press, 高立。
9. W. R. Runyan and K. E. Bean, Semiconductor Integrated Circuit Processing Technology, ch. 6, Addison-Wesley, 民全。
10. S. M. Sze, VLSI Technology, 1st Ed. ch. 8, and 2nd Ed ch. 5, McGraw Hill, 中央。
11. S. Wolf and R. N. Tauber, Silicon Processing for VLSI Era, 2nd ed., vol. 1, chs. 14 and 16, Lattice Press.

6.11 習　題

1. 試簡略比較濕蝕刻和乾蝕刻。
2. 試簡述幾種濕蝕刻材料(a)氫氟酸，(b)B.O.E.，(c)磷酸，(d)肼聯胺，(e)TMAH，(f)氫氧化鉀。
3. 試簡述幾種乾蝕刻材料(a)四氟化碳，(b)四氯化碳，(c)三氯化硼，(d)溴化氫，(e)氟碳化合物。
4. 試述蝕刻的主要因數，(a)產率，(b)底切，(c)選擇性，(d)方位比，(e)微負載效應。
5. 試簡述三種蝕刻終點偵測的原理。
6. 試簡述二種蝕刻機用的冷凍劑和抗凍劑(a)氟碳，(b)乙二醇。
7. 試簡述幾種蝕刻機(a)桶式，(b)RIE，(c)濺擊，(d)MERIE，(e)MCPRIE。
8. 試簡述二種高密度電漿蝕機技術，(a)ECR，(b)ICP。

第七章　金屬製程和材料

7.1 緒　論

半導體製程除了用氮化矽做保護層(passivation)，最後一個製程通常是長金屬(metallization)。一般而言，長金屬可用蒸鍍(evaporation)，或濺鍍(sputtering)二種製程，有時候也用化學氣相沉積。ULSI 製造工業是以濺鍍爲主。所謂金屬，最常用的是鋁(aluminum, Al)，也有用二種或二種以上的金屬，或在鋁內摻矽或摻矽和銅。另一方面金氧半場效電晶體(MOSFET)的閘極也以多晶矽(polycrystalline silicon 或 polysi)取代鋁，以達到自行對齊的(self aligned)製程。隨著 ULSI 高度積集化，金屬矽化物(silicide)也取代了高摻雜(heavily doped)區，做爲 MOSFET 的源極或汲極。因此多晶矽和金屬矽化物也一併被視爲金屬材料，在此討論。

7.2 金屬材料

積體電路中的金屬材料，目前是以鋁爲主，原因是導電性比鋁好的銀或銅會面臨蝕刻的困難。金屬的用途，除了作銲墊(bonding pad)、內連線(inter connect)、閘極(gate)、還作貫穿孔(via)以及插塞(plug)等。在每一個地方，金屬的作用不同，製作過程也不同，因此有時候必須用鋁以外的其他材料了。如閘極用多晶矽，是因爲它的熔點高，可以先做閘極，可以自行對齊而縮小尺寸。插塞或貫穿孔則用鎢(W)。源極、汲極則用耐火金屬的矽化物(refractory metal silicide)。幾種常用金屬材料的物理特性，如表 7.1 所列。

表 7.1　金屬之物理特性

金屬	原子序	原子量	密度 (g/cm^3)	熔點 (℃)	沸點 (℃)	熱導係數 (卡/cm/sec/℃)	電阻係數 ($\mu\Omega$・cm)
銀(Ag)	47	107.88	10.5	960.8	2195	0.934	1.59
鋁(Al)	13	26.98	2.70	660	2060	0.503	2.66
金(Au)	79	197.0	19.32	1063	2967	0.707	2.44
鈷(Co)	27	58.94	8.90	1495	2956	0.165	5.68
鉻(Cr)	24	52.01	7.19	1875	2645	0.16	12.8
銅(Cu)	29	63.54	8.96	1083	2538	0.943	1.692
鐵(Fe)	26	55.85	7.86	1536	2887	0.175	10.7
鉬(Mo)	42	95.95	10.20	2610	5512	0.29	5.2
鎳(Ni)	28	58.71	8.90	1453	2782	0.215	7.8
鉛(Pb)	82	207.21	11.40	327.4	1749	0.0827	22
鈀(Pd)	46	106.7	12.00	1552	2927	0.17	10.3
鉑(Pt)	78	195.09	21.45	1769	3827	0.17	10.58
銻(Sb)	51	121.76	6.62	630	1634	0.045	41.7
錫(Sn)	50	118.70	7.30	231.9	2493	0.153	11.5
鉭(Ta)	73	180.95	16.6	2996	5487	0.13	12.5
鈦(Ti)	22	47.30	4.51	1668	3313	0.041	42
鎢(W)	74	183.86	19.30	3410	5727	0.39	5.5
鋅(Zn)	30	65.38	7.14	419.5	902	0.27	5.9
鋯(Zr)	40	91.22	6.49	1852	4377	0.44	44.1

根據上表，導熱和導電最好的金屬是銀(Ag)，其次是銅(Cu)、金(Au)和鋁(Al)。鎢(W)的導電勉強可接受。以上均可做爲導體用。耐火金屬(refractory metal)中以鎢(W)的熔點和沸點最高，其次是鉭(Ta)、鉬(Mo)、鉑

(Pt)、鈦(Ti)、鈷(Co)等，則可做爲矽化物金屬(silicide)用。金屬材料的一些其他特性，如表 7.2 所列。

表 7.2　金屬材料的其他特性

金屬材料	特性			蝕刻方式		製程可行性		
	抗環境腐蝕	和SiO_2的附著	抗電致遷移能力	乾蝕刻	濕蝕刻	濺鍍	蒸鍍	CVD
銀(Ag)	差	差	非常低	×	v	v	v	×
鋁(Al)	佳	佳	低	v	v	v	v	v
金(Au)	優	差	非常高	×	v	v	v	×
銅(Cu)	差	差	高	×	v	v	v	v
鎢(W)	佳	佳	非常高	v	v	v	v	v

至於半導體積體電路，不同區域有不同的製程要求，溫度或使用氣體不同，導電率要求的不同，階梯覆蓋要求等。因此積體電路可能使用的金屬如表 7.3 所列。

表 7.3　積體電路可能使用的金屬

應　用	選　擇
閘極，內連線，接觸	多晶矽、矽化物、氮化物、碳化物、硼化物、耐火金屬、鋁 以上二種或多種的組合
擴散障(diffusion barrier)	氮化物、碳化物、硼化物、鈦鎢合金、矽化物
最上層	鋁
選擇地在矽上形成金屬	一些矽化物、鎢、鋁

決定積體電路積集度的閘極尺寸，和使用的金屬更有密切的關係，如圖 7.1 所示。

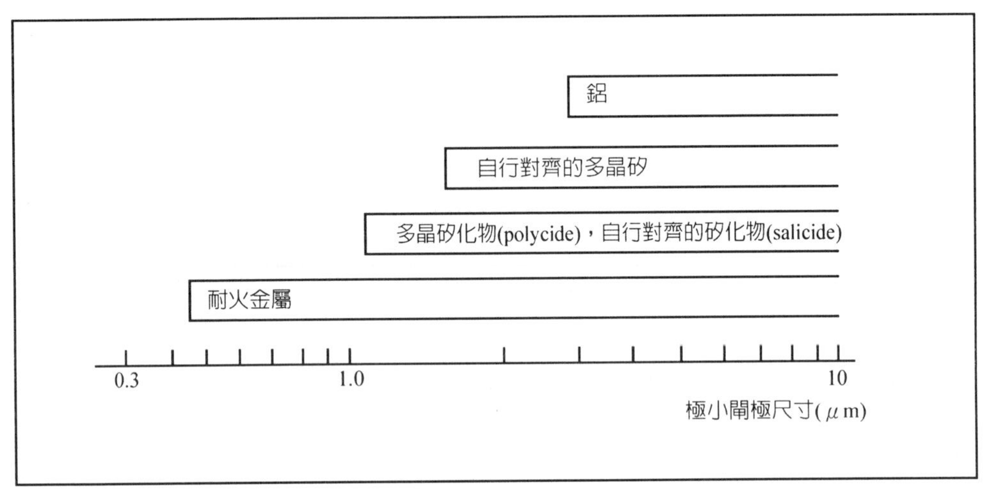

圖 7.1　矽 MOS 閘極電極用金屬材料的組合

一個決定使用材料的參數是功函數(work function)，就是由材料的費米線(Fermi level)到眞空(vacuum)的能量差，移動一個電子所需要作的功。功函數的單位是電子伏特(eV)，可能用作閘極材料的功函數的值，如表 7.4 所列。

表 7.4　可能用作閘極材料的功函數的值

金屬材料	功函數 ψ g (eV)	金屬矽化物	功函數 ψ g (eV)
n^+-Si	4		
鋁(Al)	4.25		
鉻(Cr)	4.5	$CrSi_2$	3.9
鈷(Co)	5.0	$CoSi_2$	4.4
金(Au)	4.8		
鉬(Mo)	4.3	$MoSi_2$	4.5
鉑(Pt)	5.7	PtSi Pt_2Si	5.4 5.6
鈀(Pd)	5.1	Pd_2Si	5.1
鉭(Ta)	4.2	$TaSi_2$	4.2
鈦(Ti)	4.3	$TiSi_2$	4
鎢(W)	4.6	WSi_2	4.7
鋯(Zr)	4.0	$ZrSi_2$	3.9

資料來源：F. Mohammadi, Solid State Technology, p.65, Jan. 1981.

7.3　替代的金屬材料

VLSI 或 ULSI 爲了滿足製程的需求，多晶矽(polysi)，耐火金屬的矽化物(refractory metal silicide)，或多晶矽矽化物(polycide)，常被用來做爲導電性連接之用。

1.多晶矽(polycrystalline silicon)

多晶矽是一種矽材料，由多種體積較小，且堆積方向面（或稱旋轉方向，orientation）不同的矽晶粒(grain)所組成的。多晶矽的特點是熔點較高，在其中高摻雜磷、砷、或硼，使其俱導電性，用以製作 MOSFET 的閘極。可以自行對齊(self alignment)，製作源極、汲極。而不必擔心微影照像時光罩對不準。因此可以使元件尺寸縮小，提高積集度。單晶、多晶和非晶的示意比較，如圖 7.2 所示。

多晶矽閘推出後，立刻取代了金屬鋁閘，使積體電路積集度大幅提高。

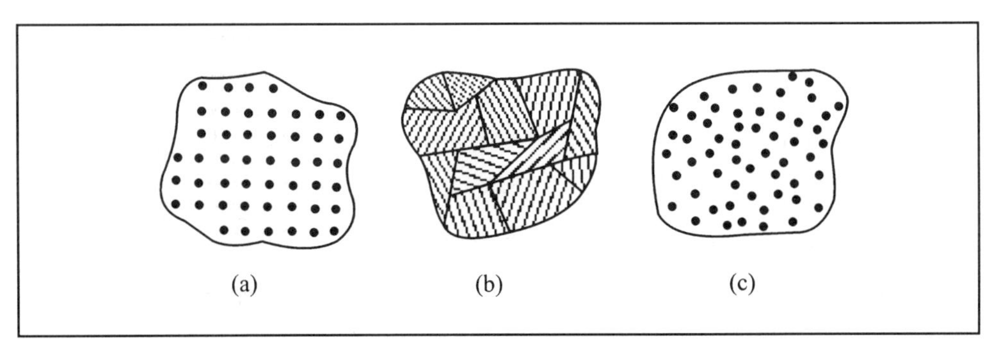

圖 7.2　(a)單晶，(b)多晶，(c)非晶的比較示意圖

矽(silicon)是 IC 製造的主要原料之一。通常其結構都是單晶（單一方向的晶體）。而多晶矽也是 silicon，只是其結構是複晶結構。即其結晶的結構是多方向的，而非單一方向。

多晶矽(poly silicon)通常用低壓化學氣相沉積的方法(LPCVD)沉積而得。其主要用途在作 MOS 的閘極及單元的連接，如圖 7.3 所示。但在複晶矽中必須加入高濃度的參質(dopant)，降低其電阻率，才可做爲 MOSFET 的閘極用。

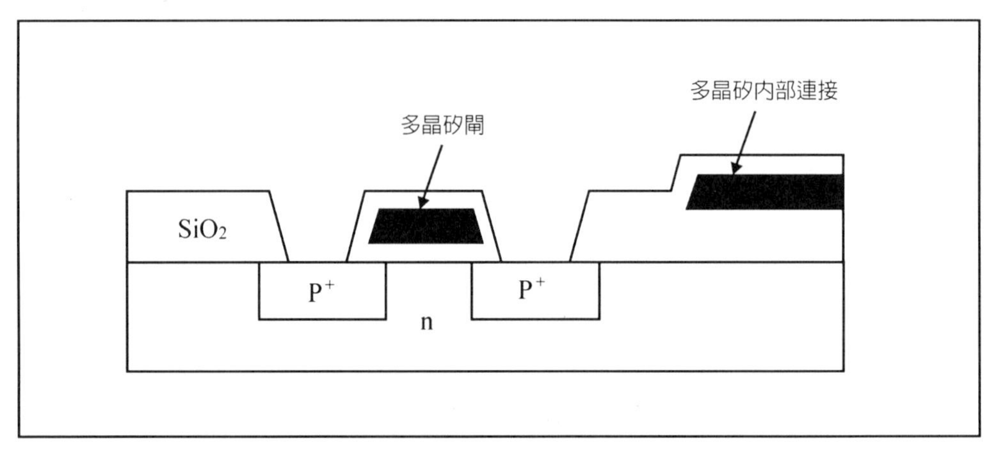

圖 7.3　一個 MOSFET 中的多晶矽閘

2.矽化物(silicide)

一般稱爲矽化物(silicide)，是指耐火金屬(refractory metal)的矽化物，如鈦(Ti)、鎢(W)、鉬(Mo)、鉭(Ta)、鉑(Pt)等，與元素矽(Si)結合而成的化合物($TiSi_2$、WSi_2、$MoSi_2$、$TaSi_2$、$PtSi_2$)。

矽化物應用在元件的目的，主要爲降低金屬與矽界面、閘極或電晶體串聯的阻抗，以增加元件的性能。以鈦的矽化物爲例，其製造流程如圖 7.4 所示。此元件有一淺摻雜的汲極場效電晶體(lightly doped drain FET, LDDFET)。

silicide 通常指金屬矽化物，爲金屬與矽的化合物，在微電子工業矽晶積體電路中，矽化物主要用途爲：導體歐姆接觸(ohmic contact)，單向能阻蕭特基障接觸(Schottky barrier contact)，低阻閘極(gate electrode)，元件間通路(interconnect)。

在超大型積體電路(VLSI)時代中，接面深度及界面接觸面積分別降至次微米及 1～2 平方毫米。以往廣泛應用為金屬接觸的鋁(A1)，由於嚴重的穿入半導體，造成短路的問題，在 VLSI 中不再適用；再加上其他技術及應用上的需求，金屬矽化物在積體電路工業上日益受重視。

用於積體電路中的金屬矽化物，限於貴重金屬(Pt，Pd，Co，Ni，……)及高溫金屬(Ti，W，Mo，Ta)的矽化物。可以形成矽化物的金屬，如表 7.5 所列。室溫時矽化物的電阻係數，如表 7.6 所列。

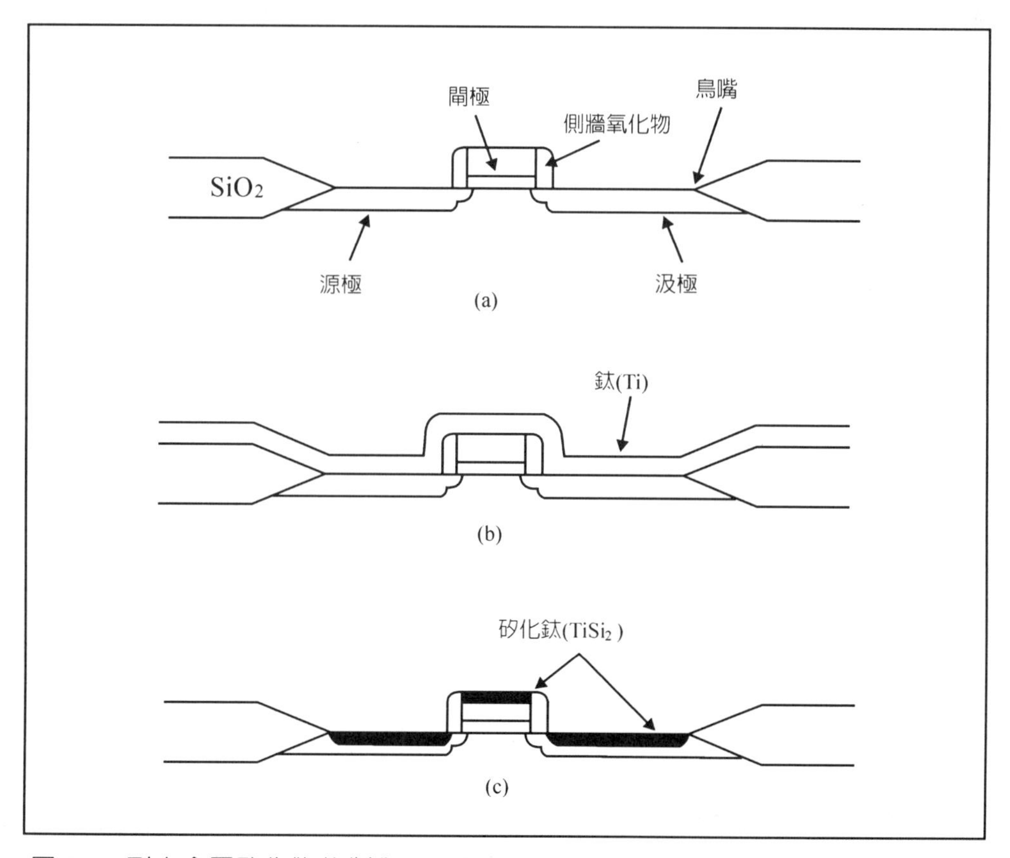

圖 7.4　耐火金屬矽化物的製作，(a)長側牆氧化物，(b)鍍鈦，(c)長出矽化鈦，去除多餘的矽化物

表 7.5　可以形成矽化物的金屬

族		IA	IB	IIA	IIB	IIIA	IIIB	IVB	VB	VIB	VIIB	VIII		
週期	2		鋰 (Li)			—								
	3		鈉 (Na)	鎂 (Mg)										
	4	銅 (Cu)	鉀 (K)		鈣 (Ca)		鈧 (Sc)	鈦 (Ti)	釩 (V)	鉻 (Cr)	錳 (Mn)	鐵 (Fe)	鈷 (Co)	鎳 (Ni)
	5		銣 (Rb)		鍶 (Sr)		釔 (Y)	鋯 (Zr)	鈮 (Nb)	鉬 (Mo)		釕 (Ru)	銠 (Rh)	鈀 (Pd)
	6		銫 (Cs)		鋇 (Ba)		稀土	鉿 (Hf)	鉭 (Ta)	鎢 (W)	錸 (Re)	鋨 (Os)	銥 (Ir)	鉑 (Pt)
	7							釷 (Th)		鈾 (U)		錼 (Np)	鈽 (Pu)	

資料來源：H. Klug and R. Brasted, Elements of Compounds of Group IVA 等。

表 7.6　室溫時矽化物的電阻係數

材　　料	同時濺鍍(μ Ω-cm)	金屬－多晶矽反應(μ Ω-cm)
矽化鈷　($CoSi_2$)	25	17-20
矽化鉿　($HfSi_2$)		45-50
矽化鉬　($MoSi_2$)	100	
矽化鈮　($NbSi_2$)	70	
矽化鎳　($NiSi_2$)	50-60	50
矽化鈀　(Pd_2Si)		30-35
矽化鉑　($PtSi_2$)		28-35
矽化鉭　($TaSi_2$)	50-55	35-45
矽化鈦　($TiSi_2$)	25	13-16
矽化鎢　(WSi_2)	40-70	
矽化鋯　($ZrSi_2$)		35-40

資料來源：S. P. Murarka, J. Vac. Sci., Technol, 17. P.775, 1980.

3.多晶矽化物(polycide)

多晶矽化物(polycide)是 polysilicon silicide 二字的縮寫。意義爲多晶矽的耐火金屬矽化物。爲了要降低 ULSI 閘極(gate)的電阻，在有摻質的多晶矽閘上，加一層耐火金屬的矽化物(refractory metal silicide)，如矽化鎢(WSi_x)，即形成多晶矽化物，成長過程如圖 7.5 所示。

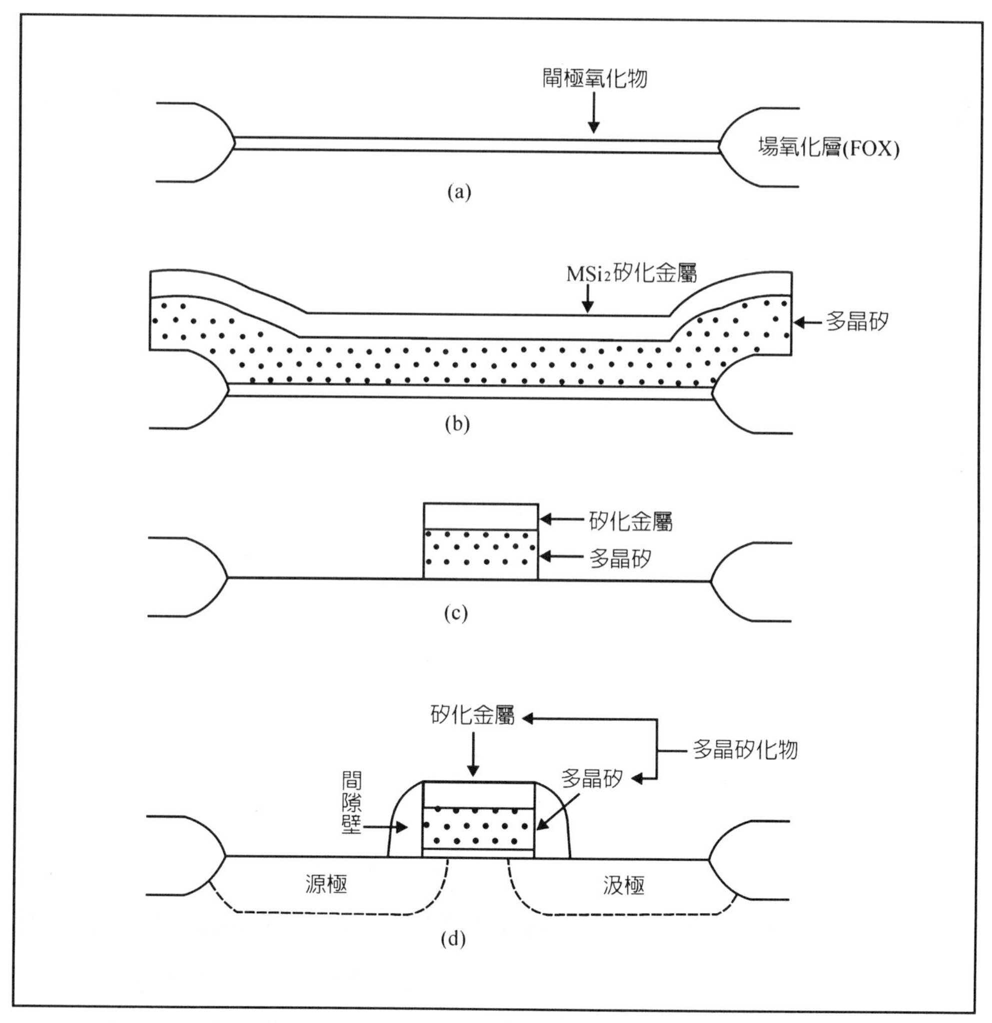

圖 7.5　多晶矽矽化物(polycide)的成長過程

7.4 濺鍍和蒸鍍

幾種成長金屬的製程分別介紹如下：

1.濺鍍(sputtering)

濺鍍乃是帶能量的離子撞擊物體，致使表面的原子飛散出來，附著於基板上，形成薄膜的現象。當所加電流爲直流時，稱爲直流濺射(D. C. sputtering)；所加電流爲射頻時，稱爲射頻濺射(radio frequency sputtering)。

基於經濟及效率觀點，氬氣(Ar)爲最常採用的氣體。當氬氣被快速電子碰撞時產生氬離子，此時電子數目增加，並且同時受電場再加速，以便再次進行游離反應，如此來去如同雪崩(avalanche)一樣，產生輝光放電(glow discharge)，氬氣離子受陰極（靶材）吸引，加速碰撞靶材，將表面原子打出，而吸附在基板上。

由於濺鍍有薄膜厚度容易控制，組成均勻，表面相當平滑等優點，因此被電子工業廣泛地使用。

但是，濺鍍對凹洞的梯階覆蓋不好，此時就要用化學氣相沉積(CVD)。所以才有鎢插塞(w-plug)，以做兩金屬層間的橋接或貫穿孔(via)。

濺鍍機內主要的是氣室(chamber)和眞空系統。欲鍍金屬放在陰極，當做靶材(target)。待鍍矽晶圓放在陽極。製作時，將氬(Ar)導入氣室，在陽極和陰極間加高電壓，使氣體游離，產生電漿(plasma)，游離的 Ar^+ 以高能量射到陰極上，使陰極表面的金屬原子被撞出來，而飛向放置對面的矽晶圓，而鍍於其上。

電源供應器有直流或射頻(RF, 13.56 MHz)兩種。

電極有二極或三極兩種，三極式的增加一個陽極或陰極，使基座和靶電壓對電漿改變的靈敏度降低，厚度均勻。也可使用磁電式(magnetron)，同時加磁場和電場，以使電子行動的路徑加長，增加碰撞機會，產生更多氬離子。以增加生產速率(throughput)。

氬原子夠重，而且是惰性，不會和靶材或矽晶圓起化學反應，是最佳的氣體（離子）源材料，磁電濺鍍的結構，如圖 7.6 所示。

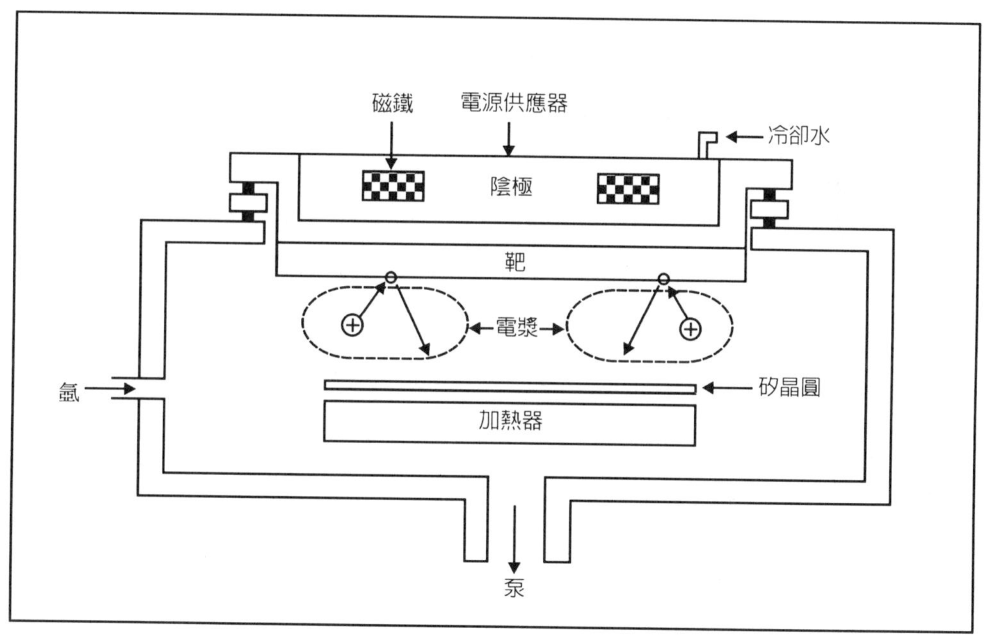

圖 7.6　磁電濺鍍(magnetron)設備的概略圖

濺擊時一個氬離子能擊出幾個靶材金屬的原子，稱爲濺擊產出率(sputtering yield)。常用金屬的濺擊產出率，如表 7.7 所列。

表 7.7　濺擊產出率(以氬 500-eV)

靶材金屬	產出率	靶材金屬	產出率
鋁　(Al)	1.05	鎳　(Ni)	1.33
鉻　(Cr)	1.18	鉑　(Pt)	1.4
金　(Au)	2.4	鈦　(Ti)	0.51

資料來源：Vossen and Kern, Thin Film Processes, Academic Press.

2.蒸鍍(evaporation)

在蒸鍍機內主要由蒸鍍室(evaporation chamber)和眞空系統(vacuum system)所組成。在蒸鍍室內，固態的沉積材料，稱爲蒸鍍源(source)，被放置在一個由耐高溫材料(refractory material，如鎢 tungsten, W)所製的坩堝(crucible)內，或放在絲狀架(filament holder)上，如圖 7.7 所示。通以直流電源。因電阻效應生熱，使蒸鍍源被加熱到融點（熔點，melting point），將蒸鍍源的金屬材料蒸發出來。

坩堝或絲狀架也可用鉬(molybdenum, Mo)或鉭(tantalum, Ta)製成。蒸鍍源大多限於融點較低的材料，如鋁等。此法的缺點是坩堝或絲架會污染蒸鍍製程。蒸鍍機的結構，如圖 7.8 所示。

高溫材料蒸鍍，通常以電子束蒸鍍(electron beam evaporation)。以燈絲加熱，射出電子束，打擊蒸鍍源而加熱。加熱範圍只在蒸鍍源表面極小的區域內，使用的能量低，不會造成污染。

坩堝蒸鍍或電子束蒸鍍，共同的缺點是對化合物或合金的沉積成份控制不理想。階梯覆蓋(step coverage)能力差。

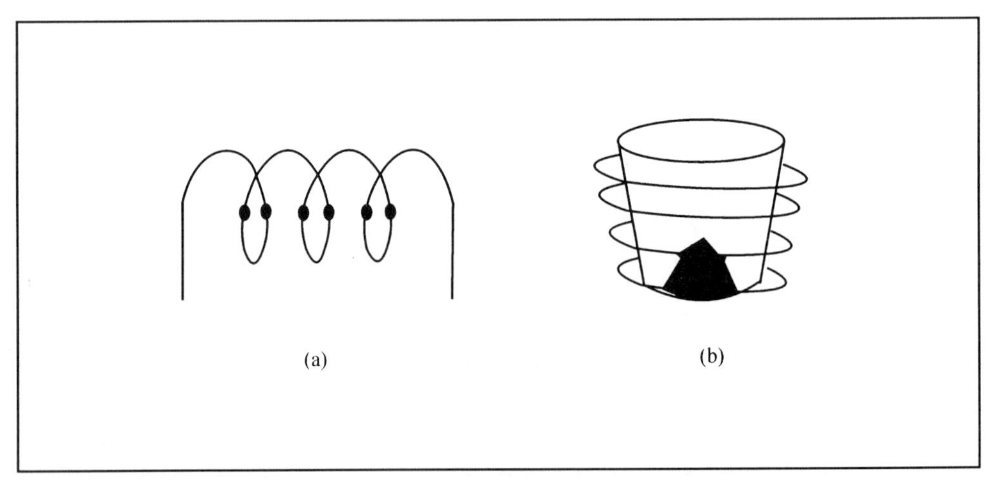

圖 7.7　蒸鍍用的(a)鎢絲加熱器，(b)坩堝外繞加熱器

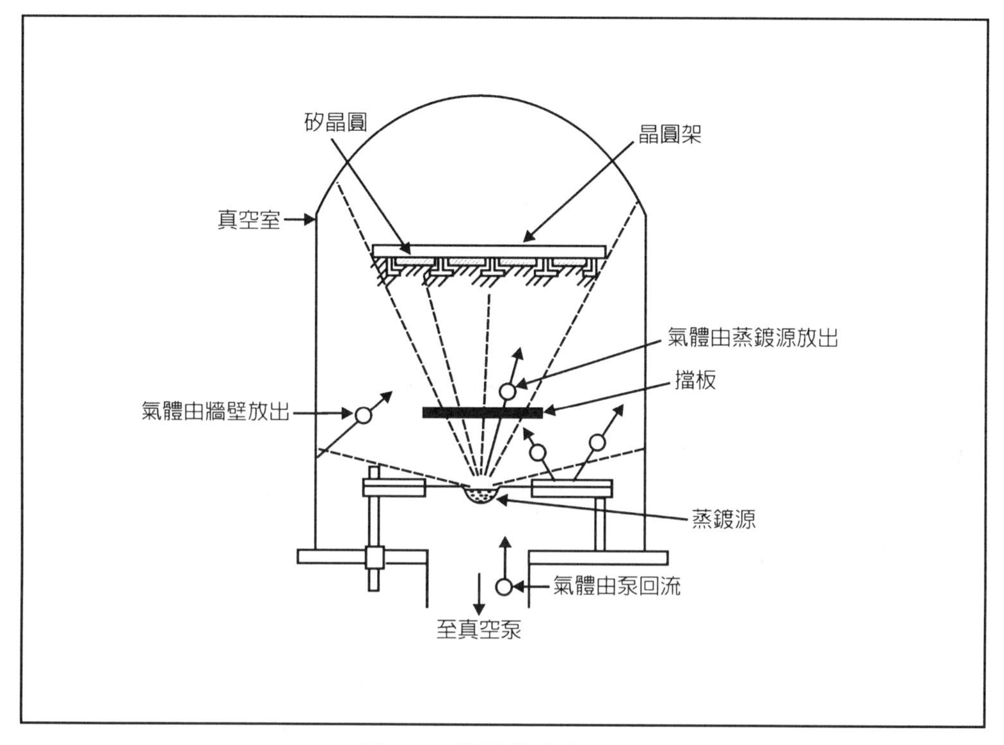

圖 7.8　蒸鍍機的概略圖

3.電子束蒸鍍(electron beam evaporation)

利用電子槍(electron gun)放射出來的電子束，經過 270° 轉彎，打到放在坩堝(crucible)內的源材料，將其擊出而鍍在矽晶圓的表面，如圖 7.9 所示。電子束槍有射頻(RF)和直流(DC)二種。射頻槍配有自動調節匹配網路和射頻電源，直流槍有直流電源。

電子束蒸鍍的優點是坩堝中的蒸鍍源只有被電子束擊中的部份才會融化，因此源材料不會接觸坩堝，不會被污染。

一個電子束蒸鍍用的電子槍、爐床、坩堝和源材料的蒸鍍系統圖，如圖 7.10 所示。電子槍躲在後面，以磁場使電子束轉 270° 的彎，原因是電子槍怕被蒸鍍金屬擊中，附著而短路。

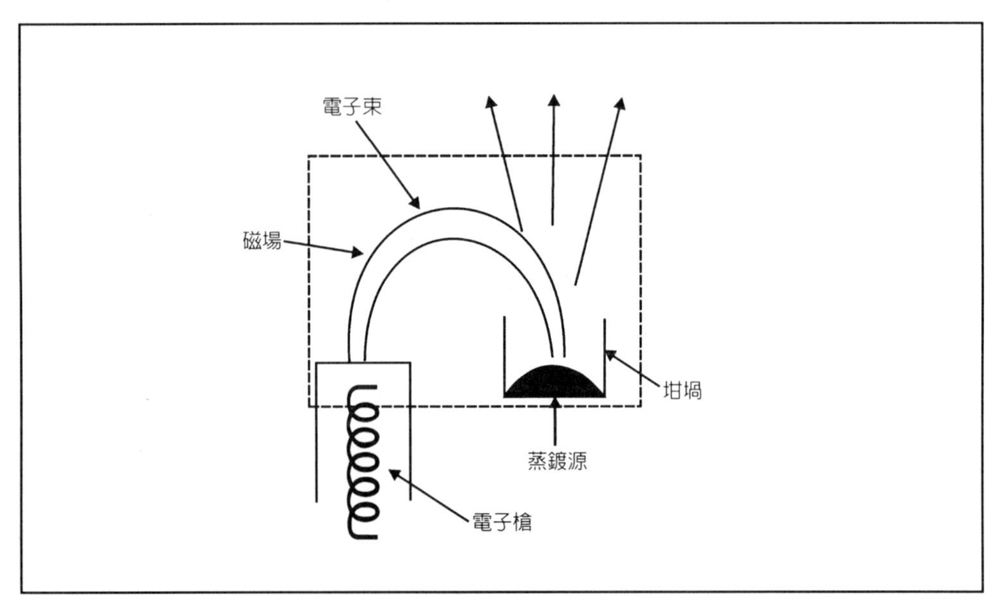

圖 7.9　電子束蒸鍍的示意圖

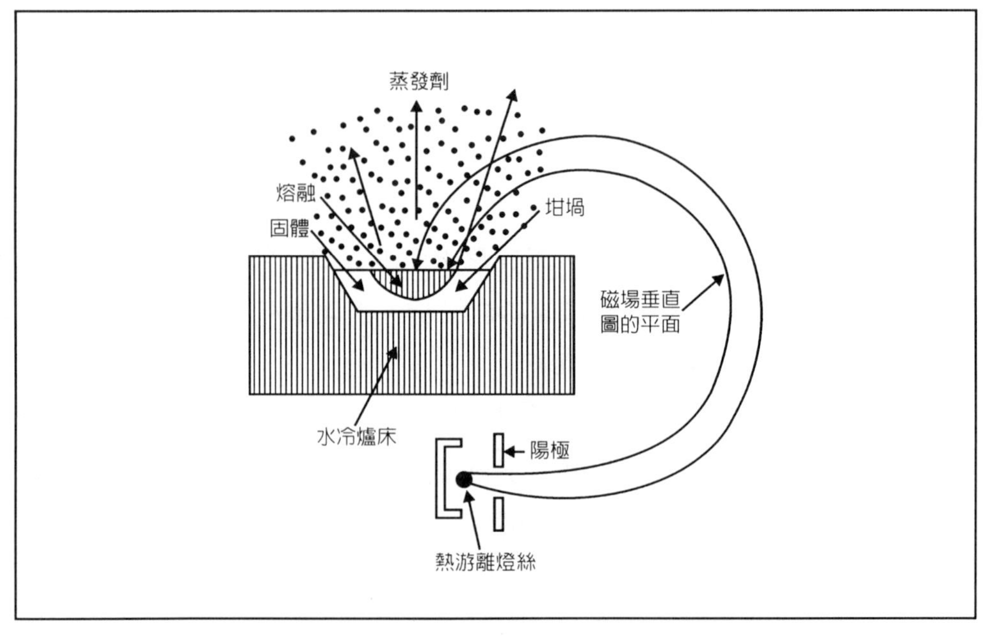

圖 7.10　電子束槍和源材料系統

蒸鍍用熱源除了電阻、無線電頻源、電子束以外，雷射(laser)也可以用做熱源，只是價格太貴。各種熱源材料的比較，如表 7.8 所列。

表 7.8　蒸鍍用熱源的比較

熱　源	優　點	缺　點
電阻	無輻射	污染
電子束	低污染	輻射
無線電頻	無輻射	污染
雷射	無輻射、低污染	貴

以下我們將蒸鍍和濺鍍做一個比較，如表 7.9 所列，各種金屬的製程能力也做一個比較，如表 7.10 所列。

表 7.9　蒸鍍濺鍍技術的比較

	蒸　鍍	濺　鍍
速率	約0.5 μm/min（每秒數千層原子）	每秒一層厚子
材料的選擇	有限	幾乎不受限制
純度	較佳，無氣體在內，很高的眞空	可能摻入雜質（低到中眞空）
基板加熱	很低	除非是用磁電管，基板受熱大
表面傷害	很低，以電子束、x光，可能造成傷害	離子撞擊的傷害
在原位置洗淨	不可以	很容易以濺擊蝕刻洗淨
合金成份	少或無控制	可以嚴密控制
x-光傷害	只有電子束蒸鍍才會有	可能有輻射和微粒子
改變源材料	容易	貴
均勻度	困難	大面積容易
投資	低	高
厚度控制	不易	可以做一些
附著力	通常差	非常好
膜的品質	不易控制	可以用偏壓、壓力，基板加熱來控制

參考資料：Madou Fundamental of Microfabrication, ch.3 .

表 7.10　各種金屬製程的能力

金屬或合金	沉積方法	定圖案	會不會氧化		膜的安定度	
			在Si上	在SiO_2上	在SiO_2上	以Al作頂層金屬(℃)
鋁(Al)	E,S	DE	是	是	好	－
鉬(Mo)	E,S,CVD	DE	否	否	差	500
鎢(W)	E,S,CVD	DE	否	否	差	500
矽化鉬 ($MoSi_2$)	CD (E,S,CVD)	DE	是	否	可	500
矽化鉭 ($TaSi_2$)	CD(E,S,CVD)	DE	是	否	可	500
矽化鈦 ($TiSi_2$)	CD(E,S,CVD),R	DE,SA	是*	否	可	500
矽化鎢 (WSi_2)	CD(E,S,CVD)	DE	是*	否	可	500
矽化鈷 ($CoSi_2$)	(E或S)+R	SA	是	否	可	400
矽化鉑 (PtSi)	（E或S）＋R	SA	是	否	可	250
氮化鈦 (TiN)	S, R.S.	DE	否	否	好	450

E=evaporation 蒸鍍，S=sputtering 濺鍍，CVD=chemical vapor deposition 化學氣相沉積，CD=codeposition 同時沉積，R=和 Si 反應，R. S.=reactive sputtering 反應性濺鍍，DE=dry etching 乾蝕刻，SA=self aligned 自行對齊，*矽化物氧化形成固體氧化物，可阻止繼續氧化。
參考資料：Sze, VLSI Technology, 1st Ed. ch.9.

7.5　濺鍍用材料

1.氬(argon)

氬是惰性氣體元素之一。原子序 18，原子量 39.948。單原子。無色無臭，凝固點-189.2℃，沸點-185.88℃。

氬用於濺鍍(sputtering)金屬。將氬(Ar)導入眞空氣室，使其游離爲Ar^+，以Ar^+撞擊金屬靶(target)，使其鍍於矽晶圓上。因爲它是惰性，不和靶材或矽晶圓起化學變化，所以濺鍍製程爲純物理的製程，又稱物理氣相沉積(physical vapor deposition, PVD)。

氬也可以用於濺鍍蝕刻，將未被罩幕遮住的部份除去，也是純物理作用。（參考第六章之乾蝕刻 dry etching）

2.靶(target)

靶一般用在金屬濺鍍(sputtering)，也就是以某種材料，製造成各種形狀，用此靶當做金屬薄膜濺鍍的來源。氬離子撞擊靶，而將其原子擊出而沉積（鍍）在矽晶圓表面。

最常用的靶材爲鋁(aluminum)，濺鍍(sputtering)時，使用鋁做爲金屬材料，利用氬(Ar)離子，讓其撞擊鋁做成的靶表面，把鋁(Al)原子撞擊出來，而鍍在晶圓表面，做爲元件內部之間，及元件與外界導線的連接。

至於蒸鍍(evaporation)時，則使用鋁線爲材料。電子束蒸鍍(e-beam evaporation)則利用坩堝(crucible)內放熔融後凝固的鋁爲材料。

通常將蒸鍍(evaporation)或濺鍍(supttering)鋁的矽基座加熱至 300～450℃，最好在氮氣的環境中，進行合金(alloy)或燒結(sinter)，目的在使鋁與矽基座(silicon substrate)的接觸有歐姆(ohmic)特性，即電壓與電流成線性關係，也可降低接觸的電阻值。

鋁和矽在 400℃以上會相互擴散，矽藉擴散進入鋁路，鋁也會回填矽因擴散而留下來的空隙，而在鋁與矽底材相接的部份，行成接面尖鋒(junction spike)，如果尖鋒太長，且超過源極或汲極的接面深度(junction depth)就造成短路了，如圖 7.11 所示。

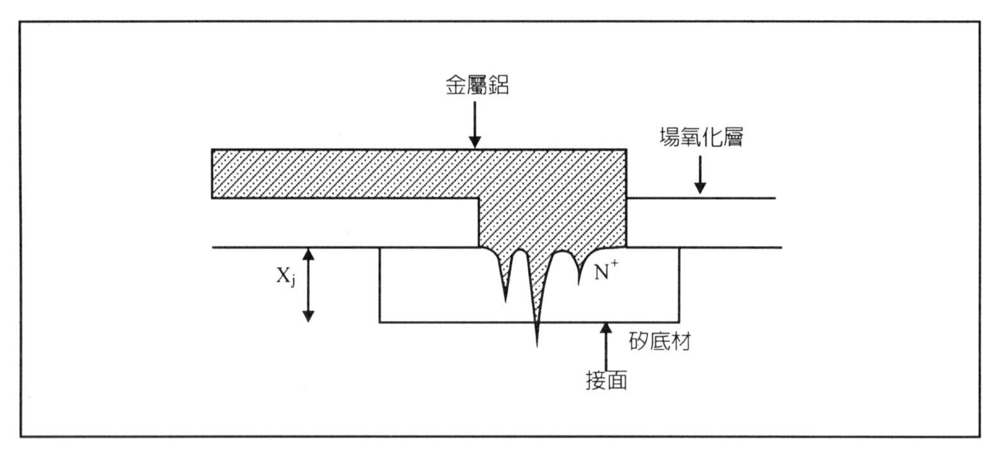

圖 7.11　接面尖峰

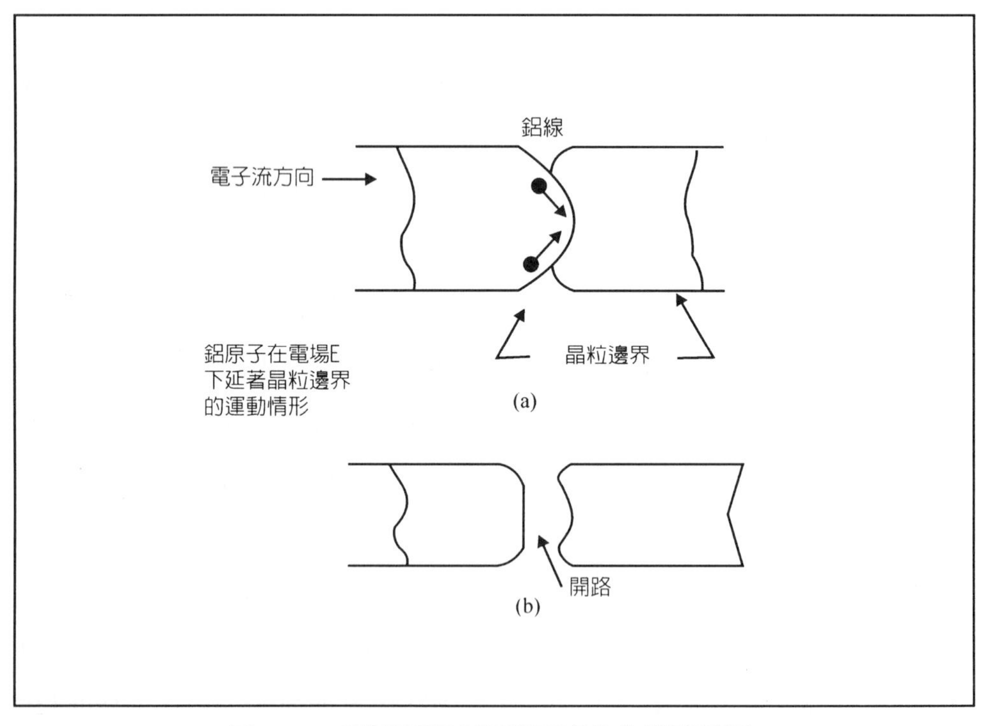

圖 7.12　鋁線因電致遷移而產生的斷路情形

另一方面，金屬鋁的階梯覆蓋(step coverage)不良，或接觸(contact)不良，使得界面的角落有空缺。通電流之後，電流可能在轉角處擁擠，終久造成鋁的損傷，而成爲開路。這也就是所謂的電致遷移(electromigration)，如圖 7.12 所示。就是在電流作用下金屬成份移動而流失，最終造成開路。此係電子的動量傳給帶正電的金屬離子所造成的。當元件尺寸縮小時，相對地電流密度則愈來愈大；當此大電流經過積體電路中的薄金屬層時，而某些地方則有金屬空缺(void)情形。而金屬空缺則會引起斷路。

材料搬動主要原動力爲晶界擴散(grain boundary diffusion)。有些方法可增加鋁膜導體對電致遷移之抗力，例如在鋁中加入 0.5%的銅。

改進電致遷移的方法之一，是加一層擴散阻障層(diffusion barrier)，氮化鈦(TiN)，在二層金屬之間，以降低電流擁擠現象。(阻障層稍後會說明)

另一種說法是，以濺鍍法所成長的鋁，經過適當的回火(anneal)之後，通常是以多晶形式存在。當鋁線通以電流時，因電場的影響，鋁原子將沿晶粒界面而移動。如果移動太劇烈就會造成斷路。可以在鋁中加 0.5～4%的銅(Cu)，來防制它的發生。

(1)鋁／矽　靶(Al/Si target)

是爲金屬濺鍍(sputtering)時所使用的一種合金材料，利用氬(Ar)游離的離子，讓其撞擊此靶的表面，把 Al/Si 的原子撞擊出來，而鍍在晶圓表面上。一般使用的組成爲 Al/Si (1%)，將此當做元件與外界導線連接。矽的作用是防止純鋁造成接面突出物(junction spike)，而使鋁線短路。

(2)鋁／矽／銅　靶(Al/Si/Cu target)

金屬濺鍍(sputtering)時所使用的原料之一爲鋁／矽／銅靶(target)，其成份爲 0.5%銅，1%矽及 98.5%鋁。一般製程通常是使用 99%鋁 1%矽，後來爲了避免金屬電荷在通電流一段時間後發生遷移的現象(electromigration)，故摻入 0.5%銅，降低金屬電荷遷移，以免鋁線斷路。

幾種鋁和鋁和金薄膜的特性，如表 7.11 所列。

表 7.11　鋁和鋁合金薄膜的特性

物　質	熔點 (℃)	Al/Si共晶溫度 (℃)	密度 (g/cm^3)	電阻係數 ($\mu\Omega$-cm)
鋁(Al)	660	577	2.70	27
鋁／4% 銅	650	~577	2.95	3.0
鋁／2% 矽	640	~577	2.69	2.9
鋁／4% 銅／2% 矽		~577	2.93	3.2

共晶溫度(eutectic temperature)是合金材料中某一成份此例，其熔點最低的溫度。而此成份的合金即爲共晶(eutectic)。常用的共晶還有錫鉛(Sn/Pb) 6337，或金矽(Au/Si 9802)等種。

7.6　製程控制和性能提升

爲了使金屬和半導體之間有良好的接觸，要做歐姆接觸(ohmic contact)。而提升金屬、半導體接觸性能，則可以用低壓燒結(sinter)。

1.歐姆接觸

歐姆接觸(ohmic contact)是指金屬與半導體之接觸，而其接觸面的電阻值遠小於半導體本身的電阻，使得元件操作時，大部分的電壓降在於主動區(active region)，而不在接觸面。

欲形成好的歐姆接觸，有二個先決條件：

1.金屬與半導體間有低的界面能障(barrier height)

2.半導體有高濃度的摻質摻入($N_D \geqq 10^{18} cm^{-3}$)

前者可使界面電流中熱激發(thermoionic emission)增加；後者則使界面

空乏區變窄，電子有更多的機會直接穿透(tunneling)，而同時使接觸電阻(contact resistance, Rc)阻值降低。

若半導體不是矽晶，而是其它能量間隙(energy gap)較大的半導體（如砷化鎵，GaAs），則較難形成歐姆接觸，原因是沒適當的金屬材料可用。必須於半導體表面摻雜高濃度雜質，形成金屬接面，如 Metal-n^+-n or Metal-p^+-p 等結構。

障高(barrier height)是決定金屬－半導體之間是否為歐姆接觸的主要因素。一般而言，障高愈低，歐姆性愈好。幾種 n 型矽和矽化物(silicide)之間的障高值，如表 7.12 所列。

表 7.12　n-Si 矽化物障高

材　　料	障　　高(eV)
矽化鈷　(CoSi)	0.68
矽化鈷　($CoSi_2$)	0.65
矽化鉻　($CrSi_2$)	0.57
矽化鉿　($HfSi_2$)	0.55
矽化銥　($IrSi_2$)	0.93
矽化鉬　($MoSi_2$)	0.55
矽化鈮　($NbSi_2$)	0.62
矽化鎳　($NiSi_2$)	0.7
矽化鎳　(NiSi)	0.66-0.75
矽化鎳　(Ni_2Si)	0.7-0.75
矽化鈀　(Pd_2Si)	0.75
矽化鉑　(PtSi)	0.84
矽化鉭　($TaSi_2$)	0.6
矽化鈦　($TiSi_2$)	0.6
矽化釩　(VSi_2)	0.55
矽化鎢　(WSi_2)	0.65
矽化鋯　($ZrSi_2$)	0.55

資料來源：M. Nicolet and S. Lau, Formation and Characterization Transition-Metal Silicide.

金屬和矽要有歐姆接觸(ohmic contact)，也就是展佈電阻(spreading resistance)小，接觸電阻(contact resistance)小，蕭特基障高度(Schottky barrier height)低。降低接觸電阻的方法之一是燒結(sinter)，使金屬前端透入矽晶格的本體。

和歐姆接觸相反的蕭特基障(Schottky barrier)，蕭特基障一般是用來製造二極體(diode)。此時則要有較大的障高，以增加其逆向崩潰電壓(breakdown voltage)。幾種金屬和半導體的蕭特基障的高度值，如表 7.13 所列。蕭特基障和電阻值的關係，如表 7.14 所列。

表 7.13　金屬和半導體的蕭特基障高度

金　屬	障　　高(eV)			
	n-Si	p-Si	n-GaAs	p-GaAs
銀 (Ag)			0.93	0.44
鋁 (Al)	0.72	0.58	0.8	0.63
金 (Au)	0.8	0.35	0.95	0.48
鉻 (Cr)	0.6	0.50		
鉬 (Mo)	0.68	0.42		
鎳 (Ni)	0.61	0.51		
鉑 (Pt)	0.90		0.94	0.48
鈦 (Ti)	0.50	0.61		
鎢 (W)	0.67	0.45	0.77	

資料來源：Runyan and Bean. ch. 10.

特有的接觸電阻(specific contact resistance)在 0 伏特的值爲

$$R_c = \left.\frac{dV}{dJ}\right|_{v=0} = \left(\frac{k}{qA^{**}T}\right) e^{q\varphi_b/kT} \qquad \Omega - cm^2$$

ψ_b是障高，k 是波次曼常數(Boltzmann constant)，A**是李查生常數(Richardson constant)，$\frac{kT}{q} = V_t$ 即熱電壓(thermal voltage)。

表 7.14　n-Si 蕭特基二極體障高和特有的接觸電阻的關係

障　高(eV)	接觸電阻(Ω-cm^2)
0.85	4.7×10^5
0.70	1.4×10^3
0.55	4.3
0.40	1.3×10^{-2}
0.25	4×10^{-5}

資料來源：L. Lepselter and J. Andrews, Ohmic Contact to Silion.

2.低壓燒結

低壓燒結(low pressure sinter, LP sinter)，指在低於大氣壓力下（一般爲 50 巴斯噶 Pascal，帕(Pa)，或更低），加熱元件。目的在使金屬膜內的原子，藉由熱運動重新排列，以減少原有的晶格缺陷(lattice defect)，形成較佳的金屬結晶顆粒，增進膜的品質。

由於在低壓下熱傳導的途徑主要爲輻射(radiation)，而非對流(convection)或傳導(conduction)。因此控溫的方式需選用加熱線圈，以監控突波溫度(spike temperature)。而不是控制實際晶圓或管內的溫度側繪分佈(profile)，以避免過熱(over heating)的現象。

7.7　幾種金屬物質的特殊應用

金屬用於積體電路，還可以做爲內連線(interconnect)、連接窗(via contact)、插塞(plug)、阻障層(barrier)等，另一種新的鑲嵌製程(damascene)，也一併在此介紹。

1.內連線(interconnect)：

用於積體電路內連線(interconnect wire)，也就是在內部連接各個主動區(active area)，如 MOSFET 的源極、汲極、閘極或二極體、電阻、電容的端子、電源信號、接地線、銲墊等。這些做為內連線的材料，一些重要的特性，如表 7.15 所列。積體電路使用不同材料做引線電阻，如表 7.16 所列。積體電路內連線的金屬材料隨尺寸縮小之演進，如圖 7.13 所示。

表 7.15　內連線重要的材料特性

電性	電阻係數、接觸電阻、蕭特基障高度、電致遷移的量。
物理	和SiO_2或其他絕緣體的附著力，和鄰近導電層的附著力，擴散障的功效，熱膨脹係 數，應力，表面高低起伏。
化學	抗氧化力，抗腐蝕力，和鄰近內連線材料的反應度。
純度	含多少鈉離子，含多少輻射雜質。

資料來源：Runyan and Bean ch. 10.

表 7.16　積體電路引線電阻

材　　料	電　阻　(Ω)	電壓降(@電流1mA)(mV)
鋁　(Al)	10	10
鉬　(Mo)	30	30
鈦　(Ti)	150	150
矽化鉬　($MoSi_2$)	300	300
多晶矽	3000	3000
擴散的矽	3000	3000

以上測量材料是 3μm 寬，1μm 厚，1mm 長。

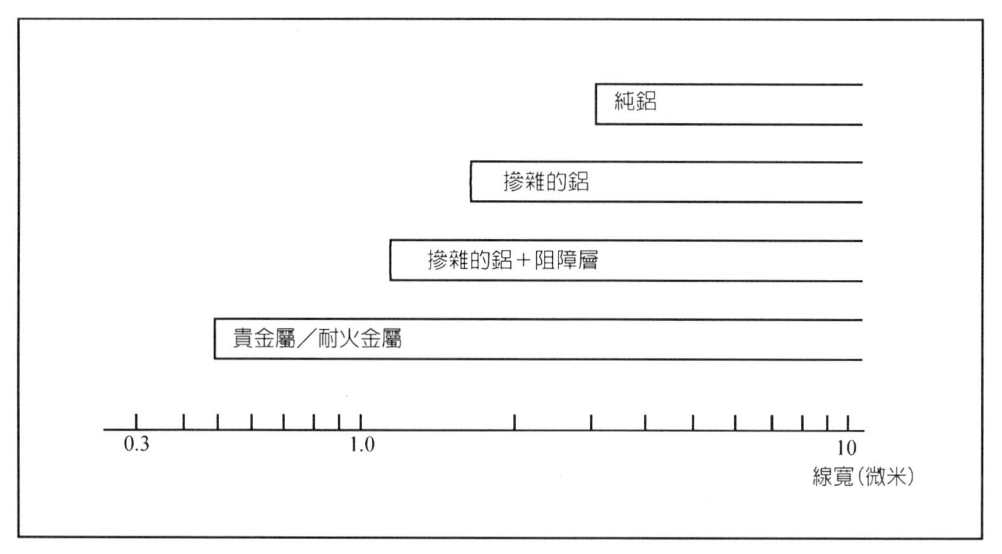

圖 7.13　矽積體電路內連線使用的金屬材料組合

2.連接窗(contact window)

係指兩層相同材質之間，如 poly (一)與 poly (二)之間，metal (一)與 metal (二)，欲直接相聯時，在介電質絕緣層所開的連接窗。讓上層（如 poly (二)，metal (二)能透過連接窗(via contact)與下層相通。連接窗一般係為節省晶粒面積(chip size)而設計，但因多了一層關係，製程上會較複雜，二層或多層金屬(double metal)或二層多晶(double poly)製程即爲一例。

連接窗(contact window)通到上層的孔，也可稱爲貫穿孔(via)。接觸／內連線金屬的特性，如表 7.17 所列。

薄膜的電阻係數一般都比本體材料大，因爲它在沉積製程產生較多的結晶缺陷。

表 7.17　接觸／內連線金屬的特性

材　料	電阻係數 ($10^{-6}\Omega$-cm)		熔點 (℃)	和SiO_2的附著力*
	本體	薄膜		
鋁　(Al)	2.6	2.7-3	660	3
銅　(Cu)	1.7		1083	2
金　(Au)	2.4	3.4-5	1063	1
鉬　(Mo)	5.8		2625	3
鈀　(Pd)	11		1555	1
鉑　(Pt)	10.5		1755	1
多晶矽　(poly-Si)		1000	1420	3
擴散的矽		1000	1420	－
銀　(Ag)	1.6		960	－
鉭　(Ta)	15.5		2850	－
鈦　(Ti)	47.8		1800	3
鈦鎢金合(TiW)				3
鎢　(W)	5.5	11-16	3370	2

*和 SiO_2 的附著力，1 表示差，2 是普通，3 是好。

3.栓（插塞）

二層不同的金屬層連接，藉由一個小洞(via contact)，因為洞小，如果以濺鍍製程無法製造得到良好的梯階覆蓋(step coverage)，可能導致空洞(void)甚或斷路。因此必須以化學汽相沉積，用六氟化鎢(WF_6)製插塞，以連接之。製造時係全面沉積，再用回蝕(etch back)的方式，將多餘的部份除去。

ULSI 一般金屬製程使用鋁，可用蒸鍍(evaporation)或濺鍍

(sputtering)，但遇有梯階(step)時，這二種製程的覆蓋能力(coverage)不夠好。當 ULSI 高度積集化，成爲三度空間金屬化之後，二層金屬或二層多晶矽之間的貫穿孔(via)或源極、汲極、閘極等與外界的金屬連接，可以用化學氣相沉積法，以製作鎢插塞（或稱鎢栓）。

鎢插塞的製作過程之前，先沉積一層阻障層(barrier) TiN 或 TaN，可提高品質。再全面地毯式的(blanket)沉積鎢，爾後回蝕(etch back)去掉多餘，不在插塞內的鎢，如圖 7.14 所示。

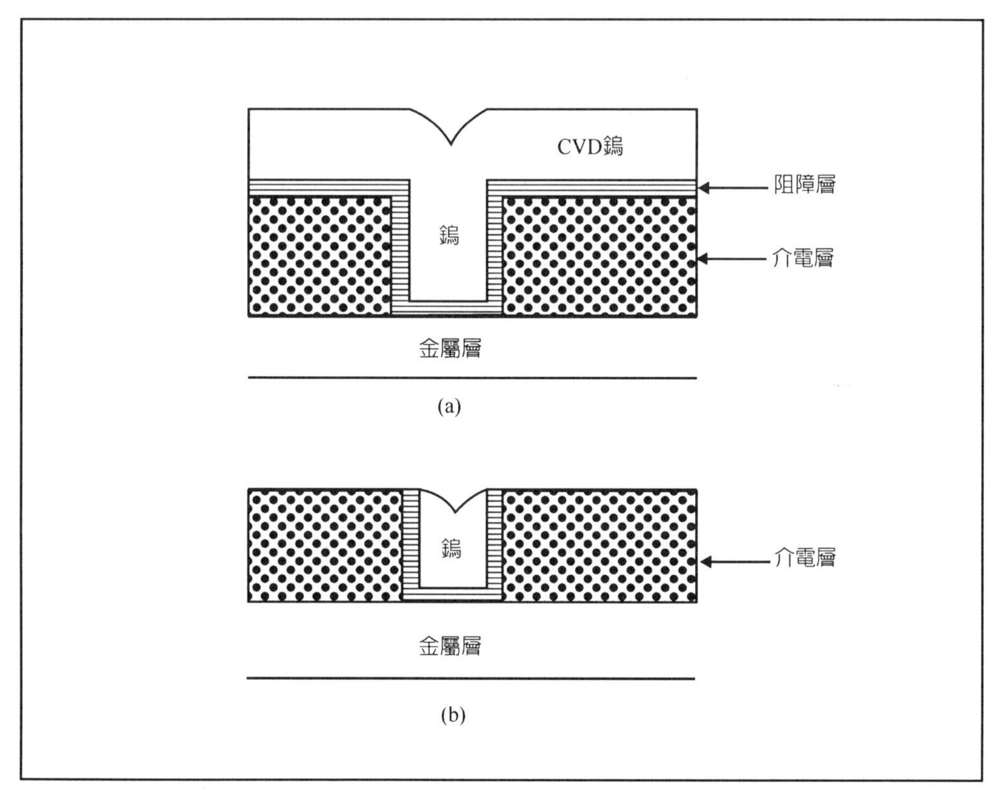

圖 7.14　鎢插塞的製作(a)毯覆式沉積鎢，(b)鎢回蝕

製造鎢插塞使用的材料是六氟化鎢(tungsten hexafluoride)，分子式是

WF_6。爲無色氣體、有毒、有刺激腐蝕性。可用於化學氣相沉積(CVD)法，以製造鎢插塞(W-Plug)。化學反應式如下：

$$2WF_6+3Si \rightarrow 2W+3SiF_4 \tag{7.1}$$

$$WF_6+3H_2 \rightarrow W+6HF \tag{7.2}$$

$$WF_6+SiH_4 \rightarrow W+SiF_4+2HF+H_2 \tag{7.3}$$

有機金屬(organic metal)也可以用 CVD 的方式，以製造金屬沉積於矽晶圓上。一個例子如三異丁基鋁(tri-isobutyl aluminum)，藉熱分解而得到鋁，反應方程式如下：

$$2Al(C_4H_9)_3 \rightarrow 2Al+3H_2+6C_4H_8 \tag{7.4}$$

鉬、鉭、鈦的氯化物製金屬的製程反應式則分別爲：

$$2MoCl_5+5H_2 \xrightarrow{800^{\circ}C} 2Mo+10HCl \tag{7.5}$$

$$2TaCl_5+5H_2 \xrightarrow{600^{\circ}C} 2Ta+10HCl \tag{7.6}$$

$$2TiCl_5+5H_2 \xrightarrow{600^{\circ}C} 2Ti+10HCl \tag{7.7}$$

4.阻障層

ULSI 製程在製做金屬鋁路和鎢插塞時，我們通常在這兩種金屬和其他材質之間，加入一層阻障層(barrier layer)的導電材料。以避免鋁矽界面的尖峰現象，並提升鎢與其他材質的附著能力。常用的阻障材料有 TiN、TaN 和 TiW 三種，特性如表 7.18 所列。

表 7.18　擴散障的應用

障　材　料	被分開的膜	原　　因
矽化鉑　(PtSi)	矽和鋁	阻止鋁接觸出現尖峰
鈦鎢合金　(TiW)	矽化鉑(PtSi)和鋁	阻止Al-PtSi作用
鉑　(Pt)	鈦和金	阻止Ti-Au作用
鎢　(W)	金－鍺－砷化鎵和金	阻止鎵擴散進入金
多晶矽	閘極氧化物和n^+－多晶矽	阻止摻質到達閘極

資料來源：Runyan and Bean, ch. 10.

5.鑲嵌製程(damascene)

鑲嵌是一種的新製程方法，製作金屬導線，製作過程如下（見圖 7.15）：

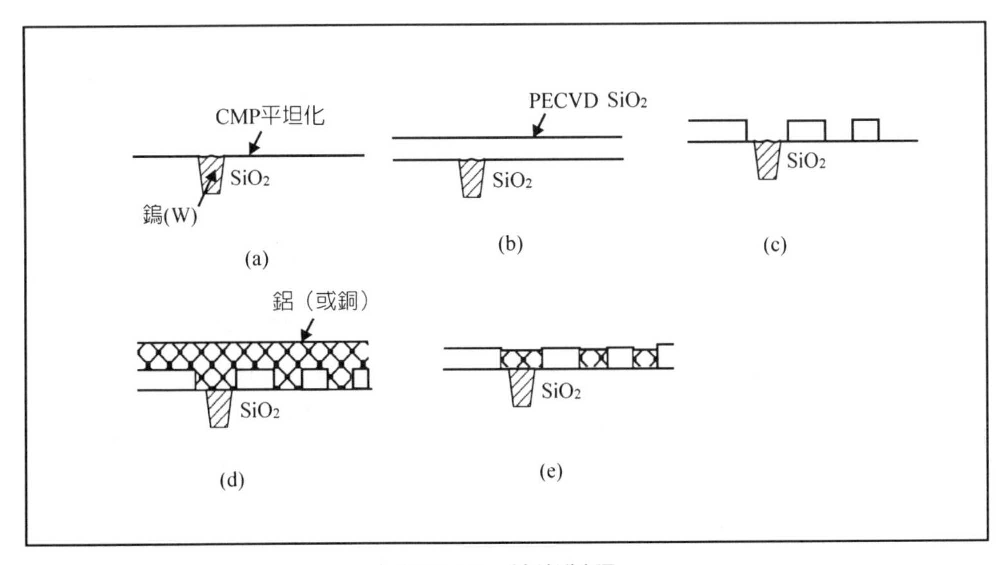

圖 7.15　鑲嵌製程

1.以化學機械研磨(CMP)使 SiO_2 平坦化，製作鎢插塞(w-plug)。

2.以電漿加強化漿氣相沉積(PECVD)，沉積中間介電層(interlayer

dielectric, ILD)SiO_2。

3.將要製金屬線的部份，以反應離子蝕刻(RIE)挖壕溝(trench)。

4.沉積金屬以塡充溝壕槽。

5.以 CMP 除去多餘的金屬。

由(4)(5)二製程，可看出不需要用蝕刻法，除去多餘的金屬。此方使銅(Cu)製程，有可能被用於 ULSI 的金屬製程。

另一種相似的雙鑲嵌(dual damascene)，金屬沉積於連接窗(via)和溝(trench)，再以 CMP 除去多餘的金屬。

damascene 另一意義爲大馬士革（敘利亞首都）。意義來源爲大馬士革的教堂，玻璃窗上的圖案多爲鑲嵌式，即先蝕刻玻璃，然後將圖案塗在玻璃上，將多餘的的塗料移除，故亦稱爲鑲嵌製程，或稱大馬士革製程。因爲鑲嵌圖比歐洲國家直接繪在玻璃上更爲美麗，十字軍東征時，即將此種技術帶回歐洲。

7.8　金屬的蝕刻材料

在半導體的所有製程中，金屬製程有一點特殊的地方，就是其他製程都是先上光阻、照像、做好罩幕(mask)，然後進行製程；如擴散、離子植入、蝕刻、CVD 等主要製程。金屬製程則是先進行金屬化(metallization)，然後才上光阻、照像，再去除多餘的金屬。去除多餘的金屬是金屬蝕刻(metal etch)。待去除的金屬，當然不只是鋁，也包括多晶矽、耐火金屬、矽化物，甚至多晶矽矽化物(polycide)。蝕刻的方法也有濕式和乾式的二種。幾種濕式蝕刻金屬的材料，如表 7.19 所列。一些和半導體相關的材料，如金(Au)可用於晶圓背面，以增加封裝晶粒和導線架(lead frame)的附著力，導線架材料 Kovar 是鐵、鎳、鈷，爲過渡金屬(transition metal)的合金(alloy)、環氧樹脂(epoxy)是塑膠包裝的壓模封裝材料，這些材料的濕式蝕刻材料，如表 7.20 所列。

表 7.19　金屬的濕式蝕刻材料

金　屬	蝕　刻　化　學　和　狀　況
多晶矽	1.氫氟酸(HF)加氧化劑（通常用硝酸HNO_3或三氧化鉻(CrO_3)，加上醋酸(CH_3COOH)以減緩蝕刻速度，加強均均度。 2.氫氧化鉀(KOH)23.4%，正丙醇(n-propanol)13.3%和水63.3%可除去多晶矽而不傷害氧化物。
鋁 （或含矽、銅、鈦）	醋酸：硝酸：磷酸：水＝5：5：85：5，40～45℃，會傷害氮化矽，不傷害二氧化矽或矽。
鎢(W)	0.25摩爾KH_2PO_4/0.24M KOH/0.1M $K_3Fe(CN)_6$
鉬(Mo)	CH_3COOH：HNO_3：H_3PO_4：H_2O=5：1：85：5（再用HCl：H_2O＝1：3）
鈦(Ti)	H_2O_2：EDTA＝1：2，65℃ H_2O_2：HCl或H_2O_2-H_2SO_4

表 7.20　一些和半導體製程相關的材料的濕式蝕刻材料

待蝕刻物	蝕　刻　劑	備　　註
金(Au)	KI　10克，I_2　5克，H_2O　10毫升，CH_3OH　10毫升	
金(Au)緩衝的	KI　100克，I_2　40克，H_2O　5000毫升，$AgNO_3$・$9H_2O$　500克	速　率　1000C /min@10℃
銅(Cu)kovar	$FeCl_3$・$6H_2O$，320克，加H_2O至500毫升	
鈦(Ti)	HF　10毫升，HNO_3　10毫升，H_2O　200毫升	
環氧樹脂去除	H_2SO_4　100毫升，$(NH_4)_2S_2O_8$　50克	加熱到130℃

Kovar：鐵鎳合金，西屋(Westinghouse)公司註用名詞
資料來源：Bowman, ch. 8

以上化學材料中，H_2SO_4，H_2O_2，乙二胺四醋酸 (EDTA, $C_2H_4N_2(CH_2COO)_4$)，在清洗材料已談過。H_3PO_4、HF 在蝕刻材料也已經討論過，以下我們討論部份其他的化學材料。

1.硝酸

硝酸(nitric acid)的分子式是 HNO_3。為透明、無色或微黃色、發煙、易吸濕的腐蝕性液體，能腐蝕大部份金屬。其黃色是由於曝光所產生的二氧化氮，為強氧化劑，可與水混合，沸點 78℃，比重 1.504。對皮膚有腐蝕性，為強氧化劑，與有機物接觸有起火危險。可做清洗爐管用。HNO_3 和 HF 配合可清洗鎢(W)絲。

2.醋酸

醋酸(acetic acid)的分子式為 CH_3COOH。是澄清，無色液體，有刺激性氣味，溶點 16.63℃，沸點 118℃。與水、酒精、乙醚互溶。可燃。冰醋酸是 99.8%以上之純化物，有別於水溶液的醋酸，食入或吸入純醋酸有中等的毒性。對皮膚及組織有刺激性，危害性不大，被濺到，要立刻用水沖洗。

冰醋酸的英文是 acetic acid glacial。

3.三氧化鉻

三氧化鉻(chromium trioxide, CrO_3)，又名鉻酸酐。可由高壓氧將氧化鉻（三價）氧化，或重鉻酸鉀($K_2Cr_2O_7$)的濃溶液加濃硫酸而得。呈暗紅色的晶體。196～198℃開始邊分解邊熔化，加強熱則發生紅色的蒸氣，仍轉變為氧化鉻(Cr_2O_3)。具潮解性而易溶於水，其水溶液則為鉻酸。另外，也易與氨及各種有機化合物起反應。毒性頗強。工業上通常稱 CrO_3 為鉻酸。

4.氫氧化鉀

氫氧化鉀(potassium hydroxide, KOH)，又名苛性鉀(caustic

potassium)，分子量 56.10。使用隔膜法將氯化鉀(KCl)電解，可在陰極室得氫氧化鉀。是無色半透明的固體。置於常溫是斜方晶系，和氫氧化鈉同形。比重 2.055，熔點 360.4℃，沸點 1320℃，具潮性，對 100 克水的溶解度是 97 克(10℃)，112 克(20℃)，178 克(100℃)。易溶於乙醇、甲醇。它是最強的鹼，化學性質和氫氧化鈉(NaOH)相似，但是腐蝕性，對二氧化碳的吸收能力，要比氫氧化鈉強。劇藥，必須注意不要碰到眼睛或皮膚。

5.正丙醇

(n-propanol 或 propyl alcohol)，分子式為 $CH_3CH_2CH_2OH$，分子量 60.09，實驗室製法是使氯化鎂($MgCl_2$)與三聚甲醛反應而得。工業上的製法是從雜醇油分餾。和無色乙醇有相似香味的液體。凝固點為-126.2℃，沸點為 97.21℃，比重為 0.799(25℃)，爆炸範圍 2.1～13.5 體積%，易溶於水、醇、醚。可作塗料、印刷油墨等溶劑。

6.六氰鐵酸鉀

又名鐵氰化鉀、赤血鹽，化學分子式為 $K_3[Fe(CN)_6]$。單斜系的晶體是紅色，藉濃鹽酸、過錳酸鉀($KMnO_4$)將六氰鐵（三價）酸鉀予以氧化而得。易溶於水，溶液呈黃色。受日光就發生光分解。在鹼性溶液中有氧化作用。遇 Fe^{3+}離子、銅離子、鋅離子、銀離子均產生不同的顏色，所以可以做定性分析用。

一些金屬的乾式蝕刻材料，如表 7.21，表 7.22 所列。

表 7.21　金屬材料的乾式蝕刻劑

林　　料	共同蝕刻氣體	主要蝕劑料	生成物	備　註
鋁　(Al)	以氯為基礎	Cl，Cl_2	$AlCl_3$	有毒腐蝕性氣體
銅　(Cu)	形成低壓化合物	Cl，Cl_2	$CuCl_2$	有毒腐蝕性氣體
鉬　(Mo)	以氟為基礎	F	MoF_6	—
鉭　(Ta)	以氟為基礎	F	TaF_5	—
鈦　(Ti)	氟或氯為基礎	F，Cl，Cl_2	TiF_4，TiF_3，$TiCl_4$	—
鎢　(W)	含氟	F	WF_6	—
鋁矽銅	和鋁相同			
鈦鎢合金(TiW)	氟和氯	SF_6，Cl_2，O_2		
WSi_2，$TiSi_2$，$CoSi_2$		CCl_2F_2／NF_3 CF_4／Cl_2		

表 7.22　金屬用的蝕刻氣體

鋁　(Al)	BCl_3，CCl_4，HBr+Ar，HCl＋Ar，Cl_2+Ar，Br_2+Ar，BCl_3+Cl_2，BBr_3＋Cl_2，$SiCl_4$，BCl_3+Cl_2+$CHCl_3$+N_2
鉬　(Mo)	CF_4
鎢　(W)	Cl_2，Cl_2+BCl_3，$CBrF_3$+O_2+He，含氟氣體
鈦　(Ti)	$C_2Cl_2F_4$，CF_4，$CClF_3$，$CBrF_3$+He+O_2
鈦鎢合金　(TiW)	Cl_2+O_2
矽化鈦　($TiSi_2$)	CF_4+O_2
矽化鉭　($TaSi_2$)	SF_6+C_2ClF_5，SF_6+CCl_2F_2
矽化鎢　(WSi_2)	SF_6+C_2ClF_5，Cl_2，Cl_2+BCl_3，CCl_2F_2
金　(Au)	$C_2Cl_2F_4$，$C_2Cl_2F_4$+O_2
薄氮化鈦　(TiN) 碳化鈦　(TiC)	和鋁蝕刻相同

7.9 參考書目

1. 吳文發，金屬矽化物及其應用，電子月刊，第四卷，第十一期，1998。
2. 吳文發，秦玉龍，電遷移效應對銅導線可靠度之影響，毫微米通訊，第六卷，第一期，1999。
3. 林敬二等，化學大辭典，高立。
4. 林鴻志，深次微米閘極工程技術發展，電子月刊，第四卷，第十一期，1998。
5. 邱興邦，下世代 ULSI 銅鍍膜技術，電子月刊，第四卷，第九期，1998。
6. 段定夫，半導體工業用高純度氣體與化學品的應用，電子月刊，第四卷，第五期，1998。
7. 張鼎張等，銅導線在積體電路上的應用，電子月刊，第四卷，第十一期，1998。
8. 莊達人，VLSI 製造技術，二版，第五章、第六章及第十五章，高立。
9. 蔡育奇譯，0.18 μ m 以下 MOSFET 電極材料由 Ti 轉為 Co，電子月刊，第四卷，第十二期，1998。
10. R. R. Bowman et al., Practical Integrated Circuit Fabrication, ch. 11, Integrated Circuit Engineering Corporation, 學風。
11. C. Y. Chang and S. M. Sze, ULSI Technology, ch. 8, McGrawHill, 新月。
12. M. Madou, Fundamemtals of Microfabrication, 2nd ed., ch. 3, CRC press, 高立。
13. W. R. Runyan, K. E. Bean, Semiconductor Integrated Circuit Processing Technology, ch.10, Addison-Wesley, 民全。
14. S. M. Sze, ULSI Technology, 1st Ed. ch. 9, and 2nd Ed., ch. 9, McGrawHill, 中央。
15. S. Wolf and R. N Tauber, Silicon Processing for the VLSI Era Vol. 1, 2nd

ed., chs. 11 and 15, Lattice Press.

7.10 習　題

1. 試比較幾種金屬層材料，(a)鋁，(b)多晶矽，(c)金屬矽化物，(d)多晶矽金屬矽化物。
2. 試比較幾種金屬化製程，(a)濺鍍，(b)蒸鍍，(c)電子束蒸鍍，(d)化學氣相沉積，(e)有機金屬製程。
3. 試述氬在濺鍍中之作用。
4. 試述(a)電致遷移，(b)接面尖峰。
5. 試比較(a)鋁，(b)鋁－矽，(c)鋁－矽－銅之特性。
6. 試簡述幾種金屬製程的控制和性能提昇，(a)歐姆接觸，(b)低壓燒結。
7. 試述幾種特殊的金屬製程，(a)內連線，(b)連接窗，(c)鎢插塞，(d)阻障層，(e)鑲嵌製程。
8. 試簡述幾種常用的金屬濕式蝕刻材料，(a)硝酸，(b)醋酸，(c)氫氧化鉀，(d)氧化鉻。
9. 試述金屬的乾蝕刻製程。
10. 試述(a)冰醋酸，(b)苛性鉀，(c)苛性鈉之特性。
11. 試比較(a)正丙醇，(b)異丙醇的特性，並及其在半導體製程的用途。

第八章　無塵室用材料

8.1 緒　論

半導體元件因為非常怕污染物，製造過程必須要有無塵室(clean room)。隨著元件積集度的提高，無塵室的等級也逐年提升。在這一章我們來討論無塵室內一些廠務設備(utility)用的材料，包括潔淨空氣用的過濾器(filter)用材料，提供製程機器如離子植入等用的眞空泵(vacuum pump)用材料，提供空氣壓縮機(air compressor)之後的空氣乾燥機(air dryer)用材料，冷凍(refrigeration)空調(air conditioning) 用材料，以及除了純水處理（將於下一章單獨討論）或前面幾章已經討論過的，以外的化學品或氣體。

8.2 無塵室和空氣過濾器

半導體積體電路，隨著積集度提高，元件尺寸縮小，無塵室的潔淨度(cleanness)要求也日益增高，表 8.1 列出 1980 年以來由大型積體電路(LSI)，超大型積體電路(VLSI)到極大型積體電路(ULSI)，積體電路製程進展的情形，公制（表 8.2）或英制（表 8.3）列出無塵室等級和空氣傳播的(airborne)微粒子(particle)的數目。

表 8.1　積體電路製程的進展

大量生產開始年份	1980	1984	1987	1990	1993	1996	1999	2004*
晶圓(吋)	3	4	5	6	8	8	8	12
DARM容量	64K	256K	1M	4M	16M	64M	256M	1G
特徵尺寸(μm)	2.0	1.5	1.0	0.8	0.5	0.35	0.25	0.2-0.1
無塵室等級	1000-100	100	10	1	0.1	0.1	0.1	0.1

*預估，可能會延後

表 8.2　公制的無塵室等級的空氣傳播的微粒子數目
（美國聯邦標準 US Federal Standard 209E）

等　級	粒　子／m^3				
	粒徑0.1μm	0.2μm	0.3μm	0.5μm	5μm
M1	3.50×10^2	7.57×10^1	3.09×10^1	1.00×10^1	
M1.5	1.24×10^3	2.65×10^2	1.06×10^2	3.53×10^1	
M2	3.50×10^3	7.57×10^2	3.09×10^2	1.00×10^2	
M3	3.50×10^4	7.57×10^3	3.09×10^3	1.00×10^3	
M4		7.57×10^4	3.09×10^4	1.00×10^4	
M5				1.00×10^5	6.180×10^2
M6				1.00×10^7	6.18×10^3
M7				1.00×10^8	6.18×10^4

空氣淨化的目的，即是利用過濾器(filter)、送風機(blower)等的適當組合，使室內污染物質的濃度降低。設計時要考慮許多因素，如室內體積、室內發塵情形、外氣含污染物質的濃度、換氣量、換氣次數、過濾器的淨化效率等。圖 8.1 爲一個簡單的空氣淨化系統。

表 8.3　英制的無塵室等級的空氣傳播的微粒子數目（美國聯邦標準 209E）

等　級	粒　子／ft^3				
	粒徑0.1 μ m	0.2 μ m	0.3 μ m	0.5 μ m	5 μ m
1	3.50×10^1	7.50	3.00	1.00	
10	3.50×10^2	7.50×10^1	3.00×10^1	1.00×10^1	
100		7.50×10^2	3.00×10^2	1.00×10^2	
1,000				$1,00 \times 10^3$	7.00
10,000				1.00×10^4	7.00×10^1
100,000				1.00×10^5	7.00×10^2

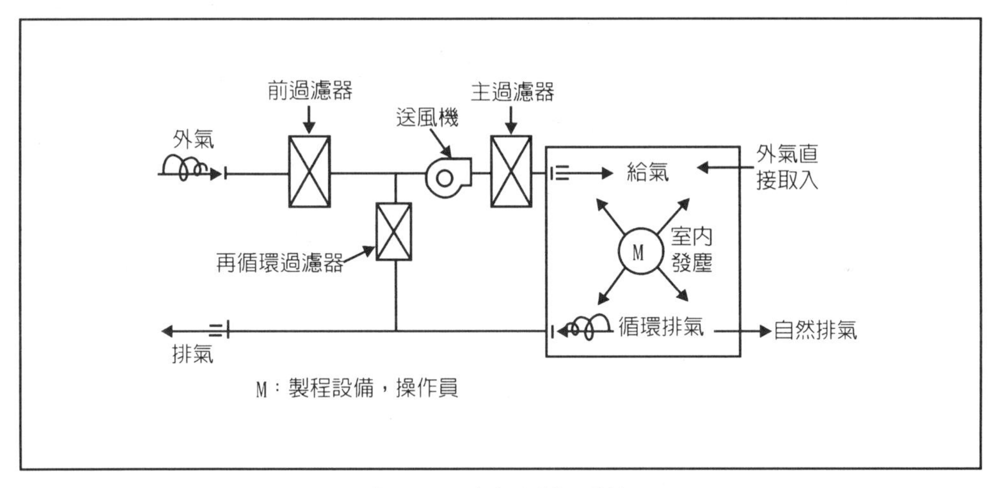

圖 8.1　空氣淨化系統

其中過濾器裝置適當與否，要視外氣或再循環(recirculation)空氣之潔淨度而定。圖 8.1 僅適用於排氣污染濃度並不很高，屬於換氣式的空氣淨化系統。當排氣量需求增加時，可以利用送風機協助。如果室內空氣產生大量的污染物質，或是產生大量的高危險度污染物質，如 VLSI 製程的磊晶、CVD 等所使用的氫化物氣體，則要增加局部排氣的除毒裝置(scrubber)。

設計空氣淨化系統時，應注意以下幾點：

1.選擇無污染或低污染的環境，遠離化工廠、麵粉工廠、煉油廠、礦坑或火力發電廠等煙囪工業區，最好是在郊區，人煙少、烏賊車少的地方。

2.設計室內壓力時，應該使高污染度的房屋保持負壓，希望潔淨的房屋保持正壓(positive pressure)，同時注意換氣時應保持風量平衡，以防止污染空氣的侵入。

3.選擇空氣潔淨裝置時，應該以室內空氣污染物質而決定除去污染的方法。當污染物爲飄浮微粒子時，應使用空氣過濾器、電氣集塵機。當污染物質爲有毒氣體時，應採用活性碳(active coal)吸著，或使毒氣焚燒，或氧化轉換爲無毒物質。當污染物爲飄浮微生物時，應使用高性能過濾器(HEPA 或 ULPA)及紫外光(UV)殺菌燈管等裝置。同時減少室內發塵源或切斷發塵源的氣流路徑。降低發塵量或局部捕集塵埃而予以排除。

一般常用的粉塵捕集原理及其相關的捕集裝置，有表 8.4 所列的幾種：

表 8.4 粉塵捕集原理及相關的裝置

	捕集原理	捕集裝置	備註
1	直接遮擋	過濾集塵器	即常用的空氣過濾器
2	慣性力衝突附著	超高性能空氣過濾器	HEPA、ULPA 過濾器
3	擴散力、靜電力、或分子接觸附著	同上	同上
4	水滴附著集塵	洗滌器、噴淋器(shower)	
5	靜電力電氣集塵	電氣集塵機	
6	重力沉降	重力沉降室	
7	離心力加速沉降	旋風集塵器	

一般空調裝設大多採用(1)～(3)的空氣過濾器，或 HEPA、ULPA 超高性能過濾器。原因是捕集效率高，設備費還不太昂貴，而且維修較易，也

有少數潔淨裝置採用靜電式(electrostatic)集塵機的。

空氣潔淨裝置的性能，一般以在額定(rated)風量下，對下列三個項目考慮：

1.壓力損失

空氣潔淨裝置上流端與下流端之全壓力差。單位以毫米水柱(mm Aq)表示。當風量增加，壓力損失增加，過濾器使用後，因粉塵聚集而使壓力損失增大，當壓力損失達到某一特定值時，過濾器就必須更換。

2.粒子捕集效率(efficiency)

可由空氣潔淨裝置上流端與下流端飄浮微粒子的濃度 C_1，C_2 計算得出。效率 $\eta = (C_1 - C_2)/C_1$。和它相反的名詞是粒子通過率(penetration rate, P)，$P=1-\eta$。

3.粉塵保持重量

空氣潔淨裝置的粒子捕集重量。

因此在選定空氣潔淨裝置時，需要對製程及空調機器有充分的瞭解。主要考慮的項目還有以下幾點：

1. 潔淨室的目的，視 ULSI 製程要求而定。微影照像的黃光室最嚴格，磊晶、離子植入、金屬濺鍍、CVD、擴散、氧化、清潔站等其次。但都要超潔淨空氣淨化裝置。裝配(assembly, package)再其次。只有包裝好密封後的產品，才不受潔淨度的影響。
2. 外氣飄浮微粒子濃度；選擇適當的環境做爲設廠之地是非常重要的。美國加州(California)矽谷(silicon valley)的聖荷西(San Jose)、聖他克拉拉(Santa Clara)、陽光谷(Sunny Vale)；亞利桑那州(Arizonia)的鳳凰城(Phoenix)及新竹科學園區(Science Based Industry Park)等都是經過謹愼評估才選定的。

3.室內發塵量：室內工作人員的數量要限制，工作服有一定規格材質及管理辦法。非不得已不要讓訪客進入室內參觀。生產機器、儀器、工具、文具都要管制。先舉一個小例子，作業人員在室內擦粉或削鉛筆、其粉塵對半導體晶圓所產生的作用，會和炸彈的碎片對人殺傷力一樣。塗口紅又會有什麼影響呢？

4.取入空氣量，視潔淨室的大小及再循環的百分比而定。當然也要看室內發塵量，而決定多少室內空氣可以再循環使用。

5.送風機的容量、潔淨室的風速大小的要求。

6.潔淨裝置的性能；一般常見的淨化裝置分爲亂流式或紊流式(turbulent)、水平層流式(horizontal laminar)、垂直層流式(vertical laminar)以及迷你環境(mini-environment)、無塵風道(clean tunnel)等數種。而常用的超潔淨過濾器有高效率微粒子空氣過濾器(high efficiency particulate air filter，簡稱HEPA)，及超低穿透空氣過濾器(ultra low penetration air filter，簡稱ULPA)。稍後對潔淨型式空氣過濾器會做詳細敘述。

7.安裝、維修、管理費用。爲了提高潔淨度而使用多種空調及風管(air duct)、監控及急救設備，一般而言，建造一棟一樓的無塵室，就需要三層樓的空間，上層送風、中層製程、下層排氣及回風。投資成本(capital investment)非常鉅大，而電費、水費、維修費也不得不愼重考慮。

用於淨化空氣的空氣過濾網的性能分類，如表 8.5 所列。

高效率過濾器(HEPA filter, high efficiency particulate air filter)爲無塵室(clean room)內用以濾去微粒子的裝置，如圖 8.2 所示。一般以玻璃纖維(glass fiber)製成，可將 0.1 μ m 或 0.3 μ m 以上之微粒濾去 99.97%，壓力損失約 12.5 mm-H_2O。層流台能保持 Class 100 以下的潔淨度，即靠 HEPA 達成。目前除層流台使用 HEPA 外，其他如烤箱、旋轉機，爲了達到控制微粒子(particle)的效果，也都裝有 HEPA 的設計。

表示壓力損失的單位之一爲 mm Aq 或 mm-H_2O，即以水柱的高低表示壓力的單位。1 mm Aq 是重力加速度 g 在 9.80655 m/sec^2 的地方，產生密度爲 999.972 kg/cm^3，高度爲 1 mm 的水柱的壓力。1 mm Hg（水銀柱）＝13.6 mm Aq。1 mm H_2O=999.972×10^{-3} 牛頓／平方公分(N cm^{-2})。

表 8.5　空氣過濾網之性能分類

空氣過濾網之性能分類	適用灰塵直徑 (μm)	適用灰塵濃度 (mg/m^3)	壓力損失 (mm Aq)	遏阻效果 (%)	過濾網之材質	用　　途
去粗塵之空氣過濾網	5≦	0.1～7	3～20	70～90 (重量法)	合成纖維 玻離纖維	外氣處理。粗塵用中、高性能過濾網之前端用
中性能空氣過濾網	1≦	0.1～0.6	8～25	40～95 (比色法)	合成纖維 玻離纖維	高性能過濾網之前端用
準高性能空氣過濾網	1≧	0.3≧	15～35	80≦ (0.3μm DOP)	玻璃紙	潔淨度10萬～30萬級無塵室之最終過濾網
高性能空氣過濾網(0.3μm)	1≧	0.3≧	25～50	99.97≦ (0.3μm DOP)	玻璃紙	潔淨度 100 ～ 100,000級無塵室之最終過濾網
生物工程過濾網	1≧	0.3≧	15～50	99.97≦ (0.3μm DOP)	玻璃紙	同上，抗菌用處理過濾網
高性能空氣過濾網(1.3μm)	0.1～1.0	0.1≧	25～30	99.9995 (0.1μm DOP)	特殊玻璃紙	潔淨度1～100級，無塵室之最終過濾網

DOP: dioctyl phthalate 鄰苯二甲酸二辛酯

超低穿透空氣過濾器(ULPA filter)的英文是 ultra low pnetration air filter。纖維孔徑爲 0.05μm 級的 ULPA filter，捕捉微粒子的效率爲 99.99995%。纖維孔徑爲 0.1μm 級的 ULPA filter，捕捉效率爲 99.9995%。

空氣過濾器的主要性能檢查方法，如表 8.6 所列。

表 8.6 空氣過濾器的主要性能檢驗法

檢驗方法	檢驗用塵埃的特性及發生方法					塵埃檢出法		相關規格
	組成	粒徑分布	粒徑 (μm)	發生方法	濃度 (mg/m^3)	檢出器	主要運用	
DOP測試	苯二甲酸二辛酯Dioctyl phthalate (DOP)	單分散	0.3	蒸發、凝結	100	光散亂光度計	HEPA filter	美國軍用標準(MIL TD)-282 (1956)
鈉焰測試	氯化鈉	多分散	0.6 (0.01～1.7)	噴霧、乾燥 (水溶液)	—	火焰光度計	HEPA filter	英國B S2831 (1965)
次甲基藍 (methylene blue) 測試	次甲基藍測試	多分散	(0.01～1.5)	噴霧、乾燥 (水溶液)	—	比色計 (Stain Density)	HEPA filter	英國B S2831 (1957)
由拉寧(音)測試	由拉寧(音)螢化物質	多分散	0.3	噴霧、乾燥 (水溶液)	10	螢光計 (Fluorometer)	HEPA filter	法國Pradela and Brion (1968)
ASHRAE測試 1.重量法 2.塵埃保持容量 3.比色法	Arizona街路塵粒(0-80 μm)、碳黑23% (0.08 μm)、棉屑5% (0.15mm ψ ×1mm)			塵埃導入器 (dust feeder)	70	重量測定	粗塵filter	美國 ASHERAE STD 52-76 (1976)
					70	重量測定	粗塵中高性能	
	大氣塵　多分散　平均0.3～0.4				約0.1	比色計	中高性能filter	
雷射測試	二辛酯(dioctyl)多分散0.1～0.2 苯二甲酸 (phthalate)			羅斯金噴孔 (Ruskin nozzle)	1-2	雷射分光計	ULPA filter	規格待檢討中 (依據美國 IES)

單分散：mono disperse 粒子大小一致

多分散：polydisperse 粒子大小不一致

ASHRAE: American Society of Heating, Refringerating and Ar-conditioning Engineers 美國加熱、冷凍、空調工程師學會

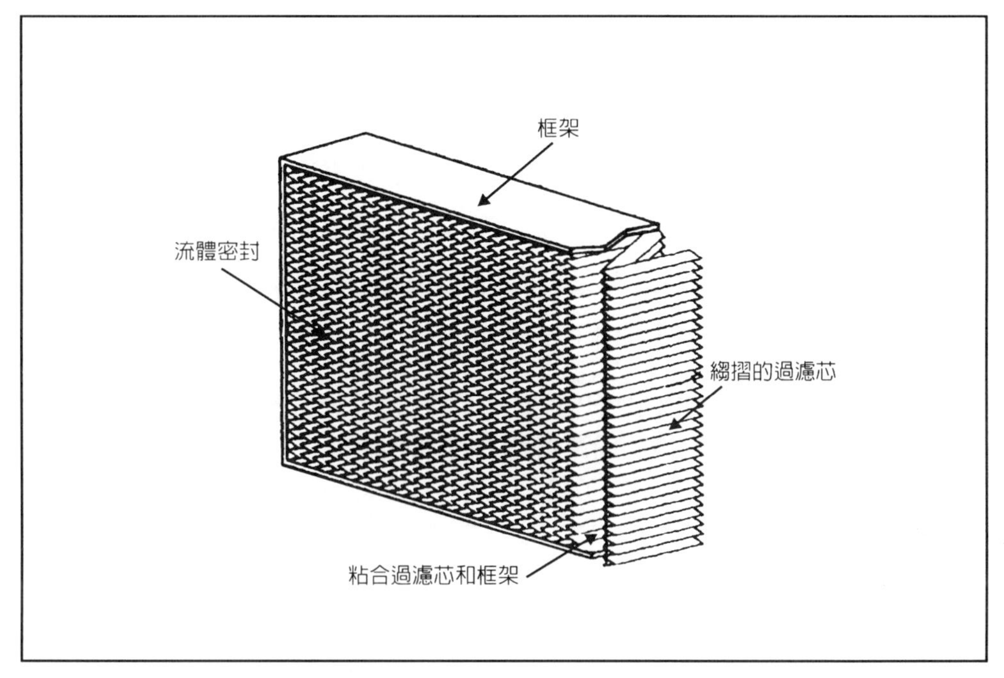

圖 8.2　HEPA 過濾器的概略圖

檢驗空氣過濾器最常用以下四種方法：

1.DOP 試驗法

DOP(dioctylphthalate)即鄰苯二甲酸二辛酯，在煙霧塵發生部蒸發，凝縮為平均粒徑 0.3μm 的煙霧塵。將試驗風管調節為額定風量，送至試驗部，使用光散亂式(scattering)光度計，測定過濾器上下游的煤煙濃度比。以求出捕集效率，同時測出過濾器前後的壓力損失。

鄰苯二甲酸二辛酯(DOP)，又名鄰苯二甲酸二乙酯己基。是無色的油，凝固點為-55℃，沸點 231℃，比重 0.9861，黏度為 81 分泊(centipose, CP)，蒸氣壓為 1.32 托耳(200℃)，在空氣中的揮發度為 0.002 mg/cm^{2}hr(100℃)。溶於有機溶劑，與乙烯系樹脂的互溶性良好，且揮發性較少、耐水性、耐熱性及耐光性均極佳，可作聚氯乙烯，其他樹脂、及合成橡膠的可塑劑。

2.雷射試驗法

利用氦氖雷射(He-Ne laser)分光計，測試 ULPA 過濾器的效率。方法如圖 8.3 所示，是以潔淨的壓縮空氣，將 DOP 煙霧塵發生器所生的多分散煤煙（粒徑 0.1～0.5 μ m），和 HEPA 過濾器過濾後的潔淨空氣混合，通到待測過濾器，以雷射光度計測量待測過濾器前後的煙霧塵濃度(mg/m^3)。此時待測過濾器的捕集效率可由下式算出。

$$\text{效率\%} = \frac{\text{待測過濾器前方的DOP濃度} - \text{待測過濾器後方的DOP濃度}}{\text{待測過濾器前方的DOP濃度}} \times 100$$

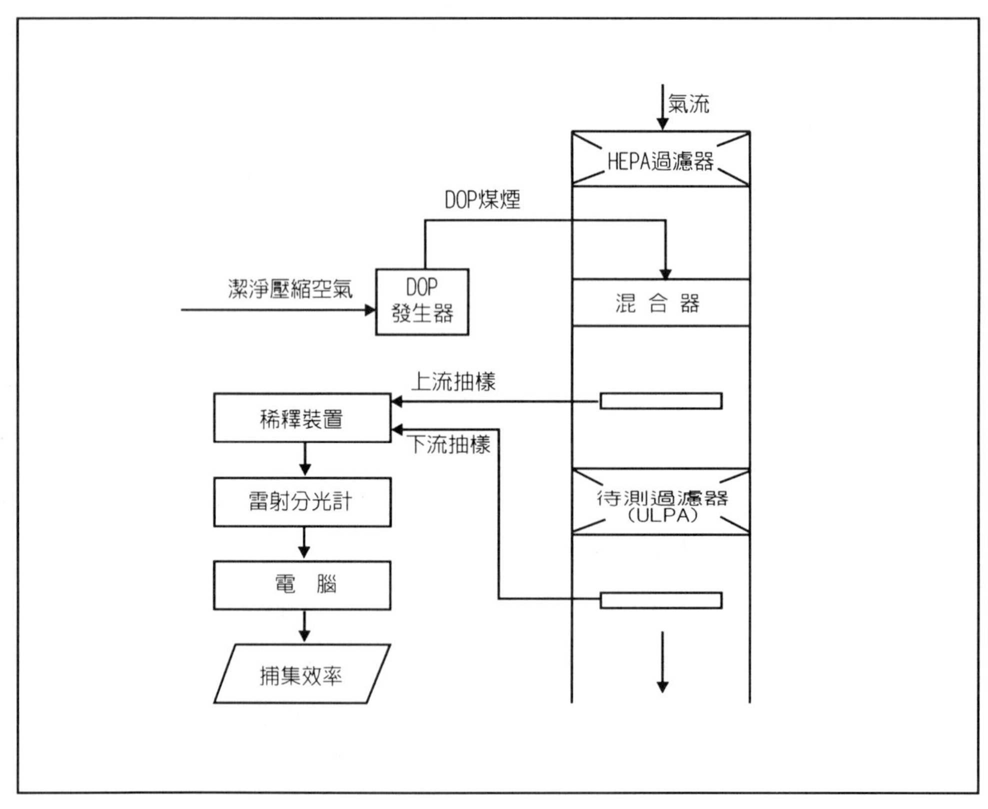

圖 8.3　以雷射測試 ULPA 過濾器的效率

3.掃描試驗

測定過濾器的微小針孔，方法是以 DOP 煙吹到過濾器表面，同時將光度計的抽樣探頭(probe)對過濾器的另一面全面掃描。

4.凝縮核微粒子計數法

檢驗大於 0.01μm 的微粒子的方法，最常用的是凝縮核微粒子計數器(condensation nucleus counter, CNC)。

讓微粒子附著凝縮的蒸氣，變成液滴，然後以光學儀器探測，就是用以計數 0.01μm 或以上的浮游粒子的裝置，如圖 8.4 所示。一般使用酒精(alcohol)的蒸汽，將其導入凝縮管以吸附煙霧質(aerosol)。

當降低蒸氣溫度使達飽和蒸汽壓，蒸汽應該冷凝而形成霧，但實際上需把溫度降的更低才能產生霧。這稱爲過冷卻或過飽和。或對此狀態下的蒸汽加入微小的液體、固體粒子或離子時，即可立即形成核而發生霧，這稱爲冷凝核。

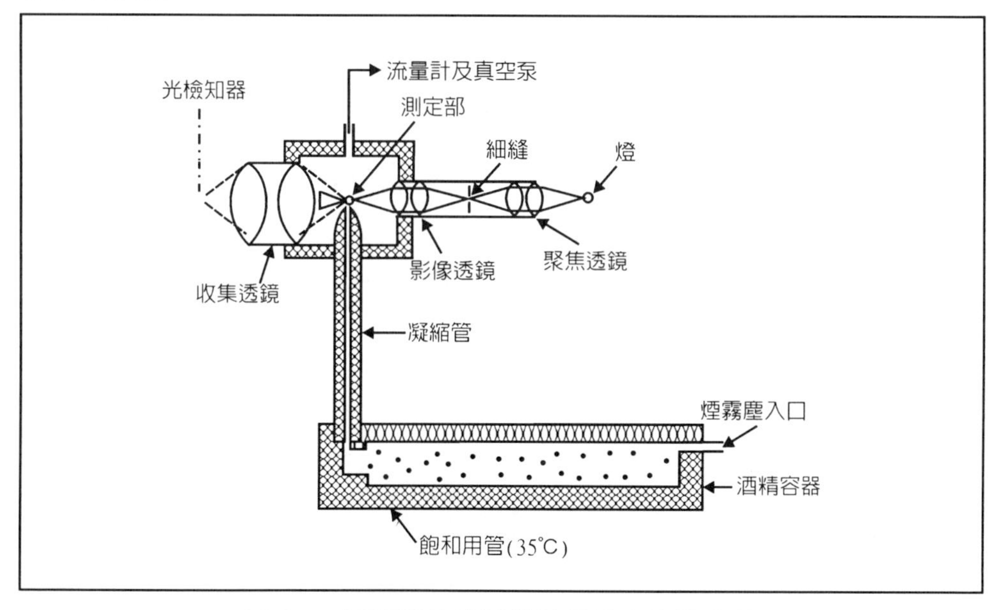

圖 8.4　以凝縮核法測微粒子濃度的概略圖

空氣過濾器(air filter)應該具備捕捉粒子的能力(particle retention efficiency, PRE)，及不易脫落粒子的性能－下游潔淨度(down-stream cleanliness)。空氣過濾器能夠捕捉粒子，是因爲下列幾種原因，如圖 8.5 所示：

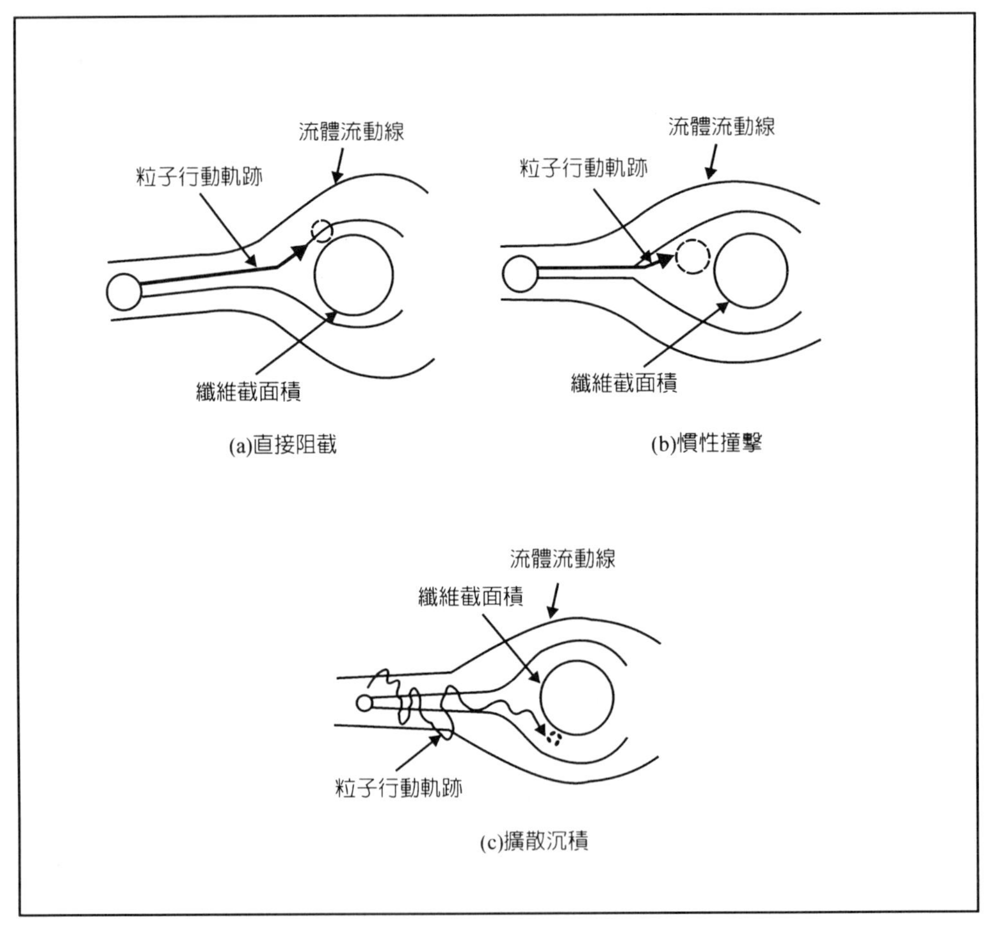

圖 8.5　粒子捕集的方法

1.濾膜篩選：粒子大於濾膜的孔徑，會被阻擋在濾膜的表面。

2.靜電沉積：帶電的粒子會被帶相反電荷的濾膜所吸引，而無法通過濾膜。

3.撞擊：粒子流動快，因撞擊而緊附在濾膜表面或內部。

4.直接阻截：粒子進入濾膜後，因孔道彎曲而使粒子附著於濾膜孔道的彎曲處。

5.擴散沉積：粒子和流體分子碰撞而減速，因而和濾膜孔道內壁接觸並附著的機會增大。

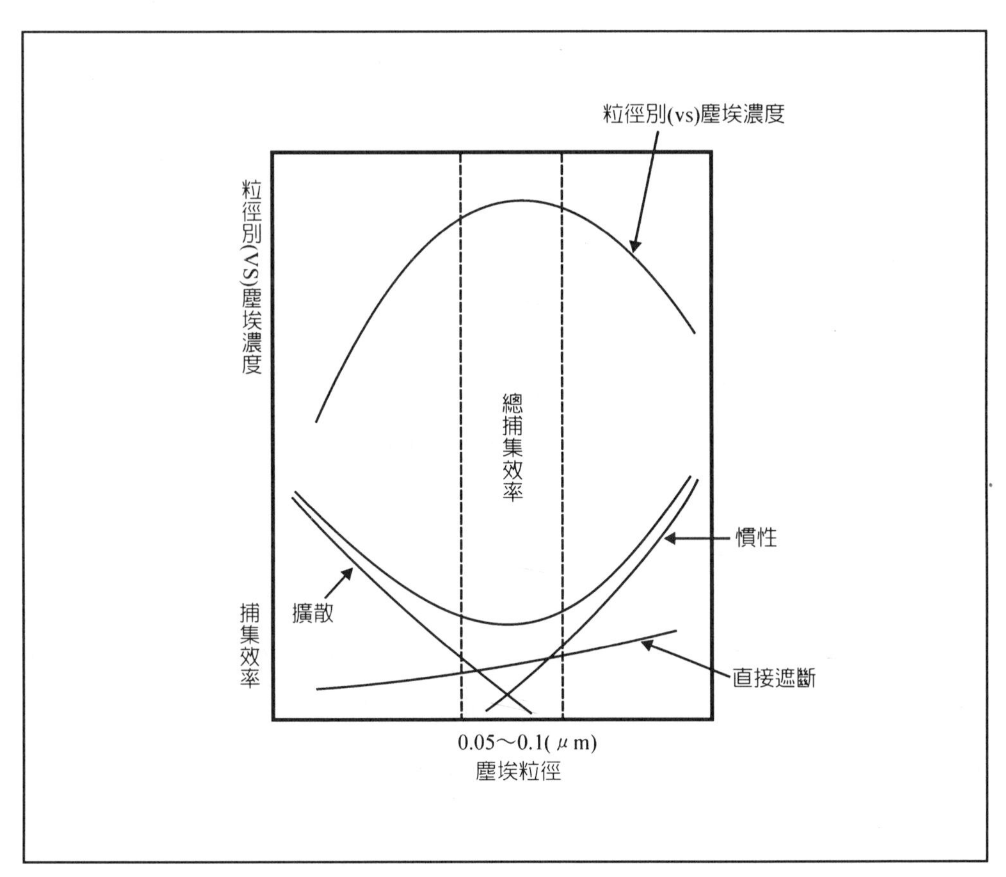

圖 8.6　空氣過濾器之捕集效率

基於以上原因，孔道爲 0.1μm 的濾膜可以捕捉 0.1μm 以下的粒子。大致上說來 0.01μm 以下的粒子，主要由擴散效用捕捉粒子，粒徑 0.1μm

以上，主要由撞擊及阻截捕捉粒子。粒徑在 0.01μm～0.1μm 之間，擴散和阻截均無法發揮其最大功能。因此粒徑 0.05μm 的粒子成爲無塵室中最難處理的塵埃了，如圖 8.6 所示。而這些粒子也就是 VLSI 或 ULSI 造成最大困難的粒子了。

過濾器因材質、構造、組成之潔淨度等都會有脫落粒子(down-stream)的現象。氣體和化學藥品等的過濾器所用的濾膜是氟化塑膠材料。一個完整的過濾器，包括濾膜(membrane)、濾膜支撐層(membrane support)、墊圈(gasket)、O 型環(O-ring)、以及外殼(housing)等部份。這些構成材料，任何一部份發生化學相容性(compatibility)不良時，就有可能產生粒子污染。VLSI 製程多處常時間接觸反應氣體、強酸、強鹼或高溫。因此用於 VLSI 製程的過濾器，均採用全鐵弗龍(all-teflon)的過濾器。其構成材料如下：

過濾膜爲鐵弗龍聚四氟乙烯(teflon-PTFE)，濾膜支撐層爲鐵弗龍－過氟氧乙烯醚(teflon-PFA)，密封材爲 teflon-PTFE，外殼爲 316 不銹鋼(stainless steel)或更好的材質。傳統上高分子(polymer)膜用做重要地方的氣體過濾。整體過濾（包括惰性氣體過濾），多用耐隆(nylon)和聚四氟乙烯(PTFE)合成的材料做爲過濾膜的。在使用點(point of use, POU)的氣體過濾多用 PTFE 膜，它造成的壓降少，而且去除 0.01μm 以下的粒子之效率好。如要加熱以密封支撐結構，多使用聚丙烯(polypropylene, PP)或過氟氧乙烯醚(PFA)膜。PTFE 膜可用於打摺、繞在芯上或疊盤結構等的過濾器。無機膜最近也在開發中，包括陶瓷和全金屬材料，使用陶瓷過濾器時，高分子材料用來將陶瓷過濾器和外殼密封。密封良好與否決定了過濾的效益。全金屬過濾器中不銹鋼 316 不耐高溫(450℃)，且受到洩氣(outgassing)的限制。

氟化塑膠材料，亦稱爲氟樹脂(fluororesin)，如表 8.7 所列。無論那一種都有很強的氟碳鍵以及被氟所強化的碳－碳鍵。而且熱、電、機械、化學等特性均優，熔點也非常高。

聚四氟乙烯(PTFE)是杜邦(Du Pont)公司的製品，又名鐵弗龍(teflon)。白色蠟狀的熱塑型樹脂，市面上出售的成形用的聚合物的分子量大(400 萬～1000 萬)，有高的熔化黏度，熔點 327℃，通常很難成形。可耐受除了熔鹼金屬以及高溫下氟氣以外的一切酸、鹼、溶劑等。同時也有優異的絕緣性。使用於腐蝕性藥品、有機溶劑的密封、襯料、管，以及噴射機、航空機、無線電機器等的絕緣材料。

表 8.7　各種氟化塑膠材料

化學基本構造	化　學　名　稱	縮寫	商品名
F　F —(C—C)— F　F　n	聚四氟乙烯 (polytetrafluoroethylene)	PTFE	Teflon-PTFE
F　F　F　F　F —C—C—C—C—C— H　H　H　C　CF_3	氟化乙烯丙烯 (fluorinated ethylene propylene)	FEP	Teflon-FEP
F　F　F　F　F —C—C—C—C—C— F　F　O　F　F RF_n $RF_n = C_nF_{2n+1}$	過氟氧乙烯醚 (perfluoroaloxy/vinylether)	PFA	Teflon-PFA
F　F —C—C— F　Cl	(聚)氯三氟乙烯 (chlorotrifluoroethylene)	CTFE	Kel-F
H　H　F　F —C—C—C—C— H　H　F　F	乙烯四氟乙烯 (ethylene tetrafluoroethylene)	ETFE	Tefzel
H　H　F —C—C—C— H　H　F	乙烯氯三氟乙烯 (ethylene chlorotrifluoroethyene)	ECTFE	海拉爾 (Halar)
F　F —C—C— F　H	聚偏二氟乙烯 (polyvinylidene fluoride)	PVDF	Kynar

聚偏二氟乙烯(PVDF)的熔點為 170℃。熱分解溫度在 300℃以上。可

適於加熱熔融的射出、擠出、壓縮等各種成形法。有優異的機械性、熱穩定性、耐候性、耐放射性及耐低溫特性。使用於和化學機器有關的閥、泵零件、軸承、插座、連接器等。

過濾器用濾材的規格根據軍用標準(Mititary Standard) MIL F 51079C 規定如下：

1.壓力損失：在風速 5.3 cm/sec，壓力損失 40 mm wg 以下。

2.DOP 透過率：在風速 5.3 cm/sec，對平均直徑 0.3 μ m 的 DOP，透過率為 0.03%以下。（ULPA 濾材不適用 1.2 二項）。

3.拉張強度：縱向為 466 g/cm^2 以上，橫向為 357 g/cm^2 以上。

4.耐水性：水浸 15 分鐘後，橫方向拉力為 178 g/cm^2 以上。

5.潑水性：在 508 mm 揚程（水高度）不漏水。

6.厚度：0.38 mm～1.02 mm。

7.可燃物含量：重量比 7%以下。

二種高效能過濾器(HEPA 或 ULPA)的密封系統，均可為溝槽式密封系統或構槽式壁系統。其構成零件方面，濾材均為玻璃紙，框架為鋁押出材，分離器使用鋁箔材料，接合劑使用尿烷(polyurea, PU)系接著劑。面速度均為 0.45 m/sec，壓力損失為 12 mm Aq。濾材的玻璃纖維徑以 ULPA 稍小（較細緻）。ULPA 和 HEPA 的平均纖維徑分別為 0.37 μ m 和 0.63 μ m。透過率兩者均為 0.1 μ m 粒子最易透過，當然對同樣直徑的粒子而言 ULPA 較不易透過。過濾器的構造大致上可分為三種，如圖 8.7 所示。

1.把波形的分離器折疊在濾材之間，稱為分離器式過濾器。

2.把線或絲帶折疊於濾材間，稱為小型摺式過濾器，當風速小於 2.5 cm/s 時，可折疊較多的濾材，因此厚度小，可小型化。

3.把濾材整體做成波形，不需要分離器，濾材面積大。

過濾器的構成零件主要是框架、墊圈、接著劑、分離器和濾材等。

1.框架：爲鍍鋅鋼板、不銹鋼板、膠合板、鋁板、鍍鎘(Cd)鋼板、強化塑膠(FRP, glass fiber reinforced plastic)等材料。製造框架時尺寸公差及不洩漏是二樣重要的因素。

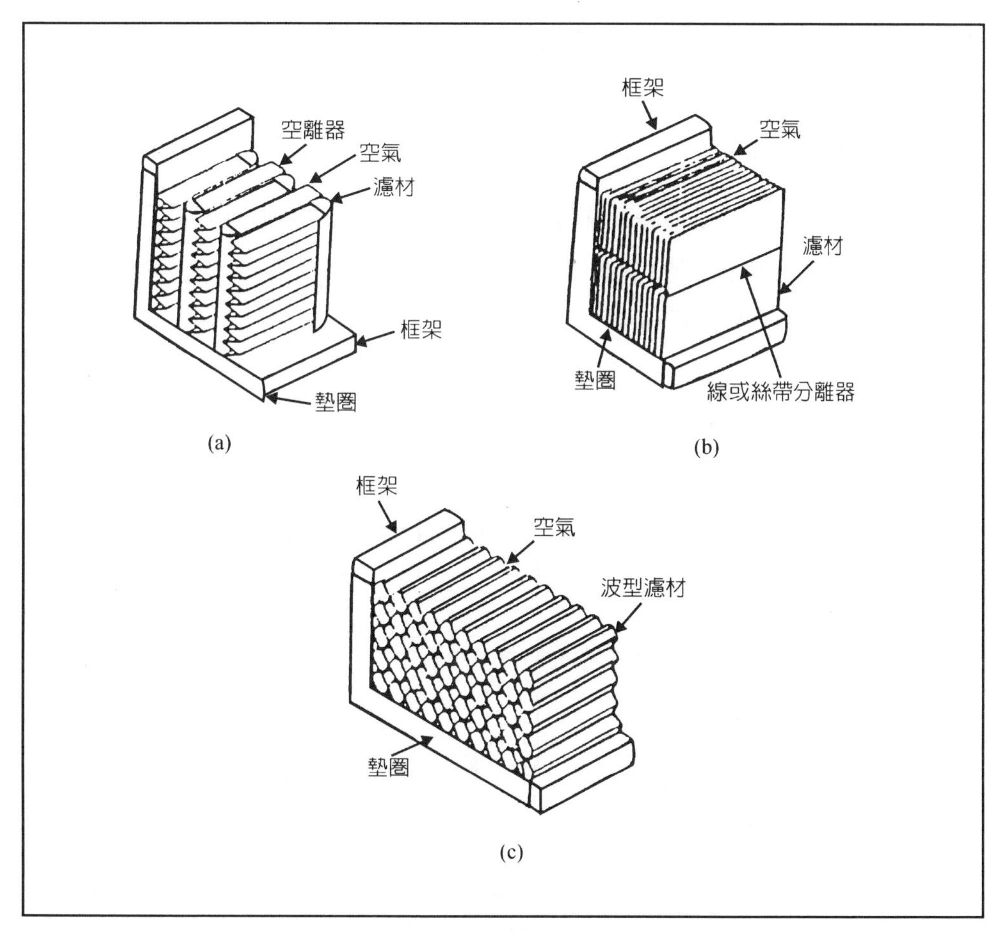

圖 8.7　三種常用的過濾器構造，(a)分離器式過濾器，(b)小型摺式過濾器，(c)無分離器式過濾器

2.墊圈：由耐油性橡膠海綿或耐熱性矽橡膠製造。結合部份須設切口以防洩漏。

3.接著劑：用以接合過濾器組件及框架，對防止洩漏非常重要，材料多爲氯丁橡膠系列或尿烷(PU)系。

4.分離器：在分離式過濾器用波型鋁箔，或牛皮紙，要注意耐濕性及難燃性。

5.濾材：以玻璃纖維加上粘合劑，或補強用有機纖維，需不燃。

8.3 真空系統

ULSI 或一般半導體元件的製程設備，相當多需要眞空(vacuum)。目的是抽掉反應室或爐管內的氣體，以提升反應生成物的品質。眞空泵(vacuum pump)大約可以如圖 8.8 分類：

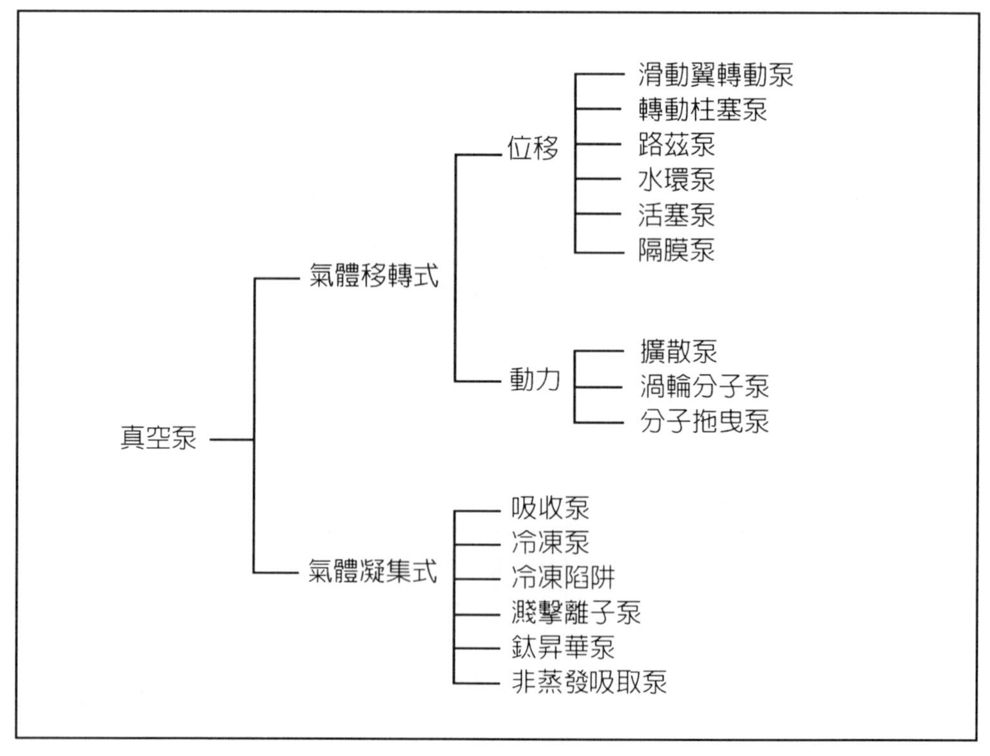

圖 8.8　真空泵的分類

眞空係針對大氣而言，一特定空間內的部份氣體被排出，其壓力就小於 1 大氣壓。

表示眞空的單位相當多，在大氣的情況下，通稱爲 1 大氣壓，也可表示爲 760 托耳(torr)或 760 毫米水銀柱高(mm Hg)或 14.7 磅/平方吋(psi)。

眞空技術中，將眞空依壓力大小分爲 4 個區域：

1.粗略眞空(rough vacuum)：760～1 torr

2.中度眞空(medium vacuum)：1～10^{-3} torr

3.高眞空(high vacuum)：10^{-3}～10^{-7} torr

4.超高眞空(ultra-high vacuum)：10^{-7} torr 以下

在不同眞空，氣體流動的型式與熱導性等均有所差異。簡略而言，在粗略眞空，氣體的流動稱爲黏滯流(viscous flow)，其氣體分子間碰撞頻繁，且運動具有方向性。在高眞空或超高眞空範圍，氣體流動稱爲分子流(molecular flow)，其氣體分子間碰撞較少，且少於氣體與管壁碰撞的次數，氣體分子運動爲隨意方向，不受抽氣方向影響。在熱導性方面，中度眞空的壓力範圍內熱導性與壓力成正比關，粗略眞空與高眞空區域，則無此關係。

機械式泵(mechanical pump)多用於粗抽。較常用的中級泵爲擴散泵(diffusion pump)和路茲泵(roots pump 或 roots blower)，較常用的高級泵爲渦輪分子泵(turbo molecular pump)和冷凍泵(cryogenic pump)二種。

1.擴散泵(diffusion pump)

使用加熱器將擴散油(diffusion oil)加熱，使其蒸發，冷卻後的油分子吸收空氣分子，而掉落於擴散油之內，而被抽走，如圖 8.9 所示。抽眞空的範圍爲 10^{-3}～10^{-7} 托耳。如果氣室(chamber)內的殘餘氣體有毒性，則擴散油也會漸漸帶毒性。更換擴散油時必須格外小心，不要觸及皮膚。

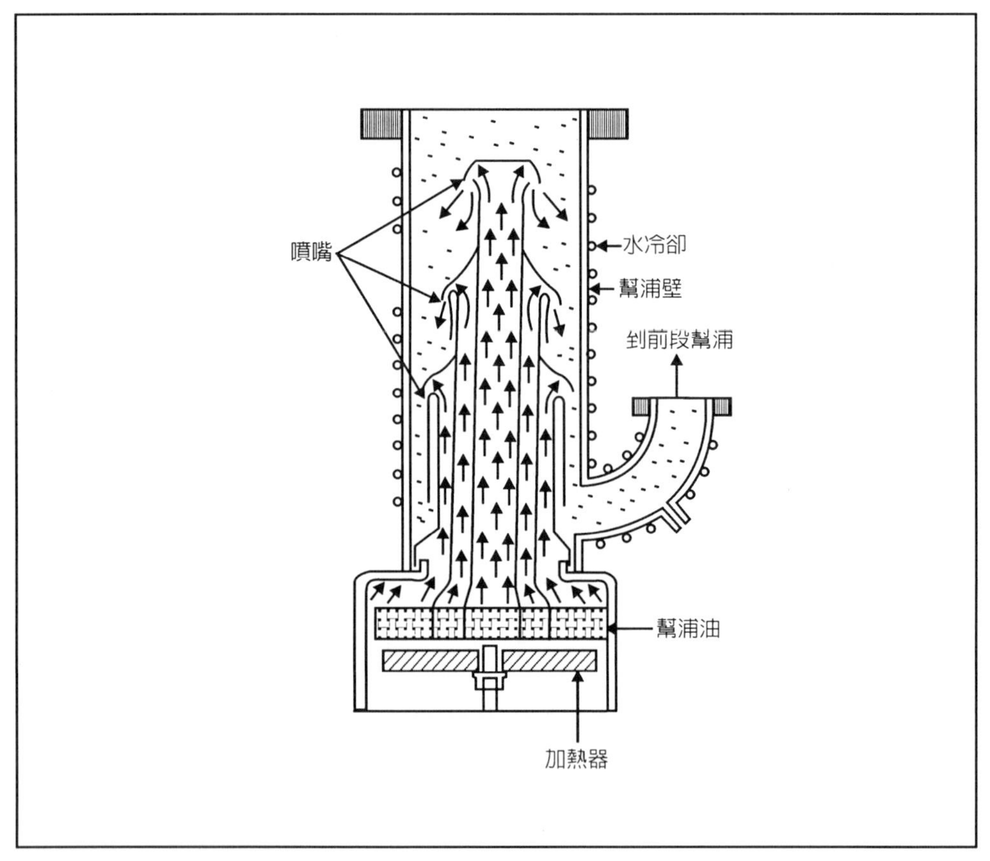

圖 8.9　擴散泵

2.路茲泵(roots pump)

又名路茲鼓風機(roots blower)，利用兩個像花生米的轉子(rotor)，相對轉動，而逐漸將空氣由氣室(chamber)中抽走，如圖 8.10 所示。路茲泵的抽氣分進氣、隔絕、壓縮、排氣等四個過程，如圖 8.11 所示。因為路茲幫浦各轉動元件間不直接接觸，因此可以極高的速度運轉（1500～3600 轉／分，rpm）。但因不用油封合，內漏(internal leakage)使得路茲泵的壓縮比(compression ratio)遠比油封式機械泵為小，約在 10～100 之間，抽真空程度可達 10^{-4} 托耳。

壓縮比即爲入氣壓力／出氣壓力。壓縮比越大表示效率越高。

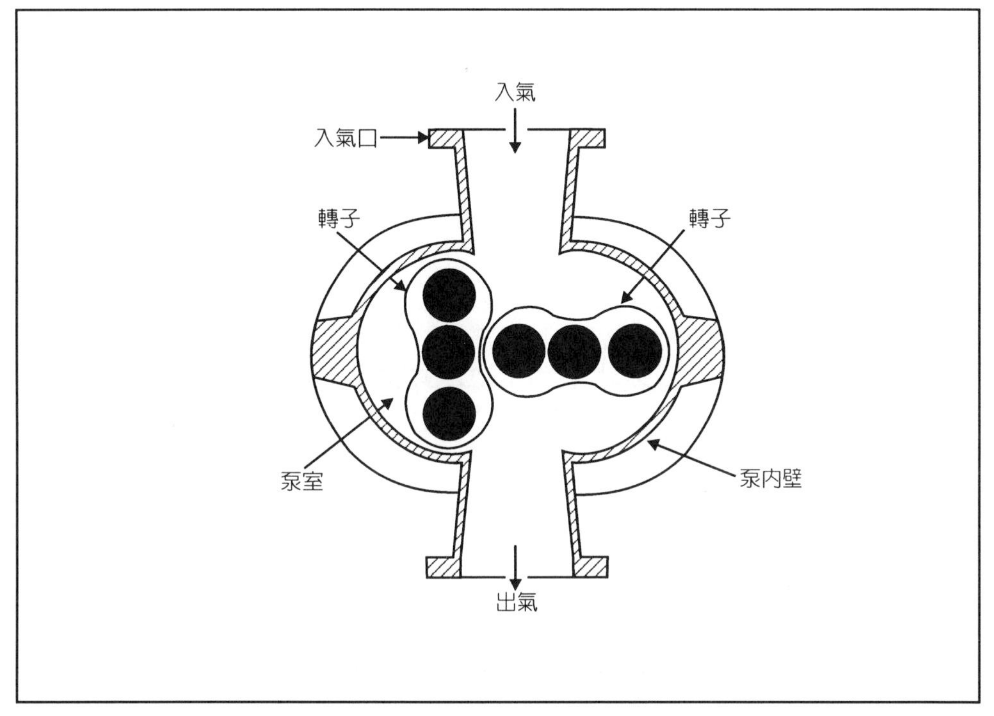

圖 8.10　路茲泵的概路圖

3.渦輪分子泵(turbo molecular pump)

使用以高速旋轉的葉片，使氣體分子有一定方向的運動量，藉以獲得排氣能力的機械泵，如圖 8.12 所示。抽眞空的範圍爲 10^{-4}～10^{-11} 托耳。這個泵所以稱爲分子泵，因爲它必須在進氣端的氣體處於分子流動的情況下，才能有效的操作，此時的壓力約在 10^{-3} 托耳以下。所以需要一個機械式迴轉泵(rotary pump)做輔抽泵。

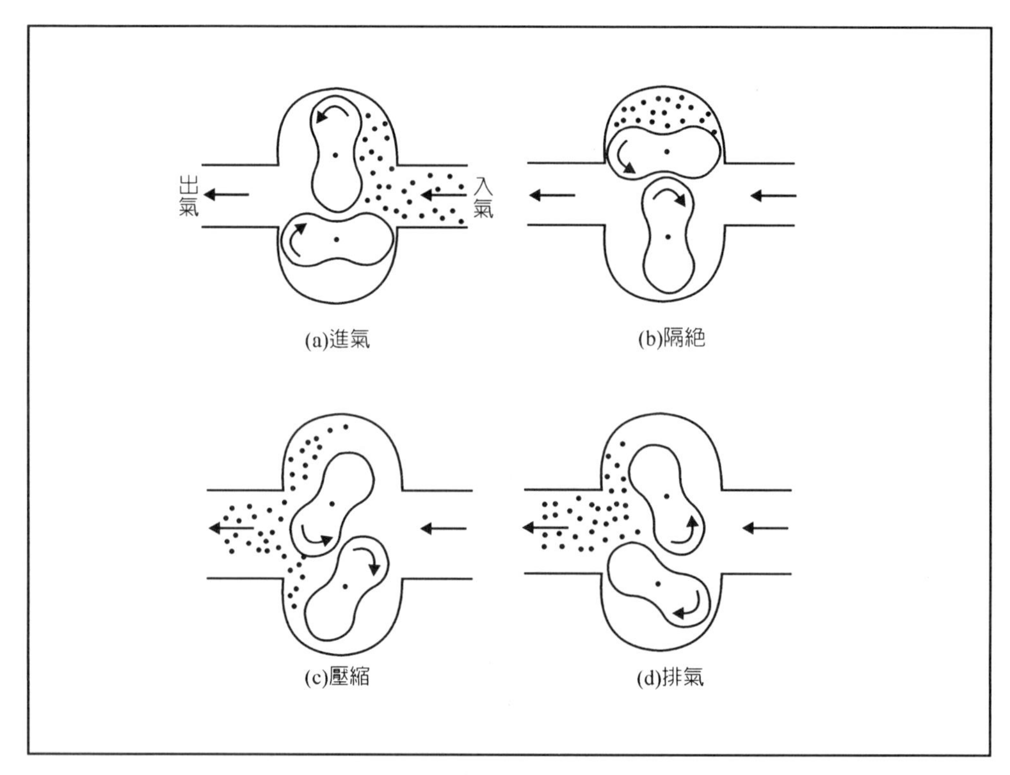

圖 8.11　路茲泵的抽氣原理

4.冷凍式幫浦(cryogenic pump)

冷凍幫浦由壓縮機(compressor)和冷凍幫浦(cryopump)二部份組成。內部有一耐用的閉迴路冷凍(refrigeration)單元，如圖 8.13 所示。

先利用壓縮機將氦氣(He)壓縮，以熱交換方式除去其所產生的熱量。再使氦氣急速膨脹，並導入冷凍幫浦。它吸收大量熱，使幫浦內調節板(baffle)溫度降為 80K（K：絕對溫度），而將水蒸汽凝聚。另一冷凍面板(cryopanel)更降為 15 K。當氣體分子和此面板接觸，即被陷住而凝聚。

冷凍式幫浦抽氣速率快，眞空度可高達 10^{-12} 托耳。

冷凍幫浦上吸附冷聚的氣體，可以利用加熱一帶狀加熱器(band heater)使附著氣體蒸發掉，當幫浦內的壓力回到一大氣壓，再通以乾燥氮氣，直到原來 80 K 調節板的擋牆溫度到 5－10℃。這個過程即稱爲再生(regeneration)。

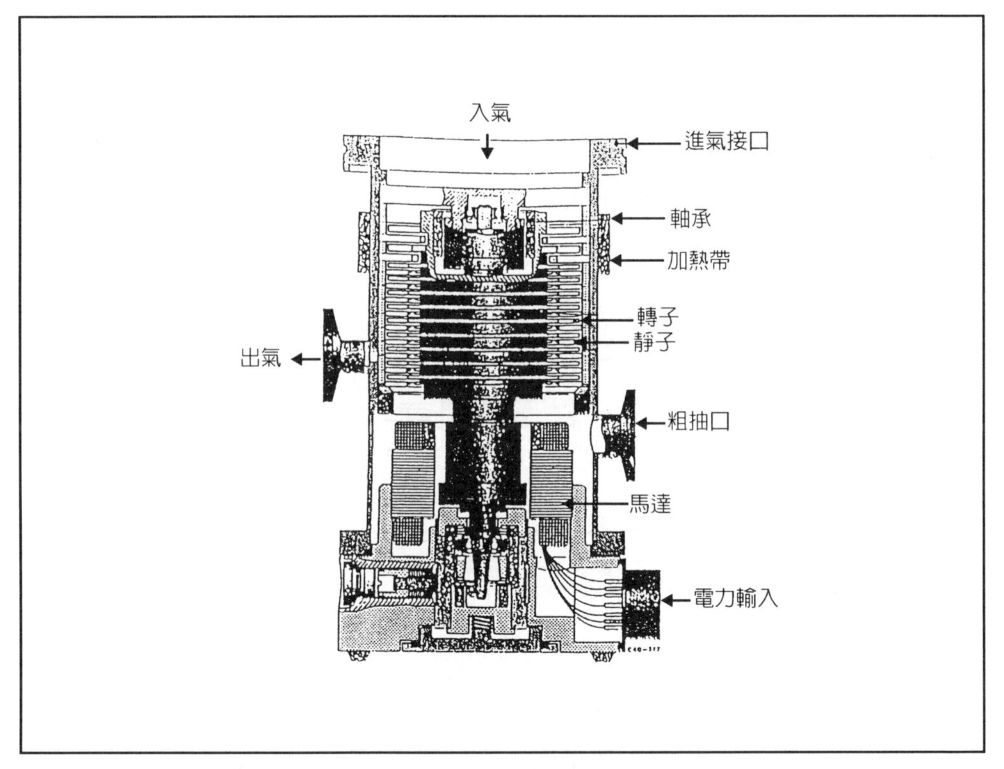

圖 8.12　渦輪分子泵

眞空泵（以擴散泵爲代表）的用油有聚矽氧油(silicone oil)，礦油(mineral oil)，酯(ester)、醚(ether)、氟碳(fluorocarbon)。冷凍泵(cryogenic pump)主要使用氦氣(helium, He)，濺擊離子泵(sputter ion pump)和鈦昇華泵(titanium sublimation pump)使用金屬鈦。非蒸發吸除泵(non-evaporable getter, NEG pump)則使用鋯(Zr)、鈦(Ti)和鋁(Al)。而用以濾油的是分子篩過濾器(molecular sieve filter)。

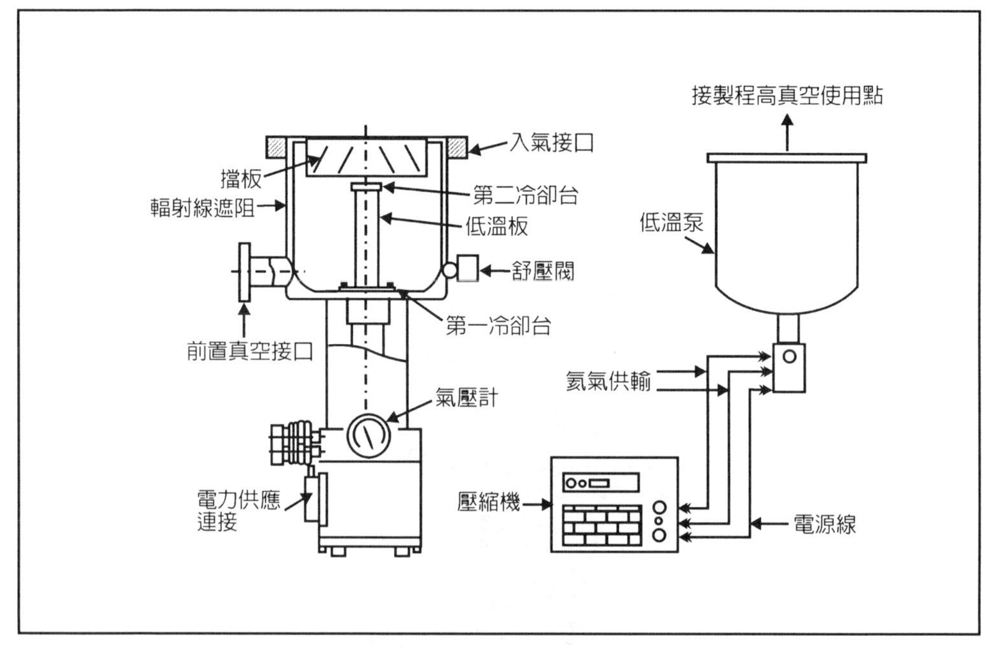

圖 8.13　冷凍式幫浦

聚矽氧油(silicone oil)一般稱爲聚矽氧或矽利康(silicone)，其中聚合度比較低的稱爲聚矽氧油。有優異的耐熱性、穩定性，電氣性質亦佳。爲蒸氣壓較低的液體，因此大多數是供特別需要在高溫或低溫操作的機械類之減磨劑、潤滑油使用。除當作眞空泵用油以外，也可作爲蓄電器、變壓器用油，或利用它的撥水性作爲纖維防水處理劑使用。

酯(ester)爲中性酯，通常是有芳香的揮發性液體，難溶於水，但易溶於有機溶劑。高級的酸或醇之酯則爲固體。而酸性酯一般爲難揮發性，溶於水而呈酸性，又與鹹作用則生成鹽。酯經水解即生成酸和醇（皀化），與氨(NH_3)反應而生成胺，以氫化鋁鋰加以還原，則生成第一醇（RCH_2OH，R 爲烴基）。

醚(ether)，也就是乙醚的簡稱，分子式 ROR'；R、R'爲烴基。是用途最廣泛的溶劑。有單醚或混合醚之分。也有以脂族醚或芳族醚。單醚如甲醚、乙醚等，混合醚如甲乙醚、苯甲醚等。醚通常為中性，而具有香味的揮發性液體，難溶於水，易溶於有機溶劑。化學性穩定，不會和金屬鈉(Na)反應，但遇碘(I_2)、五氯化磷(PCl_5)之作用而分解，生成醇或鹵化物等。

以上各種眞空泵用油，以價格而言，醚和氟碳較貴，兩者的蒸氣壓(vapor pressure)也較低。

分子篩過濾器(molecular sieve filter)包括粗抽阱(roughing trap)和前級阱(foreline trap)兩種，用以防止機械泵油蒸氣回流至系統或擴散泵口，在離子泵或渦輪泵常使用此種裝置，可保系統在極潔淨的環境。分子篩用於吸附劑、觸媒(catalyst)等所使用的合成沸石(zeolite)有均勻的細孔徑。晶體結構類似天然沸石，但化學組成不同。因細孔均勻，故無法將有效直徑比此細孔大的分子吸附，故有分子篩之作用。此外也選擇性地吸附極性化合物(polar compound)，尤其是吸附水的作用特強。也可供吸濕劑（空氣乾燥機）、二氧化碳(CO_2)、硫化氫(H_2S)的吸收劑之用。

有時在機械幫浦和中高級幫浦之間也加氧化鋁(Al_2O_3)阱，以防止泵油流入次級幫浦。氧化鋁亦稱礬土(alumina)，不溶於水，難溶於無機酸或強鹼，不具燃燒性、無毒，對熱極安定。表面積極大，常用作吸附劑。

鈦(titanium, Ti)，原子序 22，原子量 47.9，分佈廣泛，存在比例也高。地殼中的存量約為 0.57%（第 9 位）。比重 4.50(25℃)，溶點 1675℃，沸點 3260℃。有優異的強度、耐熱性、耐蝕性，導熱係數及熱膨脹率比較小。低溫時穩定，但在高溫時活性很大，可以和許多非金屬，若干金屬直接化合。粉末狀鈦也吸收氫。濺擊離子泵(suptter ion pump)就是以氬(Ar)離子濺擊(sputter)鈦，使其成原子而吸收氫（溶解氫）而達高眞空。鈦昇華泵(titanium sublimation pump)則是把鈦燈絲加熱，使鈦昇華(sublimation)為蒸氣，以吸收反應室內的氣體，而達高眞空度。

鋯(zirconium, Zr)是原子序爲 40 的過渡元素(transition element)，原子量 91.22。金屬鋯是銀白色，比同形的鈦柔軟。室溫時，在空氣中不會被氧化，但粉末容易發火。容易和氫、氮、碳、矽等反應，而得侵入型化合物。也可和鹵素反應，產生鹵化物。不容易受酸、鹼所侵害，但溶於氫氟酸、王水。可作吸氣劑。是不可蒸發吸除泵(non-evaporable getter, NEG pump)的主要材料。

NEG 泵的特點是沒有活動機件，固定工作不會污染氣室，不會振動。除鋯(Zr)以外，鈦(Ti)、鋁(Al)、釩(V)、鐵(Fe)、鎳(Ni)或其他過渡元素或化合物形成之合金也可用。工作時以紅外光燈加熱，而氣體被鋯等金屬吸除。

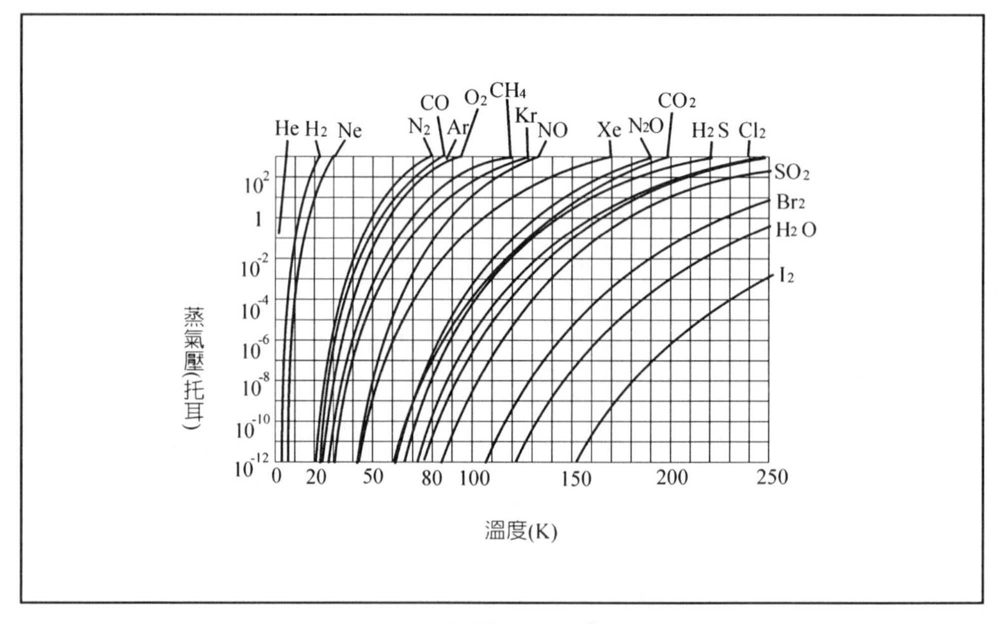

圖 8.14　氣體的平衡蒸氣壓

氦(helium, He)是惰性氣體的一種，原子序爲 2，原子量爲 4。工業上是利用天然氣的液化與分餾反覆而得，無色無臭，沸點-268.94℃（所有氣體中最低的)。冷凍泵(cryogenic pump)將氦壓縮，以熱交換除去其熱，再使氦急速膨脹吸熱，可使泵的面板降溫至 7 K～15 K。因此泵可將氣室內氣體抽到 10^{-9} 托耳。

測漏(leakage detect)時，也可利用氦氣，因為它的質量比氫重，而比所有其他氣體為輕，可將偵測靶放在適當位置，而測得由洩漏出來的氦之存在。氦在空氣中很少，不會被誤導。

製程反應室內最不容易除去的氣體是氦(He)，其次是氫(H_2)，因為氦和氫的平衡蒸氣壓，即使到極低的溫度仍然存在。多種氣體的平衡蒸氣壓，如圖 8.14 所示。

8.4　空氣壓縮機

空氣壓縮機(air compressor)可以分為容積式和動力式二類。容積式是將一個空的體積壓縮變小，以升高壓力。動力式是將空氣旋轉加速，經由擴散器將動能變為壓力。

空氣壓縮機主要成分為電動機（即馬達，motor）、氣缸(cylinder)和儲氣筒。當空氣被壓縮而進入儲氣筒，會升高溫度。同時，空氣中的水份也進去了，壓力加大，水蒸氣便超過飽和密度而變成水滴，所以空氣壓縮機的後面大多接有後部冷卻器(after cooler)，其中附有排水閥。因為轉子運轉需要用油潤滑，而油就會隨著壓縮空氣而進入氣室。近來改用特殊材質的活塞(piston)環，使活塞和汽缸無油運轉，輸出空氣不含油份。再用特殊刮油設計，確保油份不進入汽缸。這就是無油式(oilfree, oilless)壓縮機。

壓縮機後部連接之空氣乾燥機(air dryer)的乾燥（除水）效率，可從露點(dew point，水蒸氣開始凝結為水滴的溫度)看出。露點越底（如攝氏零下 20 或 30 度），表示乾燥效率越好，如表 8.8 所列。

區分壓力和真空是以一大氣壓為界限，小於一大氣壓可稱為真空，要用幫浦抽；大於一大氣壓可稱爲壓力，要用空氣壓縮機。

氣體分子撞擊反應室的器壁產生力量。氣體分子愈少、壓力愈低。反之氣體分子愈多、壓力愈高。

如壓力小於大氣壓力(1 atm)時，表示眞空，其壓力單位即爲眞空度。

1 大氣壓＝1 atm＝760 mm Hg 水銀柱壓力。

1 托耳(torr)＝ $\frac{1}{760}$ atm＝1 mm Hg。

1 巴斯噶（Pascal，帕）＝1 牛頓／平方米(Newton/m^2)＝10 達因／平方公分(dyne/cm^2)＝7.5 m 托耳

如壓力大於大氣壓力時，即用單位面積所受的力量表示，如公斤／平方公分(kg/cm^2)，或 psi 磅/平方吋(1 b/in^2)。一般電漿蝕刻機的壓力爲 50 毫托耳～0.5 托耳。一般使用之儲氣瓶的壓力約爲 500 psi～2,000 psi。

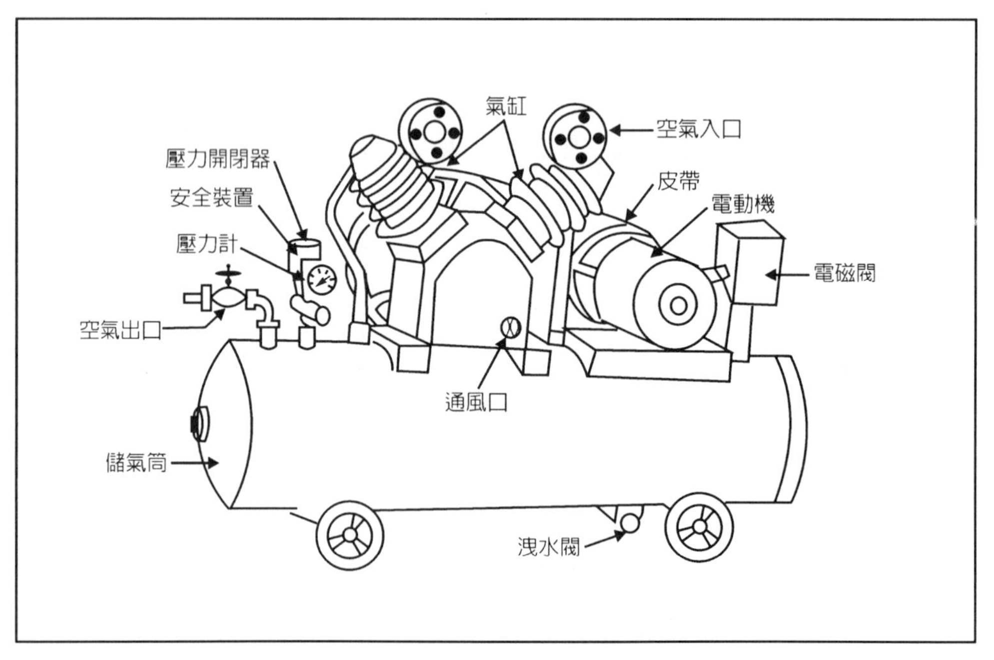

圖 8.15　空氣壓縮機的概略圖

空氣乾燥機(air dryer 或 desiccator)將空氣壓縮機出口的空氣乾燥，除去水份，如圖 8.16 所示。一般常用的有三種型式：

1.解潮劑化學式乾燥機

利用氯化鈉(NaCl)或尿素鹽（易腐蝕性）的解潮作用來除濕。成本低，但需常添加或更換。壓力露點(dew point)溫度約 6℃，除濕效率差（約 82%）。

表 8.8　大氣壓露點－水蒸氣含水量表(1gm/m³)

溫　度	含水量	溫　度	含水量	溫　度	含水量	溫　度	含水量
99℃	569.7	56℃	108.9	13℃	11.3	-30℃	0.448
98℃	550.3	55℃	104.2	12℃	10.6	-31℃	0.409
97℃	532.0	54℃	99.6	11℃	10.0	-32℃	0.373
96℃	514.3	53℃	95.2	10℃	9.40	-33℃	0.340
95℃	496.6	52℃	90.9	9℃	8.32	-34℃	0.309
94℃	480.8	51℃	86.9	8℃	8.27	-35℃	0.281
93℃	464.3	50℃	82.9	7℃	7.75	-36℃	0.255
92℃	448.5	49℃	78.9	6℃	7.26	-37℃	0.232
91℃	443.6	48℃	75.3	5℃	6.80	-38℃	0.210
90℃	420.1	47℃	71.8	4℃	6.14	-39℃	0.190
89℃	404.9	46℃	68.5	3℃	5.95	-40℃	0.172
88℃	389.7	45℃	65.3	2℃	5.56	-41℃	0.156
87℃	375.9	44℃	62.2	1℃	5.19	-42℃	0.141
86℃	362.5	43℃	59.2	0℃	4.85	-43℃	0.127
85℃	349.9	42℃	56.4	-1℃	4.52	-44℃	0.114
84℃	337.2	41℃	53.6	-2℃	4.22	-45℃	0.103
83℃	325.3	40℃	51.0	-3℃	3.93	-46℃	0.093
82℃	313.3	39℃	48.5	-4℃	3.66	-47℃	0.083

81℃	301.7	38℃	46.1	-5℃	3.40	-48℃	0.075
80℃	290.8	37℃	43.8	-6℃	3.16	-49℃	0.067
79℃	280.0	36℃	41.6	-7℃	2.94	-50℃	0.060
78℃	269.7	35℃	39.5	-8℃	2.73	-51℃	0.054
77℃	259.4	34℃	37.5	-9℃	2.54	-52℃	0.049
76℃	249.6	33℃	35.6	-10℃	2.25	-53℃	0.043
75℃	240.2	32℃	33.8	-11℃	2.18	-54℃	0.038
74℃	231.1	31℃	32.0	-12℃	2.02	-55℃	0.034
73℃	222.1	30℃	30.3	-13℃	1.87	-56℃	0.030
72℃	213.4	29℃	27.7	-14℃	1.73	-57℃	0.027
71℃	204.9	28℃	27.2	-15℃	1.60	-58℃	0.024
70℃	197.0	27℃	25.7	-16℃	1.48	-59℃	0.021
69℃	189.0	26℃	24.3	-17℃	1.36	-60℃	0.019
68℃	181.6	25℃	23.0	-18℃	1.26	-61℃	0.017
67℃	174.2	24℃	21.8	-19℃	1.16	-62℃	0.015
66℃	167.3	23℃	20.6	-20℃	1.067	-63℃	0.013
65℃	160.5	22℃	19.4	-21℃	0.982	-64℃	0.011
64℃	153.9	21℃	18.3	-22℃	0.903	-65℃	0.0099
63℃	147.6	20℃	17.3	-23℃	0.829	-66℃	0.0087
62℃	141.5	19℃	16.3	-24℃	0.761	-67℃	0.0076
61℃	135.6	18℃	15.4	-25℃	0.698	-68℃	0.0067
60℃	129.8	17℃	14.5	-26℃	0.640	-69℃	0.0058
59℃	124.4	16℃	13.6	-27℃	0.586	-77℃	0.0051
58℃	119.1	15℃	12.8	-28℃	0.536		
57℃	114.0	14℃	12.1	-29℃	0.490		

2.乾燥劑化學式乾燥機

利用矽膠(silica gel)或活性鋁氧(active alumina)等乾燥劑，以電熱或蒸汽熱還原來除濕。購置及運轉費用高，油污與雜質易附於乾燥劑表面。使用一段時間之後，易剝離成粉末，進入系統阻塞閥門或破壞電氣設備。露點低於 0℃，除水率可達 96%。

3.冷凍式壓縮空氣乾燥機

空氣經冷卻，水蒸氣將凝結成水。加裝過濾器，可除去微塵、油污，效率達 90%以上。包括空氣冷卻乾燥系統與冷媒(freon)循環系統。露點約 2℃，除水率 90%。三種空氣乾燥機的比較，如表 8.9 所列。

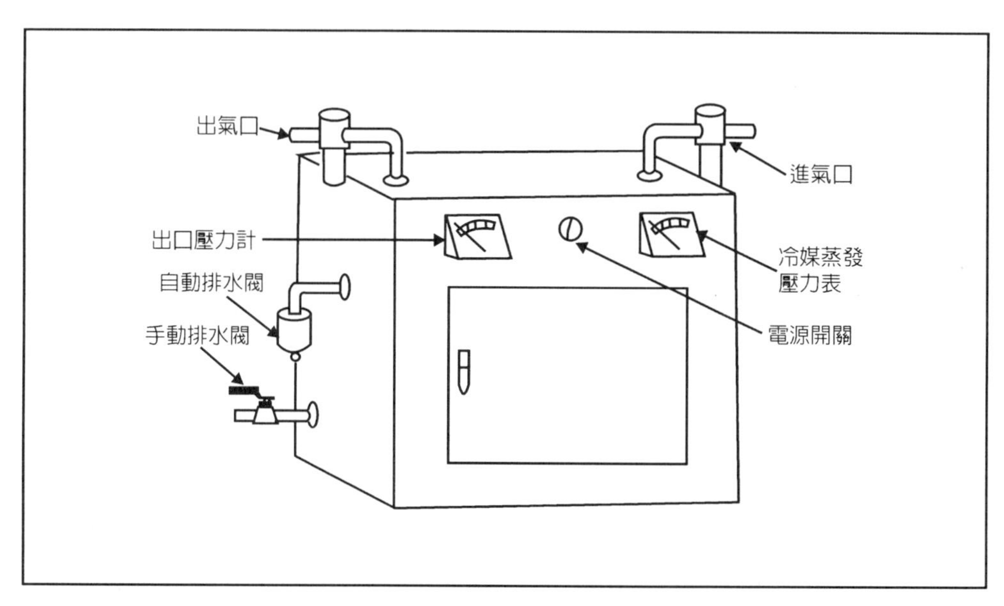

圖 8.16　空氣乾燥機的概略圖

矽膠或稱矽凝膠(silica gel)，可用礦酸（mineral acid，無機酸，如鹽酸、硫酸、硝酸）將水溶性矽酸鹽分解，使其溶膠化水洗而得，為非晶質含水矽酸。表面積比較大（每公克數百平方米），吸附性顯著，所以廣泛使用為乾燥劑。因矽膠含鈉離子(Na^+)，會使 MOSFET 的臨限電壓（threshold voltage，即導通電壓）改變，不可用於金氧半(MOS)類半導體廠的空氣乾燥用。

表 8.9　三種空氣乾燥機的比較

	潮解劑化學式	乾燥劑化學式	冷凍式
化學劑	NaCl或尿素鹽	矽膠或活性鋁	－
再生方式	添加潮解劑	電熱或蒸氣熱	－
運轉方式	間歇式	間歇式	連續式
操作方式	半自動或手動	半自動	全自動
壓力損失	0.5 kg/cm^2以上	0.5 kg/cm^2以上	0.5 kg/cm^2以下
壓力露點	6℃	低於0℃	2℃
除水率	82%	96%	90%
消耗功率	－	大	小
購置成本	低	極高	中
運轉費用	中	高	低
維護費用	高	高	低

活性鋁或稱活化鋁氧、活化氧化鋁，活化礬土(activated alumina)，具多孔質而吸附力強的鋁礬土。可將氫氧化物加熱脫水而製成。用以除去空氣等氣體及有機溶劑中的水份。空氣經活性礬土除濕後，水份含量約為 0.01 毫克／升。活性鋁比氯化鈣($CaCl_2$)、矽膠(silica gel)的除濕能力還要強。

8.5　安全輸送系統

離子植入(ion implantation)等製程因使用的製程氣體有劇毒，近來多以小於一大氣壓的氣體鋼瓶儲存。利用真空泵(vacuum pump)將氣體抽到反應室。要增加氣體儲存量，鋼瓶內填以沸石(zeolite)、活性碳(activated carbon)、活性鋁氧（礬土）(activated alumina)或矽膠(silica gel)。這也就是一般所謂的安全輸送系統(safe delivery system)，如圖 8.17 所示。以下介紹前面尚未介紹的活性碳和沸石。

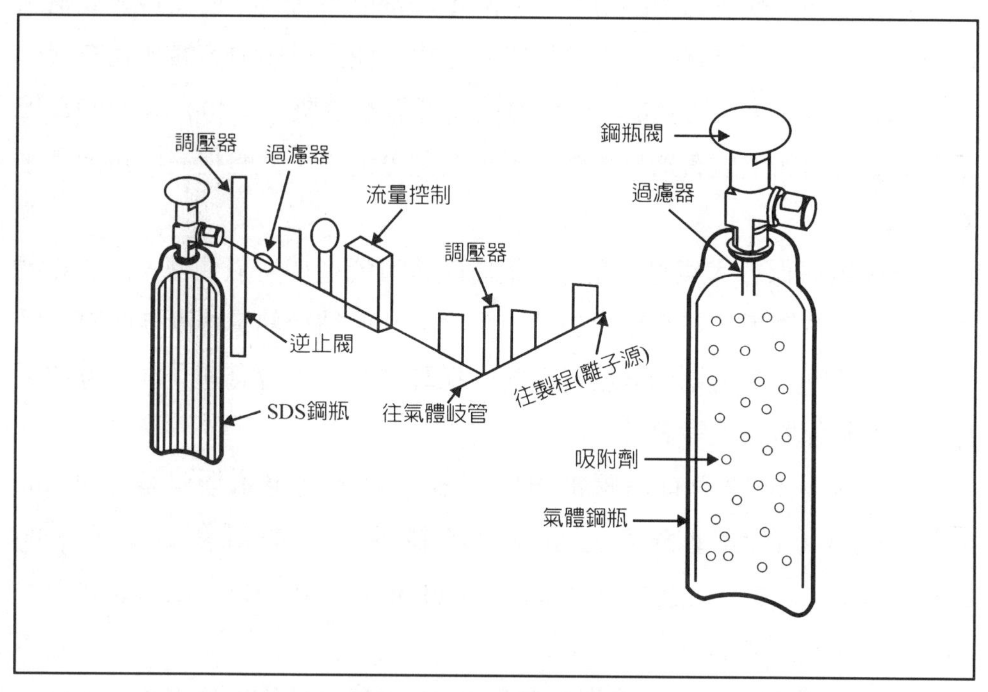

圖 8.17　安全輸送系統

活性碳是表面積大，具高度吸附能力的碳元素物質。除含少量的氫、氧、無機成份外，呈石墨狀的平面片狀晶體，為複雜的不定形碳所構成，具多孔性的物質，因此其體積密度甚低，約為 0.3 克／立方公分。細孔的平均半徑為 1～2 奈米(10^{-9}m)，每單位質量比面積為 800～1500 平方米／克。是疏水的吸附劑，對油的吸附比水強，也可吸附鹵素。可脫色、脫臭或作溶劑的回收等氣相吸附。也可用於超純水(de-ionized water, D. I. water)的前處理。也可吸附 AsH_3，BF_3，SiF_4 等。

沸石(zeolite)是一種強力吸附劑。可用於離子植入的氣體安全輸送系統(safe delivery system)，以吸附氫化砷(AsH_3)，降低其壓力，提高安全度。也可用於氣體精製(purification)，以吸著不純物 H_2O 或 CO_2，也可吸附氫化磷(PH_3)。

安全輸送系統(SDS)是利用吸附劑(absorbent)的原理，使劇毒或高腐蝕性的氣體如 AsH_3、PH_3、BF_3 等經吸附之後，使鋼瓶壓力大減。在充填至 650 托耳時，所含的氣體量，即爲傳統高壓氣體鋼瓶（＞400 psi）的數倍至數十倍。因此不虞有鋼瓶爆炸或嚴重洩漏等情事，大幅提高此類鋼瓶之安全性。

SDS 鋼瓶低於大氣壓，在打開鋼瓶閥後可能造成空氣倒灌，而使氣體與空氣中的氧燃燒，在初期會放熱、溫度上升。稍後熱量逐漸被吸附劑吸收，溫度下降，壓力則始終維持在 740 托耳左右，不會急速升高，導致爆炸，或大量氣體外洩等意外。

離子植入機器內有高壓電源供應器，利用到絕緣變壓器(isolation transformer)，在變壓器內必須塡以絕緣油，以前用多氯聯苯(poly choloriphenyl, PCB)，近來以六氟化硫(sulfur hexafluoride, SF_6)或凡力水(varnish water)所取代。

多氯聯苯(PCB)，一般是指以聯苯 $C_{12}H_{10}$ 的氯取代物，亦稱 $C_{12}C1_xH_{10-x}$ 的化學式所表示的物質之混合物。多氯聯苯(PCB)在理論上有 210 種，物理性質因種類不同而稍異，但外觀是無色透明的油狀，有一點芳香味。無燃燒性。PCB 在化學上非常穩定，不會被酸或鹹所侵害。難溶於水，但可溶於有機溶劑，如醇、酮、烴等。放在自然環境尤其是淡水或海水中的 PCB，其分解非常緩慢，會徐徐滯積於生物內。經由這些生物，被吸進入體內的 PCB 幾乎不被排泄，尤其被蓄積在脂肪內，嚴重者會罹患皮疹、皮膚痤瘡毀型和變色，疲倦、痲痺、呼吸的苦惱、嘔吐、掉頭髮、眼睛異常、內臟障害等各種症狀。用途是供變壓器、電容器的絕緣油、工廠熱媒體、塗料、感光紙等廣泛使用，目前已被禁止使用。

六氟化硫(SF_6)，分子量 146.07。無色無臭的氣體，凝固點-50.7℃，昇華點-63.8℃，比重 1.88（-50.7℃，液體）。對熱穩定，在化學上也是穩定的化合物，即使於 800℃也不會分解，處於室溫不和其他元素反應，非但不會發生因水、酸、鹼所引起的分解反應，和鹵素、氧、碳、鎂等即使加熱至紅熱也不會反應。在熔點以下不會和鈉反應。可作電絕緣氣體用。特性優於氟氯烷。去除產生於氣體或無極性液體中的游離電子的作用非常強，也供電子去除劑使用。

另一種做爲變壓器的絕緣用的是凡力水(varnish water)。凡力水一般是透明的液體，也可作清漆塗料。

8.6 冷凍系統

和空氣壓縮機同時使用，以完成空調效果的是冷凍系統。冷凍系統可分爲機械冷凍系統和非機械冷凍系統，後者又可非爲下列六種：

1. 吸收式冷凍系統：利用固體吸收劑氯化銀(AgCl)易吸收氣態冷媒氨(NH_3)，加熱後釋放冷媒之特性，達到冷凍的效果。
2. 熱電式冷凍系統。利用西貝克效應(Seeback effect)、皮爾第效應(Peltier effect)以測量溫度，如圖 8.18 所示。1820 年西貝克(Seeback)發現，利用兩塊不同之金屬相絞接，並以導體連接電流錶，當從金屬絞接處加熱時，電流錶上會有微弱電流指示，稱爲西貝克效應(Seeback effect)。1834 年皮爾第(Peltier)從西貝克效應加以應用，將銅線與康銅線(constantan wire)之兩端予以連接，並且串聯一電流計；將一端置於冰水中，而另一端置於高溫處，結果因電位差，使的電流錶動作；如將電流錶改爲直流電源時，則兩端會有溫差產生，稱爲皮爾第效應(Peltier effect)。

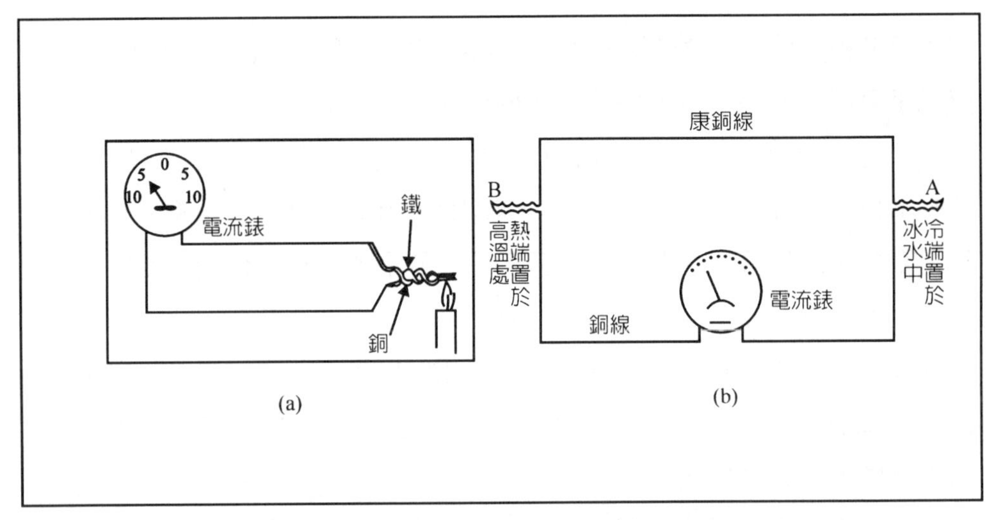

圖 8.18 (a)西貝克效應，(b)皮爾第效應

3.噴氣式冷凍系統：利用水蒸發來吸熱，以產生冷凍效果。

4.磁性冷凍系統：利用順磁性(para-magnetic)物質之部分子會受磁力影響的特性，來達到極低溫冷凍之目的。作用原理：將順磁性鹽放在液態氦(liquid helium LHe)所包圍的中央，液態氦蒸發時將不斷的自順磁性鹽中吸收熱量，而將順磁性鹽冷卻近於 1K；此時將磁場移至已冷凍之順磁性鹽時，其分子受磁場作用會再度重新排列，分子間移動將再度放出熱量，此熱量會被蒸發之液態氦帶走。此時冷凍鹽處於完全隔熱狀態，移去磁場與液態氦，冷凍鹽之分子將再度分解變動，因冷凍鹽被隔熱，只有從本身吸熱，而造成本身溫度之降低。

5.消耗冷媒系統：利用液態氮、液態空氣、二氧化碳直接噴入冷凍空間或冷凍物品上，而達到蒸發吸熱的目的。液態氮的蒸發溫度為-196℃，蒸發潛熱(latent heat)為 96 千卡／公斤(kcal/kg)，二氧化碳的蒸發溫度為-78.5℃，蒸發潛熱為 152.6 kcal/kg。潛熱為物質在不升高溫度的情況下，由液態轉變為氣態，或由固態轉變為液態，每單位質量所吸收的熱。如由 0℃冰轉為 0℃水，潛熱為 80 卡／克，由 100℃水轉為 100℃水蒸氣，潛熱為 539 卡／克。顯熱(sensible heat)則為物質在同一狀態，單位質量每升高 1℃所需吸收的熱，如水的顯熱為 1 卡／克－℃。

6.渦流冷凍系統：利用高壓空氣噴入渦流管內，因急速旋轉、膨脹，而產生兩種不同溫度的氣體。中心部份之氣體熱量減少成為冷氣，而送入室內。而外圍氣體之熱量增加，成為熱氣而排出。

機械式冷凍系統則是利用壓縮機、冷凝器、冷媒控制器及蒸發器等交互作用以完成冷凍的作用，如圖 8.19 所示。

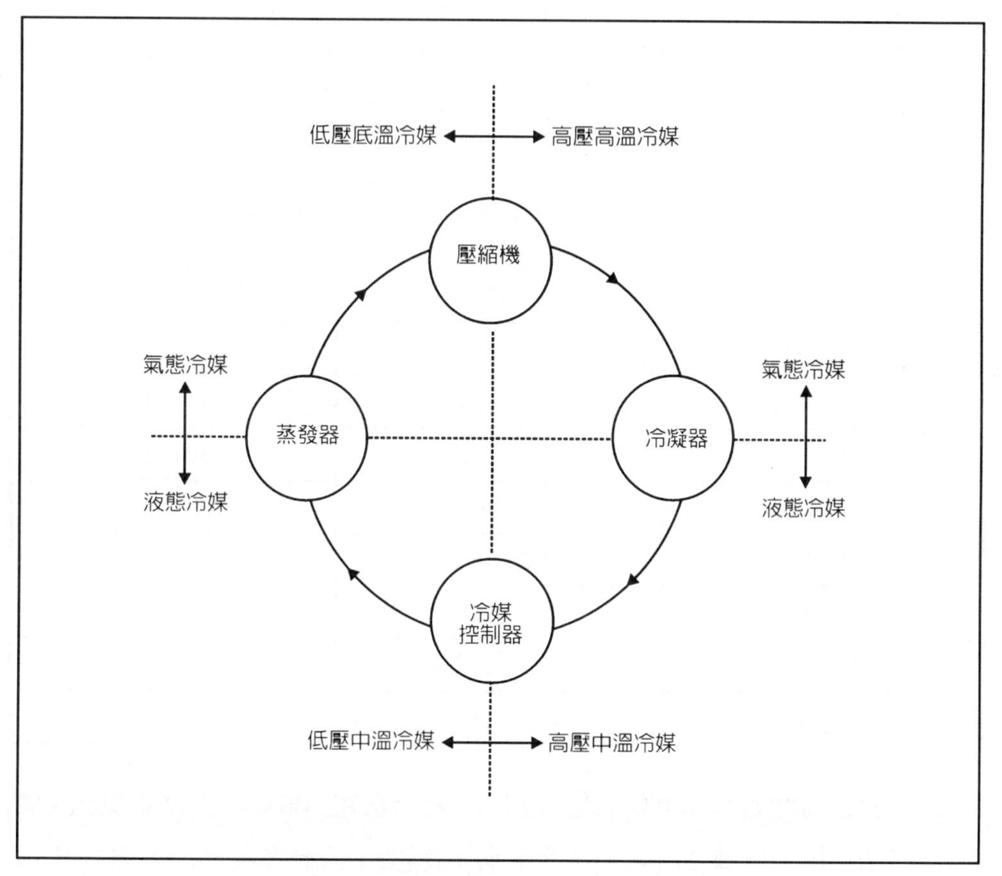

圖 8.19　機械式（壓縮式）冷凍系統之作用原理

冷媒爲一種極易從液態蒸發爲氣體，而且極易從氣體凝結成液態的物質。利用此特性，不斷的壓縮循環，以達成冷凍的目的。冷媒的特性爲：

1.無毒性、無刺激性。

2.無燃燒性、無爆炸性。

3.潛熱(latent heat)值大：

產生較高之冷凍能力。物質於增減熱量時，僅改變其溫度，而不改變其形態的熱稱爲顯熱(sensible heat)。物質於增減熱量時，僅改變其形態，而不改變其溫度的熱稱爲潛熱(latent heat)。冷凍工程上應用之例，如冷凍機中利用冷媒的汽化顯熱和冷凝潛熱，來降低溫度，以達需求。幾種常用的冷媒在一大氣壓下之潛熱值，如表 8.10 所列。

表 8.10　常用冷媒的潛熱值

物　　質	潛熱公制(kcal/kg)	潛熱英制(BTU/1b)
水　(H_2O)	540 (100℃)	970 (212°F)
氨　(NH_3)	327 (-15℃)	589（5°F）
氯甲烷　(CH_3Cl)	108 (-15℃)	194 (5°F)
二氧化硫　(SO_2)	94 (-15℃)	169 (5°F)
二氯甲烷　(CH_2Cl_2)	90 (-15℃)	162 (5°F)
冷媒　R-11	46.6 (-15℃)	84.0 (5°F)
冷媒　R-12	38.6 (15℃)	69.5 (5°F)
冷媒　R-13	25.3 (-15℃)	45.6 (5°F)
冷媒　R-22	51.9 (-15℃)	93.4 (5°F)

上表之溫度如水 100℃（或 212°F），表示水在 100℃以上爲水蒸氣（氣態），水在 100℃（或 212°F）以下爲水（液態）。公制和英制的熱量換算爲 1 卡(cal)＝3.96 英制熱單位(British thermal unit, BTU)＝4.19 焦耳(Joule,

J)。攝氏溫度℃＝（華氏溫度°F－32）×$\frac{5}{9}$。華氏溫度°F＝攝氏溫度℃×$\frac{9}{5}$＋32。凱氏溫度 K（絕對溫度）＝攝氏溫度℃＋273。

4.化學性質安全：在液態與氣態循環過程中，不發生分解或變質。

5.無腐蝕性。

6.臨界溫度(critical temperature)高：即冷凝溫度高，用常溫的水即可達到冷凝的作用。氣體受壓力而可以液化的最高溫度，稱爲臨界溫度(critical temperature)，惟高於此一溫度即使再增加壓力，氣體也無法液化。於臨界溫度下，使氣體液化的壓力，稱爲該氣體的臨界壓力(critical pressure)。幾種常用的氣體之臨界溫度和臨界壓力，如表 8.11 所列。

表 8.11　常見物質之臨界溫度和臨界壓力

物　　質	臨界溫度(℃)	臨界壓力(kg/cm^2)
空氣	-140.7	38.9
氫　(H_2)	-240.0	13.2
氮　(N_2)	-147.0	34.6
氧　(O_2)	-118.0	51.5
二氧化碳　(CO_2)	31.1	75.4
水　(H_2O)	374.0	226.0
水銀　(Hg)	1470.5	10001.6
酒精　(C_2H_5OH)	242.8	65.3
氨　(NH_3)	134.2	16.1
冷媒　R-11	198.0	43.7
冷媒　R-12	111.5	39.9
冷媒　R-22	96.0	49.4

公制壓力單位和英制壓力單位的換算爲：kg/cm^2=14.19 lb/in^2(psi)。

7.蒸發溫度低：可得較佳的冷凍空間。

8.凝固點低：避免於蒸發器內結冰。

9.具有潤滑性：易與潤滑油混合或分離。

10.不與其他物質混合：尤其是空氣與水。

11.運轉壓力低：材料強度可較小，並減少冷媒之洩漏。

12.比容小：體積小，可節省壓縮機中所佔之空間。

13.壓縮比(compression ratio)低：即馬力小，耗電量低。

14.抗電性大：具有高度之絕緣電阻。

15.黏性宜低：增加壓縮容積效率；傳熱性較佳。

16.價格低且易購得。

17.洩漏時易於偵測。

冷媒的分類可以(1)依化合物的組成區分，(2)依安全性區分，或(3)依毒性區分：

1.依化合物的組成區分：

A.無機化合物：水、空氣、阿摩尼亞、二氧化碳、二氧化硫。

B.氧化合物：乙醚、甲酸甲酯。

C.氮化合物：胺類(amine)化合物。

胺(amine)是以 1～3 個的烴(C-H)基，或與此相當的基取代氨(NH_3)的氫原子而形成 RNH_2（第一胺），R_2NH（第二胺），及 R_3N（第三胺）的化合物總稱。將 R 基的名稱或母體化合物 RH 的名稱加上 amine 而命名，或於母體化合物名稱冠上 amino（胺基 NH_2）而命名。例如 $C_2H_5NH_2$ 命名為乙胺。低級的胺為具有氨臭，而且易溶於水的氣體，高級的胺為具有魚腥臭的液體，不易溶於水。通常胺為弱鹼，與酸反應生成銨鹽。

D.碳鹵化合物：即弗利昂(freon 或 flon)。

E.共沸化合物：R-500、R-501、R-502 等。

F.碳氫化合物：烯類、烷類等的化合物。

G.環狀有機化合物：氟烷類。

H.不飽和有機化合物：氯氟烯類或氯烯、氟烯類。

2.依安全性區分：

A.第一類：最全性。

B.第二類：具有毒性及可燃性。

C.第三類：極易燃燒。

3.依毒性區分：

區分成六級，第一級毒性最大，第六級毒性最小。主要冷媒毒性及安全性比較，如表 8.12 所列：

以上冷媒中最常被使用的是 R-11、R-12、R-22（也有以 F-11、F-12、F-22 表示的）。二者均含有碳、氟、氯故稱爲 CFC。作爲冷媒的特點是，它由氣態經壓縮冷凍很容易轉變爲液態，而在液態吸大量的熱而轉爲氣態。此類弗利昂爲非分解性產品，經擴散到平流層，以致破壞臭氧層(ozone layer)，因此逐漸被禁止使用於霧劑溶膠（主要指 R-11，R-12）。

臭氧層(ozone layer)是指地面上 10－50 公里的平流層，下部的臭氧濃度比較高的層。臭氧濃度最大在 20 公里左右之處，大約是 5×10^{12} 分子／cm^3，處於同等高度的空氣的密度是 1.7×10^{18} 分子／cm^3，所以臭氧的比率，大約是 3 ppm。臭氧層能吸收太陽光線中對人體有毒的短波紫外線（300 nm 以下），以防止它到達地面。冷媒使用的氟氯烷（R-11 CF_2Cl_2；R-12，$CFCl_3$ 等）、噴霧劑、硝酸鹽肥料因細菌分解而產生的 NO_2、飛機排出的 NO 等，均會破壞臭氧層。造成人類罹患皮膚癌，也影響生態和氣候。

電子氣的特性，如附表 8.13 所列。

表 8.12　主要冷媒毒性及安全性比較表

冷媒編號	名　稱	化學分子式	化合物組成(八系統)	毒性百分(六等級)	致死亡時間及佔容積		能否發生毒性對體	安全性區分(三類)	燃燒或爆炸時容積所佔比例(%)
					時間(小時)	容積(%)			
R-744	二氧化碳	CO_2	1	5	1/2～1	30	否	1	不燃不爆
R-11	冷媒11	CCl_3F	8	6	2	10	有	1	不燃不爆
R-12	冷媒12	CCl_2F_2	8	6	2	28.5～30.4	有	1	不燃不爆
R-13	冷媒13	$CClF_3$	8	6	—	—	有	1	不燃不爆
R-22	冷媒22	$CHClF_2$	8	5	2	9.5～11.7	有	1	不燃不爆
R-113	冷媒113	$C_2Cl_3F_3$	8	4	1	4.8～5.2	有	1	不燃不爆
R-114	冷媒114	$C_2Cl_2F_4$	8	6	2	20.1～21.5	有	1	不燃不爆
R-500	冷媒500	CCl_2F_2/CH_3CHF_2	5	6	2	19.4～20.3	有	1	不燃不爆
R-502	冷媒502	$CHClF_2/CClF_2CH_3$	5	6	—	—	有	1	不燃不爆
R-717	氨(阿摩尼亞)	NH_3	1	2	1/2	0.5～0.6	否	2	略燃16～27
R-40	氯甲烷	CH_3Cl	8	4	2	2～2.5	有	2	燃10～15
R-764	二氧化硫	SO_2	1	1	1/12	0.7	否	2	不燃不爆
R-160	氯乙烷	C_2H_5Cl	7	4	1	2	有	2	燃3.7～12
R-171	乙烷	C_2H_6	4	5	2	37.5～51.7	否	3	燃3.3～10.6
R-290	丙烷	C_3H_8	4	5	2	37.5～51.7	否	3	燃2.3～7.3
R-600	丁烷	C_4H_{10}	4	5	2	37.5～51.7	否	3	燃1.7～5.7

8.7　附表電子氣體特性

表 8.13　電子氣體特性

分子式	英　　文	TLV/TWA	LEL/UEL%	味道	顏色	特　　性
CH_4	METHANE　甲烷	—	5.0/15	無	無	吸入過多造成昏厥
C_2H_2	ACETYLENE　乙炔	—	2.5/81	微甜美	無	活潑，易燃氣體與丙酮共存
C_2H_4	ETHYLENE　乙烯	—	3.1/3.6	芳香味	無	微痲醉性，易昏厥
C_2H_6	ETHANE　乙烷	—	3.0/12.4	芳香味	無	微痲醉性，易昏厥
C_3H_8	PROPANE　丙烷	—	2.1/9.5	芳香味	無	微痲醉性，易昏厥
C_3H_6	PROPYLENE　丙烯	—	2.0/11	芳香味	無	微痲醉性，易昏厥
C_4H_{10}	BUTANE　丁烷	—	1.8/8.4	喜歡味	無	微痲醉性，易昏厥
D_2	DEUTERIUM　重氫	—	5.0/75	無	無	易燃，與H_2同族群
H_2	HYDROGEN　氫氣	—	4.0/75	無	無	自燃，發火溫度400℃
CH_3F	METHYL FLUORIDE　氟甲烷	2.5mg /m^3	—	—	無	有毒易燃，高濃度時具有痲醉性
CH_3Cl	METHYL CHLORIDE　氯甲烷	50ppm	10.7/17.4	淡甜味	無	自燃溫度632℃，與鋁混合成爆炸氣體
CHF_3	FLUOROFORM　氟仿，三氟甲烷	—	—	無	無	不易燃，沸點BP-82℃
C_2H_5Cl	ETHYL CHLORIDE　氯乙烷	1000ppm	3.8/15.4	醚臭灼熱	無	遇水/鹼成水解，閃點-50℃
BF_3	BORON TRIFLUORIDE　三氟化硼	1.0 ppm	—	刺痛酸	白煙	接觸脫水性灼傷，遇空氣分解成HF

表 8.13　電子氣體特性(續)

分子式	英　文	TLV/TWA	LEL/UEL%	味道	顏色	特　性
HCl	HYDRGEN CHLORIDE 氯化氫	5.0 ppm	—	刺激窒息	白煙	腐蝕，1500～2000 ppm／數分鐘致死
HBr	HYDRGEN BROMIDE 溴化氫	3.0 ppm	—	刺激	白煙	腐蝕，1500～1300 ppm／30分鐘致死
BrF_3	BROMINE TRIFLUORIDE 三氟化溴	—	—	無	黃綠色液體	氧化性，遇空氣分解成HF，遇水或有機物可能爆炸與腐蝕
NH_3	AMMONIA 氨	25.0 ppm	15/28	刺激	無	強鹼性，易溶於水
B_2H_6	DIBORANE 乙硼烷	0.1 ppm	0.8/98	惡臭	白煙	溶於CS_2，在水中成硼酸及H_2，不穩定，必須低溫貯存，閃點-90℃
BCl_3	BORON TRICHLORIDE 三氯化硼	1.0 ppm	—	刺激潑辣	白煙	與水反應成HCl
WF_6	TUNGSTEN HEXAFLUORIDE 六氟化鎢	—	—		淡黃	毒性，連續，刺激腐蝕
NF_3	NITROGEN TRIFLUORIDE 三氟化氮	10.0 ppm	—	無	無	強氧化劑，遠離油脂類
SiH_2Cl_2	DICHLORIDE SILANE 二氯矽烷	5.0 ppm	4.1/98.8	刺激	無	高毒性，燃性，與水接觸成HCl
Si_2H_6	DISILANE 矽乙烷	5.0 ppm	10	—	無	在空氣中極易燃燒
SiH_4	SILANE 矽甲烷	5.0 ppm	0	—	無	在空氣中極易燃燒

表 8.13　電子氣體特性(續)

分子式	英　　文	TLV/TWA	LEL/UEL%	味道	顏色	特　　性
$SiHCl_3$	TRICHLOROSILANE　三氯矽甲烷	5.0 ppm	7/83	窒息	無	高毒性，燃性，與水接觸成HCl
$SiCl_4$	SILICON TETRACHLORIDE 四氯化矽	5.0 HCl ppm	—	甜美	無	與水反應成HCl，IDLH/100 ppm
N_2O	NITROUS OXIDE　笑氣	50.0 ppm	—	甜美	無	氧化性，麻醉性
H_2S	HYDRGEN SULFIDE　硫化氫	10.0 ppm	4.0/44	臭蛋	無	刺激腐蝕性，遠離水源
SO_2	SULFUR DIOXIDE　二氧化硫	5.0 ppm	—	可發覺味	無	與水反應成H_2SO_3，毒性腐蝕性
NO	NITRIC OXIDE　一氧化氮	3.0 ppm	—	無	無	與空氣極易形成NO_2，吸入些許會頭昏眼花疲倦
NO_2	NITROGEN DIOXIDE　二氧化氮	3.0 ppm	—	紅褐	無	極易成N_2O_4，吸入些許會頭昏眼花疲倦
CO	CARBON MONOOXIDE　一氧化碳	50.0 ppm	12.5/74	無	無	毒性，燃性
PH_3	PHOSPHINE　磷化氫	0.03 ppm	自燃	臭魚	無	毒性，遲滯反應，神經呼吸系統傷害
GeH_4	GERMANE　四氫化鍺	0.2 ppm	自燃	無	無	毒性極燃性
AsH_3	ARSINE　砷化氫	0.05 ppm	4.5/64	大蒜	無	毒性，遲滯反應，神經呼吸系統傷害

表 8.13　電子氣體特性(續)

分子式	英　文	TLV/TWA	LEL/UEL %	味道	顏色	特　性
H_2Se	HYDROGEN SELENIDE 硒化氫	0.05 ppm	不穩定	討厭味	無	極燃性
DeTe/H_2	DIETHYL TELLURIDE 乙碲醚(二乙碲)	Te0.1mg/m^3	自燃	—	紅黃色液體	極毒性，不溶於水，能溶於醇，極易產生粒子於管線上
C_2F_6	HEXAFLUORETHANE 六氟乙烷	—	—	無	無	窒息性氣體
CF_4	TETRAFLUORIDE METHANE 四氟甲烷	—	—	無	無	窒息性氣體
F_2	FLUORINE 氟	1.0 ppm	—	特殊味	淡黃	強氧化極毒，肺刺痛侵蝕牙齒骨頭
Cl_2	CHLORINE 氯	0.5 ppm	—	窒息味	綠黃	氧化性，高濃度時，呼吸困難，琥珀色液體
ClF_3	CHLORINE TRIFLUORIDE 三氟化氯	0.1 ppm	—	些微甜	無	遲滯反應，嚴重曝露可能致死
HF	HYDRGEN FLUORIDE 氟化氫	3.0 ppm	—	無	白煙	

註：TLV：threshold limit value, 臨限極限值　　TWA：time weighted averaged 時間加權後的平均
LEL：lower exposure level, 曝露下水準　　UEL：upper exposure level, 曝露上水準
IDLH：immediately danger to life and health 立刻對生命健康危險

三氟化氯(ClF_3)在室溫爲無色氣體，有甜味或窒息香味。有毒，臨限極值爲 0.1 ppm，會刺激，腐蝕皮膚，蒸氣會傷害眼、鼻和喉，會造成永久失明。使皮膚燒傷、潰傷，但不是立即看得出的，這更增加危險性。以前用來做放火彈炸、核子燒料棒再處理。近來半導體界用三氟化氯(ClF_3)清潔製程工具、清潔反應室，不會造成溫室效用(green house effect)，也不會破壞臭氧(O_3)層。

8.8 參考書目

1. 方文貴，半導體廠工業及應變研討會，科學園區管理局主辦，1998。
2. 李金田譯著，Clean Room 超淨無塵室之理論與實際，食品資訊雜誌社，1988。
3. 林敬二等，英中日化學大辭典，高立。
4. 陳世偉編，空氣淨化工程學，中華水電冷凍空調雜誌社，1990。
5. 張勁燕譯著，二版，工程倫理，第六章，pp. 329-330，高立。
6. 張勁燕，半導體服務供應設施之教學研究，工研院電子所委託，1992。
7. C. Y. Chang and S. M. Sze, ULSI Technology, ch. 1, McGraw Hill，新月。
8. D. A. Smith, Thin Film Deposition, Principles and Practice, ch. 3, McGraw Hill 1995, 歐亞。
9. S. Wolf and R. N. Tauber, Silicon Processing for the VLSI Era. Vol. 1, 2nd ed., ch. 3 Lattice Press.

8.9 習　題

1. 試比較 HEPA 和 ULPA 二種空氣過濾器。
2. 試解釋以下各名詞：

(a)DOP，(b)SDS，(c)CFC，(d)PCB，(e)CNC。

3. 試簡述以下各種眞空泵之特質。

   (a)擴散泵，(b)路茲泵，(c)渦輪分子泵，(d)冷凍泵，(e)鈦昇華尿，(f)濺擊離子泵。

4. 試解釋以下各名詞：

   (a)壓力損失，(b)分子流，(c)潛熱，(d)顯熱，(e)露點，(f)壓縮比。

5. 試簡述冷媒之性質及命名方法。

6. 試述臭氧層之重要性。

7. 試比較三種空氣乾燥機，(a)解潮劑式，(b)乾燥劑式，(c)冷凍式。

8. 試比較西貝克效應和皮爾第效應。

9. 試比較，(a)分子篩，(b)活性碳，(c)活性鋁氧，(d)沸石。

10. 試比較，(a)亂流，(b)水平層流，(c)垂直層流，(d)迷你環境，(e)無塵風道。

第九章　純水處理材料

9.1　緒　論

水中不純物主要的有離子(ion)、微粒子(particle)、發熱性物質(pyrogen)、細菌(bacteria)和膠質(colloid)，如圖 9.1 所示，或表 9.1 所列。常用於淨水的方式有去離子(D.I., de-ionization)、逆滲透(R.O., reverse osmosis)、超淨過濾(UF, ultra filtration)和微過濾(MF, microfiltration)等，它們的功效如圖 9.1 所示。這些以薄膜技術爲主的淨水製程，其優點有(1)不經過相的變化、不需加熱；(2)連續製程；(3)節約能源；(4)操作簡單。

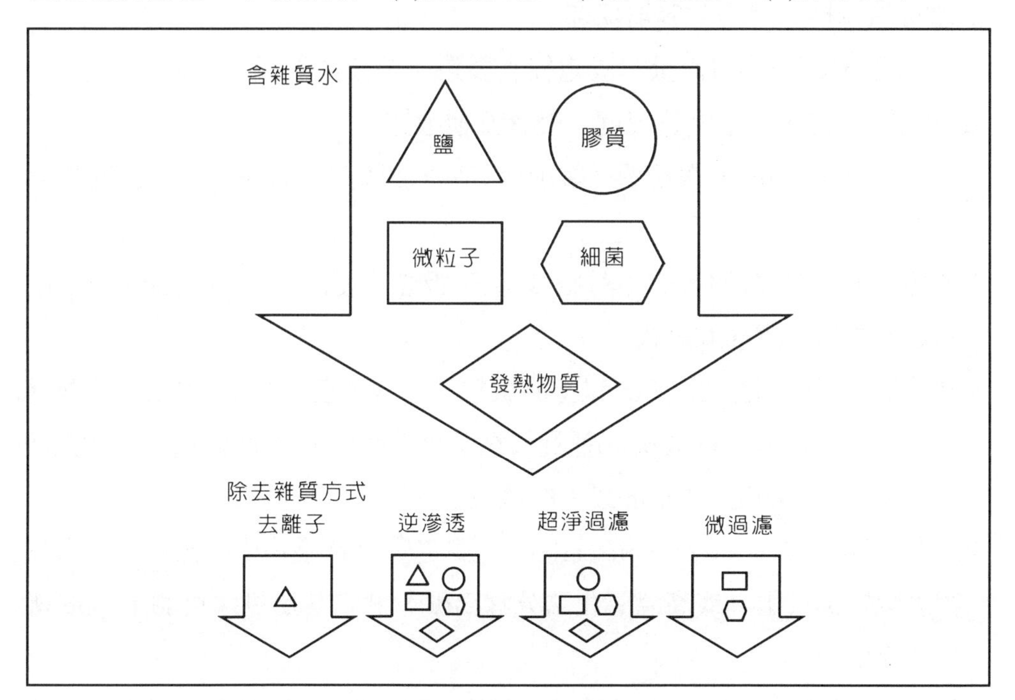

圖 9.1　水淨化

表 9.1　水中主要不純物

1.離子：如陽離子Ca^{2+}、Mg^{2+}、Na^{+}、K^{+}、NH_4^{+}、Fe^{3+}、Mn^{2+}等。 陰離子 HCO_3^- 、$CO_3^=$ 、OH^- 、$SO_4^=$ 、Cl^- 、NO_3^- 、PO_4^{3-} 等。
2.溶解物：如矽石、有機物、色素等。
3.非離子及不溶解物：混濁物、淤泥、污泥、塵埃、有機物、色素、膠質、矽石、微生物、 浮游生物、細菌、油、腐蝕產物。
4.氣體，如CO_2、H_2S、NH_3、CH_4、O_2、Cl_2等。

藥劑注射用水的要求稍有不同，其重點爲滅菌。根據醫藥品製造及品質管理規範(Good Manufacturing Practice, GMP)，醫藥用水的主要製造製程是蒸餾(distillation)及逆滲透(reverse osmosis, RO)。發熱性物質（如死菌）試驗必須合格。用密封容器保存。

由原水質不純物含量，決定純水製造所需要的設備（系統），及所需要的超純水質。表示水質純度一般有五種數據。

1.比電阻(resistivity)，電解質（離子含有率）20℃時，理論純水之比電阻爲 18.5MΩ-cm。

2.電解質量：殘存電解質的絕對值，以離子吸光光度計(ion-chromato-graphy)測定，要到十億 ppb 等級。

3.微粒子：需要測至 0.2μm 以上的微粒子（含死菌），以碳酸鹽聚合物薄膜(poly-carbonate membrane)捕捉微粒子後著色，以 1500 倍以上的顯微鏡觀察計數，可測定 0.2μm 以上的微粒子。

4.全有機碳(TOC, total organic carbon)：測定殘存有機物中的碳原子，有機物以紫外線氧化，或高溫氧化法分解爲碳，測定其比例，可測至 ppb 級高精確度。

5.生菌：以載玻片(glass slide)培養法測定，以薄膜捕集 100 c.c.試料水中的生菌，以適當的溫度，加牛肉汁或葡萄糖（針劑用）培養，再著色以放大鏡測其生菌的群數(colony)。

除去不純物的各種技術及其效果，如表 9.2 所列。

表 9.2　不純物除去所使用的處理技術

除去對象 處理技術	懸濁性物質	離子	微粒子	微生物	有機物	二氧化碳	氧	發熱物質
凝集沈澱	＋＋		＋		＋			
砂濾過			＋					
活性碳吸著					＋＋			＋＋
過濾(1-5 μm)	＋＋＋＋		＋＋					
逆滲透		＋＋＋	＋＋＋＋	＋＋＋＋	＋＋＋			＋＋＋＋
常壓脫氣						＋＋＋		
真空脫氣						＋＋＋＋	＋＋＋＋	
離子交換		＋＋＋＋						＋＋
紫外線照射				＋＋＋＋ （殺菌）				
紫外線酸化					＋＋＋＋ (分解)			
過濾膜過濾			＋＋＋＋	＋＋＋＋				
限外過濾			＋＋＋＋	＋＋＋＋				＋＋＋＋

＋：稍有效果　＋＋：有效果　＋＋＋：雖不完全但有高效果　＋＋＋＋：可滿足之效果

9.2　純水系統設計及水質保證標準

先設計一個實驗室型超純水製造系統，以下爲壹套價值約新台幣壹百萬元的超純水設備，設計純水系統依據的基本數據如下：

1.以當地總溶解固形物(total dissolved solid, TDS) 200 ppm 計算。

2.流程爲自來水→加壓幫浦→多層過濾器→加藥設備→迴水→5 μ m 微粒過濾器→逆滲透(RO)→6 噸 RO 儲水槽→純水加壓幫浦→純水裝置→1 μ m 微粒過濾器→紫外線(UV)殺菌器→0.2 μ m 細菌過濾器→使用點。

3.逆滲透系統補充水爲每分鐘 26 加侖(26 GPM, gallon per minute) (25℃)的流量，亦即每小時有 6 立方米的出水量，其水的回收率(recovery)設計在 70％左右。

4.超純水精製循環圈內(polish loop)具 12 GPM 的循環水流量，且由混床（mixed bed，陰離子樹脂和陽離子樹脂放在同一個槽內）出口。有 40 psi 之壓力供應循環動能，故使用點之用水量可達 8～10 GPM。

5.純水水質在上項循環圈內達下列標準：

比電阻值：15～18 MΩ-cm

細　　菌：0.1 群數／立方公分(cfu/c.c.)(colony forming unit，生菌數)

9.3 純水系統

1.逆滲透前處理系統

爲了使逆滲透(reverse osmosis, RO)膜發揮最高的效率及維持最長的壽命，由自來水幫浦經過活性碳過濾去除有機物、膠質（可去除約 50～60％）及混濁度，加強 RO 供水的潔淨度，以保護 RO 膜及增加 RO 的造水量，同時爲考慮自來水水源的高硬度水質，如以軟化器作爲除垢處理，勢必增加設備費用及運轉成本。故以加藥處理，使水中溶解度乘積常數(solubility product constant, KSP)值提升，防止鈣(Ca)鎂(Mg)沉澱於膜表面，以去除 RO 膜的結垢鈣化、脆化、保護 RO 膜管，延長 RO 的使用壽命，及兼作除氯(Cl_2)，以防止 RO 受氯之水解破壞。（註：KSP 爲水的溶解度積常數，如 25℃時 Ca^{++} 和 $CO_3^{=}$ 的 KSP 爲 10^{-9}，Mg^{++} 和 $CO_3^{=}$ 的 KSP 爲 10^{-5}。KSP 越低越容易沉澱)。

以上處理均採全自動逆洗清洗。

2.逆滲透系統

逆滲透系統包括壹套 5μm 的預濾器及壹套 1 馬力(horse power, HP)的離心式(centrifugal)高壓幫浦，及一組 RO 膜管。用以除去 96%～98%的無機鹽礦及 99.9%的細菌、膠質、有機物，使水能一下子達到初期淨化的目的。

逆滲透膜材係應該使用最進步的合成高分子系複合膜(thin film composite membrane, TFC)，不同於以往醋酸纖維(cellulose acetate)膜，無論在鹽的去除率或化學、物理性的強度，均遠超過傳統型的醋酸纖維膜，其受污染後的清洗回復易於施行，維護管理容易，穩定性絕佳。

此外每小時要定時自動沖洗膜的表面，在短期停機時沖刷表面的污染物，以保護膜管，減少清洗頻率。

逆滲透水儲存桶是用來平衡逆滲透間歇供水（如 RO 在自動沖洗或清洗階段時，及混床再生大量用水時)，以利現場用水的穩定性。

3.精製去離子除菌系統

以接受儲存於儲水桶之初級純水作爲再精製(polishing)，使用核子級樹脂(nuclear grade resin)即高純度離子交換樹脂，無需再生及沒有再生廢液煩惱，維持高水質之去離子水。在此全除礦物質之純水系統後，繞接用 1μm 之微過濾器(micro-filter)、紫外光(U.V.)及 0.2μm 絕對過濾器（absolute filter，需要前過濾器），1μm 爲去除大於 1μm 之細菌，或因樹脂微粒化之碎片，以加強紫外光之照射能力，可預防因微粒而阻絕射線達於菌體，並減少 0.2μm 過濾器之負擔。紫外光則用於破壞分解微生物及細菌，減少生菌數使合於品質規範，並減低在 0.2μm 濾膜表面之生菌污染。

4.帶靜電膜

最後段之 0.2μm 絕對過濾器採剪面電位(zeta-potential)之帶靜電(electrostatic)膜，使能絕對地補捉所有由紫外光洩漏出來的生菌或其屍片，達到無菌之境界。

9.4 過濾膜及管路

一般用做水處理的過濾膜有下列幾種：

1.精密過濾膜(microfiltration, MF)，如圖 9.2 所示，可將溶液中的次微米(submicron)粒子析出，它是利用壓力差的原理。分離的對象物爲懸濁物質、細菌類及超微粒子。

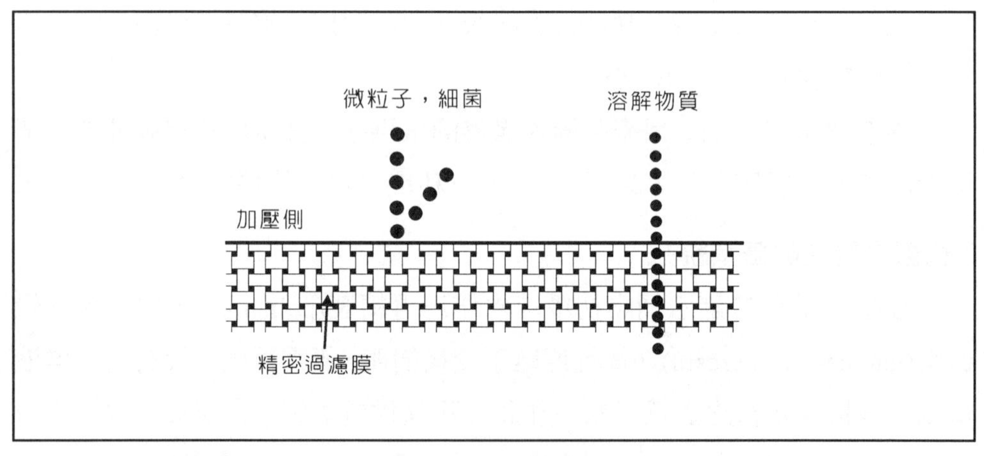

圖 9.2 精密過濾膜

2.限外過濾膜(ultrafiltration, UF)，如圖 9.3 所示，將溶液中的膠質和巨分子分離、利用壓力差的原理。分離對象物爲蛋白質(protein)、酵素(enzyme)、細菌、病毒(virus)及超微粒子，特性如表 9.3 所列。

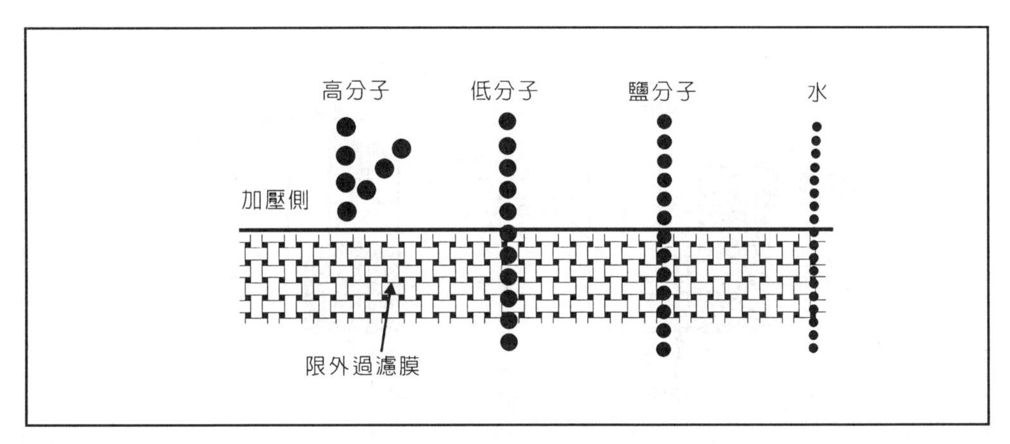

圖 9.3　限外過濾膜

表 9.3　限外過濾膜的特性

型態		毛細管型(capillary)		繞線型(spiral wound)
		內壓型	外壓型	
膜材質		聚　碸　(polysulfone)		
性能	過濾分子量極限	聚乙烯二醇(PEG)　20,000 蛋白質(protein)　6,000		50,000
	初期透過水量(m^3/h)	7.0	1.7～3.5	1.5
使用條件	最高入口壓力(kgf/cm^2)	6	6	10
	最高溫度(℃)	98	40-98	40
	pH值範圍	1～14	1～14	2～11
去除物質	微粒子、微生物、發熱物質			

PEG: polyvinyl glycol 聚乙烯二醇

3.逆滲透膜(reverse osmosis, RO)，將溶液中的鹽類和低分子物質分離。也是利用壓力差的原理，如圖 9.4 所示。分離對象物爲無機鹽、糖類、胺基酸(amino acid)及有機物。特性如表 9.4 所列。

4.其他還有利用濃度差的透析膜，利用電位差的電氣透析膜、利用壓力差和濃度差的透過氣化膜，及氣體分離膜。

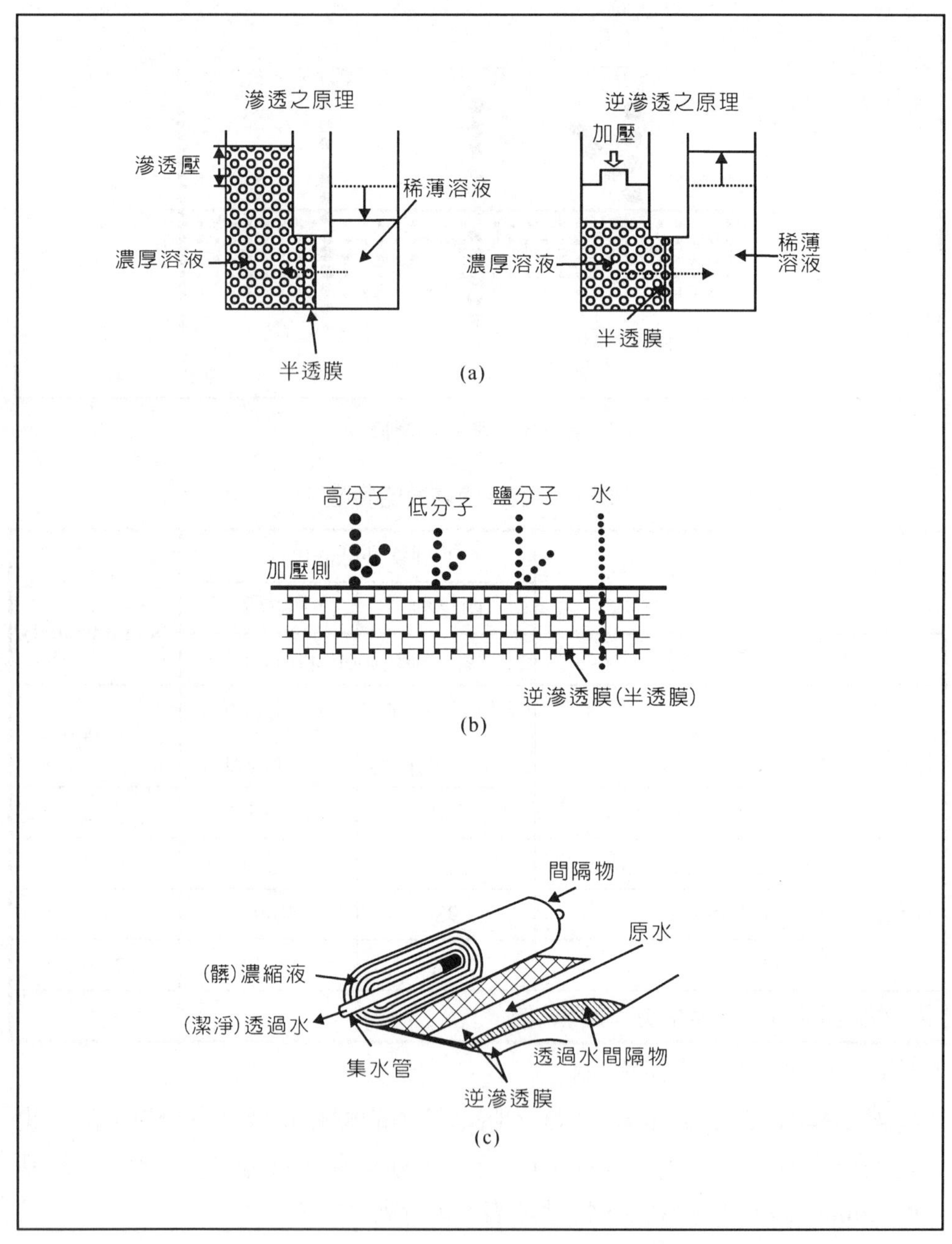

圖 9.4　逆滲透(a)工作原理，(b)透過分析，(c)套筒結構剖面圖

表 9.4　逆滲透膜的特性

<table>
<tr><td colspan="2"></td><td>前　　段</td><td colspan="3">中段／精製／廢水回收</td></tr>
<tr><td colspan="2">膜　材　質</td><td>芳香族聚醯胺
(aromatic polyamide)</td><td>聚乙烯醇
(PVA)系</td><td>芳香族
聚醯胺</td><td>芳香族
聚醯胺</td></tr>
<tr><td rowspan="2">性　　能</td><td>NaCl阻止率%</td><td>99.5</td><td>92</td><td>—</td><td>—</td></tr>
<tr><td>初期透水量
(m^3/day)</td><td>30</td><td>36</td><td>32</td><td>40</td></tr>
<tr><td rowspan="3">使用條件</td><td>最高壓力
(kgf/cm^2)</td><td>30</td><td>30</td><td>30</td><td>30</td></tr>
<tr><td>最高溫度(℃)</td><td>40</td><td>40</td><td>40</td><td>40</td></tr>
<tr><td>pH值範圍</td><td>2-10</td><td>2-8</td><td>2-10</td><td>2-10</td></tr>
<tr><td>去除對象物</td><td colspan="5">離子、全有機碳、微粒子、微生物(microbe)</td></tr>
</table>

PVA：polyvinyl alcohol 聚乙烯醇

精密過濾是去離子水(D. I. Water)系統中，用以濾掉自 500Å 到 100μm 雜質的過濾器，除去對象包括矽膠(1000Å，0.1μm)，乳濁液(2000Å)、乳液(5000Å)、大腸菌(2μm)，葡萄狀球菌(5μm)等雜質均可濾除。

限外過濾是去離子水(D. I. Water)系統中，用以濾掉自 20Å 到 2000Å 雜質的過濾器。去除對象包括蛋白(20Å)、各種病菌(100Å)、矽膠(1000Å)、乳濁液(2000Å)等均可濾除。

限外過濾膜是不對稱的膜，由表皮層和海綿層組成。可分離高分子（分子量 1,000～300,000）。此膜容許水、鹽及低分子量物質穿過，但拒斥高分子，可用於超純水的過濾之用。可濾除矽膠、各種病菌和蛋白等。（孔徑 1000Å～20Å）。逆滲透和限外過濾的比較，如表 9.5 所列。

滲透(osmosis)是水經過半透膜，由稀鹽溶液流入較濃的溶液。滲透膜可透過水，但不透過鹽，水自稀流向濃，直到兩側溶液的重力壓差等於膜的滲透壓(osmotic pressure)。逆滲透是加於濃溶液上的壓力大於它的滲透壓，使水向相反方向流動，濃溶液中的純水經半透膜向稀溶液側流動。經數次作用，濃溶液一再濃縮而最終就拋棄，其中可用的成份都經半透膜而捕集使用。

表 9.5　逆滲透和限外過濾的比較

分析項目	單　位	逆滲透	限外過濾
中和值(NV)	%	0.50	＜0.01
酸鹼度(pH value)	－	5.8	3.9
電導係數	MS/cm	1,440	67
化學需氧量(COD)	mg/l	13,000	2,200
丁基纖維素	mg/l	6,050	1,690
Na^{+}	mg/l	9.2	0.06
K^{+}	mg/l	0.7	＜0.01
Zn^{2+}	mg/l	2.6	＜0.01
Pb^{2+}	mg/l	2.68	2.3
Fe^{3+}	mg/l	0.12	＜0.02

MS：mega Siemens 百萬西門

NV：neutralizing value 中和值，純碳酸鈣(CaCO3)的中和值為 100，NV 表土壤 pH 值，可測量石灰材料的化學容量

各種分離膜的孔徑大小關係，及其淨化效果，如圖 9.5 所示。

聚醯胺(polyamide)是主鍵含有酸醯胺鍵(－CO－NH－)的聚合物的總稱。最具代表性的是耐綸(nylon)。耐綸纖維及耐綸樹脂因具有優異的性質，而被廣泛使用。後來一般使用耐綸或稱耐隆，目前不使用聚醯胺而總稱為耐綸。

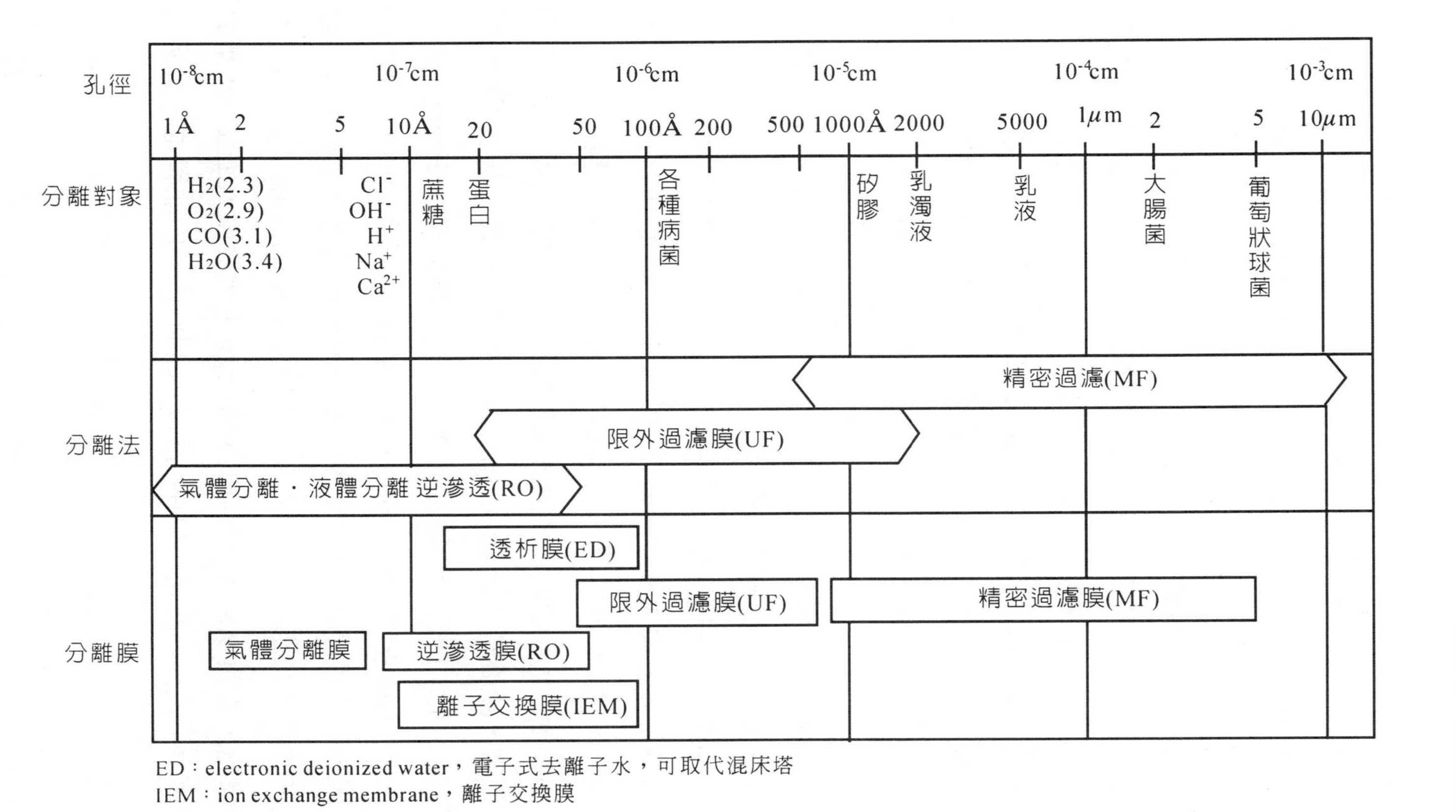

ED：electronic deionized water，電子式去離子水，可取代混床塔

IEM：ion exchange membrane，離子交換膜

圖9.5　各種分離膜的孔徑大小關係圖

化學需氧量(chemical oxygen demand, COD)：當水中的可氧化物質受到強氧化劑氧化時，所消耗的氧氣量稱之化學需氧量。使用的氧化劑爲過錳酸鉀($KMnO_4$)或重鉻酸鉀($K_2Cr_2O_7$)。依據日本國際標準(JIS)水質檢驗法，把在 100℃時 30 分鐘內所消耗的過錳酸鉀量換算爲氧氣消耗量，所得的值稱爲 COD。水中有機物以碳質較易氧化，而氮質則難以氧化。至於亞硝酸鹽、亞鐵鹽、硫化物等的還原性無機物也會被氧化。國家所訂的環境保護標準以湖泊、海洋來說，視其利用目的，而訂在 1～8 ppm 以下。

生化需氧量(biochemical oxygen demand, BOD)是河水、廢水、下水道等水質之污濁指標之一。也是指在一定條件下，微生物由於繁殖或呼吸作用而消耗的氧氣量，通常以 1 公升試料的氧氣消耗的氧氣量（毫克／升）。測試時先以稀釋水(BOD 0.2ppm 以下)將試料稀釋，調製成濃度適當的稀釋試料，將此稀釋試料及稀釋水在 20℃下保持 5 天，測定溶存氧。BOD 高則表示含有容易被生物分解的有機物。

膜透過操作方式有側向過濾式和全量過濾方式，如圖 9.6 所示。

超純水系統各組成成分之功能，如表 9.6 所列，使用之管路材料多爲高分子(polymer)類，如聚氯乙烯(PVC)，聚丙烯(PP)，聚偏二氟乙烯(PVDF)，過氟氧乙烯醚(PFA)，聚醚醚酮(PEEK)等。材質要點爲張力強度、垂直彈性係數，斷裂時伸張度(elongation)、線伸張係數、熱導係數和極限工作溫度等。管內壁的粗糙度以掃描電子顯微鏡(scanning electron microscope, SEM)檢查，結果以 PVC 和 PEEK 較佳，管路材質的一般特性，如表 9.7 所列。管路設計時要注意彎曲部分和粗細改變之銜結部分，從前管路系統，如圖 9.7 所示，會有死水。迴流(re-circulation)已成爲超純水系統的必要措施，如圖 9.8 所示。它可以防止微生物增加，並且不斷精製提高比電阻值。系統出口至使用點(point of use, POU)間的配管尤其重要。

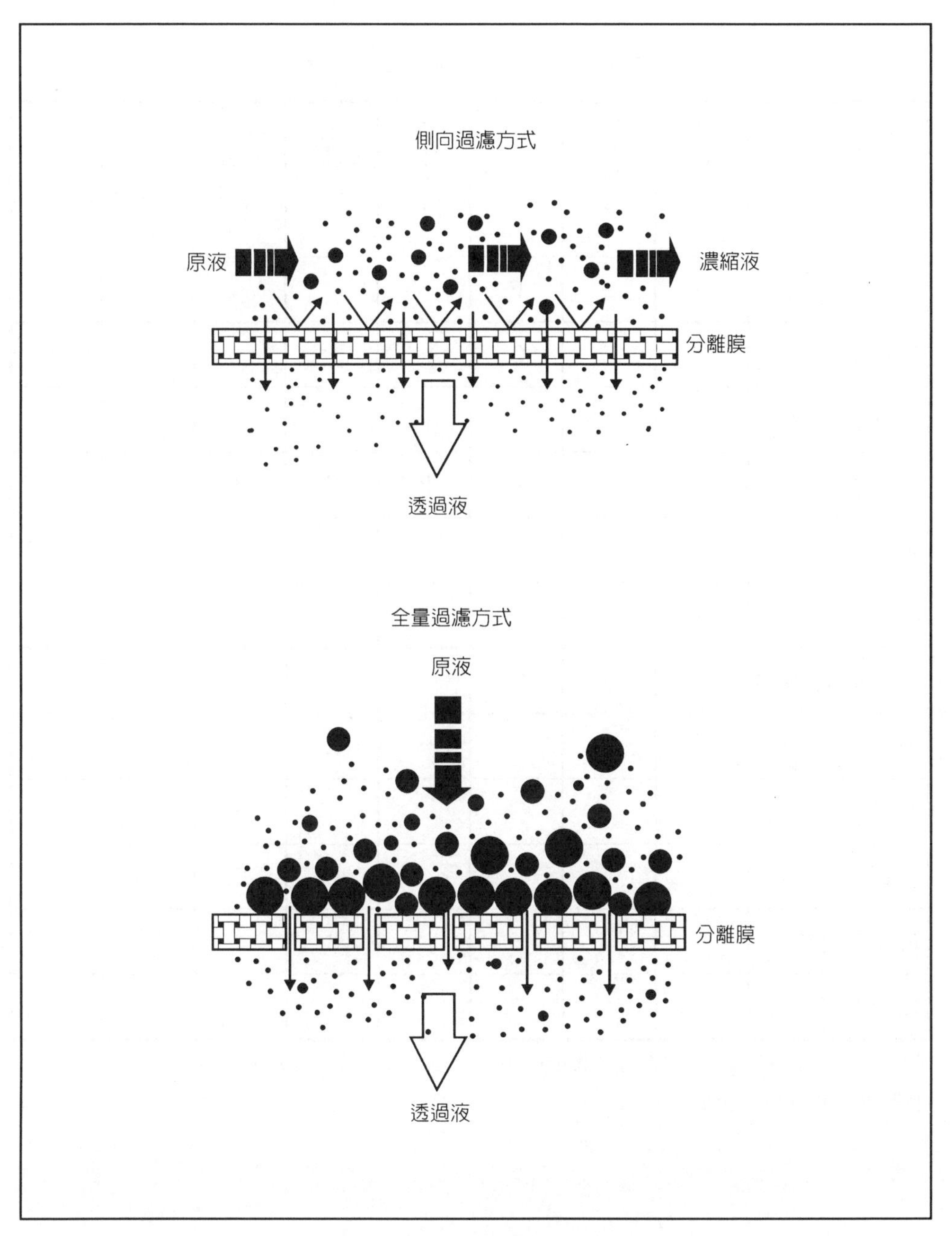

圖 9.6　膜透過操作方式

表 9.6　超純水系統儀器之功能

	膠質	懸浮固體	微粒子	電解離子	細菌	全有機碳 (TOC)	二氧化碳	氧
前處理	G	G	F					
前過濾		E	G					
限外過濾膜	E		E		E			
逆滲透膜		E	E	B	E	B		
真空除氣							G	E
離子交換		–	–	E	–	–		
1～5 μ m過濾器		E	G					
254 nm紫外光					E			
185 nm紫外光						E		
臭氧					E	E		
0.1 μ m過濾器			E		B			
限外過濾膜			E		E			

F：fair　普通，G：good　好，B：better　較好，E：excellent　極好，–：負效用
TOC: total organic carbon

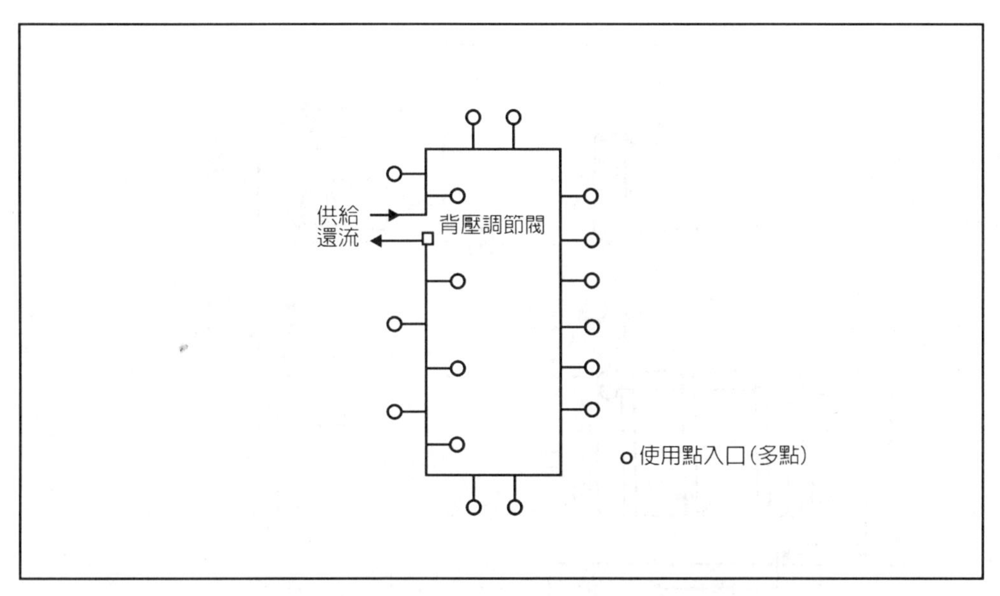

圖 9.7　從前之無塵室內超純水供給配管

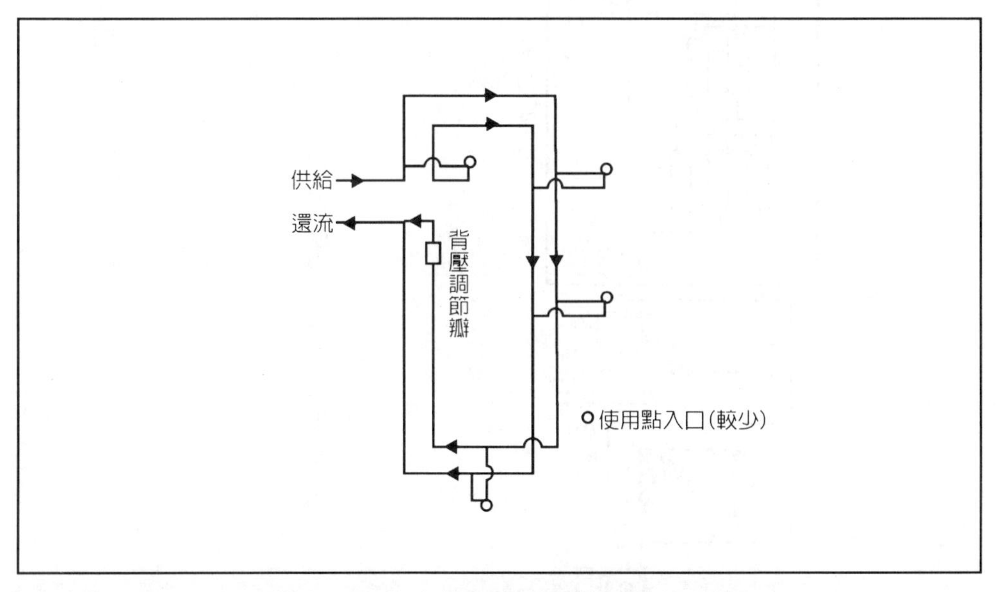

圖 9.8　改良之無塵室內超純水供給配管

圖 9.9 爲一個計劃中的小型半導體中心純水製造系統圖：

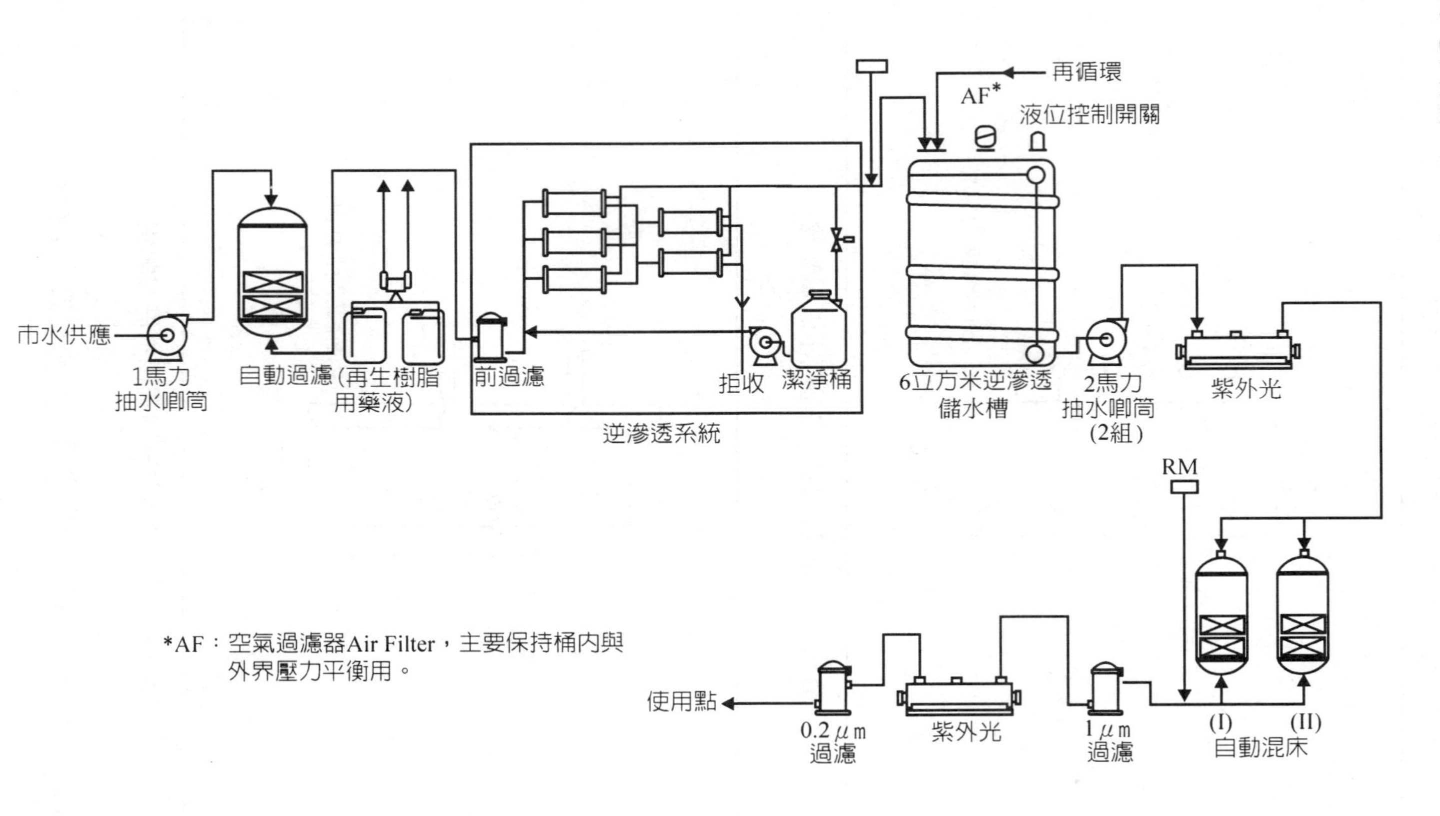

*AF：空氣過濾器Air Filter，主要保持桶內與外界壓力平衡用。

圖 9.9　小型純水製造系統

以下為四個不同的超純水製程，讀者不妨試著分析其優缺點。

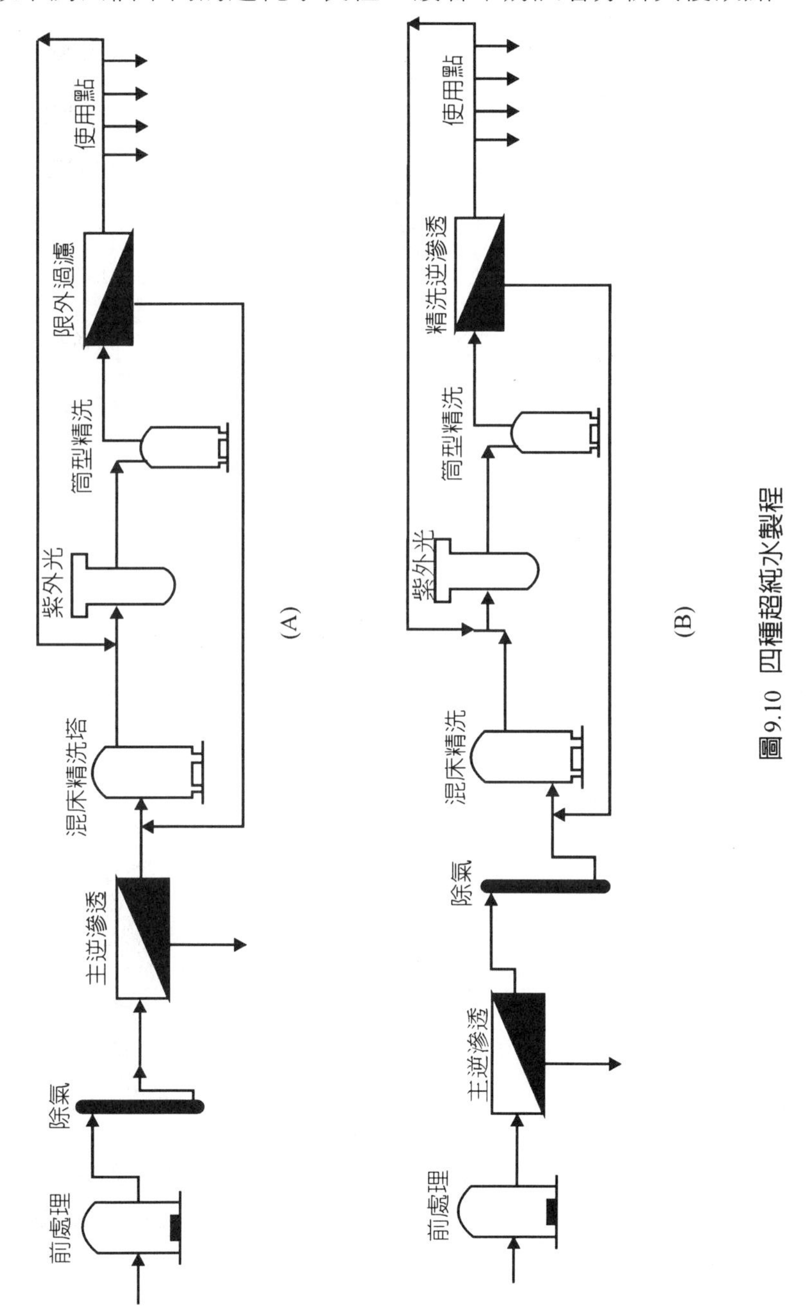

圖9.10 四種超純水製程

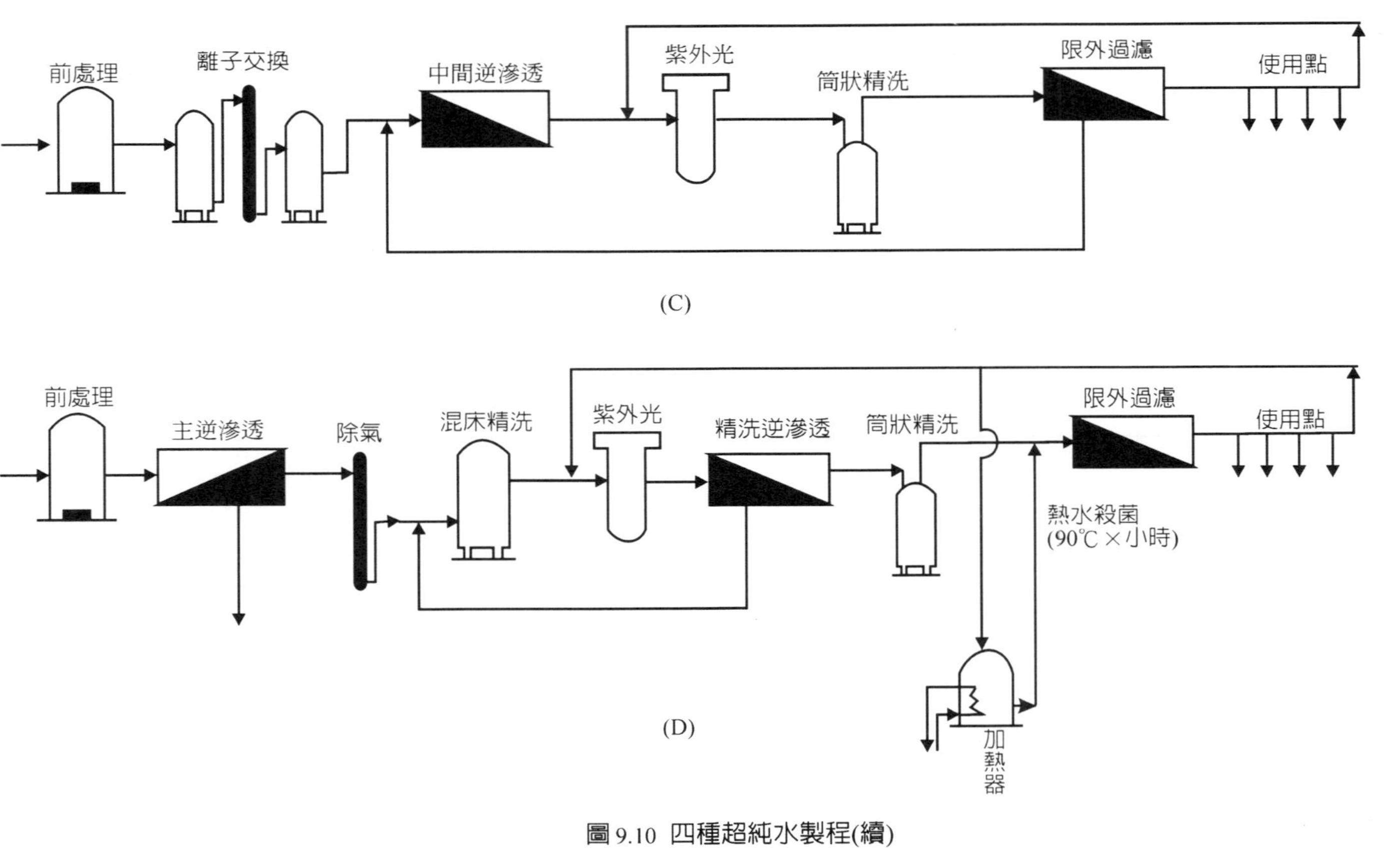

圖 9.10 四種超純水製程(續)

表 9.7 超純水管路材料的一般物理性質

	單位	聚氯乙烯 (PVC)	聚丙烯 (PP)	聚偏二氟乙烯 (PVDF)	過氟氧乙烯醚 (PFA)	聚醚醚酮 (PEEK)
分子結構		$(-CH_2-CHCl-)_n$	$(-CH_2-CH_2-CH_2-)_n$	$(-CH_2-CF_2-)_n$	$(-CF_2-CF_2-CF(CRt)-CF_2-)_n$	$(-O-C_6H_4-O-C(=O)-C_6H_4-)_n$
添加劑		安定劑、染料	防止氧化劑 安定劑、染料	無	無	無
顏色		暗藍	暗藍	乳白	乳白	淡棕
比重	–	1.43	0.91	1.77	2.12～2.17	1.30
張力強度	公升/公分	500～550	250	500～600	320	930
垂直彈性係數	公升/公分	27×10^1	1.5×10^1	1.5×10^1	–	40×10^1
破裂伸長度	%	50～150	400～600	200～300	280～300	150
線性伸長係數	1/℃	$6 \sim 8 \times 10^{-3}$	11×10^{-2}	12×10^{-3}	12×10^{-3}	5×10^{-3}
熱導係數	千卡/米·時℃	0.13	0.15～0.2	0.11	0.22	0.22
功作極限溫度	℃	60	100	140	260	152

註：聚氯乙烯(PVC, polyvinyl chloride)，聚丙烯(PP, polypropylene)，聚偏二氟乙烯(PVDF, polyvinylidene fluoride)，過氟氧乙烯醚(PFA, perfluoroal oxylvinyl ether)，聚醚醚酮(PEEK, polyetherether ketone)

表 9.8　超純水規格的發展情形

積體電路DRAM技術	256K	1M	4M	16M	64M
電阻係數(百萬歐姆－公分)（25℃）	＞17.0	＞17.5	＞18.0	＞18.1	＞18.2
微粒子(顆/公分)					
＞0.2微米	＜30	＜10		＜1	
＞0.1微米	＜50	＜20	＜5	＜2	＜0.5
＞0.085微米			＜10	＜5	＜1
＞0.05微米					
細菌(群/升)	＜200	＜50	＜10	＜1	＜1
全有機碳(TOC)	＜100	＜50	＜20	＜5	＜1
氧(O_2)　ppb	＜100	＜100	＜50	＜10	＜5
矽土(silica)　ppb	＜10	＜5	＜3	＜1	＜0.2
鈉(Na)　ppb	1	＜1	＜0.1	＜0.05	＜0.01
氯(Cl)　ppb	1	＜1	＜0.1	＜0.05	＜0.01
金屬離子　ppb	1	＜1	＜0.1	＜0.05	＜0.01

資料參考：Chang and Sze ULSI Technology, ch. 1.
原始資料：Christ AG Switzerland

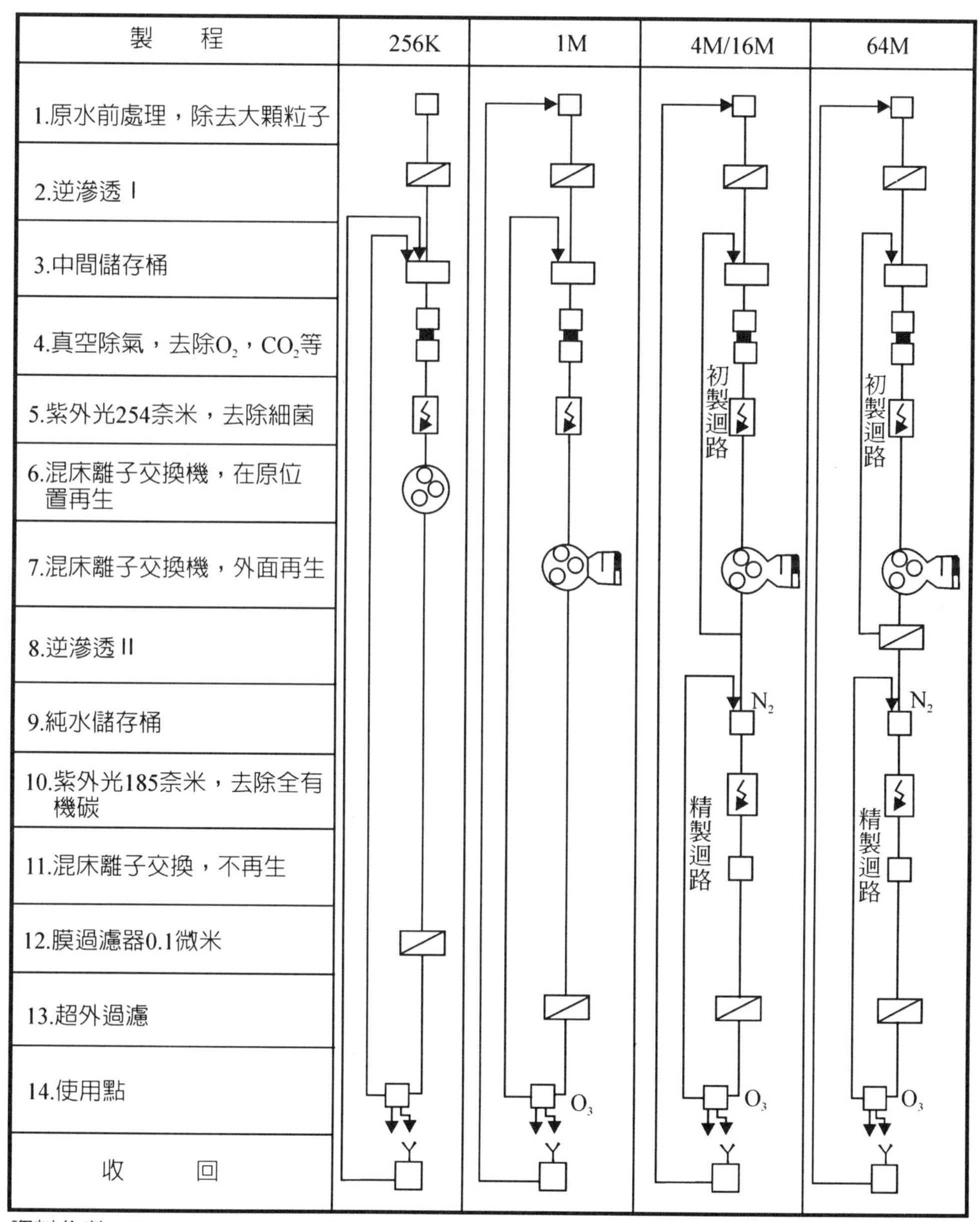

資料參考：Chang and Sze ULSI Technology, ch. 1.
原始資料：Christ AG Switzerland

圖 9.11　超純水系統隨 ULSI DRAM 之演進

ULSI 的元件積集度提升，去離子水的規格發展，如表 9.8 所列。純水處理系統也不斷演進，如圖 9.11 所示。其中離子交換樹脂有在原位(in situ)再生(regeneration)，有在外面再生，有拋棄式不再生三種。

9.5 離子交換樹脂

所謂離子交換就是在固體（樹脂）和液體（水溶液）之間，進行可逆的相互交換的反應，即樹脂顆粒可從電解質水溶液中將正（或負）電荷的離子去除，同時將等量的相同電荷之其他離子釋入水溶液中，而且此反應並不會改變樹脂本身的結構。樹脂包括一網狀結構，其上附有功能離子基(functional ionic group)。離子交換以化學反應式表示為：

$$\underset{\text{電解質}}{A^{+}} + \underset{\text{樹脂}}{R-B^{+}} \Leftrightarrow B^{+} + R-A^{+} \tag{9.1}$$

在離子交換過程，電解質的離子就被除去了。再生(regeneration)時，樹脂又恢復了活性。離子交換過程中，一個重要的因數是選擇性，其規則為：

1. 高電價的離子基，其和樹脂的親和力較大，如 $Fe^{3+} > Ca^{2+} > Na^{+}$；$PO_4^{3-} > SO_4^{2-} > Cl^{-}$。
2. 相同電價的離子，交換的反應隨離子水和半徑的減少，和原子量增加而增加，如 $Ca^{2+} > Mg^{2+} > Be^{2+}$，$K^{+} > Na^{+} > Li^{+}$，這是由於樹脂內膨脹壓力的緣故。
3. 當溶液總離子濃度高時，常是可逆反應。
4. 樹脂橋接(cross link)會阻止離子的親和。

離子交換樹脂(ion exchange resin)，如圖 9.12(a)所示，是一種不溶於溶劑的化學聚合物(polymer)，此種聚合物含有一些固定於物質內的電荷，而由帶相反電性的離子中和，而保持電中性。這些離子可自由進入溶劑中，而由其他離子所替代，此種替代過程稱之爲離子交換(ion exchange)。若此離子爲陽離子(cation)則稱爲陽離子交換樹脂(cation exchange resin)。若爲陰離子(anion)，則稱爲陰離子交換樹脂(anion exchange resin)。

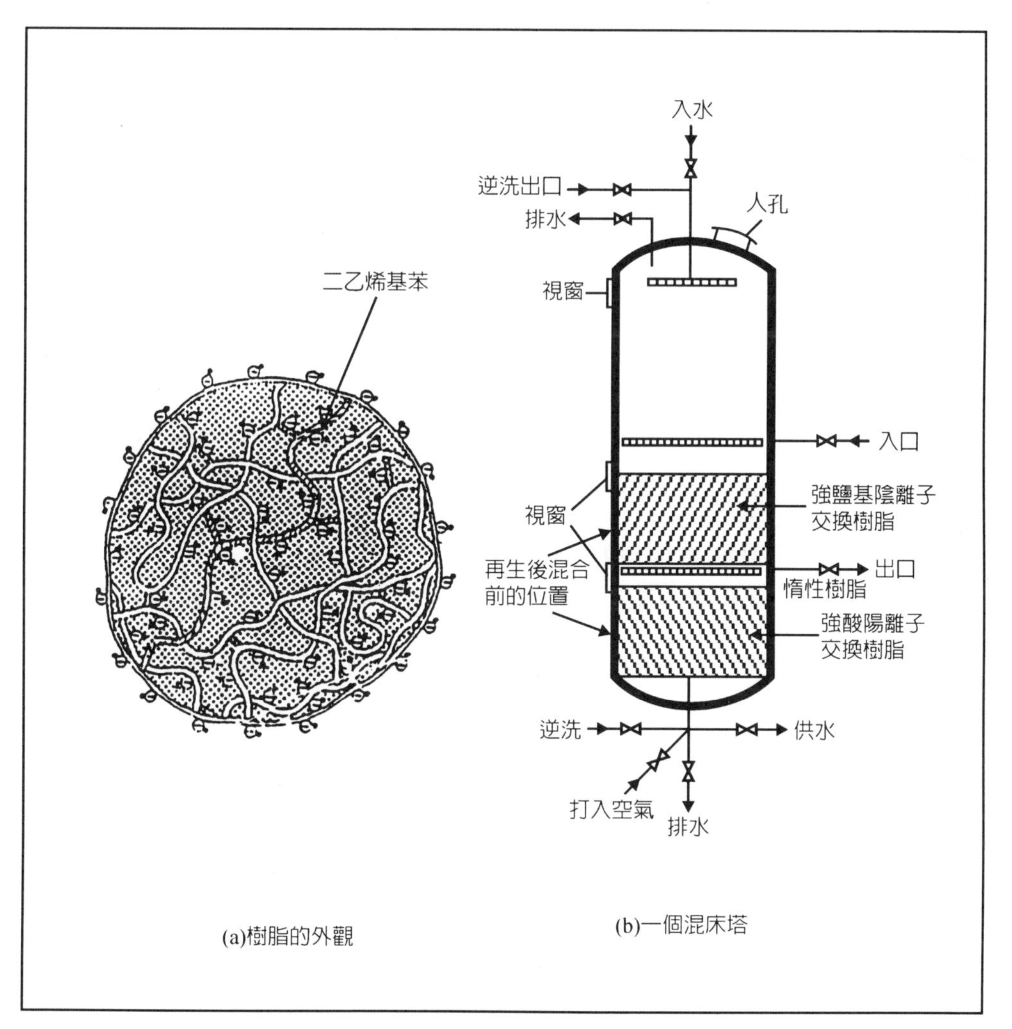

圖 9.12　(a)樹脂的外觀，(b)一個混床塔

混床塔(mixed bed)表示將陽離子樹脂、陰離子樹脂放置於同一製程塔中，水經過此塔，可同時除去陽離子、陰離子。再生時利用逆洗，二種樹脂比重不同而被開，中間以一惰性樹脂隔開，陽離子樹脂較重，由下方通藥物再生，陰離子樹脂較輕由上方通藥物而再生。

1.離子交換樹脂的相關名詞

(1)交換容量：在採水週期中，可供交換的離子數量。

總交換容量：即有效的功能基數量，或可供交換的離子數量。

工作交換容量：即在採水週期內可供交換的離子數量。

工作交換容量必定小於總交換容量：因爲樹脂的吸附線不是平坦的。而工作交換容量決定於樹脂選擇性，再生劑量的多少，入水水質、溫度、樹脂床深度和總交換容量。

(2)架橋度：樹脂在聚合時的二乙烯苯(divinyl benzene, DVB)的重量百分比，標準凝膠型陽離子樹脂的架橋度爲 8%，大孔性樹脂如安柏來特(Amberlite)200 的架橋度爲 20%。

(3)顆粒大小：標準型樹脂爲 0.3 mm 到 1.25 mm。較小的顆粒有較快的離子交換速度，比較高的交換容量。較粗的顆粒有低的壓力降，不會堵住散水器。

(4)含水率，與樹脂孔隙大小有關，高含水率有較快的離子交換速度，較好的吸收特性。低含水率有較低的再生效率，比較無法除去水中的大顆粒離子，比較易被污染。對凝膠型樹脂，高含水率表示低架橋度，較易破碎，較易被氧化，以及較容易再生。

(5)比重(spcific gravity)，利用比重之不同，混床塔可進行分離、再生。各種樹脂的比重，如表 9.9 所列。

表 9.9　各型樹脂的比重

樹脂型式	比重範圍	典　型　值
強酸陽離子(SAC)	1.17～1.38	1.28
弱酸陽離子(WAC)	1.13～1.20	1.17
強鹽基陰離子(SBA)	1.07～1.12	1.09
弱鹽基陰離子(WBA)	1.02～1.10	1.04

S：strong　強　　　W：weak　弱
AC：acid cation 酸性陽離子　　　BA：base anion 鹽基陰極子

(6)膨脹率，如表 9.10 所列。

表 9.10　各型樹脂的膨脹率

樹　脂　型　式	離子型轉換	膨　脹　率
強酸陽離子(SAC)	Na→H	3～10%
弱酸陽離子(WAC)	H→Na	60～100%
強鹽基陰離子(SBA)	Cl→OH	3～30%
弱鹽基陰離子(WBA)	OH→Cl	10～30%

2.離子交換樹脂的種類

(1)以原料分類：可分爲苯乙烯系(styrenic)，酚系(phenolic)，和壓克力系(acrylic)三種。

(2)以交換性質分類：可分爲四大類，如表 9.11 所列。

表 9.11　離子交換樹脂的分類

樹脂型式	代表公式	對映之無(有)機物
強酸陽離子(SAC)	$RzSO_3H$	H_2SO_4
弱酸陽離子(WAC)	RzCOOH	CH_3COOH
強鹽基陰離子(SBA)	$RzNR_3OH$	NaOH
弱鹽基陰離子(WBA)	$RzNR_2$	NH_3

Rz：resin 樹脂

離子交換樹脂母體及交換基，如表 9.12 所列。

表 9.12　離子交樹脂母體及交換基

樹　　脂	母　　體(matrix)	離子交換基
強酸性陽離子交換樹脂	苯乙烯DVB凝膠型，或多孔型	$R-SO_3^-$
弱酸性陽離子交換樹脂	甲基丙烯酸DVB，或丙烯酸DVB	$R-COO^-$
強鹽基性陰離子交樹脂 (I 型)	苯乙烯DVB凝膠型，或多型或，丙烯DVB	$R-N^+(CH_3)_3$
強鹽基性陰離子交樹脂 (II 型)	苯乙烯DVB凝膠型，或多孔型	$R-N<^{(CH_3)_2}_{C_2H_5OH}$
弱鹽基性陰離子交換樹脂	苯乙烯DVB多孔型，或丙烯酸DVB	$R-N-(CH_3)_2$
	苯乙烯DVB	聚胺或一級胺、二級胺
	丙烯DVB，或酚系或環氧樹脂、聚醯胺	聚胺

常見商品有安柏來特(Amberlite), 達翁(Diaion), 杜來特(Duolite), 杜威克(Dowex), 李衛特(Lewait)等廠牌或品牌。

R：烴基，如 CH_3、C_2H_5 等。　　DVB：divinyl benzene 二乙烯苯

3.以顆粒均勻性分類：可分爲標準型樹脂，如安柏來特(Amberlite)，及顆粒均勻性樹脂，如安柏捷特(Amberjet)二種。

4.以結構特性分類：可分爲大孔型樹脂(macro-recticular resin)，和凝膠型樹脂(gel-type resin)二種，特性比較，如表 9.13 所列。

表 9.13　凝膠型與大孔型樹脂的比較

特　　性	凝　膠　型	大　孔　型
離子交換速率	高	低
交換容量	高	低
離子選擇性	低	高
再生效率	高	低
膨脹比率	高	低
抗氧化性	低	高
可逆性膨脹比率	高	低
抗有機物污染性	低	高
強鹼性陰離子樹脂之退化性	快	慢

3.依交換性質分類的四類型樹脂特性介紹

(1)強酸性陽離子交換樹脂(SAC)的官能基(functional group)爲磺酸(sulfonic acid)，可做爲工業用水精製用。在氫型時，不論酸鹼值時爲何，可以除去所有的陽離子。處理後的水中含有游離礦酸及二氧化碳，有較低的再生效率(200－300%)，對各種金屬離子的選擇係數，如表 9.14 所列。

(2)弱酸性陽離子交換樹脂(WAC)，官能基爲羧（音同梭）酸(carboxylic acid)，也是用於工業用水的精製。只能除去在酸鹼值高於 7 時，與碳酸氫根(HCO_3)結合的陽離子，對二價鍵離子的選擇性較單價鍵離子來的高，處理後水中含有中性鹽類及二氧化碳。有較佳的再生效率(105－120%)。

表 9.14　陽離子選擇係數(強酸性陽離子交換樹脂)

離　子	苯 乙 烯 DVB %			備　註
	4	8	12	
H	1.0	1.0	1.0	單價陽離子
Li	0.9	0.85	0.81	
Na	1.3	1.5	1.7	
NH_4	1.6	1.95	2.3	
K	1.75	2.5	3.05	
Ag	6.0	7.6	12.0	
Mn	2.2	2.35	2.5	二價陽離子
Mg	2.4	2.5	2.6	
Fe	2.4	2.55	2.7	
Ca	3.4	3.9	4.6	
Pb	5.4	7.5	10.1	
Ba	6.1	8.7	11.6	

(3)強鹼性陰離子交換樹脂(SBA)，分爲第一、第二兩類。主要特性爲對 SiO_2 的洩漏量，對溫度的敏感度，對氧化物的敏感度，交換容量和再生效率等。對各種陰離子的選擇係數，如表 9.15 所列。

(4)弱鹼性陰離子交換樹脂(WBA)，官能基爲胺(amine)，作用是只能除去或吸附游離礦酸(free mineral acid, FMA)，處理後的水中含有中性鹽類及弱酸，必須工作在酸鹼值小於 7 的環境，抗有機物能力佳，有較佳的再生效率(105－120%)。

表 9.15　陰離子選擇性係數（強鹽基陰離子交換樹脂）

離　　子	相對親和力（反應基$CH_2N\oplus(CH_3)_3$）
1.氫氧化物(hydroxide)	1.0
2.氟化物	1.6
3.醋酸鹽	3.2
4.重碳酸鹽(小蘇打)(bicarbonate)$NaHCO_3$	6.0
5.氯化物(chloride)	22
6.硝酸鹽(nitrate)	65
7.氯酸鹽(chlorate)	74
8.檸檬酸鹽(citrate)	200

4.各型離子交換樹脂的交換反應和再生劑

(1)強酸陽離子交換樹脂

a.氫型，以 HCl 或 H_2SO_4 再生

$$2R-SO_3H+Ca^{2+} \Leftrightarrow (R-SO_3)_2Ca+2H^+ \tag{9.2}$$

b.鈉型，以 NaCl 再生

$$2R-SO_3Na+Ca^{2+} \Leftrightarrow (R-SO_3)_2Ca+2Na^+ \tag{9.3}$$

(2)弱酸陽離子交換樹脂

a.氫型，以 HCl 或 H_2SO_4 再生

$$2R-COOH+Ca^{2+} \Leftrightarrow (R-COO)_2Ca+2H^+ \tag{9.4}$$

b.鈉型，以 NaOH 再生

$$2R-COONa+Ca^{2+} \Leftrightarrow (R-COO)_2Ca+2Na^+ \tag{9.5}$$

(3)強鹼陰極子交換樹脂

a.氫氧型，以 NaOH 再生

$$2R-R'_3NOH+SO_4^{2-} \Leftrightarrow (R-R'_3N)_2SO_4+2OH^- \qquad (9.6)$$

b.氯型，以 NaCl 或 HCl 再生

$$2R\text{-}R'_3NCl+SO_4^{2-} \Leftrightarrow (R-R'_3N)_2SO_4+2Cl^- \qquad (9.7)$$

(4)弱鹼陰離子交換樹脂

a.自由鹽基或氫氧型，以 NaOH，NH_4OH 或 Na_2CO_3 再生

$$2R-NH_3OH+SO_4^{2-} \Leftrightarrow (R-NH_3)_2SO_4+2OH^- \qquad (9.8)$$

b.氯型，以 HCl 再生

$$2R-NH_3Cl+SO_4^{2-} \Leftrightarrow (R-NH_3)_2SO_4+2Cl^- \qquad (9.9)$$

5.離子交換樹脂的應用

離子交換樹脂(ion exchange resin)的主要用途是上水處理，即將水純化，使水成爲超潔淨的去離子水。其次爲重金屬廢水的處理。前者包括水的軟化、脫鹹軟化和純化等作用。主要上水處理的反應和方程式如下：

軟化 $$2RzNa+CaCl_2 \rightarrow 2Rz\cdot Ca+2NaCl \qquad (9.10)$$

再生 $$2Rz\cdot Ca+2NaCl \rightarrow 2RzNa+CaCl_2 \qquad (9.11)$$

脫鹼軟化 $$2RzH+Ca(HCO_3)_2 \rightarrow 2Rz\cdot Ca+2H_2CO_3 \qquad (9.12)$$

$$H_2CO_3 \longleftrightarrow CO_2+H_2O \qquad (9.13)$$

再生　　$2Rz \cdot Ca + 2HCl \rightarrow 2RzH + CaCl_2$　　(9.14)

純化陽樹脂反應　　$RzH + NaCl \rightarrow RzNa + HCl$　　(9.15)

純化陰樹脂反應　　$RzOH + HCl \rightarrow RzCl + H_2O$　　(9.16)

陽樹脂再生　　$RzNa + HCl \rightarrow RzH + NaCl$　　(9.17)

陰樹脂再生　　$RzCl + NaOH \rightarrow RzOH + NaCl$　　(9.18)

以上方程式中 Rz 代表離子交換樹脂。如軟化製程反應中 RzNa 表示 Na 和 Rz 結合爲一“化合物”，而沒有鈉離子，反應前有鈣離子，反應後由鈣和離子樹脂結合，Ca^{++}被 Na^{+}取代，水被軟化了。再生的過程是在不供應純水時，外加氯化鈉，以鈉取代鈣，樹脂又回復以前的特性，又可以再用來做軟化處理了。脫鹼軟化則是把碳酸氫鈣的鈣離子和碳酸氫根(HCO_3^-)都取代了。RzH 爲陽樹脂，RzOH 爲陰樹脂，二者一旦被水中的 NaCl，HCl 作用變爲 RzNa，RzCl 就失去活性，必須分別用 HCl 或 NaOH 再生。

9.6　參考書目

1. 李茂己，半導體廠超純水製造裝置，電子月刊，第四卷，第四期，1998。
2. 長谷圭祐，超純水系統之最新技術動向，栗田工業株式會社。
3. 張勁燕，半導體廠供應設施之教學研究，第五章，工研院，1992。
4. 賴耿陽，純水、超純水製造法，復漢。
5. 工業廢水離子交換處理，工業污染防治技術手冊之十。
6. C. Y. Chang and S. M. Sze, ULSI Technology, ch. 1, McGraw Hill, 新月。
7. Nitto Denko（日東電工）, Membrane Elements for Ultrapure Water

System.
8. Rohm and Hass Company（羅門哈斯）, Amberlite Summary Chart, Philadelphia, USA.
9. Tadahiro Ohmi ed., Ultraclean Technology Handbook. Vo1.1 Ultrapure Water, Tohoku University , Sendai, Japan.

9.7 習　題

1. 試簡述水中的各種雜質及其淨化方法。
2. 試比較(a)精密過濾，(b)限外過濾，(c)逆滲透。
3. 試簡述超純水系統的操作原理。
4. 試簡述離子交換樹脂的特性。
5. 試以方程式解釋水的軟化，純化及再生作用。
6. 試簡述離子交換樹脂相關的名詞，(a)交換容量，(b)架橋度，(c)含水率，(d)膨脹率，(e)選擇係數，(f)逆洗再生。
7. 試解釋以下各名詞：(a)TOC，(b)COD，(c)BOD，(d)TDS，(e)DVB，(f)GMP，(g)GPM，(h)CFU，(i)POU。
8. 試簡述以下各種材料之特性，(a)PVC，(b)PP，(c)PVDF，(d)PFA，(e)PEEK。
9. 試比較各種離子交換樹脂的特性和再生劑，(a)SAC，(b)SBA，(c)WAC，(d)WBA。
10. 試述 64M DRAM 的超純水水質規格，及純水處理系統。
11. 試比較，(a)細菌(bacteria)，(b)病毒(virus)，(c)微生物(microbe)，(d)發熱物質(pyrogen)，對水質的影響。

第十章　廢水廢氣處理用材料

10.1　緒　論

ULSI 製程會產生大量的廢水和廢氣，我們必須小心的處理，否則會嚴重污染環境。一般而言，廢水的來源主要分製程廢水、超純水製造的排水和排氣洗淨水三大類。廢水的性質大致上可以分爲酸系排水、鹼系排水和有機系排水等三類。廢水中的成份最難處理的是氟(F)、重金屬或過氧化氫(H_2O_2)等。至於廢氣，則可大致上分類爲無機廢氣、有機廢氣、特殊廢氣、熱廢氣、雜廢氣等。

一般認爲半導體工業對環境污染的影響較小，其實這是一個錯誤的觀念。因爲，在半導體的製程中，必須用到許多化學物質。其中包含了很多有毒的物質，有的物質甚至到目前爲止，我們仍然不知道它們對生物體，或總體環境會產生怎樣的影響。現階段，除了水及空氣污染防治有法律條文。廢水的污染防治，僅由地方性的公衆團體與半導體工廠簽訂協約。

因爲半導體的廢水在特性及濃度方面有非常強烈的變化，所以必須在每一個製程中作個別的處理，以便保持廢水處理設備的正常運作。這些個別處理過的廢水，最後都集中在一起，水質檢驗合格後再行排放到河川中。

10.2　廢水的分類和處理

廢水處理的方法，主要有凝聚(coagulation)，膠凝(flocculation)，沉降(sedimentation)幾種。而廢水又可稱爲淤泥(sludge)，其中的懸浮固體

(suspended solid)和氟離子(fluorine ion)是主要考量。

凝聚(coagulation)，或稱凝結、混凝，在疏水溶膠中加入電解質時，膠體粒子聚集成大顆的粒子而沉積的現象。此凝聚作用乃因膠體粒子的電荷，與電性相反的電解質離子中和而產生。常用之凝聚劑有硫酸鋁（明礬）、硫酸亞鐵（綠礬）、聚氯化鋁(poly aluminum chloride, PAC)。工廠廢水系統使用的凝聚劑爲硫酸鋁及石灰。

膠凝(flocculation)是在兩個或多個顆粒間，利用高分子聚合物(polymer)使微粒聚集成較大的顆粒而沉降。

沉降(sedimentation)：在分散系中，分散相的密度大於分散媒(dispersing medium)的密度時，物質受重力的影響而沉下的現象。

淤泥(sludge)是從污水中沉澱產生的泥狀物。其處理方法之一是脫水。脫水的目的是減少污泥體積，使污泥易於運送及拋棄。機械脫水多以擠壓方式，可去除 70～80%的水份。

懸浮固體(suspended solid)是指懸浮於水中的固體物質，由細小的膠狀粒子到粗大的固定物。

氟離子(fluorine ion)。是由於氫氟酸(HF)、氟化銨(NH_4F)等含氟化學劑的殘留於廢水中。

至於評估廢水的化學需氧量(chemical oxygen demand, COD)、生化需氧量(biochemical oxygen demand, BOD)已於第九章介紹過。

pH 值已於第八章介紹過。

ULSI 製程可能產生的廢水大致上分爲以下三種：

1.製程廢水，又可分為四種。

(1)氟酸系水洗排水，或氟酸系濃厚廢液：主要成分爲氫氟酸(HF)、氟化銨(NH_4F)，是由於蝕刻氧化層所產生的廢水。

(2)酸鹼系水洗排水或酸鹼系濃厚廢液：主要成份爲鹽酸(HCl)、硫酸

(H_2SO_4)、硝酸(HNO_3)、磷酸(H_3PO_4)、醋酸(CH_3COOH)、氫氧化銨(NH_4OH)、和過氧化氫(H_2O_2)等。這些成份主要的來源是由於清洗矽晶片或原料、工具等所產生的廢水。以及封裝製程中電鍍錫(tin plating)、電鍍銲錫(solder plating)後的廢水。此類廢水的量非常大。

(3)有機系水洗排水：主要成分為三氯乙烯(trichloroethylene)、丙酮(acetone)、甲醇(methanol)、乙醇（酒精）(ethanol, alcohol)、異丙醇(isopropyl alcohol, IPA)等，是由於晶圓清洗所產生的。

(4)研磨排水；主要成分為矽(Si)，由於製造晶圓之研磨、切片或製程完成裝配前之磨薄，晶圓鋸割(dicing saw)製程等而產生的廢水。

2.純水製造排水

(1)逆滲透(RO)濃縮液，由於市水(city water)之可溶成分經過逆滲透而濃縮 3～4 倍，主要成分為磷。

(2)陰陽離子交換樹脂(exchange resin)再生所產生的排水。主要成分為 NaOH、H_2SO_4、NaCl、HCl 及破裂的樹脂。

(3)逆滲透(RO)、限外過濾(UF)洗淨排水，主要成分為福馬林(formalin)。

(4)配管洗淨排水，主要成分為 H_2O_2。

3.排氣洗淨水

(1)酸系，主要成分為 HF、HCl、HNO_3。

(2)鹼系，主要成分為 KOH、次氯酸鈉(NaOCl)，含 As、P、B 或 Si 等。

(3)有機系，主要成分為乙醇。

福馬林(formalin)即甲醛水，是甲醛含量 37%（±0.5%）的水溶液。通常添加 8～12%的甲醇，以防聚合。甲醛分子是若干締合的狀態溶解於水溶液中。不含甲醇的 37%溶液是無色、透明而有強烈刺激性臭味的溶液。沸點 101℃，比重 1.119 (25℃)，閃點（著火點）85℃，沉澱溫度為 20℃，

pH 值約 3.0，可作防腐劑、消毒劑、樹脂、尿素樹脂。半導體工廠的水管殺菌平常多用雙氧水 H_2O_2，偶爾也會用福馬林。

各種廢水的特性及其處理的方法說明如下：

1. 研磨廢水主要包含矽微粒，可用混凝劑如聚氯化鋁(poly aluminum chloride, PAC)使其沉降，或用限外過濾器(UF)過濾之，並用濁度計作測試。
2. 含有低濃度有機溶劑水洗後的水，不需要添加任何物品，但需經生物處理，才可達到放流標準。
3. 蝕刻廢水則包含：
   (1)氫氟酸鹽，其含量則決定於其廢水的比例標準。
   (2)過氧化氫是化學需氧量(chemical oxygen demand, COD)的來源。
   (3)乙酸(CH_3COOH)是生化需氧量(biochemical oxygen demand, BOD)的來源。
   (4)氨水和硝酸含有氮。

氫氟酸(HF)的處理只要加上氫氧化鈣($Ca(OH_2)$)使其產生氟化鈣(CaF_2)即可，在此階段所用到的設備是酸鹼測定計或氟離子分析儀。

4. 在硝酸、鹽酸和氨水(NH_4OH)的酸鹼廢水中，通常含有重金屬微粒。這種廢水通常可用酸鹼中和的方法處理，除非其中含有砷(As)。所以這階段的廢水可使用酸鹼測定計。
5. 含砷的廢水，其處理方式除用酸鹼中和之外，還必須作混凝(coagulation)沉降(sedimentation)處理。這種含砷廢水的處理，雖然可以和酸鹼廢水合併處理，但若能將含砷廢水另外處理，則可降低有毒污泥(sludge)的數量。
6. 逆滲透薄膜濃縮廢水，或純水再生所生的廢水，則包含酸和鹼，故只要在貯存後作酸鹼中和處理即可。
7. 生活廢水則只要依建築物標準法規處理 BOD、COD、氮、磷等，使其值在標準之下即可。

以下幾個圖和表分別說明：(1)廢液之分類及主要成份，如表 10.1 所列。(2)半導體廠廢水處理流程圖，如圖 10.1 和圖 10.2 所示。(3)半導體工廠之排水處理總合流程，如圖 10.3 所示。(4)廢水處理設備的實例，如圖 10.4 所示。(5)氟離子的各種處理方法，如圖 10.5 所示及表 10.2 所列。

表 10.1　廢液之分類及主要成份

<table>
<tr><th colspan="4">廢　液　種　類</th><th>主　要　成　份</th></tr>
<tr><td rowspan="6">製程廢液</td><td>研磨廢水</td><td colspan="2">含矽廢液</td><td>微細粒子、金屬表面剝落物</td></tr>
<tr><td rowspan="3">晶片水洗水</td><td colspan="2">有機溶劑及水洗水</td><td>甲苯、二甲苯、硝類、醛類</td></tr>
<tr><td colspan="2">酸液、鹼液及水洗水</td><td>硫酸、鹽酸、醋酸、氫氟酸、過氧化氫、銨水</td></tr>
<tr><td colspan="2">蝕刻廢液及水洗水</td><td>氫氟酸、硝酸、醋酸、過氧化氫</td></tr>
<tr><td rowspan="2">照像廢液</td><td colspan="2">有機溶劑及水洗水</td><td>二甲苯、異丙醇</td></tr>
<tr><td colspan="2">蝕刻廢液及水洗水</td><td>氫氟酸、硝酸、醋酸、過氧化氫、磷酸</td></tr>
<tr><td rowspan="8">製程以外廢液</td><td rowspan="5">超純水</td><td rowspan="3">定期的</td><td>過濾器逆洗</td><td>懸浮物</td></tr>
<tr><td>去離子水再生液</td><td>鹽酸、氫氧化鈉</td></tr>
<tr><td>逆滲透溶液</td><td>原水中的各種成份</td></tr>
<tr><td rowspan="2">不定期的</td><td>逆滲透水洗水</td><td>逆滲透膜的粘著物、ABS、硝酸、聯胺</td></tr>
<tr><td>管路水洗水</td><td>過氧化氫</td></tr>
<tr><td>空氣處理水洗水</td><td colspan="2">廢氣處理用水</td><td>製程中的各種成份、氫氧化鈉、硫酸</td></tr>
<tr><td>冷卻水</td><td colspan="2">空調處理用水</td><td>懸浮物</td></tr>
<tr><td>生活廢水</td><td colspan="2">廚房、衛生設備等</td><td>表面活性劑(surfactant)</td></tr>
</table>

ABS 是一種高分子材料全文是 acrylonitrile butadiene styrene，以烷基苯磺酸鈉(ABS)為主要成份，作清潔劑使用。最近因公害問題，將難被生物分解者稱為硬性清潔劑。目前已改用可用生物分解的為軟性清潔劑（直鏈烷基苯磺酸鹽，LAS, linear alkyl benzene sulfonate）。ABS 即丙烯腈丁二烯苯乙烯。

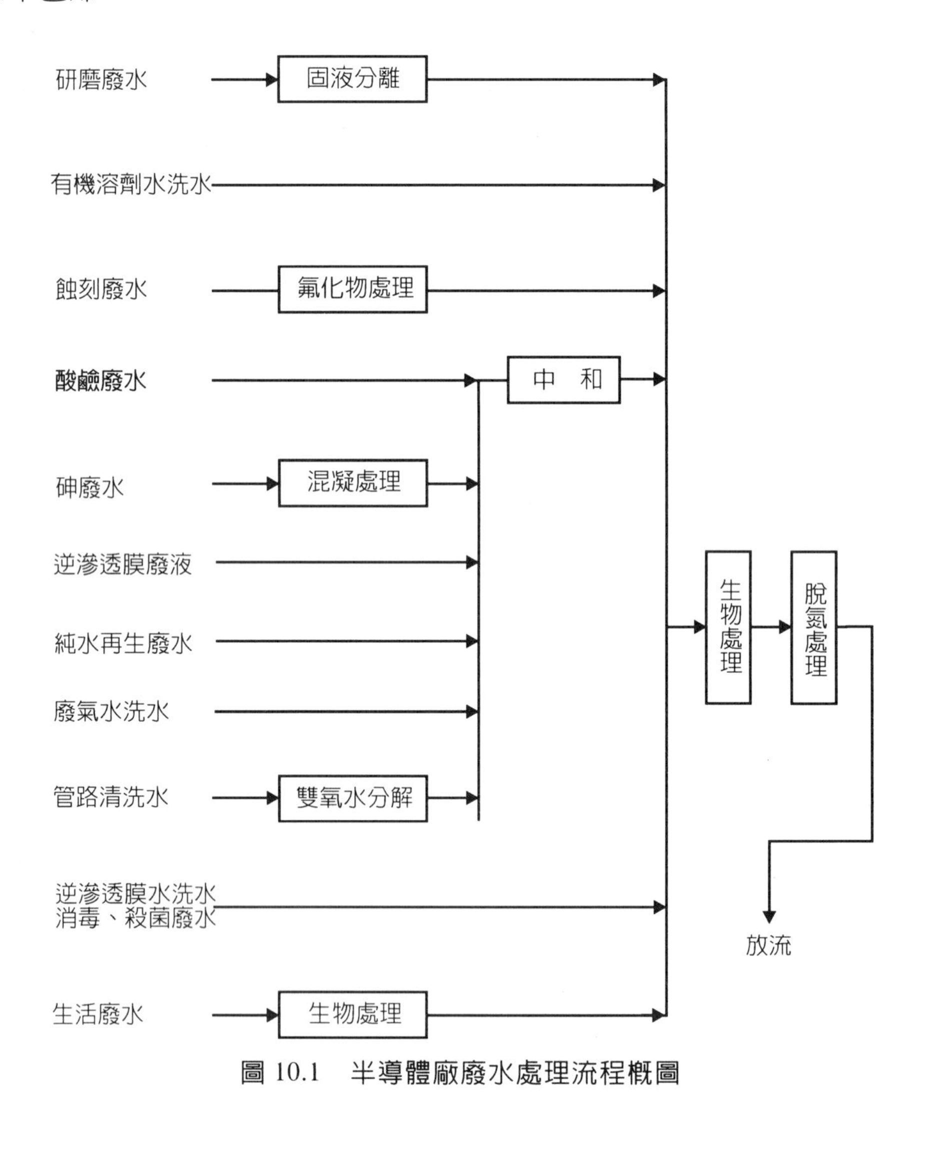

圖 10.1　半導體廠廢水處理流程概圖

*PAC: Poly Aluminum Chloride ($AlCl_3$)作凝聚劑用　P：壓力監測

FAH, FIR, PHAL, PHAH, PHIR:

F: F^-（氟離子）	pH: pH值
A: Alarm　警鈴	L: Low　太低
H: High　太高	I: Indicator　指示器
R: Recorder　記錄器	

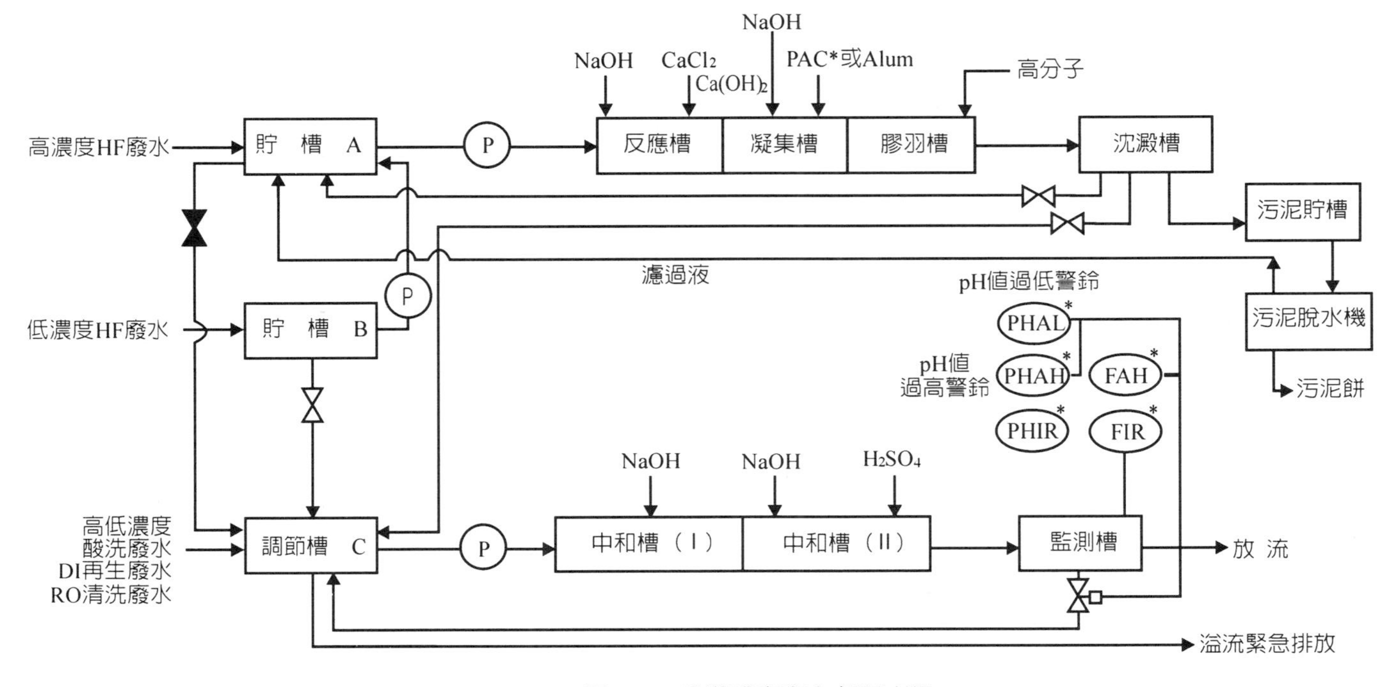

圖10.2　半導體廠廢水處理流程

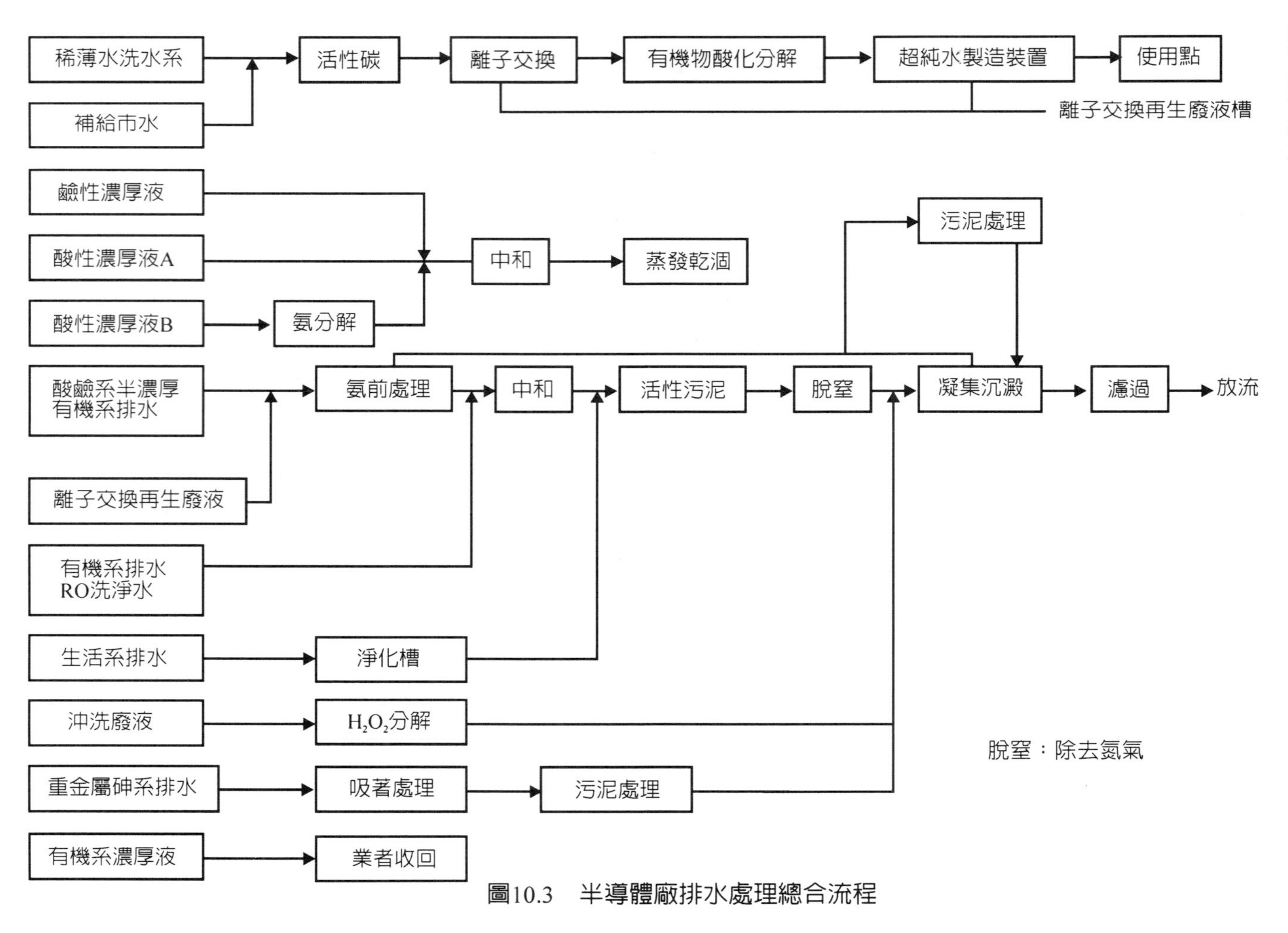

圖10.3　半導體廠排水處理總合流程

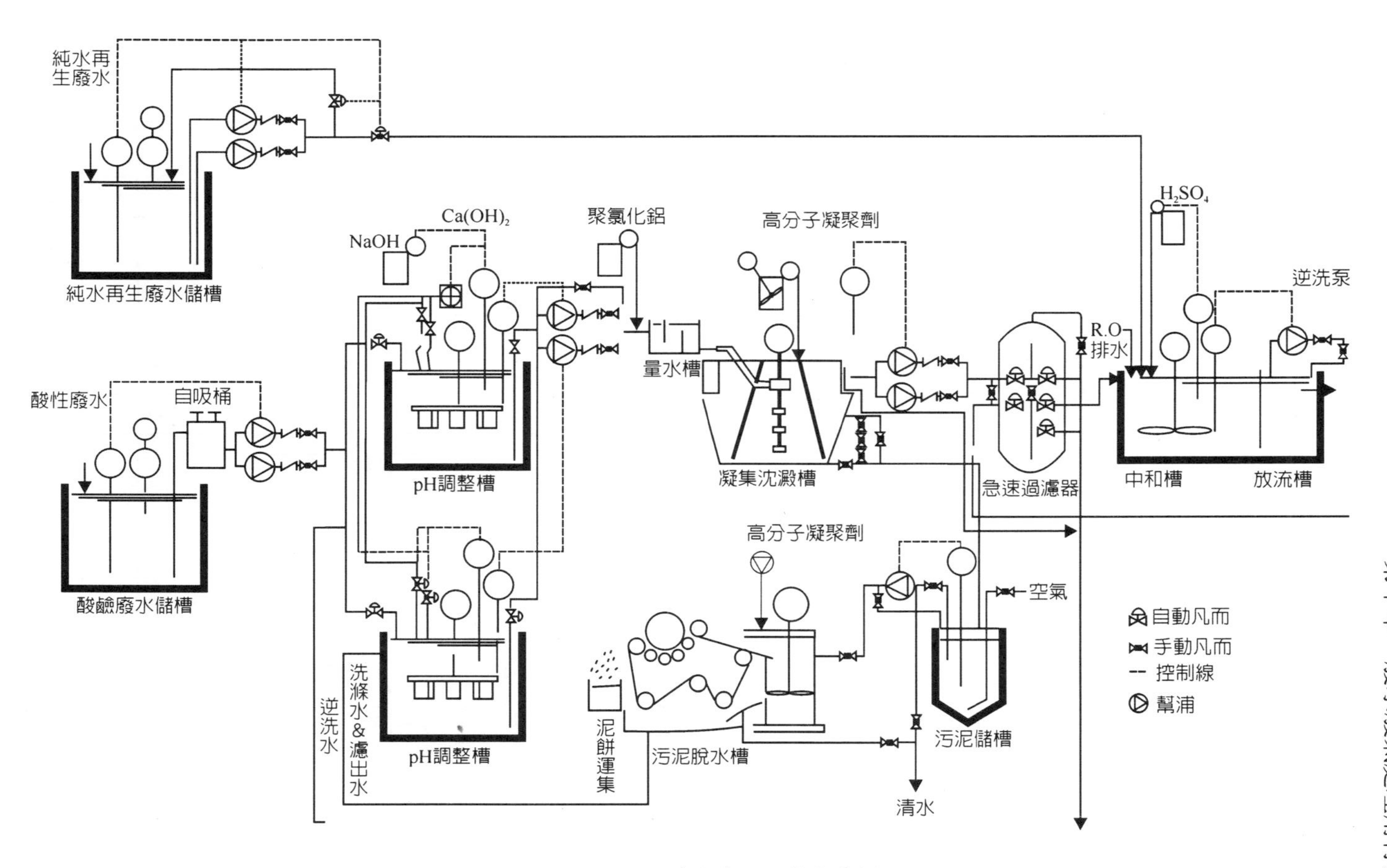

圖10.4　廢水處理設備的實例

表10.2　氟離子之各種處理方法

去除之雜質	處理方式	使用之藥品	原水條件	摘要
氟 F^-	1.石灰添加法 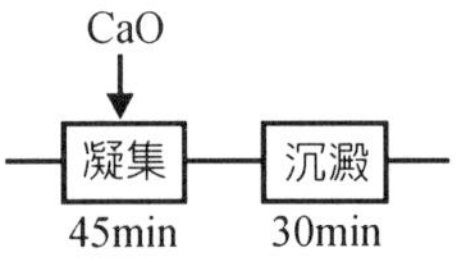 CaO ↓ —凝集—沉澱— 45min　30min	CaO $Ca(OH)_2$	高濃度原水	$Ca(OH)_2+2F^- - CaF_2\downarrow+2OH^-$ 殘留F量為15～20 mg/l如再加硫酸鋁凝集劑可降至15mg/l以下
	2.硫酸鋁凝集法： 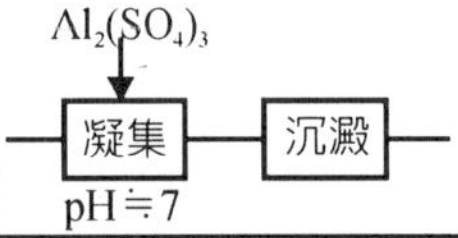 $Al_2(SO_4)_3$ ↓ —凝集—沉澱— pH≒7	$Al_2(SO_4)_3$		
	3.石灰－硫酸鋁法 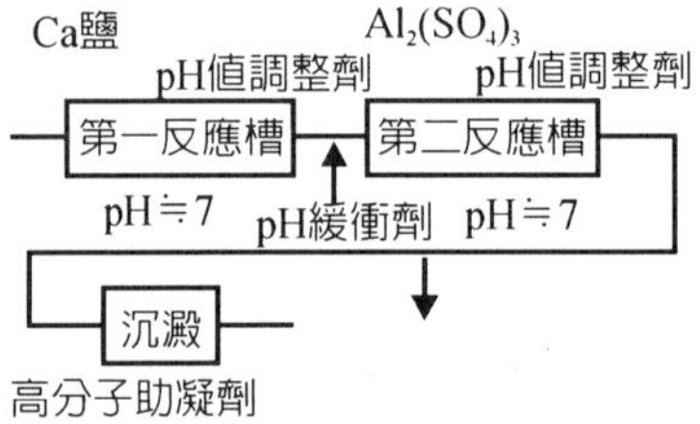 Ca鹽　$Al_2(SO_4)_3$ pH值調整劑　pH值調整劑 —第一反應槽—第二反應槽— pH≒7　↑pH緩衝劑　pH≒7 ↓ —沉澱— 高分子助凝劑	$Ca(OH)_2$ $Al_2(SO_4)_3$ pH緩衝劑 高分子凝集劑		
	4.石灰－磷酸添加法－(1) 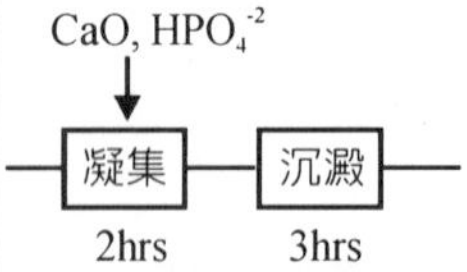 CaO, HPO_4^{-2} ↓ —凝集—沉澱— 2hrs　3hrs	CaO $Ca(OH)_2$與磷酸		$3PHO^{-2}+5Ca^{+2}+3OH^-+F^-\rightarrow Ca_5(PO_4)_3F\downarrow+3H_2O$
	5.石灰－磷酸添加法－(2) 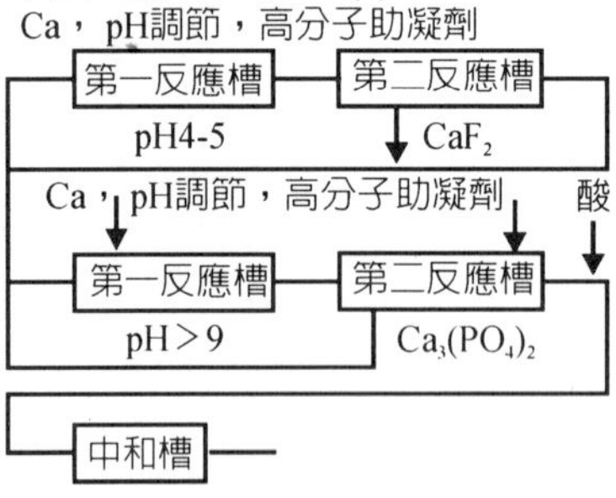 Ca，pH調節，高分子助凝劑 —第一反應槽—第二反應槽— pH4-5　↓CaF_2 Ca，pH調節，高分子助凝劑　酸 —第一反應槽—第二反應槽— pH＞9　$Ca_3(PO_4)_2$ —中和槽—			
	6.活性鋁吸著法	再生劑 $Al_2(SO_4)_3$		
	7.離子交換樹脂法	再生劑HCl		使用陰離子交換樹脂
	8.電氣透析法		1～2mg/l低濃度液	去除率在60%左右

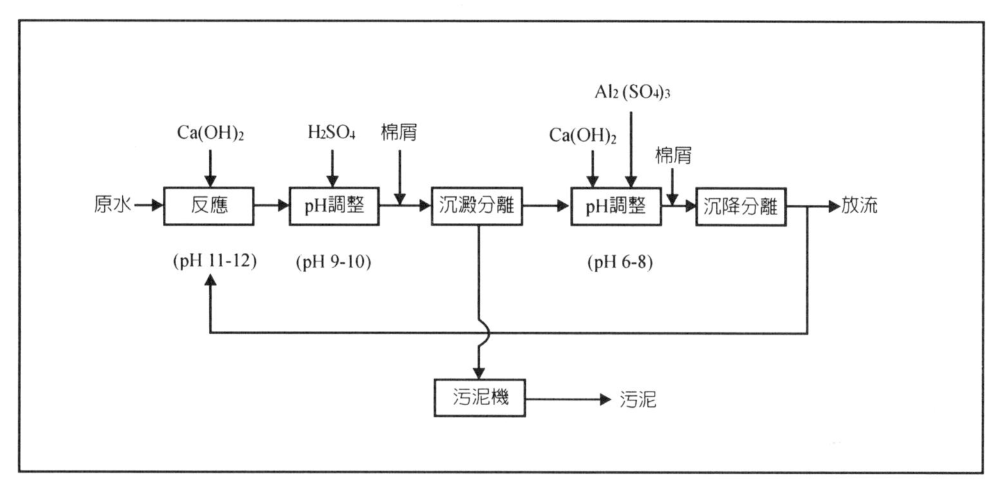

圖 10.5　含氟廢水的處理

氯化鋁(aluminum chloride, $AlCl_3$)，是無色板狀晶體，通常因含氯化鐵等雜質而呈黃色。比重 2.44，熔點 190℃，沸點 182.7℃。177.8℃會昇華。具潮解性，揮發性。在空氣中加水分解，而產生氯化氫白色酸煙。遇水起激烈反應而放熱。水溶液呈強酸性。攝入或吸入人體內有毒。可做爲酸催化劑、聚合催化劑。廢水處理中以氯化鋁的聚合物做凝聚劑用。

脫窒即爲除去氮氣。

含氟廢水的處理主要是添加石灰(CaO)、硫酸鋁($Al_2(SO_4)_3$)即明礬、磷酸(H_3PO_4)等。使原水先調整 pH 值，再靠棉屑等的添加物而生成沉澱物（污泥）。

以上的化學反應式爲：

$$Ca(OH)_2 + 2F^- \rightarrow CaF_2 \downarrow + 2OH^- \tag{10.1}$$

殘留 F 量爲 15～20 mg/1，如再加硫酸鋁凝集劑，可使 F 降爲 15 mg/1 以下。或是添加 H_3PO_4 的反應式爲：

$$3HPO_4^{-2} + 5Ca^{+2} + 3OH^- + F^- \rightarrow Ca_5(PO_4)_3F\downarrow + 3H_2O \qquad (10.2)$$

石灰即氧化鈣(CaO)，分子量爲 56.08。把石灰石或鈣的碳酸鹽、氫氧化物、硝酸鹽等分解後即得，爲白色粉末。熔點 2572℃，沸點 2850℃，比重 3.37。遇水產生高溫，並反應生成氫氧化鈣。能吸收二氧化碳而生成碳酸鈣。可作乾燥劑、脫水劑、鹼性窯材、生漆、灰泥、以及土壤中和劑等。

硫酸鋁的分子式爲 $Al_2(SO_4)_3 \cdot 18H_2O$，爲無色粉末。將氫氧化鋁以濃硫酸處理，生成的十八水合物，予以加熱脫水即可得硫酸鋁。無毒性。在空氣中甚安定。比重 2.672，熔點 770℃，會分解。對水 100 克的溶解度爲 31.3g(0℃)，36.2g(20℃)，98.1g(100℃)。於水溶液中呈酸性。溶於稀酸，但不溶於乙醇。高溫即分解爲 Al_2O_3、SO_2、SO_3 等。以氫還原即成 Al_2S_3。利用其易形成複鹽(double salt)的性質，可作爲其他鋁鹽的原料。

含重金屬廢水可以用氫氧化物沉澱分類，或加亞鐵鹽(ferrite)中和(neutralization)，再吹入空氣使重金屬氧化。重金屬被以鐵爲主的複合氧化物亞鐵鹽的結晶包圍，成爲安定的沉澱物，再以離心機(centrifugal)分離，如圖 10.6 所示，反應式爲：

$$xM + (3-x)Fe^{+2} + 6OH^- \rightarrow M_xFe_{3-x}(OH)_6 \xrightarrow{O_2} M_xFe_{3-x}O_6 \qquad (10.3)$$

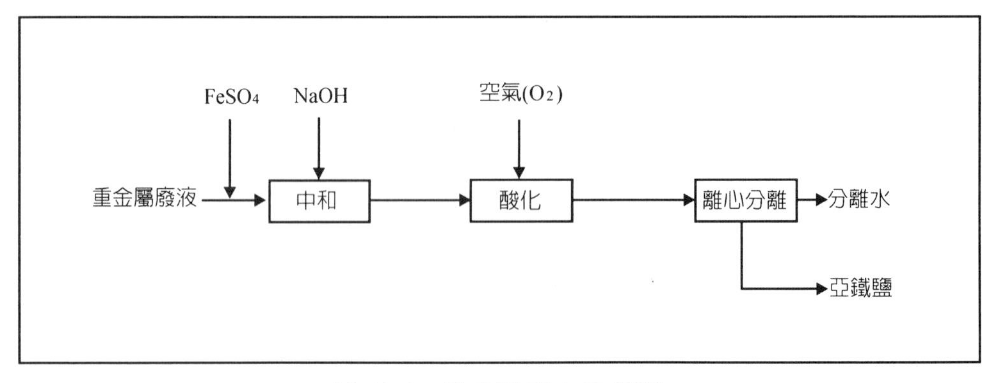

圖 10.6　重金屬廢水的處理

10.3 工業廢水的離子交換處理

離子交換最早是應用於水質軟化(water softening)，使用材料爲天然或合成的無機性矽酸鋁(aluminum silicate)，僅適用於中性溶液，當 pH 值在 6.5 至 8.5 以外的範圍，他們顯得不穩定。後來工業界成功的使用離子交換樹脂，回收多種金屬離子，如銅、鉻、金、鎳、鋅等，如表 10.3 所列。肥料工廠則是回收氨和硝酸鹽，核能工業還可回收鈾(uranium, U)。

表 10.3 工業廢水的離子交換處理

	目 的	交換樹脂	再生劑	處 理 水	再生廢液
1	軟化去除 Ca^{+2}，Mg^{+2}，Fe^{+2}，Mn^{+2}	陽離子，Na 型	NaCl	Na 取代二價金屬	Ca^{+2} 等的氯化物過剩的 NaCl
2	去除硝酸鹽	陰離子，Cl 型	NaCl	Cl^-取代 NO_3^-	$NaNO_3$，NaCl
3	從洗滌水中回收銅	陽離子，H 型	H_2SO_4	酸性負離子存在	初始 $CuSO_4$ 大於 10%
4	從氰化金(AuCN)洗滌水回收金	陰極子，Cl 型	NaCl	Cl^-取代氰鹽和氰金錯合物	將樹脂焚化回收金
5	將鹽類轉化成另一種鹽，如 $Ca(NO_3)_2$ 轉爲 $NaNO_3$	陽離子，Na 型	NaCl	$NaNO_3$	$CaCl_2$ 和一些 NaCl
6	溶液純化，如從濃鹽酸中除去鐵	陰離子，Cl 型	H_2O	HCl 不含 Fe^{+3}	$FeCl_3$
7	溶液純化，從甲醛中脫去甲酸	陰離子，OH 型	NaOH	甲醛溶液不含甲酸	甲酸鈉
8	部份脫鹽，如去除、次碳酸鹽 $Ca(HCO_3)_2$、$NaHCO_3$	弱酸性，陽離子，H 型	HCl	除氣器去除 CO_2	$CaCl_2$，NaCl
9	去除矽物質，製造純水	陽離子，H 型，後接陰離子，OH 型或混床	H_2SO_4(或 HCl)NaOH	H_2O 或不含離子的溶液	硫酸鹽或氯化鹽，鈉鹽

離子交換樹脂處理工業廢水，尤其是當廢水成份中含有錯合劑(complex agent)或鉗合劑(chelating agent)。它還有以下多種優點：對於低濃度重金屬廢水，單位處理成本較低。再生廢液所濃縮的離子濃度，常可達直接利用的程度。再生廢液體積小，廢水量減少。具高選擇性，可以只除去所卻去除的金屬離子，而允許無害的離子通過。廢水可循環回收使用。

10.4 廢水處理用材料

廢水設施處理的廢水有酸、鹼、腐蝕性物質，其各成份依作用之不同，各設施所使用的材料如下：

1.氫氟酸(HF)廢水處理：貯槽使用抗氫氟酸之玻璃纖維強化塑膠(FRP)，泵和輸送管線使用聚丙烯(PP)，偵測器使用鐵弗龍(teflon)材質。

2.高酸高鹼廢水處理，因為廢液之 pH 值往往低於 2 或高於 12，且含微量氫氟酸，貯存槽使用 FPR，泵使用 PP，輸送管線使用聚氯乙烯(PVC)，偵測器使用鐵弗龍。

3.化學液之處理，一般化學液含硫酸、氫氧化鈉、硫酸亞鐵($FeSO_4$)等，貯槽使用 FRP，泵使用 PVC，管線使用 PVC。

4.硫酸回收系統，貯槽用不銹鋼(stainless steel)，內襯聚偏二氟乙烯(PVDF)，管線使用 PVDF。

玻璃纖維強化塑膠(fiber glass reinforced plastic, FRP)是用玻璃纖維當作加強材料的一種合成樹脂複合材料(composite material)。所使用的合成樹脂有聚酯樹脂(polyester resin)、環氧樹脂(epoxy)、低壓酚樹脂、矽樹脂(silicone)等，玻璃纖維的強度和剛性都很大。合成樹脂可保持玻璃纖維的相對位置，有助於纖維間的應力(stress)的傳達。所以質輕而且有優異的機械強度，耐蝕性、成性型。可用於製造船艇、浴缸、貯槽、反應槽、安全帽等。缺點是彈性係數(elastic modulus)低、耐熱性低、易燃等。

聚丙烯(polypropylene, PP)是丙烯(C_3H_6)的聚合體。順聯聚合體的熔點164℃～170℃，比重 0.90～0.91，分子量 100,000～200,000。性質受到結晶的支配，順聯高的聚合物有優異的抗拉強度、衝擊強度。耐熱性。耐彎曲疲勞強度或導電度亦佳。加工性非常良好、廣泛使用於射出成型用的通用樹脂、軟片、纖維等。

聚氯乙烯(polyvinyl chloride, PVC)是氯乙烯 CH_2=CHCl 的聚合體。對熱和光比較不穩定，會發生脫鹽酸反應而著色。因此加入鋇(Ba)、鎘(Cd)等金屬，錫(Sn)或鋅(Zn)化合物做爲主劑的安定劑。藉加熱而放出氯化氫(HCl)氣，所以成爲都市廢氣在燒燬處理時的空氣污染問題。近來盛行研究作爲廢棄物的再利用。

聚偏二氟乙烯(polyvinyldiene fluoride, PVDF)，熔點 170℃，熱分解溫度在 300℃以上，適用於利用加熱熔融的射出、擠出、壓縮的各種成形方法。是結晶性的熱塑性樹脂，有優異的機械特性、熱穩定性、耐氣候性、耐放射性、耐低溫性。使用於和化學機器有關的閥、泵零件、水槽或管線的襯料、軸承等。

不銹鋼(stainless steel)，是在鐵內加入 12%以上的鉻(Cr)，不易氧化、耐蝕性能強。有含 12%以上鉻的高鉻不銹鋼，和 17%鉻及 7%鎳(Ni)的高鉻鎳不銹鋼兩種。其中高鉻鎳不銹鋼的耐蝕性較強。雖然缺少淬火(quench)硬化性，加工性卻良好，可加工成薄片或細管，爲增加耐酸性，也可加入鉬(Mo)或銅(Cu)。

而處理廢水的材料，以 NaOH、KOH、$FeSO_4$ 等爲主。

氫氧化鈉(sodium hydroxide)，又名燒鹼、苛性鈉(caustic sodium)。分子式爲 NaOH，分子量爲 40.01。純粹的氫氧化鈉是無色透明的固體，熔點 328℃。通常是含有少量的水與硫酸鹽等的白色脆固體，熔點 318.4℃，常溫爲斜方晶系。在 299.6℃則轉移爲立方晶系。沸點 1390℃，比重 2.13。具潮解性。遇水則發出大量的熱而溶解。易溶於乙醇、不溶於醚、丙酮。水溶液是強鹼性。濃度高者有強烈的腐蝕性，會將有機物分解而侵害皮膚。尤其是碰到眼睛則有失明之虞。吸收 CO_2 而產生碳酸鈉，從氨鹽使氨游離，從許多金屬鹽水溶液，使金屬氧化物或氫氧化物沉澱。化學工業上廣泛被使用，可作人造纖維、製紙、化學藥品、肥皂、石油精製、輕金屬、染料工業，也可作有機合成、分析試驗、乾燥機、二氧化碳的吸收劑等。

氫氧化鉀(potassium hydroxide)，又名苛性鉀，分子式爲 KOH，分子量爲 56.10。無色半透明的固體。置於常溫爲斜方晶系。比重 2.055，熔點 360.4℃，沸點 1320℃，具潮解性。易溶於乙醇、甲醇。它是最強的鹼。有一、二及四水合物存在。劇藥，必須不要碰到眼睛或皮膚。可作鉀玻璃、軟皂、鉀鹽、鹼性蓄電池，以及二氧化碳的吸收劑，分析試劑、有機合成劑。

硫酸亞鐵(ferrous sulfate，或 iron sulfate)分子式爲 $FeSO_4$。$FeSO_4 \cdot 7H_2O$ 的分子量爲 151.91。微綠色或黃棕色顆粒或晶體，俗稱綠礬。單一水化物，無味，比重 1.89，熔點 64℃，可溶於水，不溶於乙醇。可作氧化鐵的色料，印染媒染劑、還原劑、墨水、鐵鹽、處理水和污水、催化劑。特別可作氨的合成、肥料、飼料添加劑、除草劑、木材防腐及醫藥用。

至於含 H_2O_2 的廢水的處理，則是先調整其 pH 值，使成弱鹼性，再以活性碳處理。如果以此方法循環處理，則效果更可提高。含有機物的廢水，是以活性污泥等做生物處理。在此種處理過程中其設備分為曝氣槽、沉降槽、和剩餘污泥槽三部份。含砷(As)廢水是很難處理的，原因是砷為兩性元素，酸鹼都無法使砷分離。處理時要使砷以砷酸或亞砷酸的型式存於排水中，此類物質易被鐵或鋁的氫氧化物所吸著。添加鐵鹽或鋁鹽調整廢水的 pH 值，砷化物即和添加物共同沉澱。

硫酸鐵(ferric sulfate，$Fe_2(SO_4)_3$)，分子量為 399.98。是灰白色粉末或黃色斜方晶體。易潮解、耐熱。比重 3.097，微溶於水、乙醇，不溶於丙酮。可作色料、試劑、鐵明礬、殺菌劑、染料、聚合物之催化劑及淨化飲水用。

如果工廠排放的廢水含有多種成分，最好是分別處理。污泥可以用掩埋法處理，含微量有害物而又是大量的廢水，或許有回收價值。至於處理後的放流水，則必須符合排放標準。筆者回想二十年前，積體電路包裝製程因電鍍錫而產生大量含 HCl、H_2SO_4、$SnSO_4$ 等的廢水，並未妥善處理就排放於溝中或田中，迄今仍是餘悸猶存。

半導體製造時使用大量的超純水，主要是用來洗淨晶圓。幾乎每一個步驟的前、後都要用超純水。理論上只要將酸系排水(HCl，HNO_3，H_2SO_4)、鹼系排水(NH_4OH，NaOH)或有機系排水（三氯乙烯、丙酮、異丙醇）等分別處理，而後都可以拿來做為一次純水，只要稍加二次純水處理即可回收。實際上筆者以為這種分類再處理很不容易。原因是製程太複雜，每次都是有是有機物、酸、鹼間隔排放，如果為了回收一點水而大動工程，似乎不大值得。超純水逆洗以再生陰陽離子樹脂，所使用的 NaOH、HCl 多為工業級藥品，雜質含量多，而且逆洗過程會產生大量破碎的樹脂，除去這些碎片的過濾也不是很輕易完成的。

臭氧(ozone)處理也是廢水處理的技術之一。藉臭氧的強氧化力將廢水中的溶存物氧化分解，而予以淨化。臭氧的發生量可以藉電力調整來控制。臭氧在水中會短時間自行分解而放出氧，所以無二次污染之顧慮。可用於殺菌、脫色、脫臭、去鐵或錳、氰化物(cyanide)或酚或洗劑的分解、廢水的最後處理等。

處理廢水時，手可能觸及酸、鹼、有機物質、適當的防護手套材質，如表 10.4 所列。

表 10.4　化學防護手套之材質

化學物質＼材質	丁基橡膠	天然橡膠	氯丁橡膠	青類橡膠	聚乙烯	聚乙烯醇	聚氯乙烯	鐵氟龍
氫氟酸		※	※		※		※	△
鹽酸	○	△△	△	△	※	※	△	
過氧化氫	△		☆	△		※	△	
硫酸					※	※		△
氨水	○							○
硝酸	△	※	※	※	※	※	※	
丙酮	○	※	※	※	☆	※	※	△
異丙醇		※	△	○	※	※	☆	△

○：防護時間大於 8 小時；△：防護時間大於 4 小時；☆：防護時間 1～4 小時；※：防護時間小於 1 小時；空白：沒有測試

資料來源：工研院工業安全衛生技術發展中心。

10.5　污泥處理

有時爲了減少排放廢水對環境的污染，我們可以將廢水加入一些原料以製成污泥。污染要經過濃縮、穩定、調理、脫水和最終處理等步驟。一般而言，選擇一種污泥脫水方法的策略，包含下列五步驟：

1.初步的篩選脫水方法。

2.初步成本評估。

3.實驗室分析。

4.現場測試。

5.根據詳細的設計參數進行最後評估。

基本上，初步的篩選脫水方法爲相當重要的一個步驟，其方式乃是根據所考慮的一些因素將不適合者先行排除。通常在初步篩選所需考慮的因素包括：

1.與現有設備的一致性(compatibility)。

2.與處理廠規模的一致性。

3.與最終處置方式的一致性。

4.二級處理和先前污泥處理的影響。

5.化學調理的要求。

6.脫水時之固體截獲量(solid capture)。

7.勞力需求。

8.環境影響的考慮。

9.長程的實用性(utility)。

10.處理廠之位置。

11.其他處理廠現有相同設備之操作經驗。

12.個人或主管機關之偏好。

圖 10.7 爲一部污泥脫水處理的流程圖：

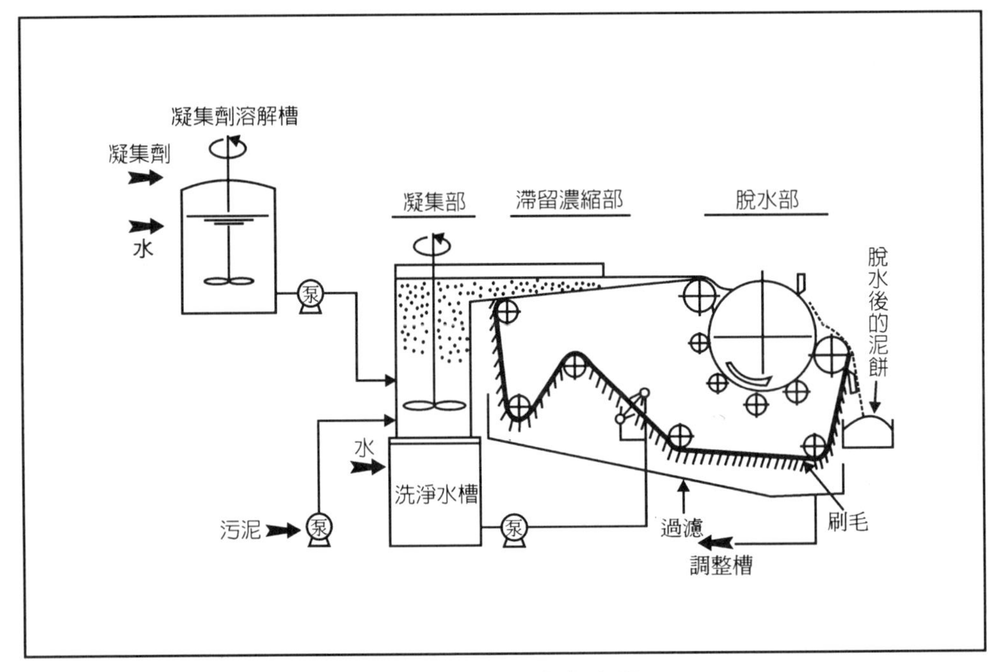

圖 10.7　污泥脫水流程

10.6　廢氣的分類

半導體製程中產生多種大量的廢氣，大致分類如下：

1.無機廢氣

即酸鹼等的廢氣，主要是由於晶圓清洗時發生的。HCl，HNO_3，氫氧化銨(NH_4OH)等都很容易發生大量濃煙。而且又嗆又臭又毒的二氧化氮(NO_2)。硫酸(H_2SO_4)有脫水作用，它和 H_2O_2 混合用於除去光阻產生的煙較少。電鍍錫也使用大量 HCl，發生大量濃煙。

2.有機廢氣

即各種有機溶劑如三氯乙烯、丙酮所產生的廢氣。有機溶劑有很強的脫脂(degrease)作用，一旦吸入呼吸器官，有導致肝病的可能。異丙醇(IPA)

或甲醇性較溫和。光阻(photoresist)則含大量的有機碳(organic carbon)，早期以 H_2SO_4 除去光阻即發生大量濃煙，後來改以 $H_2SO_4+H_2O_2$，則 H_2O_2 使中間產物氧化，而除去了濃煙，可見適當製程的重要性。

3.特殊廢氣

如化學氣相沉積(CVD)、乾蝕刻(dry etching)、擴散(diffusion)、離子植入(ion implantation)、磊晶(epitaxy)等製程，都會發生多種大量廢氣，其中以特殊含氟(F)、氯(Cl)的氣體，氫化物(AsH_3、PH_3、B_2H_6)則更是有劇毒。目前像擴散製程已儘可能不用氣體源，而以液體源如三氯醯磷($POCl_3$)、溴化硼(BBr_3)，甚或更安全的固體源氮化硼(BN)、磷(P)、砷(As)固態源代替。這也是從製程改進的例子。

4.熱廢氣

如氧化、擴散爐最高使用 1000～1250℃的高溫，CVD 使用到 700～850℃。熱烤箱(oven)雖然溫度只有 200～350℃，但因烤箱數量多容量大，而且長時間通氮氣循環送風，也會產生大量的熱廢氣。

5.雜廢氣

各種廢氣混雜而成。

如果以氣體危害性分類，則可歸納爲有毒、腐蝕、惡臭、可燃及爆炸、助燃及窒息等，如表 10.5 所列。除了窒息性較不易造成傷害，其餘都要小心處理。空氣和氮氣(N_2)一般都被認爲是無害的，正因爲如此，半導體工廠也發生過原來缺氧，應該通空氣，而錯通氮氣，使工人平白送命的意外。

半導體使用的氣體，其中最危險造成災害最多的是矽甲烷(silane, SiH_4)。

矽甲烷的分子式是 SiH_4，分子量 32.118，刺激臭，凝固點-185℃，沸點-112℃。遇水徐徐分解，不溶於醇、苯、醚、氯仿、四氯化矽。加熱則燃燒變成二氧化矽和水。燃燒熱爲 19.07 英熱單位／磅(BTU/1b)，美國政府工業衛生人員會議(ACGIH)規定之閥限量爲 5 ppm。在空氣中燃燒的範圍由 1.37%至 96%，在空氣中爆炸的範圍爲 9%～25%。矽甲烷等可燃性氣體的爆炸範圍，如表 10.6 所列。

表 10.5　氣體依危害性的分類

1.毒　性	AsH_3，B_2H_6，PH_3，SiH_4，C_2H_2，$CHClF_2$(R-22)，BF_3，NH_3，CO，H_2S，Cl_2，HCl，CCl_4，BCl_3，PCl_3，$SiCl_4$，NO_2
2.腐蝕性	NH_3，HCl，Cl_2，H_2S，BF_3，PCl_3，PCl_5，$SiCl_4$，HF
3.惡　臭	N_2O，H_2S，Cl_2，NH_3，HCl，BF_3，NH_4OH
4.可燃性	SiH_4，SiH_2Cl_2，$SiHCl_3$
5.爆炸性	H_2，CH_4，C_2H_2，C_3H_8，H_2S，CO
6.助燃性	O_2，Air，N_2O
7.窒息性	Ar，N_2，CO_2

表 10.6　矽甲烷等可燃性氣體的爆炸範圍（體積%）

易燃 / 助燃	矽甲烷(SiH_4)	氫氣(H_2)	甲烷（CH_4）	丙烷(C_3H_8)
空氣	1.37	4.0-75.0	5.0-15.0	2.37-9.50
氧氣　(O_2)		4.65-93.9	5.13-93.9	2.25-52.0
笑氣　(N_2O)	1.90-87.1	3.1-84.2	4.0-40.2	2.10-24.8
一氧化氮　(NO)	2.14-92.7	6.7-66.5	8.6-21.7	
二氧化氮　(NO_2)	7.00-95.8			6.43-33.5重量%
三氟化氮　(NF_3)	0.66-90	5.0-90.6		

資料來源：參考書目 4。

幾個氣體分類表如表 10.7 和表 10.8 所列。

表 10.7　各種氣體分類及其代號

分　　類	英　文	符　號
可燃性	Flammable	F
自燃性	Pyrophoric	P
腐蝕性酸	Corrosive Acid	CA
腐蝕性鹼	Corrosive Base	CB
毒性或劇毒性	Toxic or Highly Toxic	T或HT
氧化劑（助燃性）	Oxidizer	O
惰性	Inert	I
刺激性	Irritant	IRR
禁水性	Water Reactive	WR
不安定性（反應性）	Unstable (Reactive)	UR
其他健康危害（目標有機毒物）	Other Health Hazard (Target Organic Toxics)	OHH
致癌物	Carcinogen	CAR

表 10.8　SEMI S-4 氣體分類表

氣　　體		分　　類
氨(阿摩尼亞)	Ammonia	可燃性－腐蝕性鹼－刺激性
氬	Argon	惰性
五氟化砷	Arsenic Pentafluoride	劇毒性－腐蝕性酸－致癌物－其他健康危害－禁水性
砷化氫(氫化砷)	Arsine	劇毒性－可燃性
三氯化硼	Boron Trichloride	腐蝕性酸
三氟化硼	Boron Trifluoride	毒性－腐蝕性酸
二氧化碳	Carbon Dioxide	惰性
四氯化碳	Carbon Tetrachloride	致癌物－其他健康危害
氯	Chlorine	毒性－腐蝕性酸－氧化劑（助燃劑）
雙重氫化硼(二硼烷)	Diborane	毒性－自然發火性－刺激性－禁水性
二氯矽甲烷(二氯矽烷)	Dichlorosilane	毒性－可燃性－腐蝕性酸－禁水性
二乙基碲(碲化二乙基)	Diethyl Telluride	可燃性－刺激性
二乙基鋅	Diethyl Zinc	自然發火性－不安定性－禁水性－腐蝕性酸
二甲基鋅	Dimethyl Zinc	自然發火性－不安定性－禁水性－腐蝕性酸
鹵素化碳11(三氯氟甲烷)	Halocarbon 11 (trichlorofluoromethane)	惰性*
鹵素化碳12(二氯二氟甲烷)	Halocarbon 12 (dichlorodifuoromethane)	惰性*
鹵素化碳13(氯三氟甲烷)	Halocarbon 13 (chlorotrifluoromethane)	惰性*
鹵素化碳13B1(溴三氟甲烷)	Halocarbon 13B1 (bromotrifluoromethane)	惰性*
鹵素化碳14(四氟甲烷)	Halocarbon 14 (tetrafluoromethane)	惰性
鹵素化碳23(三氟甲烷)	Halocarbon 23 (fluoroform)	惰性*
鹵素化碳115(氯五氟乙烷)	Halocarbon 115 (chloropentafluoroethane)	惰性*
鹵素化碳116(六氟乙烷)	Halocarbon 116 (hexafluoroethane)	惰性

表 10.8　SEMI S-4 氣體分類表（續）

氣　　體		分　　類
鍺甲烷(氫化鍺)	Germane	劇毒性－可燃性－刺激性－不安定性
氦	Helium	惰性
氫	Hydrogen	可燃性
氯化氫	Hydrogen Chloride	腐蝕性酸
氟化氫	Hydrogen Fluoride	毒性－腐蝕性酸
硫化氫	Hydrogen Sulfide	毒性－可燃性－刺激性
甲基氯(氯化甲基)	Methyl Chloride	可燃性－刺激性
甲基氟(氟化甲基)	Methyl Fluoride	可燃性－刺激性
氧化氮	Nitric Oxide	劇毒性－助燃性－刺激性
氮	Nitrogen	惰性
三氟化氮	Nitrogen Trifluoride	助燃性－刺激性
氧化亞氮(笑氣)	Nitrous Oxide	助燃性
氧	Oxygen	助燃性
過氟丙烷	Perfluoropropane	惰性*
磷化氫(氫化磷)	Phosphine	劇毒性－自然發火性
五氟化磷	Phosphorus Pentafluoride	毒性－腐蝕性酸－禁水性
矽甲烷(氫化矽)	Silane	自然發火性
四氯化矽	Silicon Tetrachloride	腐蝕性酸－禁水性
四氟化矽	Silicon Tetrafluoride	毒性
六氟化硫	Sulfur Hexafluoride	惰性*
三氯矽甲烷(三氯矽烷)	Trichlorosilane	可燃性－腐蝕性酸－不安定性
三乙基鋁	Triethyl Aluminum	自然發火性
三甲基鋁	Trimethyl Aluminum	自然發火性
三甲基銻	Trimethyl Antimony	毒性－可燃性
三甲基砷	Trimethyl Arsine	毒性－可燃性
三甲基鎵	Trimethyl Gallium	自然發火性
三甲基銦	Trimethyl Indium	自然發火性
三甲基磷(三甲基氫化磷)	Trimethyl Phosphine	毒性－可燃性
六氟化鎢	Tungsten Hexafluoride	腐蝕性酸

*一般被認為惰性，在特殊情況可能有危險的反應。

表 10.9　危險物質之分類表

化　學　式	中文名稱	英文名稱	危害分類
Air	空氣	air	2,6
Ar	氬氣	argon	2
AsH_3	砷化氫	arsine	1,3
BF_3	三氟化硼	boron trifluoride	3,8
BCl_3	三氯化硼	boron trichloride	3,8
$C_2Cl_3F_3$	三氟三氯乙烷	trichlorotrifluoroethane	2
C_2ClF_5	五氟一氯乙烷	chloropentafluoroethane	2
C_2F_6	六氟乙烷	hexafluoroethane	2
C_2H_2	乙炔	ethylacetylene	1
$C_2H_2F_2$	1,1－二氟乙烯	1,1-difluoroethylene	1
C_2H_4	乙烯	ethylene	1
C_2H_4O	環氧乙烷	ethylene oxide	1
C_2H_5Cl	氯乙烷	chloroethane	1
C_2H_6	乙烷	ethane	1
C_3F_8	八氟丙烷	octafluoropropane	2
C_3H_4	甲基乙炔	methylacetylene	1
C_3H_6	丙烯	propylene	1
C_3H_8	丙烷	propane	1
C_4H_6	1,3－丁二烯	1,3-butadiene	1
CCl_2F_2	二氟二氯甲烷	dichlorodifluoromethane	1
CCl_3F	一氟三氯甲烷	trichlorofluoromethane	2
$CClF_3$	三氟一氯甲烷	chlorotrifluoromethane	2
CF_4	四氟化碳	carbon tetrafluoride	2
CH_2F_2	二氟甲烷	difluoromethane	1
CH_3Br	溴甲烷	methyl bromide	3
CH_3Cl	氯甲烷	methyl chloride	1
CH_3F	氟甲烷	methyl fluoride	1
CH_4	甲烷	methane	1

表 10.9　危險物質之分類表(續)

化學式	中文名稱	英文名稱	危害分類
CHF_3	三氟甲烷	trifluoromethane	2
Cl_2	氯氣	chlorine	3,6,8
ClF_3	三氟化氯	chlorine trifluoride	3,6,8
CO	一氧化碳	carbon monoxide	1,3
CO_2	二氧化碳	carbon dioxide	2
iso-C_4H_{10}	異－丁烷	iso-butane	1
iso-C_4H_8	異－丁烯	iso-butene	1
cis-2-C_4H_8	順－2－丁烯	cis-2-butene	1
trans-2-C_4H_8	反－2－丁烯	trans-2-butene	1
iso-C_5H_{12}	異－戊烷	iso-pentane	1
D_2	氘氣（重氫）	deuterium	1
DETe/H_2	二乙基碲／氫	diethyltellurium/hydrogen	1
F_2	氟	fluorine	3,6,8
GeH_4	四氫化鍺	germane	1,3
H_2	氫氣	hydrogen	1
H_2S	硫化氫	hydrogen sulfide	1,3
H_2Se	硒化氫	hydrogen selenide	1,3
HBr	溴化氫	hydrogen bromide	3,8
HCl	氯化氫	hydrogen chloride	3,8
He	氦氣	helium	2
HF	氟化氫	hydrogen fluoride	3,7,8
Kr	氪氣	krypton	2
n-C_4H_{10}	正丁烷	butane	1
N_2	氮氣	nitrogen	2
N_2O	笑氣（氧化亞氮）	nitrous oxide	2,6
N_2O_4	四氧化二氮	nitrogen tetraoxide	3,6
Ne	氖氣	neon	2

Iso：異　　cis：順　　trans：反　　n(normal)正，表示分子有幾種不同結構式，D_2 重氫，是氫的同位素(isotope)，具放射性。

表 10.9　危險物質之分類表(續)

化　學　式	中文名稱	英文名稱	危害分類
NF_3	三氟化氮	nitrogen trifluoride	3,6,8
NH_3	氨氣	ammonia	3,8
NO	一氧化氮	nitric oxide	3,6,8
NO_2	二氧化氮	nitrogen dioxide	3,6,8
O_2	氧氣	oxygen	2,6
PH_3	磷化氫	phosphine	3,1
SF_6	六氟化硫	sulfur hexafluoride	2
Si_2H_6	矽乙烷	disilane	1
$SiCl_4$	四氯矽烷	silicon tetrachloride	8
SiF_4	四氟矽烷	silicon tetrafluoride	3,8
SiH_2Cl_2	二氯矽烷	dichlorosilane	1,3,8
SiH_4	矽甲烷	silane	1
$SiHCl_3$	三氯矽烷	trichlorosilane	3,5,8
SO_2	二氧化硫	sulfur dioxide	3,8
WF_6	六氟化鎢	tungsten hexafluoride	3,8
Xe	氙氣	xeon	2
備註	1　易燃氣體　5　禁水性物質 2　非易燃氣體　6　氧化性物質 3　毒性氣體　7　毒性物質 4　易燃液體　8　腐蝕性物質		

資料來源：三福化工。

10.7　廢氣處理

處理各類危害的氣體，主要是以風管將氣體集中再抽出工作場所。風管材料必須不受該氣體侵蝕。因此無機廢氣（酸鹼）、特殊廢氣及雜廢氣等應使用聚氯乙烯(PVC)、聚乙烯(PE)或聚丙烯(PP)等爲風管材料。有機廢氣及熱廢氣以不銹鋼(stainless steel, SS)爲材料。使用有機溶劑時常用的風罩，如圖 10.8 所示，有下列幾種：(a)包圍型一面開口風罩。(b)包圍型二面開口風罩。(c)包圍型三側面開口風罩。(d)天蓋型四面開口風罩。(e)側方型風罩。(f)下方型風罩，抽風速度爲 0.3～1.0m/sec。

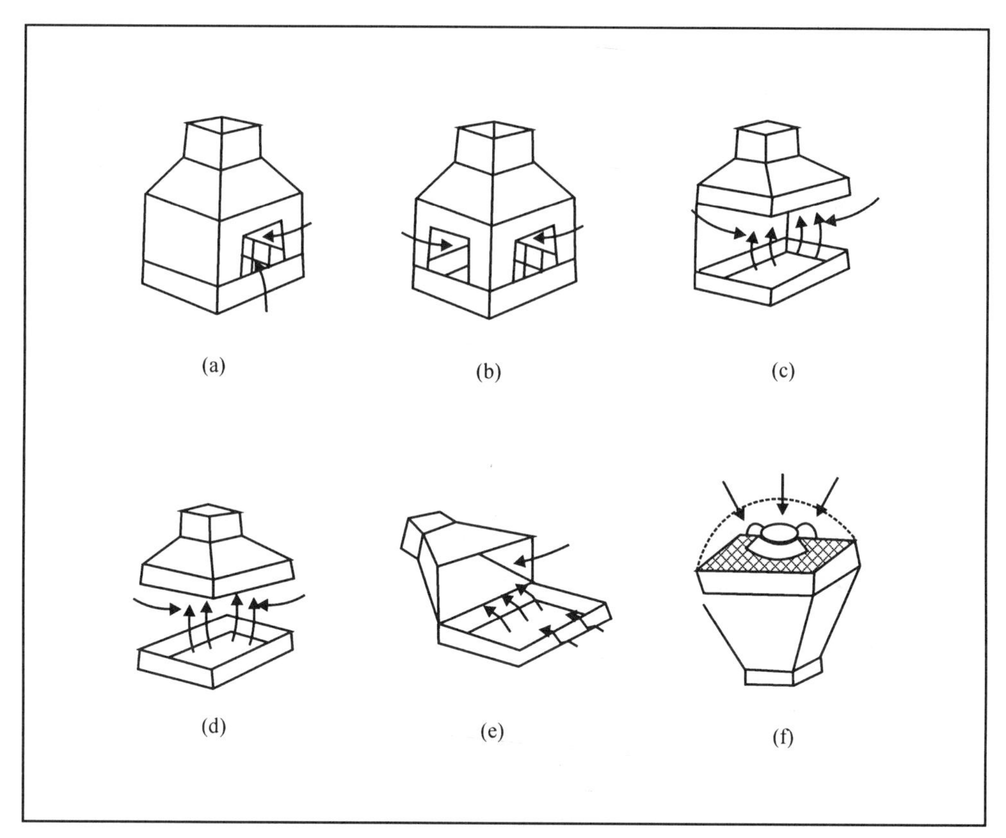

圖 10.8　各種風罩圖

1.廢氣處理

一般最常用吸收法、吸著法、直接燃燒法及接觸氧化法等。

吸收法主要是對無機廢氣，以吸收液在特定裝置將其吸收。而將剩餘無害的氣體排出。

NH_3 以 H_2SO_4 吸收。

Cl_2，HCl，H_2S，HF 等，以 NaOH、$Ca(OH)_2$ 吸收。

SO_2 以 NaOH，$Ca(OH)_2$ 及 Na_2CO_3 吸收。以上三種都是以酸鹼中和爲原則。

HCN（氰化氫），C_6H_6（苯），HCHO（甲醛）及 H_2CrO_4（鉻酸）以水吸收。

NO_2，以 NaOH 或 $Ca(OH)_2$ 吸收。

$Ca(OH)_2$ 是氫氧化鈣(calcium hydroxide)，分子量爲 74.10。爲無色六方晶系晶體，比重 2.24。溫度達 580℃時，即完全分解，並失去水份而變成氧化鈣(CaO)。它僅微溶於水，而呈強鹼性。其水溶液稱爲石灰水。可溶於銨鹽水溶液，使氨游離，溶於酸則生成鈣鹽。在空氣中吸收二氧化碳而生成碳酸鈣。以氯作用於氫氧化鈣即生成漂白粉。若與碳酸鈉起反應，可生成氫氧化鈉。因其爲廉價的強鹼性物質，可作爲酸性土壤的中和劑。並可作生漆和灰泥的原料、漂白粉、紙漿的蒸煮液、皮革脫毛劑、有機合成、二氧化碳的吸收機及消毒劑。

Na_2CO_3 的化學名是碳酸鈉(sodium carbonate)，分子量爲 106.00。無水鹽也稱爲鈉鹼灰，是白色粉末。熔點 851℃，比重 2.532。不溶於乙醇、乙醚。水溶液水解則顯示弱鹼性，吸收二氧化碳則產生碳酸氫鈉。可作肥皀、造紙、色素工業、洗滌、分析試劑、醫藥品等。

2.液分散型吸收裝置，有下列幾種

(1)噴霧塔(spray tower)：將吸收液噴霧至塔中，使其和氣體接觸，特點是構造簡單、氣體壓力損失小，如圖 10.9 所示。

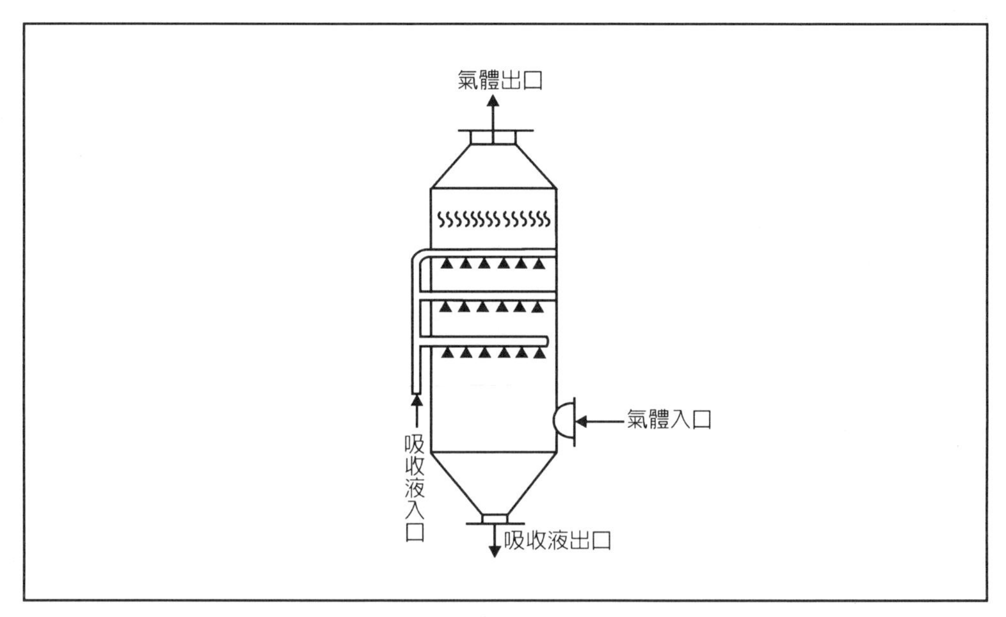

圖 10.9　噴霧塔

(2)旋轉洗滌塔：塔內旋轉，使吸收液和氣體的接觸機會增加、吸收效果較好，如圖 10.10 所示。當旋轉半徑大則效率會降低。壓力損失較大爲其缺點。

(3)頸式洗滌塔(ventry scrubber)：又稱文氏洗滌塔，使吸收液由頸部進入塔，如圖 10.11 所示，以增加吸收效果。液量小但可處理大量氣體。

(4)噴嘴式洗滌塔(jet scrubber)：吸收液自噴嘴高壓噴霧，根據伯努力定律(Bernoull's principle)噴嘴附近壓力小，可吸引氣體以增加吸收效果，如圖 10.12 所示。不需要送風機，但此法需要較大量的吸收液，當氣體量大時則不適合。

3.氣體分散型裝置

以充填塔爲主，塔內充填一些大面積的環(ring)、鐘鞍(bell saddle)或螺旋環，以增加吸收液和氣體接觸的機會，如圖 10.13 所示。此法的缺點是當氣體量大時效果較差。

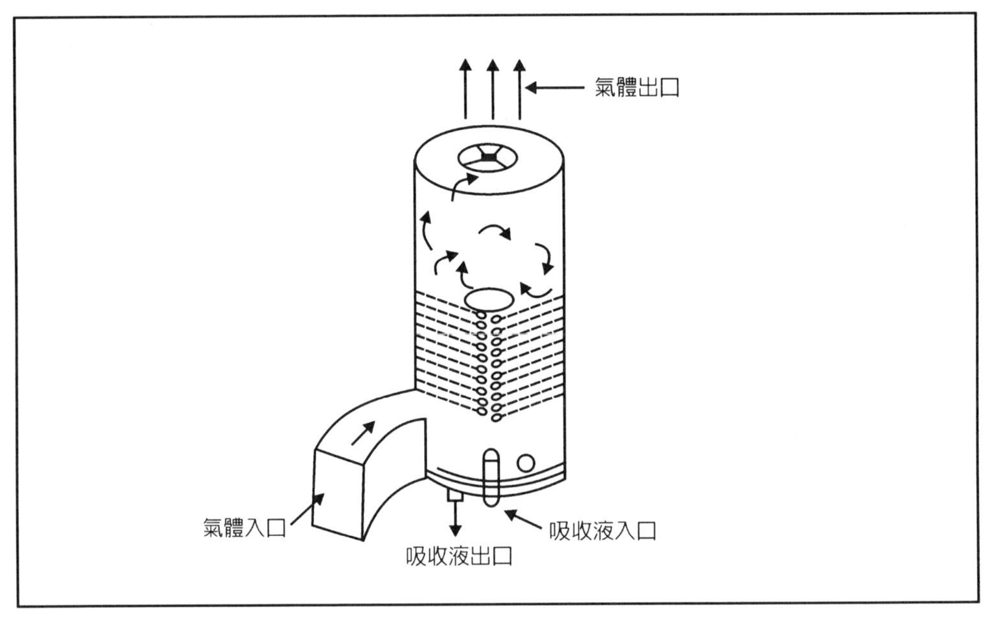

圖 10.10　旋轉洗滌塔

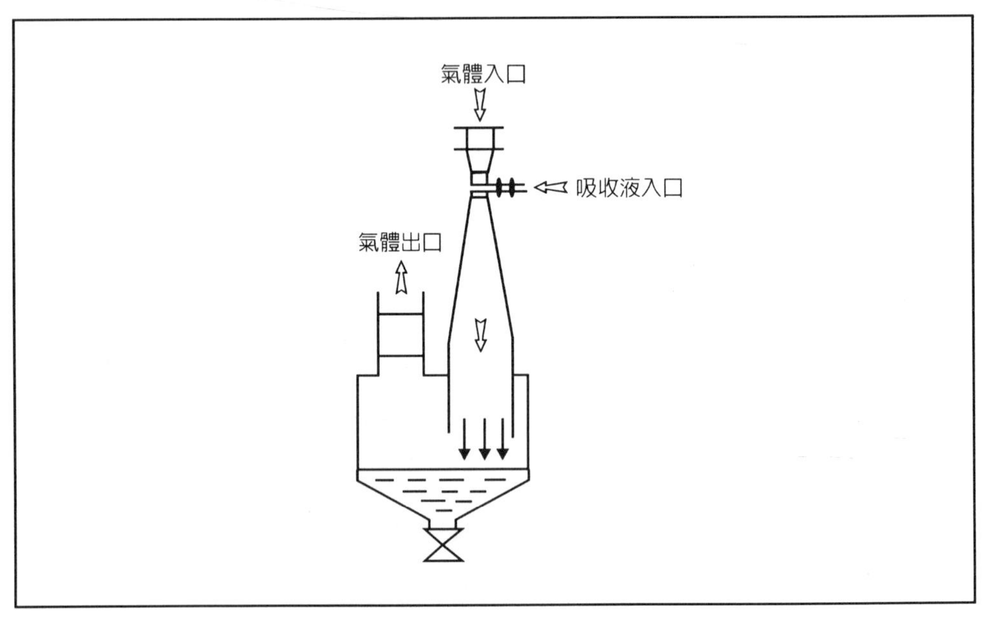

圖 10.11　頸式（文氏）洗滌塔

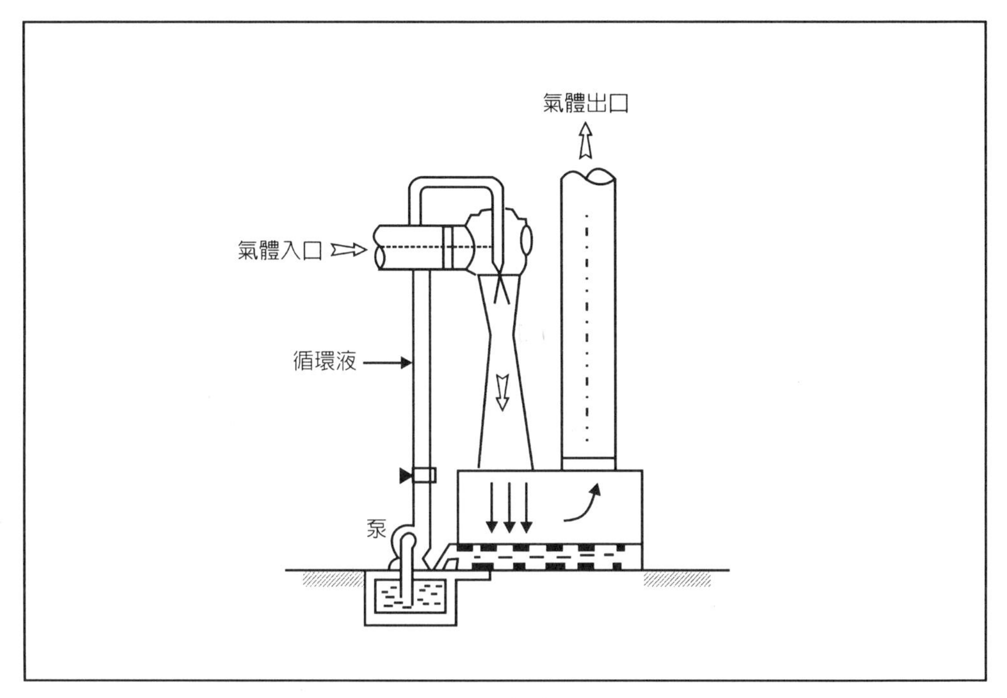

圖 10.12　噴嘴洗滌塔

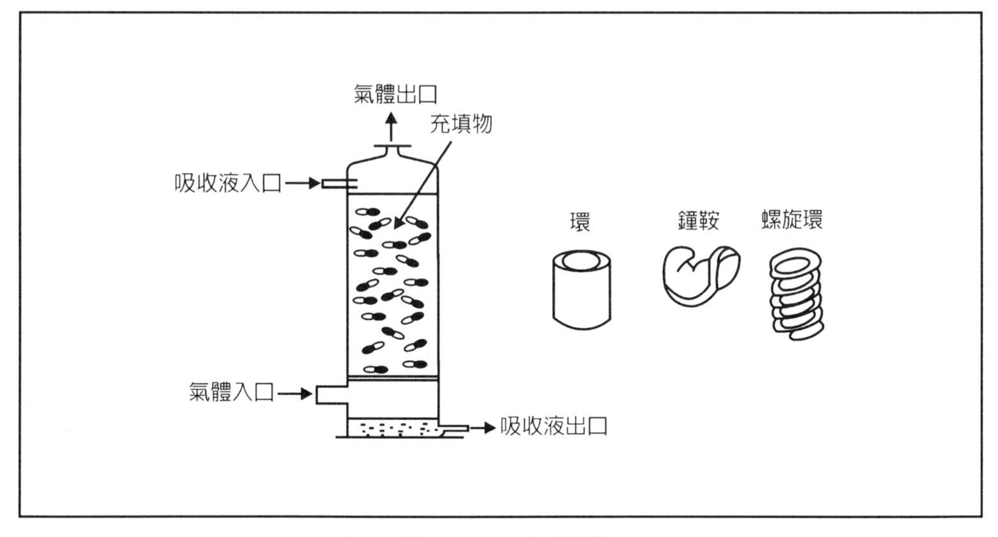

圖 10.13　充填塔

氣體分散型的吸收裝置，以盤塔式(tray)為主，在塔內設置多段的多孔板。使吸收液和氣體接觸機會增加，如圖 10.14 所示。另一種迷宮式噴霧吸收裝置，如圖 10.15 所示效果也不錯，值得推薦。

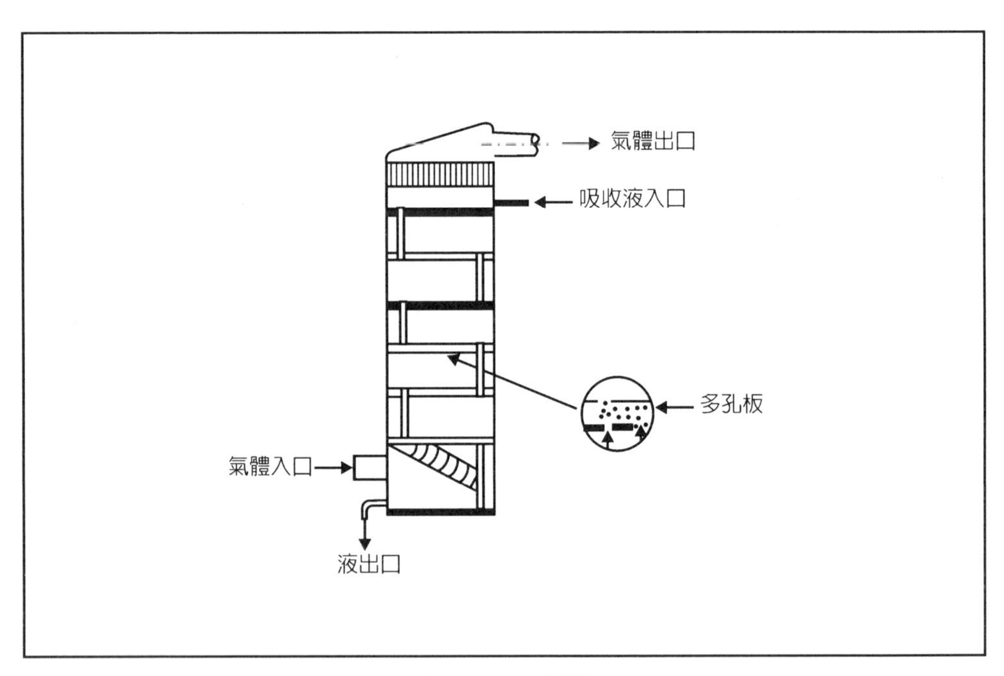

圖 10.14　盤塔

4.廢氣吸收裝置

根據 ULSI 製程將各種廢氣分類，歸納可得下列吸收裝置。

(1)薄膜成長：

A.長氮化矽(Si_3N_4)膜，使用 NH_3、AsH_3、SiH_2Cl_2、PH_3、SiH_4 等氣體，以 KOH 及 NaOCl 為吸收液，吸收裝置可用噴霧塔，頸式洗滌塔或充填塔。

B.長二氧化矽(SiO_2)膜，使用 AsH_3、B_2H_6、PH_3、SiH_4 等，吸收液可用 KOH 及 NaOCl，吸收裝置同上。

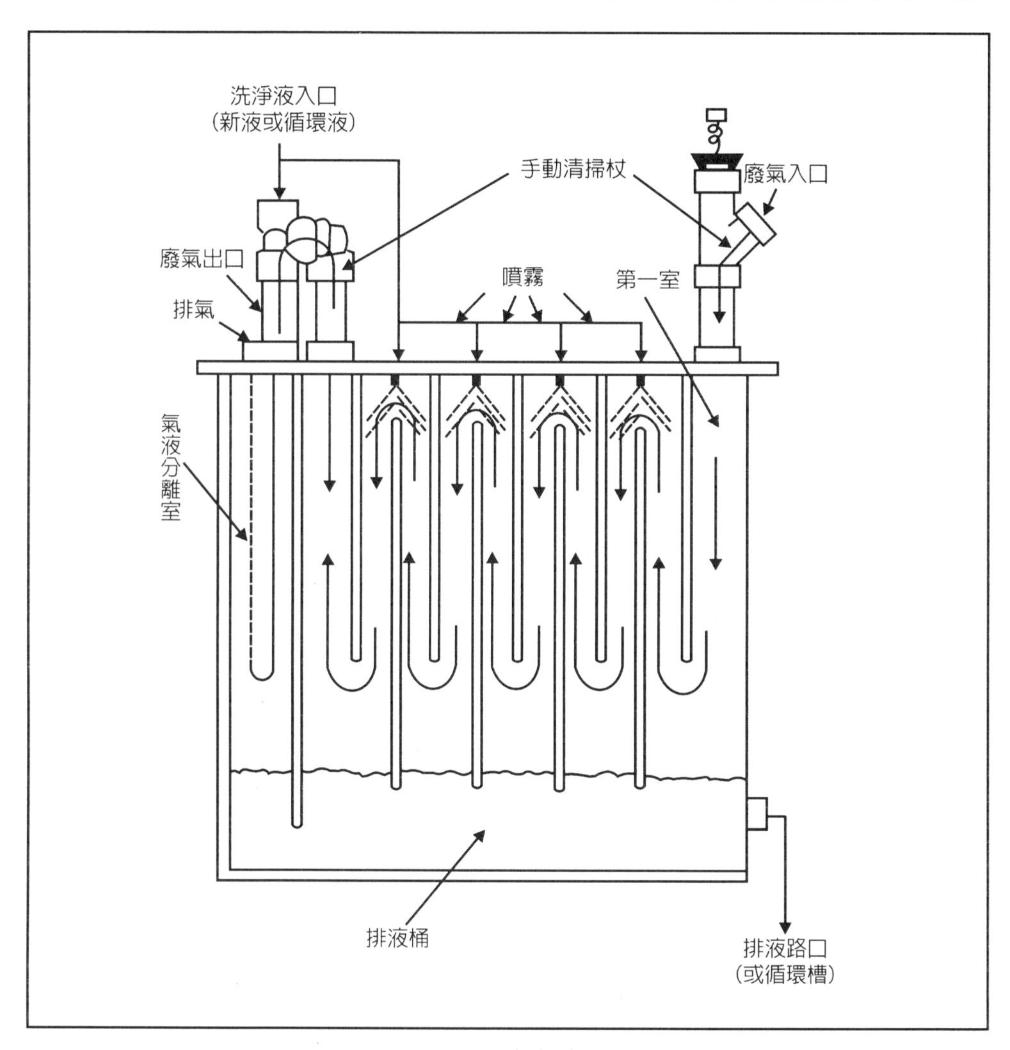

圖 10.15　迷宮噴霧塔

C.長複晶矽(poly silicon)膜，使用 SiH_2Cl_2、SiH_4 等，吸收液可用 KOH，吸收裝置用噴霧塔或頸式洗滌塔。

(2)蝕刻製程：

A.蝕刻複晶矽，使用 CCl_4、CF_4、CCl_2F_2、C_2F_6。

B.蝕刻氧化矽，使用 CHF_3、CF_4、C_2F_6、C_3F_8。

C.蝕刻鋁或氧化鋁，使用 BCl_3、CCl_4。

D.蝕刻砷化鎵(GaAs)，使用 CCl_4、CCl_2F_2、Cl_2。

以上各製程均以 KOH 爲吸收液。均可使用噴霧塔或頸式洗滌塔。

(3)磊晶製程：使用 AsH_3、SiH_2Cl_2、PH_3、SiH_4 吸收液使用 KOH 或 NaOCl。

吸收裝置可用噴霧塔或頸式洗滌塔。

NaOCl 的化學名是次氯酸鈉(sodium hypochloride)，分子量 74.44。有毒及強烈刺激性，可燃。晶體，熔點 18℃，可溶於冷水，遇空氣或熱水中會分解。可作漂白劑、清毒劑、殺菌劑、有機化學品、中間體(intermediate)及試劑等。

有機系廢氣通常採用吸著式除廢氣裝置，常使用的吸著劑爲活性碳(active coal)、矽膠(silica gel)、鋁膠、活性白土或沸石(zeolite)等。吸著劑含大量小孔，其眞空密度遠大於顆粒密度。空隙約佔 30～75%，細孔容積大、表面積大。最簡單的型式是將廢氣注入吸著槽，以水蒸氣協助吸著劑除去（脫著）廢氣。當吸著劑效用飽和時需要停機，再生。使用這類吸著塔時最好是裝置雙塔，分別供吸著、再生備便之用，如圖 10.16 所示。

鋁膠(aluminum hydroxide gel)即爲含結晶水的氫氧化鋁。天然產物是石膏石或水礬土。比重 2.42，難溶於水，溶於無機酸及鹼，不溶於乙醇。300℃即脫水。爲兩性化合物。在酸中即生成鹼性的 $Al(OH)_3$ 鹽，乃因在水溶液中會起水解。在鹼中即出生鹼性的 H_3AlO_3 鋁酸鹽，亦是水解作用促成的，水合的凝膠(gel)吸附力強，可作煤氣或液體之精製及層析法的吸附劑。

活性白土(activated earth)，是經酸處理而提高活性力的黏土(clay)。作爲脫附(desorption)、去色(decolorization)之用。將酸性黏土或類似黏土加 20～40%硫酸，以 90℃以上的溫度加熱 1～5 小時，用以水洗並乾燥(120～200℃)製作完成。

特殊廢氣處理要格外謹慎，因爲 CVD、乾蝕刻、擴散、磊晶等產生的廢氣幾乎都是有毒、可燃、爆炸等之組合，此時必須使用專設的排氣管，茲以圖 10.17 例子說明。廢氣經反應塔、洗淨塔，再以雙塔式吸著塔處理。雙塔之一處理廢氣，另一塔則再生、備便，處理從廢氣經洗淨塔排出。

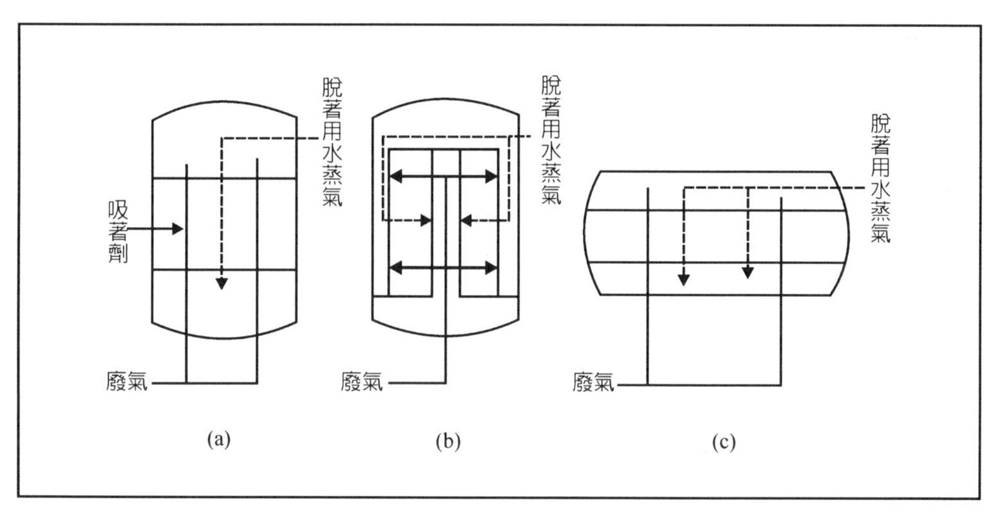

圖 10.16　固定層吸著槽

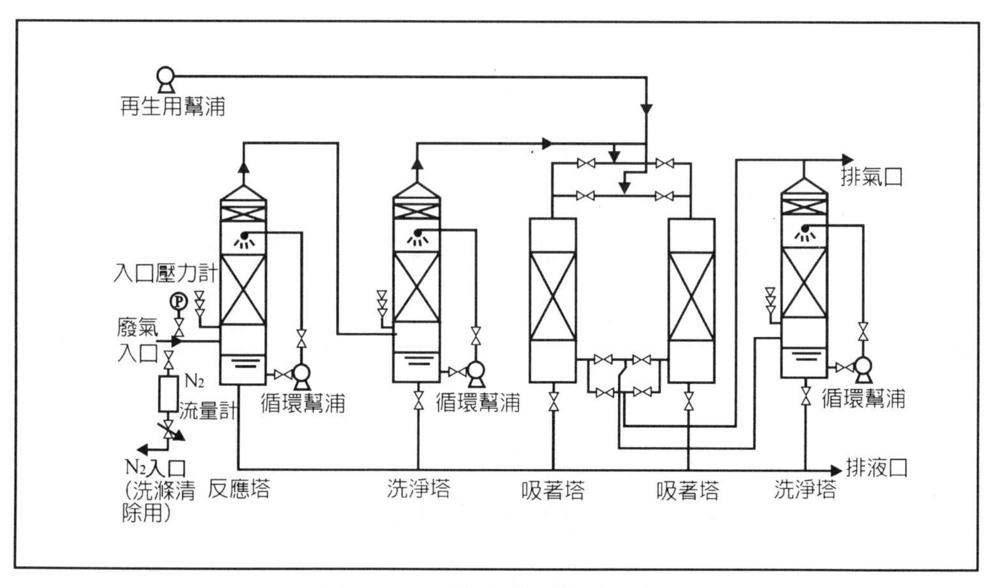

圖 10.17　特殊廢氣處理系統

10.8 除毒裝置

ULSI 製造會產生大量廢氣、其中大多有害，必須小心處理。

處理半導體材料氣體的裝置稱爲除毒裝置(scrubber)。最早的除毒裝置爲雷卡索(Rikasole)法，又稱氧化及清除法，用於清除 C_2H_2 中的 PH_3 或 AsH_3，它用矽藻土(diatomaceous earth)滲入 $FeCl_3$，反應式爲：

$$8FeCl_3 + PH_3 + 4H_2O \rightarrow 8FeCl_2 + H_3PO_4 + 8HCl \quad (10.4)$$

$$或\ 3FeCl_3 + PH_3 \rightarrow 3FeCl_2 + P + 3HCl \quad (10.5)$$

$$6FeCl_3 + AsH_3 + 3H_2O \rightarrow 6FeCl_2 + H_3AsO_3 + 6HCl \quad (10.6)$$

它也可以吸收 AsH_3、B_2H_6、H_2S、H_2Se 等。它的功效可由顏色的變化判別。它的活性也可以藉由 HCl 再生而回復，當然再生後性能會逐漸劣化。

$$4FeCl_2 + 4HCl + O_2 \xrightarrow{再生} 4FeCl_3 + 2H_2O \quad (10.7)$$

AsH_3 黑色，PH_3 乳白色，B_2H_6 很少顏色變化，H_2S 黑色，H_2Se 紅色。

矽藻土(diatomaceous earth)主要由矽藻殼形成的軟質岩石組成。矽藻類的成份爲 $SiO_2 = 94\%$，$H_2O = 6\%$，而矽藻土則含有不純物或其他有機骨架，二次性沉澱物等。矽藻土有海水種及淡水種之別，而以後者的品質較佳。可作過濾劑、吸收劑、研磨材料、磚、保溫材料等。產地爲加拿大(Canada)、澳州(Australia)、德國(German)、非洲(Africa)等地。

氯化鐵(iron chloride)，二價的鐵鹽 $FeCl_2$ 爲白色至淺綠色鱗片狀晶體，具潮解性。溶點 672℃，沸點 1024℃，比重 2.99，順磁性。在潮濕空氣中立即經由黃綠色變成紅褐色。三價的鐵鹽 $FeCl_3$ 爲暗紅色晶體，具潮解性。比重 2.898，熔點 300℃，沸點 312℃。液體呈紅色。水溶液起水解作用而呈強酸性，如遇濕氣及光的作用，則分解放出氯化氫。能使蛋白質凝固。

第二種除毒方法是 KS 吸著法，是種對有害氣體多功能吸附劑，它以矽藻土注入 NaOH 和高錳酸鉀($KMnO_4$)做爲氧化劑，呈紫色爲鹼性。因爲 $KMnO_4$ 爲強氧化劑，它可以除去 AsH_3、PH_3 及有機金屬化合物如三甲烷基鋁 $Al(CH_3)_3$、三甲烷基鎵 $Ga(CH_3)_3$ 等。它的功效也可由顏色來判別。

AsH_3，PH_3 棕色，H_2S 黃色，GeH_4，SiH_4，B_2H_6，HCl，SiH_2Cl_2，$AsCl_3$，BCl_3，BF_3，H_2Se 乳白色。

如果在 H_2 中暴露太久，它會由紫色(Mn^{+7})變爲綠色(Mn^{+6})，再變爲黃棕色(Mn^{+4})，則吸附效果大爲降低。

高錳酸鉀(potassium permanganate)的分子式爲 $KMnO_4$，分子量爲 158.03。紫色的柱狀晶體。比重 2.703，加熱至 200℃則分解。溶於水，也溶於乙醇、丙酮、冰醋酸。溶液會因受熱或光照而慢慢分解。有極強的氧化力。可作滴定(titration)試劑、氧化劑、有機合成、殺菌及收斂劑（如此瀉劑）等。

其他的方法還有鹼水溶液法，以苛性鈉(NaOH)溶於水和廢氣接觸，以除去 SiH_4，B_2H_6，HCl 等。熱分解法可將 AsH_3 加熱至 700℃而使 As 成爲粉末，但使用此法要注意 H_2 也會加溫至著火點，粉末可能會使管路堵塞。燃燒法、活性碳吸附法等也可以用來除去有害氣體。

以下爲幾種不同型式的毒氣消去的流程圖。（圖 10.18 和圖 10.19）

1. R 型，適用於 AsH_3，PH_3，H_2Se，H_2S 等氣體。或 KS 型適用於 SiH_4，GeH_4，HCl 等氣體。廢氣先進使潮濕塔，再以雙塔式吸附塔精製處理。

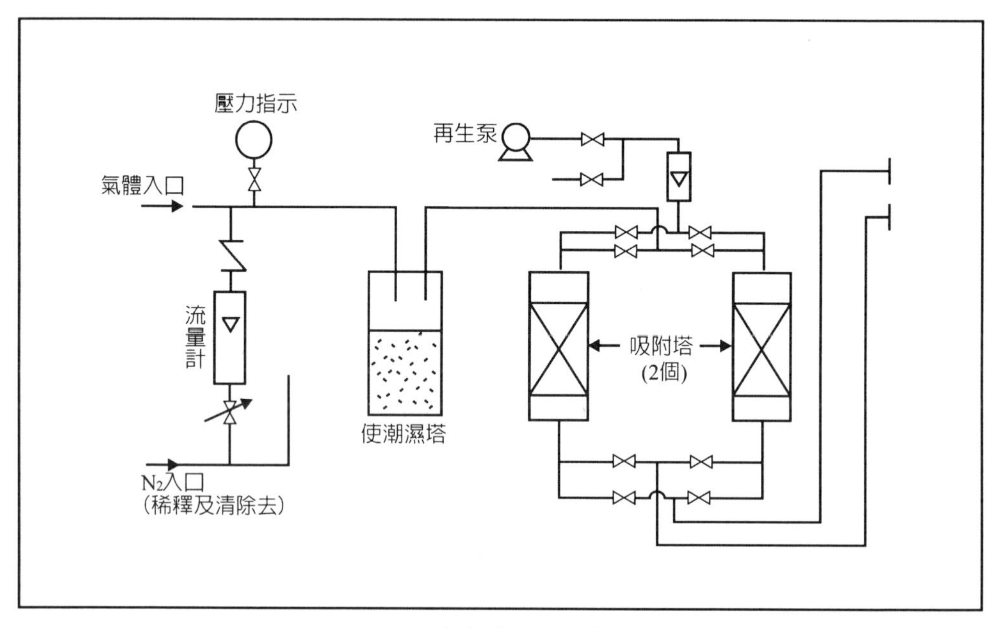

圖 10.18　R 型（或 KS 型）除毒裝置

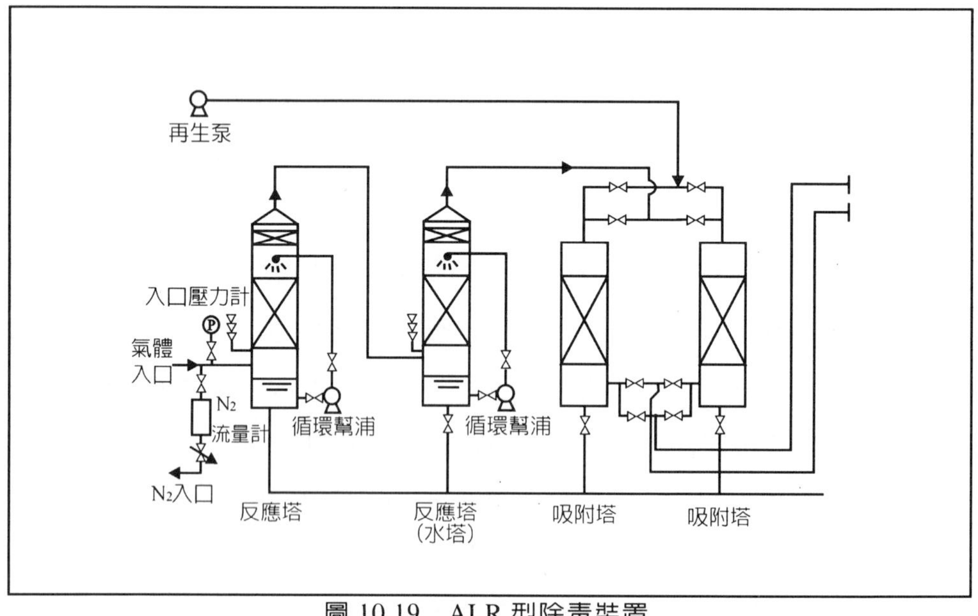

圖 10.19　ALR 型除毒裝置

2.ALR 型，廢氣經二次反應塔，再以雙塔式吸附塔處理，適用於 AsH_3，PH_3，H_2Se，B_2H_6，SiH_4，SiH_2Cl_2，SiF_4，BF_3，H_2S，HCl 及 Cl_2。

3.RKS 型，廢氣先潮濕，經二次雙塔吸附塔處理，適用於 AsH_3，PH_3，H_2Se，B_2H_6，SiH_4，SiH_2Cl_2，SiF_4，BF_3，H_2S，HCl 及 Cl_2 等。

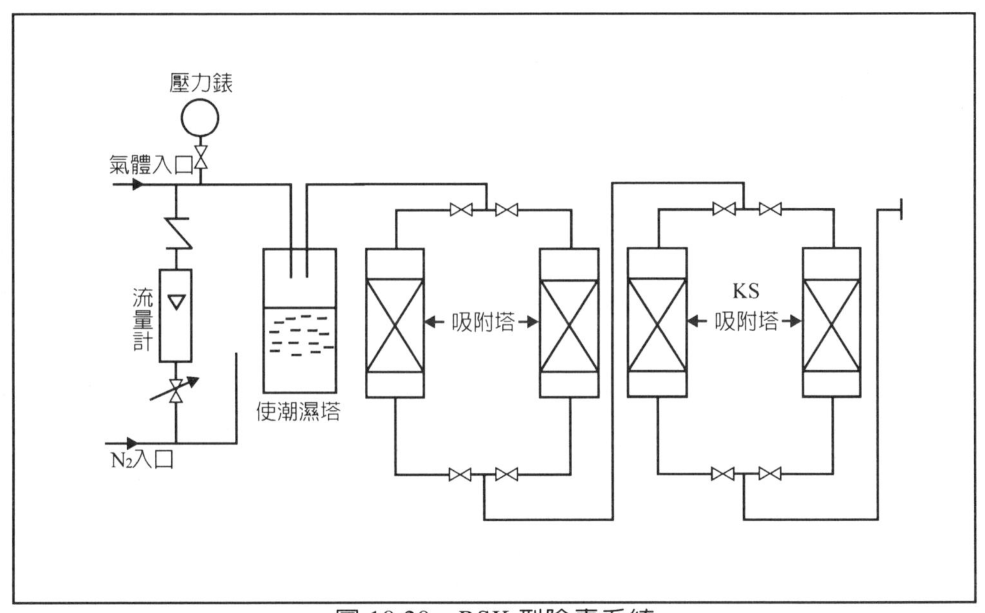

圖 10.20　RSK 型除毒系統

10.9　廢氣的管制及排放

1.廢氣管制

(1)溶劑及清洗站：含有揮發性有機化合物，包括已加熱和未加熱，除了裝卸製程外，必須保持完全密封。

(2)揮發性有機化合物之輸送流動，必須爲連續狀態，不可用噴灑或霧狀方式。

(3)揮發性有機化合物之廢氣，必須處理後才可排放。

(4)酸性廢氣如 HCl、HF、H_2SO_4、HNO_3 等，以抽風管道分別收集，經處理後始可排放。

毒性氣體的控制方法，有乾式、半乾式、濕式、熱分解、燃燒等，如表 10.10 所列。

表 10.10　毒性氣體各種控制方法及假設狀況

<table>
<tr><th colspan="3">控　制　方　法</th><th>原　　　理</th></tr>
<tr><td rowspan="4">乾式法</td><td rowspan="2">物理吸收劑</td><td>在無氧環境下</td><td>藉助活性炭的吸收而移去（飽和後的活性炭亦可加以利用）</td></tr>
<tr><td>在空氣中</td><td>藉飽和後的活性炭與其氧化而移去</td></tr>
<tr><td colspan="2">氧化劑</td><td>藉著與銅或鋅…等吸附固化而與其氧化</td></tr>
<tr><td colspan="2">鹼基反應劑</td><td>藉著與蘇打、石灰的吸附固化而反應，以除去毒性</td></tr>
<tr><td rowspan="3">半乾式法</td><td rowspan="2">$FeCl_3$(三氯化鐵，吸收劑)</td><td>在無氧環境下</td><td>基於三氯化鐵的固化與吸附能力，並填充矽藻土為氣體流通媒介</td></tr>
<tr><td>在空氣中</td><td>實際上固化作用是伴隨著反應而達成</td></tr>
<tr><td colspan="2">鹼基反應劑</td><td>藉鹼和氧化劑的吸附與固化作用，並填充矽藻土為氣體流通媒介</td></tr>
<tr><td rowspan="4">濕式法</td><td colspan="2">鹼</td><td>與氫氧化鈉(NaOH)反應</td></tr>
<tr><td colspan="2">酸</td><td>與硫酸(H_2SO_4)反應</td></tr>
<tr><td colspan="2">水</td><td>水解反應；溶解</td></tr>
<tr><td colspan="2">氧化劑</td><td>藉著將氧化劑、過錳酸鉀($KMnO_4$)的加入到鹼性溶液中與其反應</td></tr>
<tr><td colspan="3">熱分解法</td><td>在500℃或更高溫度，使其熱分解並在粉末態中將其移去</td></tr>
<tr><td rowspan="2">燃燒法</td><td colspan="2">自然狀態下燃燒</td><td>在空氣中使其自然燃燒，成粉末後再行移去</td></tr>
<tr><td colspan="2">強制燃燒</td><td>在焚化爐中將廢氣強制燃燒</td></tr>
</table>

2.廢氣排放

廢氣排放之標準，依物質之毒性或危害程度，如表 10.11 所列。廢氣之排放標準爲 1～500 ppm，液態的廢物則以 0.05～5 毫克／立方(mg/m^3)爲標準。

表 10.11 廢氣排放之標準

物質		分子式	排放標準(ppm)
1.乙酸乙酯	ethyl acetate acetic ester	$CH_3COOC_2H_5$	400
2.二甲苯	xylene	$C_6H_4(CH_3)_2$	100
3.異丙醇	isopropyl alcohol	$CH_3CH(OH)CH_3$	400
4.氯化氫	hydrogen chloride	HCl	5
5.氨	ammonia	NH_3	50
6.硫酸	sulfuric acid	H_2SO_4	5 (1 mg/m^3)
7.硝酸	nitric acid	HNO_3	10
8.醋酸	acetic acid	CH_3COOH	10
9.氟化氫	hydrogen fluoride	HF	3
10.氯	chlorine	Cl_2	1
11.三氟化硼	boron trifluoride	BF_3	1
12.氫化砷	arsine	AsH_3	0.05(mg/m^3)
13.氫化磷	phosphine	PH_3	0.3
14.硼乙烷	diborane	B_2H_6	0.1
15.矽甲烷	silane	SiH_4	100～500
16.硫化氫	hydrogen sulfide	H_2S	10

3.火災分類

由於各種可燃物質狀態、成份不同，起火後之燃燒現象亦不同。這些不同，包含其燃燒生成氣體、粉沫煙霧、燃燒速度、放出熱量等。爲使能有效選用滅火劑迅速滅火，依我國現行規定，火災依其火源或燃燒物之不同，可分爲下列幾種形式，如表 10.12 所列。

表 10.12　火災分類

類　　別	被　　燃　　燒　　物
A類火災	一般可燃性固體如木材、棉織物、纖維物、紙、橡膠、塑膠等所引起的燃燒
B類火災	可燃性或易燃性液體如石油類、油漆類、植（動物）油類；可燃性氣體如液化石油氣、天然氣、乙炔氣等引起之火災
C類火災	電氣設備如變壓器、電動機、電氣配線、電腦及其他電機電子設備所引起的火災
D類火災	可燃性金屬物質如鉀、鈉、鎂、鋯或禁水性物質如生石灰、過氧化鈉、碳化鈣、磷化鈣等所引起的火災

依據前述火災分類方式，手提滅火器的分類如表 10.13 所列。

表 10.13　滅火器分類

適用滅火劑 / 火災分類	水	泡沫	二氧化碳	乾粉		
				ABC類	BC類	D類
A類火災	○	○	×	○	×	×
B類火災	×	○	○	○	○	×
C類火災	×	×	○	○	○	×
D類火災	×	×	×	×	×	○

註：1.○：記號表示適合，×：記號表示不適合。

2.水霧亦適用於 B 類火災。

3.泡沫滅火器之藥劑分蛋白質泡沫液、合成界面活性泡沫液、水成膜泡沫液等。

4.乾粉滅火器之藥劑分第一種乾粉（主要成份碳酸氫鈉）、第二種乾粉（主要成份碳酸氫鉀）、第三種乾粉（主要成份磷酸二氫銨）、第四種乾粉（主要成份碳酸氫鉀及尿素化合物）。

10.10　參考書目

1. 三平博、丸藤哲曉，半導體廠務工安設備，氮氧化物去除裝置及粉狀物去除處置，電子月刊，第四卷，第四期，1998。
2. 林敬二等，化學大辭典，高立。
3. 徐嘉立，VLSI 廠務設計，電子工業人才培訓計劃，1996。
4. 翁德宗等，半導體廠工業安全及應變研討會，1998。
5. 島田孝、賴俊輔，半導體製程用除害裝置，電子月刊，第四卷，第四期，1998。
6. 張勁燕譯，半導體設備和材料安全標準指引，SEMI-S4，勞委會，1999。
7. 張勁燕，半導體廠務供應設施之教學研究，第五章，工研院電子所，1993。
8. 劉君毅，矽甲烷(silane)特性及風險預防措施，工業安全科技季刊，1998年，2月。

10.11　習　題

1. 試簡述以下各名詞：(a)凝聚，(b)膠凝，(c)沉降，(d)淤泥，(e)懸浮固體。
2. 試簡述各種廢水處理用材料：(a)NaOH，(b)KOH，(c)$Ca(OH)_2$，(d)PAC，(e)$Al_2(SO_4)_3$，(f)$FeSO_4$，(g)$Fe_2(SO_4)_3$。
3. 試簡述各種廢氣處理用材料：(a)Na_2CO_3，(b)H_3CrO_3，(c)NaOCl，(d)鋁膠，(e)活性白土。
4. 試解釋以下各廢水系統的材料：(a)FRP，(b)PP，(c)PVC，(d)PVDF，(e)耐酸不銹鋼。

5. 試解釋以下各除毒用材料：(a)矽藻土，(b)$FeCl_3$，(c)$KMnO_4$。
6. 試簡述以下各種材料之特性：(a)福馬林，(b)臭氧，(c)矽甲烷，(d)明礬，(e)綠礬。
7. 試述(a)$FeCl_3$ 和 $FeCl_2$，(b)$Fe_2(SO_4)_3$ 和 $FeSO_4$ 的物化性，在廢水處理或廢氣處理除毒過程中之角色。
8. 試比較各類除毒裝置，(a)R 型，(b)ALR 型，(c)RKS 型。
9. 試述毒性氣體的控制法，(a)乾式，(b)半乾式，(c)濕式，(d)熱分解，(e)燃燒。
10. 試述，(a)三氟化氯(ClF_3)，(b)重氫(D_2)，(c)氰化金(AuCN)的特性。
11. 試述鹵素化合物的命名法，(a)11，(b)12，(c)13Bl，(d)14，(e)23，(f)115，(g)116。
12. 試述，(a)滴定，(b)中和，(c)脫窒，(d)酸化，(e)逆洗再生。
13. 試比較反子的結構，(a)正(n)，(b)異(iso)，(c)順(cis)，(d)反(trans)。

第十一章　封裝和材料

11.1 緒　論

晶粒封裝(assembly)就是以環氧樹脂(epoxy)或陶瓷(ceramic)材料，將晶粒包在其中，以達到保護晶粒，隔絕環境污染的目的，而此一連串的加工過程，即稱為晶粒封裝(assembly)。

封裝的材料不同，其封裝的作法也不同，為便利自動化(automation)封裝製程，大多公司都是以環氧樹脂材料作晶粒的封裝，製程包括：

晶圓切割，晶粒目檢，晶粒上導線架(leadframe)，銲線，模壓封裝，穩定烘烤（使環氧樹脂物性穩定），切框、彎腳成型，腳鍍錫，蓋印或刻印，完成。

以環氧樹脂為材料的IC，通常用於消費性產品，如電腦、計算機，而以陶瓷作封裝材料的IC，屬於高信賴度的元件，通常用於飛彈、火箭等較精密的產品上。

ULSI 及半導體的發展是有目共睹的。國內大型積體電路或半導體公司如台積電(TSMC)（含世界先進、德碁、世大）、聯華(UMC)（含合泰）、旺宏、南亞、茂矽（含茂德、南茂）、華隆微、力晶等，都在不斷增資擴廠，新式機器也不斷引進。大家也都知道半導體不論是積體電路或電晶體在晶圓製程以後，都一定要裝配(assembly 或 package)，然後才能拿來製造電腦或通訊、測試儀器上使用。因此裝配製程也是其中不可缺少的一環。裝配工廠早期多為外商，為母公司代工為主，如高電(GI, General Instruments)、建元（飛利浦，Philips）、美國無線電公司(RCA)、德州儀器(TI, Texas

Instruments)、通用、東京晶體、ITT（International Telephone and Telegraph，已關廠多年）等。國人自營之工廠如華泰(OSE)、麗正、日月光、矽品、吉第（已關閉）、萬邦（已關閉）、矽豐、菱生、華新先進、華特、福昌（現在只有晶圓製程）、台灣半導體、訊捷半導體、華昕…等相較之下太少也太小了。而國巷、鑫成（已關閉）、環隆電氣（已併入日月光）、矽成、同欣、台達等依性質而言，似乎也只能算半個裝配廠。不過還算可喜的是，裝配所需要的導線架已有佳茂、順德、旭龍、利泛等在台灣生產了。

舊式的半導體包裝，依型態區分，可以分為立體式(dual-in-line package, DIP)，平面式(flat package)，晶粒承載器(chip carrier, 4 邊有腳，腳間距很小，為適應 VLSI 而開發)，和圓型(TO-package，大多用於電晶體包裝)。

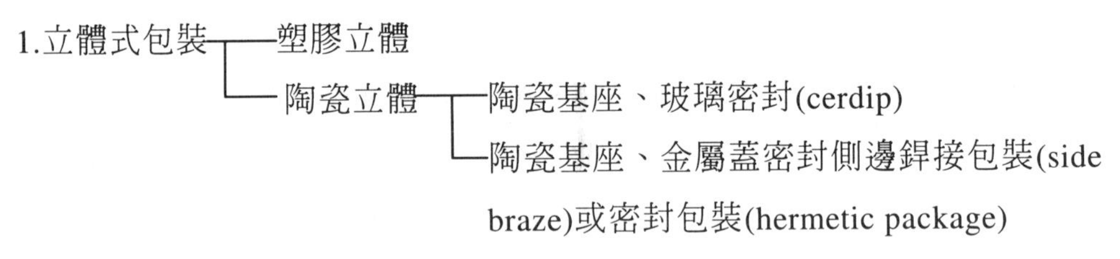

2.平面式包裝
- 陶瓷平面、玻璃密封(cerpac)
- 陶瓷平面、金屬蓋密封(side braze)

3.晶粒承載器
- 塑膠
- 陶瓷

4.圓型包裝：

A.金屬蓋包裝(metal can) TO-5，TO-18，TO-46，TO-52。

B.樹脂包裝(epoxy package)（陶珠、灌膠）TO-105，TO-106（早已淘汰）。

C.塑膠(plastic package)TO-92（小信號電晶體），TO-98（積體電路）。

D.陶瓷 TO-8。

E.玻璃密封等。

11.2 製程和材料區分

依包裝材料區分，密封材料主要有塑膠(plastic)，陶瓷(ceramic)基座和金屬基座三種。

1.塑膠

製程便利，人工成本低，為包裝的主流。

a.立體(DIP)積體電路。

b.電晶體 TO-92 為主。

c.晶粒承載器(chip carrier)。

d.球格陣列或球閘陣列(ball grid array, BGA)，四邊平行包裝(quad flat pack, QFP)。

2.陶瓷

成品在製程中多為一顆顆分開的，晶粒上銲線受到較好的保護。

a.立體式(cerdip)，基座和上蓋均為陶瓷材料，以玻璃密封。

b.平面式(cerpac)，基座和上蓋均為陶瓷材料，以玻璃密封。

c.側邊銲接(side braze)，以陶瓷為基座材料，上蓋材料為金屬，以金錫合金密封。

d.晶粒承載器(chip carrier)，材料為陶瓷、金屬或塑膠，以樹脂做上蓋封裝。

e.樑腳(beam lead)，釘腳事先成型，不必銲線，只要用釘腳加熱，施壓使晶粒上的釘腳和導線架相接。

f.覆晶(flip chip)，晶粒反轉粘到基座，基座上腳圓點已接好，不必打線。也可用有機基板。又稱為 C4(controlled collapse chip connection)技術。

g.無腳倒立元件(LID, leadless inverted device)，腳短到嵌到基座之內。

h.針格陣列(PGA, pin grid array)，腳以陣列方式分佈於整個包裝，是球格陣列(BGA)的前身。

i.厚膜(thick flim)及混成電路(hybrid circuit)。（將於 12 章仔細討論）

3.金屬基座

散熱較好，可用於高功率元件。

a.金屬蓋，即金屬包裝，TO-5，TO-18。

b.金屬底座，玻璃密封。

c.捲帶晶粒承載器(tape carrier)，晶粒粘在捲帶上，由上下加壓使 tape carrier 和導線架結到一起，不用打線，即晶片捲帶式自動接合(tape automated bonding, TAB)。

立體塑膠包裝(plastic DIP)的導線架(lead frame)多為成卷，製程中便利很多，導線架材質為磷青銅（銅、錫、磷），成品要鍍錫或錫鉛合金（銲錫）。主要密封靠壓模(mold)成型。

塑膠立體(P-DIP)和陶瓷立體(C-DIP)從圖上很容易區分，前者上下兩部份中間只有一條線，後者上下蓋中間有較廣一段玻璃層。此二種的比較，如表 11.1 所列。

因工資上漲，而且陶瓷包裝不便於自動化，因而逐漸式微。而塑膠包裝逐漸朝多腳數(I/O counts)、細間距(fine pitch)發展，因此有了四邊平行包裝(quad flat package, QFP)。腳數約可到 160～240 腳。更進步的是球格陣列(ball grid array, BGA)，接腳改為陣列(arr ay)行式排列，球和球的間距不需要那麼小，可輕鬆到達 400 個球（腳），發展中預計可達 720 支腳。包裝的另一種趨勢是往輕、薄、小的方面發展，而有薄小輪廓(thin small outline package, TSOP)或晶片大小包裝(chip scale package, CSP)、實際尺寸包括(real-CSP)等。

表 11.1　兩種主要的積體電路包裝的比較

	塑 膠 包 裝	陶 瓷 包 裝
導線架	長條型，10個或以上連在一起，釘腳水平放置。	粘粒前分開，釘腳直立。
底座	無	陶瓷底座上有玻璃融結。
粘粒	將晶粒粘在導線架之銲墊上。粘接以金點（98%金，2%矽）助熔，晶粒與導線架上晶粒墊熔接。	將導線架和底座（下蓋）粘在一起，再把晶粒置於下蓋穴之中央。
銲線機	熱壓銲(TC, thermocompression)	超音波銲(U, ultrasonic)
線	金線	鋁線
鋼嘴	毛細(capillary)圖形中空，線垂直，銲點爲球形。	楔形(wedge)，線30～45°送入，銲點楔形。
封裝	壓模，以融熔塑膠充滿模子洞穴，將產品（導線架及晶粒、金線）完全密封包住。	封裝爐，將上蓋、下蓋（包括導線架）密合，晶粒及鋁線置於其間之空穴內。
電鍍	吊鍍，10個或以上產品一條。	滾鍍，一個個產品分離。
彎腳成型	用機械沖床彎腳。	不必彎腳，釘架在粘粒前已經是直立的。

11.3　製程流程

一個簡單的半導體封裝流程，如圖 11.1 所示。相關的製程分析或監督也顯示出。

1.鋸晶圓

晶圓(wafer)進入封裝廠，第一個主要製程是鋸晶圓(wafer saw)，即將晶圓上方分割爲晶粒(die)或晶方(chip)。期間可能要考慮先把晶圓背面磨薄，將晶圓裝在膠帶(tape)和框架上，以鋸輪(dicing wheel)來鋸切割巷(scribe lane)，目前技術可以 100%鋸斷晶圓。

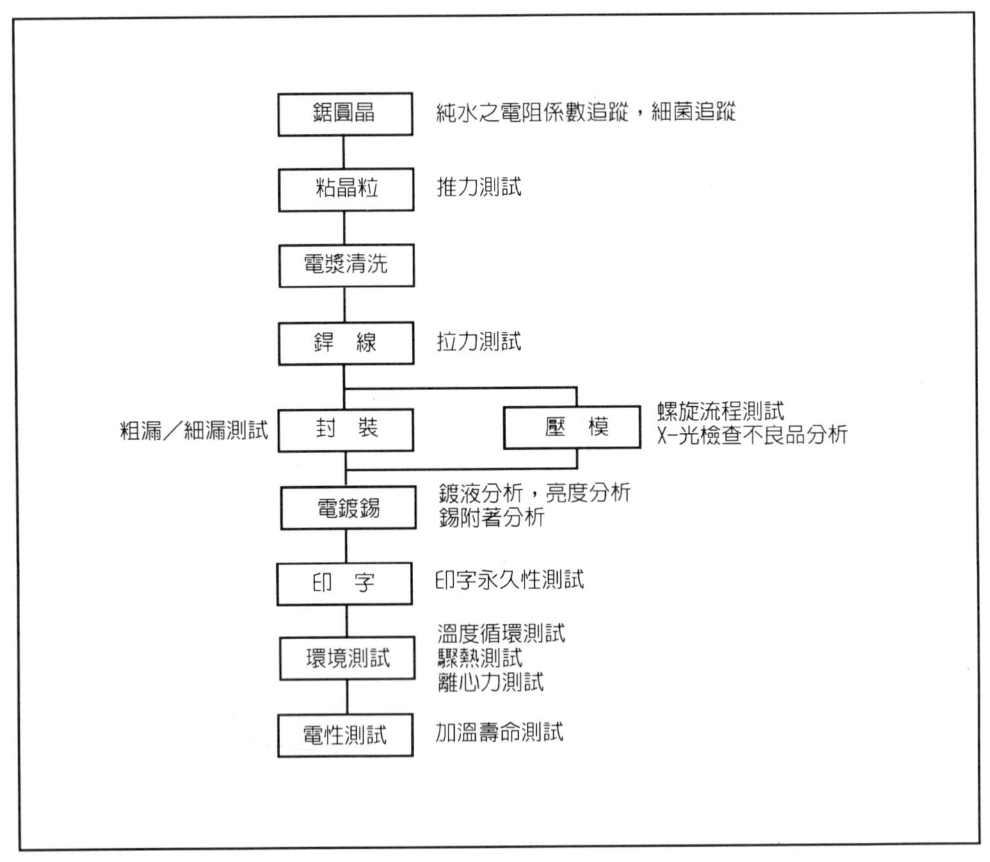

圖 11.1　半導體封裝的流程圖

早期切割晶圓是利用鑽石刀，使用其尖端（4 或 8 點）或圓錐尖端（1 點），像鑽石刀割玻璃一樣，在晶圓切割巷上刮一道淺痕，然後把晶圓反轉過來，以重物輕壓使其裂片。由於割痕淺，裂開以後容易造成崩裂(chip)或裂痕(crack)，良率(yield)始終無法提高，如圖 11.2 所示。

在鋸晶圓機(dicing saw)推出以後，由於它是以高速轉輪(spindle)帶動，有鑽石刀緣的刀，動作如同以電鋸鋸大木頭。切割時鑽石刀俱是以高速轉動，晶圓以眞空吸在底盤上，由馬達驅動，縱橫兩方向的鋸，間距由晶粒尺寸和切割巷間距而定，深度可達晶圓厚度之 100%，分二次鋸，以免應力過大。操作會切出很多矽粉末，而且會生熱。因此要用水把熱散掉，把矽粉末沖走。因爲重金屬或電解質或細菌等會污染晶粒，造成電性測試不良，冷卻水要用超純水(D. I. water)。

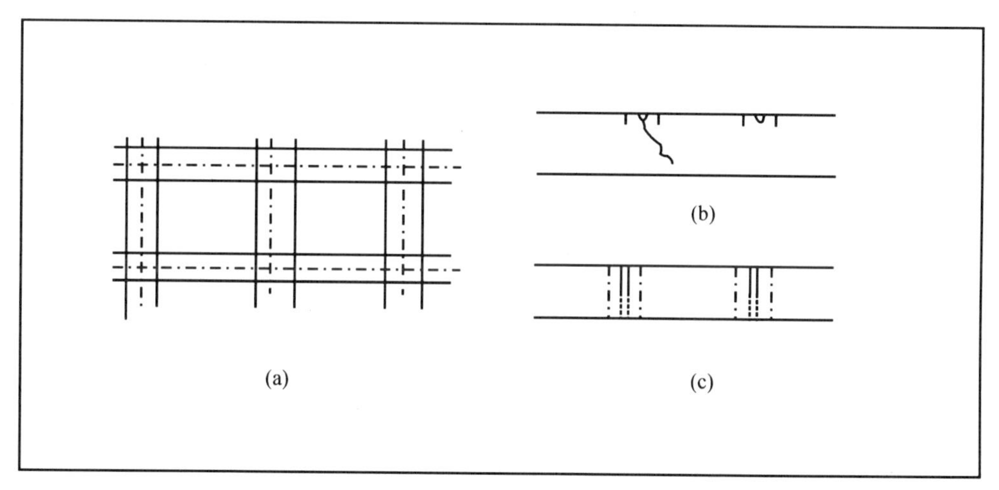

圖 11.2　(a)晶圓的切割巷及割（鋸）痕，(b)切痕，(c)鋸痕

2.粘晶粒(die attach)

是將晶粒粘在導線架(lead frame)中的晶粒墊(die pad)上，如四邊平行包括(QFP, quad flat package)；或底座(substrate)上，如球柵陣列(BGA)包裝。使用銀糊(silver paste)或樹脂(epoxy)以粘著晶粒(die 或 chip)。如果使用鍍金導線架，爲降低加熱溫度，可以放一片金點(preform，98%金，2%矽)，共晶(eutectic)助熔。

3.電漿清洗(plasma clean)

是一個較新的製程，目的是除去晶粒上打線用的銲墊(bonding pad)或導線架上的污染物。通常是用氬(Ar)電漿作純物理的清洗，以氧電漿清除光阻(photoresist，碳氫化合物)，以氬電漿清除氧化物(oxide)。

4.銲線(wire bonding)

是利用金(Au)線或鋁(Al)線，連接晶粒到導線架上的手指(finger)區。目前金線已成爲主流，因爲金的延展性(elongation)好、張力強度(tensile strength)大，而且可以用氫(H_2)或電子點火燒成球形，以作對稱型銲點(bond)，可承受壓模樹脂化合物(molding compound)的沖擊等優點。

5.封裝(seal)

依包裝型態的不同而分爲：(1)高溫爐密封(furnace seal)，(2)沖床壓模(press mold)，(3)銲接(weld)。

(1)高溫爐密封

陶瓷包裝(ceramic package)，包括立體 cerdip 和平面 cerpac（其中 side braze 包裝略不同），用高溫爐(seal furnace)將銲線及檢查完畢的產品放在特製的封裝船(seal boat，尺寸由陶瓷上下蓋而定)。上蓋放在船的穴內，底座連晶粒銲線倒立置於上蓋上方。封裝爐置於常壓下，以輸送帶(conveyor belt)方式，以一定速度載送船及產品進入爐子。爐內溫度有一定之側繪變化(temperature profile)，其規格視包裝夾層之玻璃材質而定。但一定有升溫（速率℃/min，由室溫 25℃升到 500～550℃峰值溫度經歷之時間），恒溫保持時間（分），降溫速率（℃/min）。因此一個歷程大約 20～35 分鐘。

升溫靠爐內的加熱電阻器以 220V，3ϕ 電源加熱，固態繼電器（solid state relay，其中之一爲矽控整流器 SCR）控制。微電腦操縱。加熱器以熱電偶(thermocouples)及感測器(sensor)控制 SCR。降溫有時要靠冷卻循環水。爐子鏈帶材質爲英高鎳(inconel)，爲節省電力消耗並維持環境的舒適溫度，爐子加熱器外層包有良好的絕熱設備。陶瓷包裝之玻璃夾層受熱後逐漸融熔，上下蓋的玻璃因而接合，冷卻後密合，導線（除腳以外的部份）夾在中間。

因爲玻璃成份含二氧化鉛(PbO_2)，爲防止在封裝過程 PbO_2 被還原爲鉛(Pb)，而使導線架的腳和腳之間短路。封裝爐內要通氧氣(O_2)或壓縮空氣。使用的氧氣或空氣必須無油(oilless, oilfree)，而且沒有水份，否則會造成晶粒的電性不良。

側邊銲接包裝(side braze)，在陶瓷底座上有一圈金屬，其材料和導線架相似，爲柯伐(Kovar)即鐵鎳合金上面鍍金。上蓋爲一小片金屬，外緣一圈鍍金。上蓋和底座之密合是全金屬，中間夾一圈共晶(eutectic)的錫片。封裝加熱時，錫很容易氧化，就會變黑而且會漏氣，所以這時候就要通氮氣(N_2)，或通氫氣(H_2)會更有效，但用不完的氫氣必須燒掉，否則一旦氫氣爆炸會是很危險的。

柯伐(Kovar)是西屋(Westinghouse)電機公司註冊專用的名詞。

(2)壓模(mold)

塑膠包裝(plastic package)的封裝是以壓模方式完成。使用一台大沖床(press)，油壓動力(hydraulic pressure) 75～200 噸(ton)。模子分爲上模和下模，分別加熱至 150℃左右，將銲線完畢的半成品以有把手的架子固定，並將架子安置於下模上。然後將上模下移，使上下模閉合，且有一定之夾住壓力(clamp pressure)。

原來買進來的塑膠是粉末狀，先以壓膠粒機(pelletizer)壓成顆粒狀。顆粒大小配合模子容量，一次沖模最好使用 2～4 粒。操作時先把塑膠粒放在預熱器(preheater)上加熱，使其微軟，然後投入上模的口(pot)。操縱機器面板，使傳送桿(transfer arm)以一定速度(transfer speed)下降，約 2～3 秒後觸及上模下模交界口。此時塑膠粒受熱漸熔，再受壓力就經過模子通道(runner)而衝進穴(cavity)將其塡滿。然後停留約 2 分鐘，讓熔解的塑膠硬化穩定，此過程稱爲烘烤固化(cure)。

塑膠粒的流程可以用一種蝸紋模(spiral flow mold)測試，噸數大的模子一定要用流程較遠的塑膠。塑膠粉末要密封後儲存於冷凍庫。有時爲了使產品品質更好一點，製程後還要再以 150℃烤 4 小時。

有些公司還有眞空注入(vacuum impregnation)方式，使塑膠完全無洞，不變質。將產品置於金屬容器內抽眞空，再加壓注入樹脂塡充其間微小間隙。

壓模後之半製品無法打開。如果工程或品管要做失敗分析(failure analysis)，可以找牙醫照射 X 光，就可以清楚看到內部銲線或斷線的情形，現在也有專用的 X 檢查設備可供失敗分析之用。如果眞有需要，可以用一種強力化學藥劑 U-resolve plus 溶解塑膠，但不傷及金線或晶粒。

塑膠直立包裝(P-DIP)和四邊平行包裝(QFP)是利用沖床(press)，一次二面壓模封裝。球柵陣列(BGA)則只壓模封裝一面，基板的另一面是植錫球(solder ball reflow)。

(3)銲接(weld)

金屬蓋(metal can)包裝的銲接密封是將其上蓋(cap 或 lid)邊緣加溫加壓，且通電流加熱的方式和底座(metal base，header)外緣密合，如圖 11.3 所示。銲接過程必須在一個以透明壓克力製作的氣室，內充氮氣(N_2)以防止接觸部份因氧化而漏氣。作業員以手一個個把底座放在下電極(electrode)上，將上蓋套上將上電極降下而完成銲接工作。由此可見它是非常費時的。此種包裝僅限於高功率，散熱大的元件使用。合金銲(alloy weld)加一助熔金屬，冷銲(cold weld)是以純加壓力的方式銲接，如圖 11.4 所示。

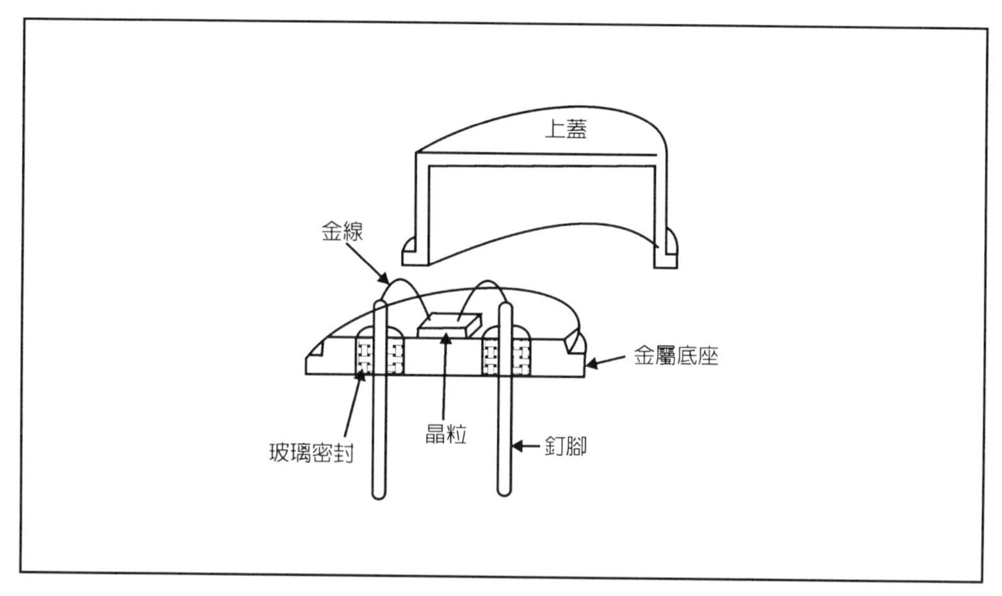

圖 11.3　金屬蓋包裝的概略圖

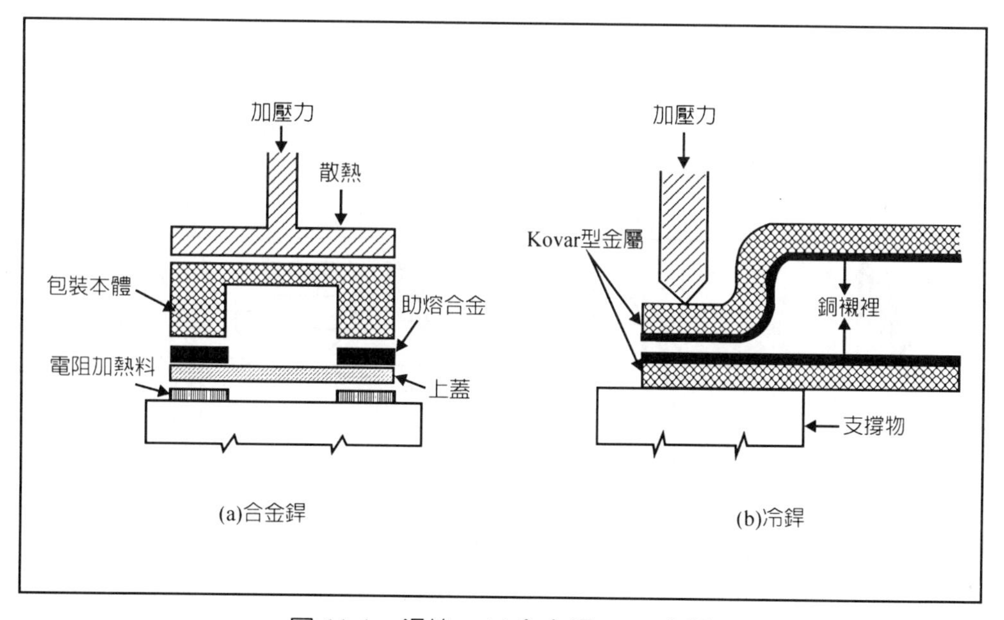

圖 11.4　銲接，(a)合金銲，(b)冷銲

6.電鍍錫(tin plating)

電鍍錫的基本原理很簡單，吊鍍式電鍍(rack plating)的陰極吊著壓模成型後的塑膠 I.C.半製品。來回輕輕移動。陽極上吊著錫棒，以硫酸(H_2SO_4)，硫酸亞錫($SnSO_4$)為電解液。亞錫離子 (Sn^{++}) 到陰極鍍在 I.C.包裝導線架(lead frame)上。硫酸根離子 ($SO_4^=$) 到陽極和錫棒化合成 $SnSO_4$，又回到電解液，補充短少的亞錫離子。因此陽極的錫會越來越少。

電解液內的 Sn^{++}，$SO_4^=$ 濃度可用滴定分析(titration analysis)以追蹤，並適時添加修正之。電源供應器為大電流、低電壓式。陶瓷包裝 I.C.因為是一顆顆的，串起費時，多以滾鍍（barrel plating）方式電鍍，六角形滾筒，多孔，耐酸鹼硬塑膠聚酯(polyester, PE)或聚丙烯(polypropylene, PP)材質。為了使產品金屬部份緊密接觸，滾筒內可填加一些金屬塊或假產品(dummy package)。（當然也一齊被鍍了）。吊鍍和滾鍍的比較，如圖 11.5 所示。

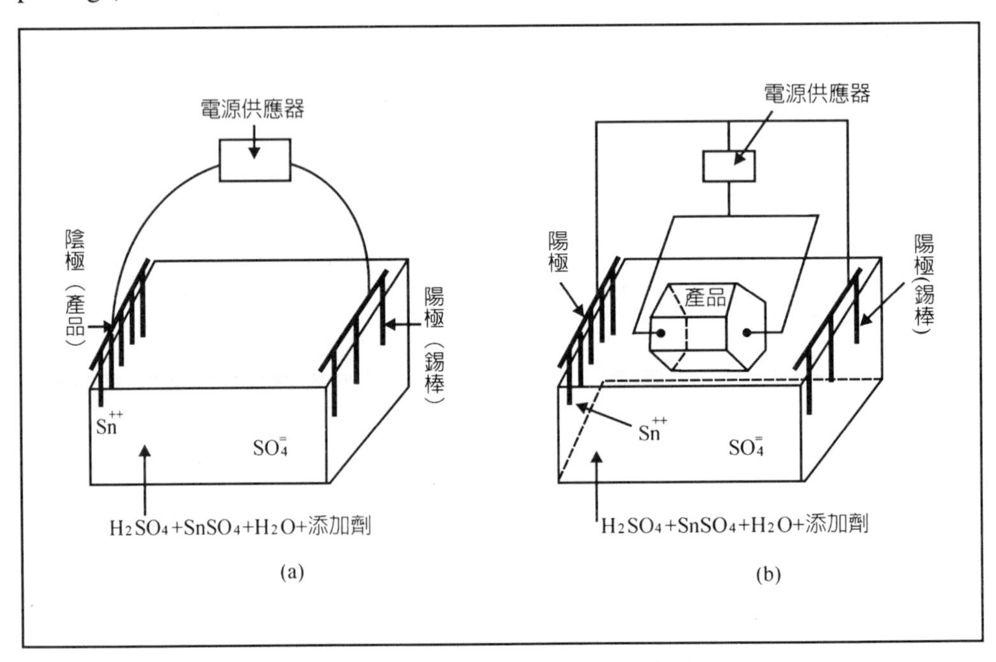

圖 11.5　電鍍錫(a)吊鍍，(b)滾鍍

電鍍錫眞正的難題在它必須添加光亮劑(brightener)，啓動劑(starter)和調節劑(toner)，以增進亮度(brightness)及附著度(adherence)。而這三種添加劑的分析及控制不易。有些公司以小型鍍槽模擬分析，何氏槽(hull cell)模擬吊鍍(rack plating)，滾動槽(rotary cell)模擬滾鍍。

塑膠包裝電鍍最大的問題，是壓模中流出來的半透明膜，去除方法一般多以煮鹽酸(HCl)使其軟化，或以噴砂(sandblast)方式把它敲掉。前處理(pretreatment)也多用鹽酸使導線架上的油污除去。煮鹽酸之通風設備，及電鍍系統之廢水處理是兩大難題。噴砂一般多用胡桃殼(nut shell)打碎後的顆粒，以空氣噴出。殼的硬度適中，空氣壓力調好，要剛好可以噴掉半透明膜，而不會打斷釘腳，錫棒易氧化必須經常刷洗。

爲增加沾錫性，使成品在插在印刷電路板上製作容易，也有工廠是用鍍銲錫(solder plating)，以錫鉛合金，比例 63：37 或 60：40。它有最低的共晶溫度(eutectic temperature)。困難的是如何使兩種陽極（錫棒、鉛棒）或一種合金陽極（銲錫棒）在兩種離子(Sn^{++}、Pb^{++}或 Pb^{+4})的鍍液中一直保持固定 63：37～60：40 之比例。

另一種使 I.C.導線架易於銲接的方法，是浸銲錫(solder dip)，即將 I. C.清洗後沾助銲劑(flux)，再浸在熔融的銲錫爐內。

電鍍需要用大量的純水，純水系統參考第九章。

7.環境測試(environmental test)

環境測試的目的是確保產品的品質，一般常用的有以下幾種方法。依照一定的規格執行。很多客戶在選擇代工(subcontactor)時，都要看該公司環境測試設備是否完備，品管執行是否落實而定。

(1)溫度循環(temperature cycle)，將密裝後或完成所有裝配製程後的產品，置於 100～150℃烤箱 24 小時，再移於 0℃冰箱 24 小時，如此爲一循環，反覆 5～10 個循環，再進行各項測試。

(2)驟熱驟冷(thermal shock)，將產品置於 100℃沸水中一分鐘，取出置於 -23℃冰水（加鹽）一分鐘，如此為一循環，反覆 5～10 個循環，再進行各項測試。

(3)印字耐久性(mark permanency)，將產品浸泡三氯乙烯(trichloroethylene, TCE)溶劑 20 分鐘，取出以小刷子刷其印字，看是否會脫落。

(4)離心力測試(centrifugal test)，將彎腳成型後的產品置於塑膠管內，以離心機轉動若干時間，看其銲線是否會斷或脫落。

(5)錫附著測試(tin adherence test)，將鍍錫後的產品放在壓力鍋(pressure cooker 或 autoclave)內，以蒸汽蒸若干小時，取出置於銲錫爐內（一定溫度，浸一定時間），看釘腳沾錫部份之百分比。

(6)8585 測試，將產品置於 85％相對濕度，85℃溫度的測試室，測試其抵抗濕度的能力，一般做 10 個循環，24 小時。

(7)鹽霧試驗(salt spray test)：以 5%氯化鈉(NaCl)水溶液 30℃，噴鹽霧 48 小時，以測試其被海水浸蝕之抵抗力。

(8)烘烤壽命測試(burn-in test)，以一定溫度烘烤產品，並測試其電性，以篩選品質特差的產品，使成品平均壽命大增，這是所有環境測試中最重要的一種。

8.電性測試

以電性測試機器配合產品，以一定電腦程式，測試其開路／短路(open/short)、功能(function)或參數(parameter)，藉此以分析晶圓探測(probing test)及裝配時之其他可能工程問題。

加溫壽命測試或稱預燒試驗，乃是將元件（產品）置於高溫的環境下，加上指定的正向或反向的直流電壓，如此殘留在晶粒上氧化層與金屬層之外來雜質離子，或腐蝕性離子將容易游離，而使故障模式(faliure mode)提早顯現出來，達到篩選、剔除早期夭折產品的目的。

預燒試驗分爲靜態預燒(static burn in)與動態預燒(dynamic burn in)兩種。前者在試驗時，只在元件上加上額定的工作電壓，及消耗額定的功率，而後者除並有模擬實際工作情況的訊號輸入，故較接近實際狀況，也較嚴格。

基本上，每一批產品在出貨前，皆需作百分之百的預燒試驗，但由於成本及交貨期等因素，有些產品就只作抽樣（部分）的預燒試驗，通過後才出貨。另外，對於一些我們認爲它品質夠穩定且夠水準的產品，也可以抽樣的方式進行，當然，具有高信賴度(reliability)的產品，皆必須通過百分之百的預燒試驗。

爲了確定好的產品其信賴度或可靠度達到要求，所以從每批中取樣本做可靠度試驗(reliability test)，試驗中對產品加高電壓及高溫，催使不耐久的產品故障，因而得知產品的可靠度。

故障機率與產品生命期之關係，類似浴缸，稱爲浴缸曲線(bathtub curve)，如圖 11.6 所示。

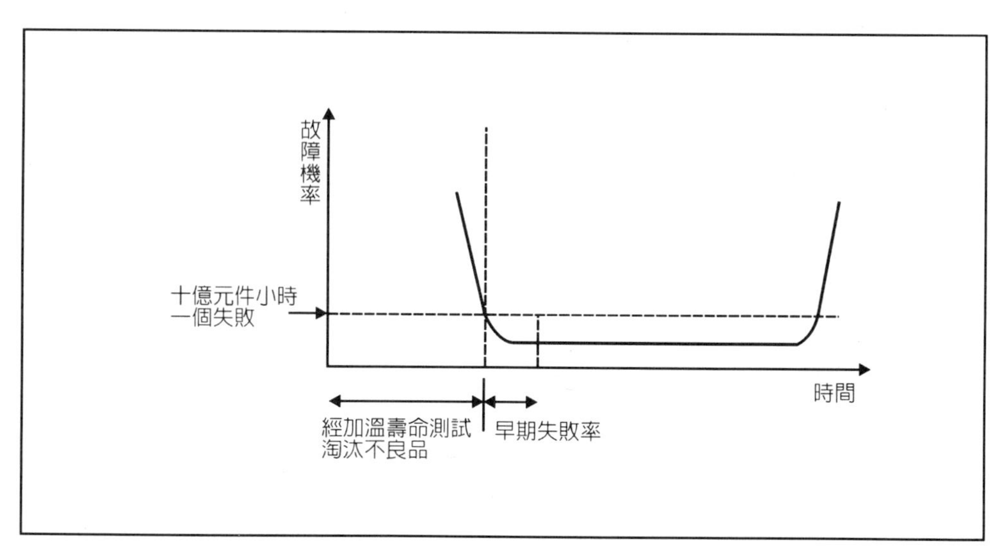

圖 11.6　故障率浴缸曲線

11.4 幾種流行的包裝型態

爲配合積體電路高度集積化，元件腳數逐漸加多，兩排直立式(DIP)或陶瓷包裝已不敷使用。近幾年來幾種新的包裝出現，包括腳數多的爲有四方平面包裝(QFP)、針格陣列(PGA)、球格陣列(BGA)、接線短的有導線在晶粒上面(LOC, lead on chip)，小型的有覆晶(flip chip)和晶粒大小的包裝(CSP, chip scale package)等，分別敘述如下：

1.四方平面包裝(QFP)

英文全文是 quad flat package。一種塑膠包裝積體電路，導線架的釘架分佈於晶粒銲墊的四週，如圖 11.7 所示。爲了有最多的腳數（多達 160～300），包裝體積大釘腳細，釘腳間距(pitch)小，因此對增加腳數有一極限。目前已有漸被球格陣列(ball grid array, BGA)取代的趨勢。

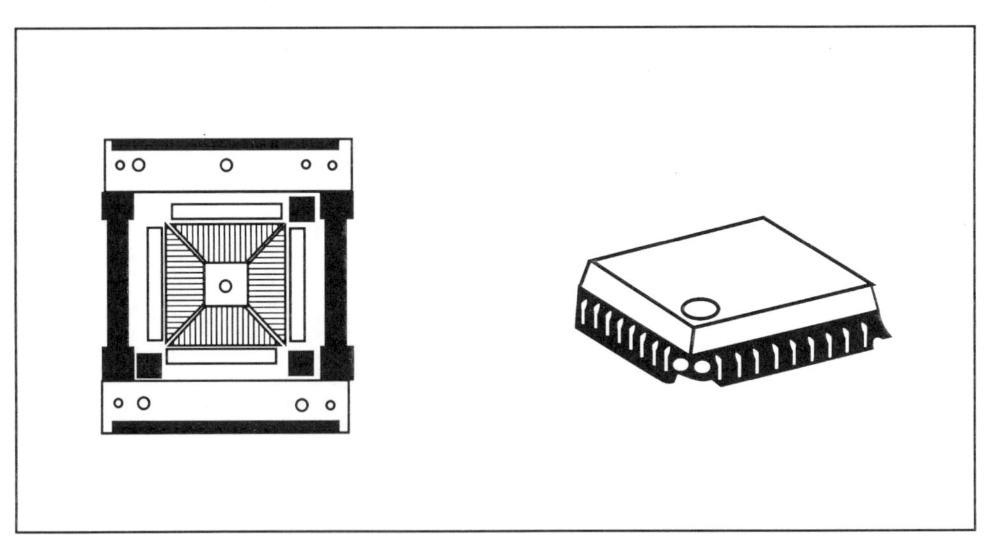

圖 11.7　QFP 的(a)導線架正視圖，(b)一個封裝後的包裝

2.針格陣列(pin grid array)

一種積體電路的包裝形式，以耐高溫陶瓷爲底材，底材的材料通常使用氧化鋁(Al_2O_3)，因爲它的電性是絕緣的，而它的散熱非常迅速，針狀腳以陣列狀排列，腳的底材爲鐵鎳合金，外層鍍金，如圖 11.8 所示。PGA 可使包裝的腳數大幅度增加。但因價格昂貴，漸有被相類似的球格陣列(BGA)所取代。

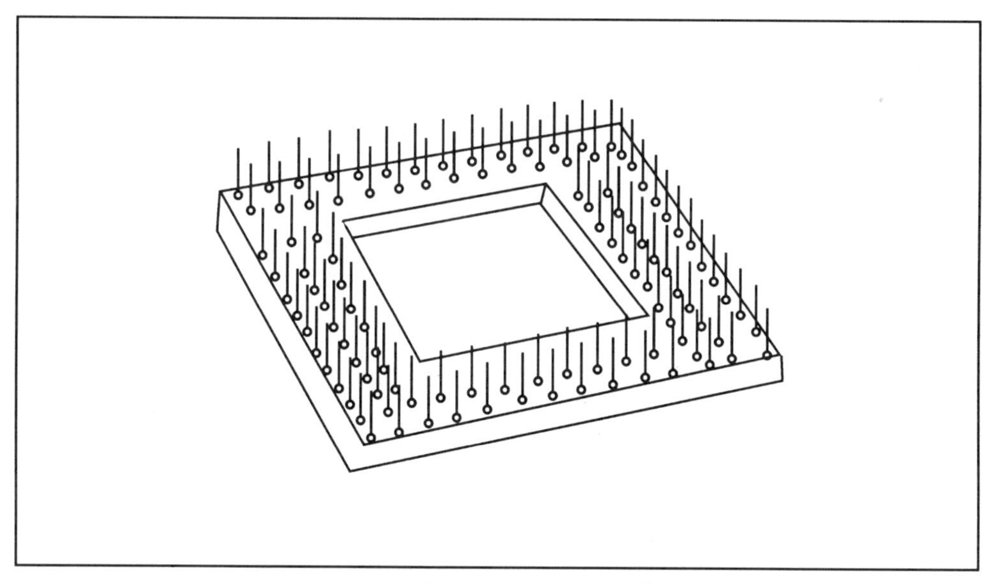

圖 11.8　一個針格陣列(PGA)的包裝

3.球格陣列(BGA)

英文全文是 ball grid array。也可譯爲球柵陣列。以錫球代替導線架(lead frame)或針，錫球在包裝墊片內部和銲線連接，以陣列型式平均分散在包裝整個或部份面積之內，如圖 11.9 所示。如此可以增加積體電路接線的腳數，而不致有間距(pitch)太小的問題。

球格陣列包裝晶粒正面用塑膠密封，基座面以錫球接著。晶粒上的銲墊以金線連接到基座的銲點，經聚亞醯胺(polyimide)基座內部連接到錫球的銲點，最後靠錫球和印刷電路板(printed circuit board, PCB)連接。

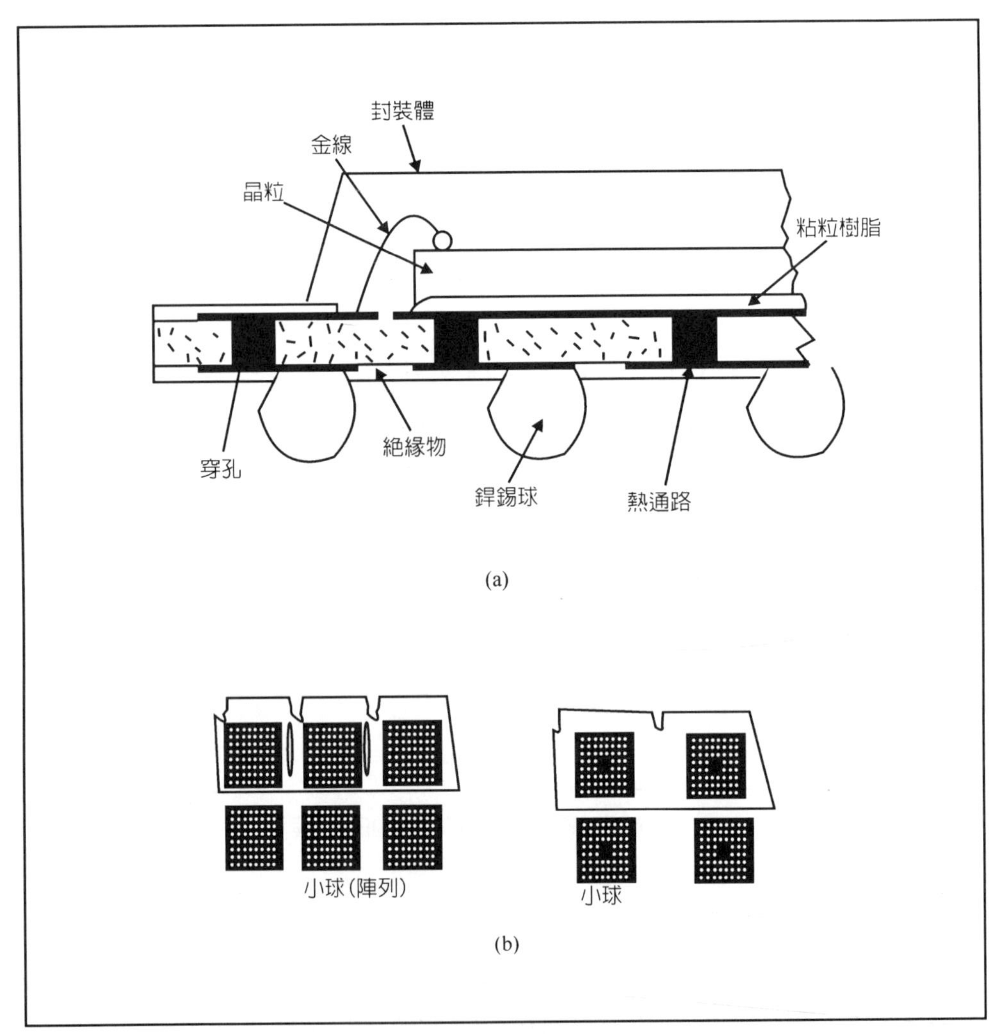

圖 11.9　球格陣列(a)結構圖，(b)正反面圖

超薄球格陣列(BGA)的製作流程，如圖 11.10 所示。

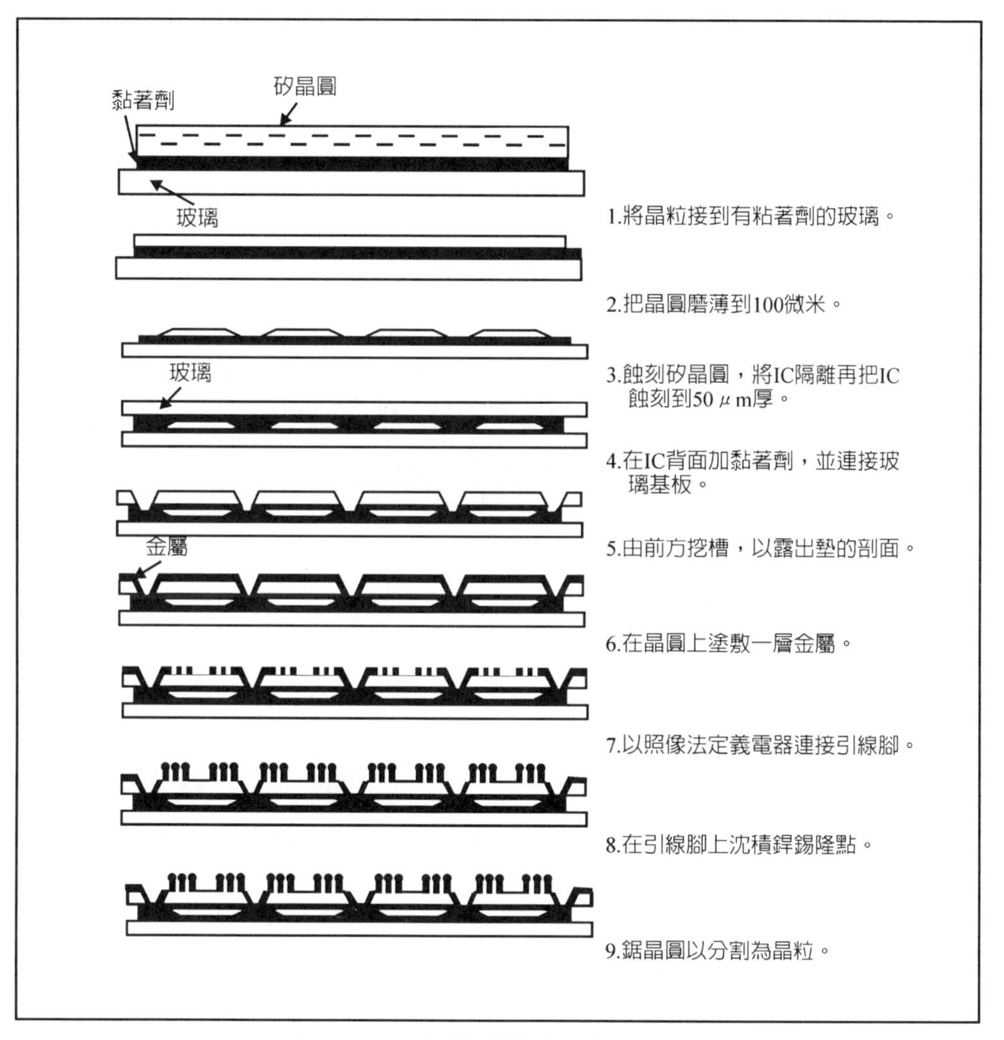

圖 11.10　超薄球格陣列製程流程

4.導線架在晶粒之上(LOC)

英文全文是 lead on chip。因積體電路接線太費時，要縮短線的長度，方法之一是將銲墊置於晶粒內部，而不是四週。在晶粒和釘架之間加一絕緣而耐高溫的聚亞醯胺膠帶(polyimide tape)，使兩者不致於短路，如圖 11.11 所示。

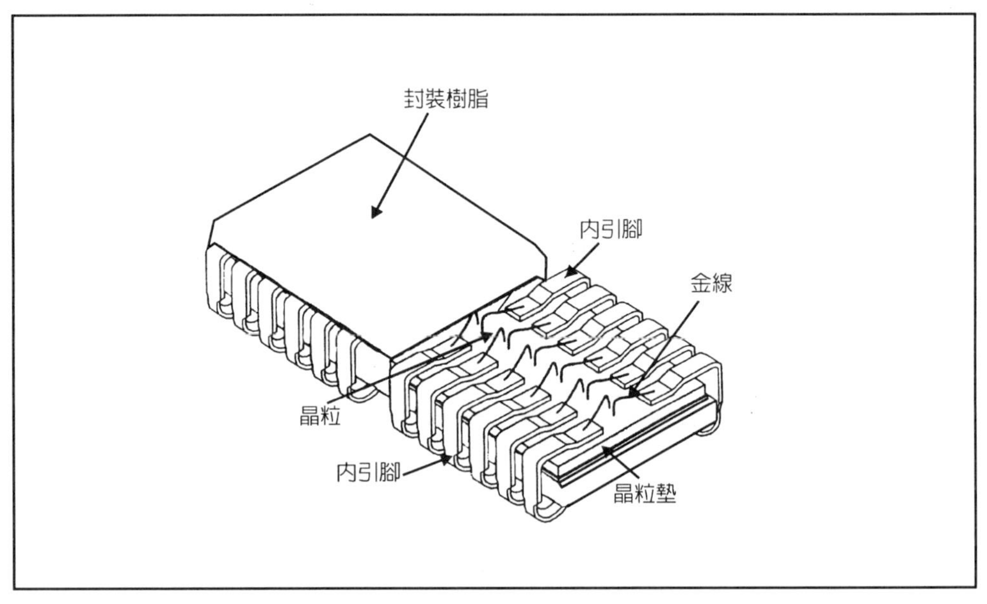

圖 11.11　一個 LOC 的包裝

5.覆晶(flip chip)

爲完全省掉積體電路的銲線製程，將晶粒上的銲墊（銲錫隆點，solder bump），以導電性接著劑(conductive adhesive)直接和釘架(lead)連接的一種包裝，如圖 11.12 所示。

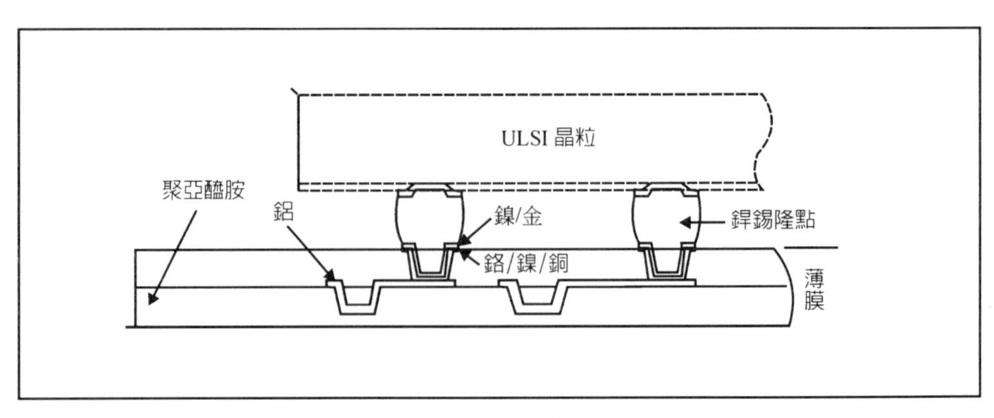

圖 11.12　一個覆晶粘到基板上

覆晶用銲錫隆點有 1.共晶式(eutectic)，錫鉛比 63：37，熔點低(183℃)，只需用助銲劑(flux)，不必用銲錫膏(solder paste)。而且可用有機基板配合。2.高鉛式，錫鉛比 05：95，熔點高(310℃)，晶片和基板的銲接如要用直接加熱方式，基板必須能耐高溫，或以先上銲錫膏在基板銲墊上，接合靠銲錫膏熔化，隆點本身並不熔化，可用有機物做基板材料。銲錫隆點冷卻凝固之後，在晶片與基板之間，銲錫隆點之腳距空間，還要填注填充料(underfill)，以增強隆點的抗疲勞壽命。

6.晶粒大小的包裝(CSP)

英文全文是 chip scale package。積體電路連包裝只約爲晶粒尺寸的 110～120%，如圖 11.13 所示。包裝的目的只爲了將晶粒轉移到下一個層次，如電路板，不再爲了保護晶粒。目前 CSP 已大量的應用到電話卡、門刷卡、信用卡和提款卡，因爲它有智慧，所以也稱爲精明卡或流行卡(smart card)等。

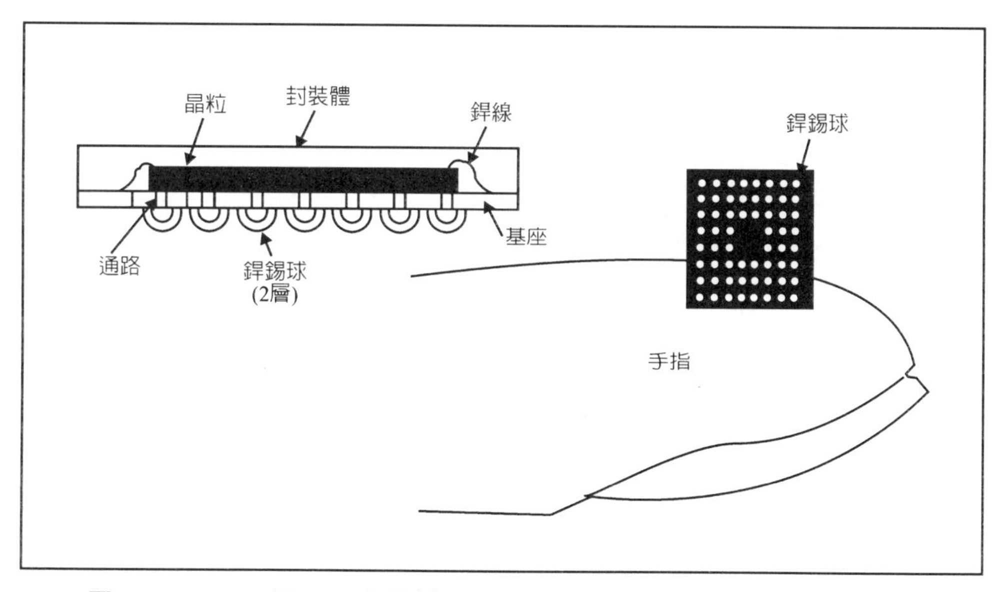

圖 11.13　(a)一個 CSP 的結構圖，(b)CSP 放在手指上，隆點即為接腳

7.薄小包裝(TSOP)

英文是 thin small outline package。一種極薄且小的包裝。釘腳在兩側，以環氧樹脂塑膠(EMC, epoxy molding compound)完成封裝。

8.縮小型 J 形腳包裝 I. C. (S. O. J., small outline J-lead package)

因外腳彎成“J”字形，且外伸長度較一般 I. C.包裝爲小而得名。是記憶 I. C.的普遍化包裝形態，爲配合表面黏著技術(surface mounting technology, SMT)的高集積度要求而誕生。

11.5 封裝用材料

晶圓運到封裝廠之前，要先經過探測(probe test)，探測針的材料，一般分柄（軸）爲鎳(nickel, Ni)，針尖爲鎢(tungsten, W)，如要低接觸電阻，則使用鈹銅(beryllium copper, Be-Cu)。

鎳(Ni)的原序爲 28，原子量爲 58.7，純鎳爲銀白色，通常爲面心立方結構（最密堆積），比重 8.85，熔點 1455℃，沸點 2732℃。能煅造(forge)，富於展性及延性。磁性比鐵弱，居里溫度(Curie temperatuve)是 358℃。常溫時對水或空氣非常穩定。在氧中加熱則發出火花而燃燒。在空氣中加熱，表面即氧化。易溶於稀硝酸，在濃硝酸中變爲鈍態。不被鹹所侵蝕。

居里溫度(Curie temperature)又名居里點。鐵磁性(ferro-magnetic)或逆磁性(diamagnetic)材料，在低溫時的有規則排列，隨溫度上升因熱運動而被擾亂，在某一溫度時急劇地轉變爲不規則排列，而使鐵磁性體變爲順磁性體(paramagetic)。在此溫度下的比熱容量也出現反常，而稱爲 λ 點。

鎢(W)的原子序爲 74，原子量爲 183.85。金屬鎢呈白色或灰白色。比重 19.3，熔點 3370℃，沸點 5700℃。硬度、強度非常大。於常溫可和氟(F)

反應，300℃以上和氯(Cl)反應，生成六鹵化物。和熱水蒸氣反應變成氧化物。微溶於鹽酸、稀硫酸、液氨、硝酸、王水(aqua regia)。也可溶於氫氟酸與硝酸的混合物。因爲熔點高，所以當做白熾燈泡、電子管材料。和鐵的合金可用於高速鋼。

鈹銅(Be-Cu)含銅85％、鎳9％、鈹6％。比重8.22。是強度、硬度、電導性都極高的可硬化合金。可作電子零件、手錶彈簧、光學用合金、凸輪及軸襯等。

鋸晶圓(wafer saw)或晶圓背面磨薄(wafer back grinding)用的膠帶，因爲名爲藍色或透明藍色，俗稱藍膜，其基材爲聚氯乙烯(polyvinyl chloride, PVC)。PVC是氯乙烯(CH_2＝CHCl)的聚合體，過去當做合成樹脂。有優異的耐水、耐酸、耐鹹性、電絕緣性、難燃性。一般是加塑化劑、安定劑、填充劑等補助材料而加工成形。

導線架(lead frame)是封裝時的主要材料之一。標準的基材爲磷青銅(phosphorus bronze)或鋼(steel)。上面電鍍錫(tin, Sn)或銲錫(solder, Sn Pb)。磷青銅是磷加於銅—錫的合金。含磷量約0.05～0.5％，加磷可使流動性良好，硬度和強度顯著增加，能改良耐磨耗性、彈性。鑄造用磷青銅的成份是9～16％錫，0.10～0.60％磷。

另一種用於導線架的材料是柯伐(kovar)，它是鐵鎳合金(alloy)，類似成份爲42號合金(alloy 42)。它的主要特徵是熱膨脹係數(thermal expansion coefficient)和矽(Si)及陶瓷密封包裝(ceramic hermetic package)的基座(substrate)材料氧化鋁（即礬土，alumina）接近。幾種重要材料的熱導係數，如表11.2所列。

表 11.2　幾種重要材料的熱導係數

材　　料	銅的熱導係數的百分比
銀(Ag)	105
銅(Cu)	100
高純度氧化鈹(BeO)	62
鋁(Al)	55
鈹(Be)	39
鉬(Mo)	39
鋼	9.1
高純度氧化鋁(Al_2O_3)	7.7
凍石	0.7
雲母	0.18
石碳酸（酚），環氧樹脂	0.13
氟碳	0.15

球格陣列(BGA)用的基板(substrate)材料之一爲聚亞醯胺(polyimide)。它是主鏈有亞胺基－CONCO－的聚合物。在短時間內能耐受 500℃的高溫。相似地，聚亞醯胺膜也可用於導線架在晶片上(LOC)，以免晶粒上的銲墊因導線架而短路。塑膠(plastic)BGA 以雙順丁烯三嗪／玻璃(BT/glass, bismalemide triazine/glass)爲基板，卷帶(tape)BGA 以聚亞醯胺膠帶加銅夾層爲基板。陶瓷(ceramic)BGA 以陶瓷，即氧化鋁（礬土）或氧化鈹爲基板，微(micro)BGA 以彈性物(elastomer)爲基板材料，幾種球柵陣列(BGA)的型式，如圖 11.4 和圖 11.5 所示。也有陶瓷包裝以高鋁紅柱石（mullite，莫來石）爲基板材料。陶瓷密封包裝(hermetic package)和針格陣列(PGA)以氧化鋁或氧化鈹爲基板材料，原因是這些陶瓷均爲電性絕緣，但導熱良好的材料。

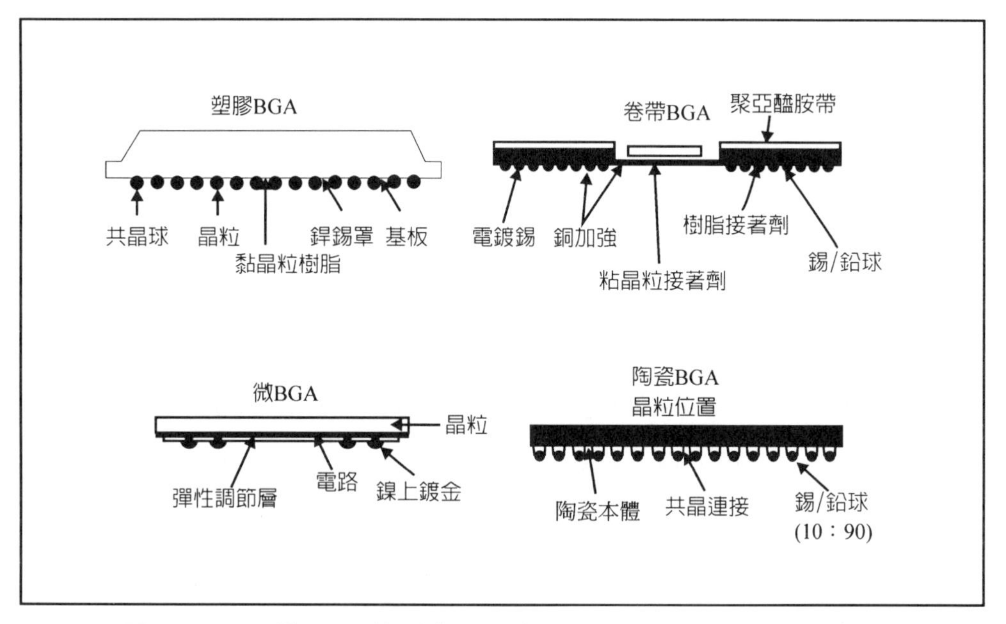

圖 11.14 四種 BGA 的型式，(a)塑膠，(b)膠帶，(c)微，(d)陶瓷

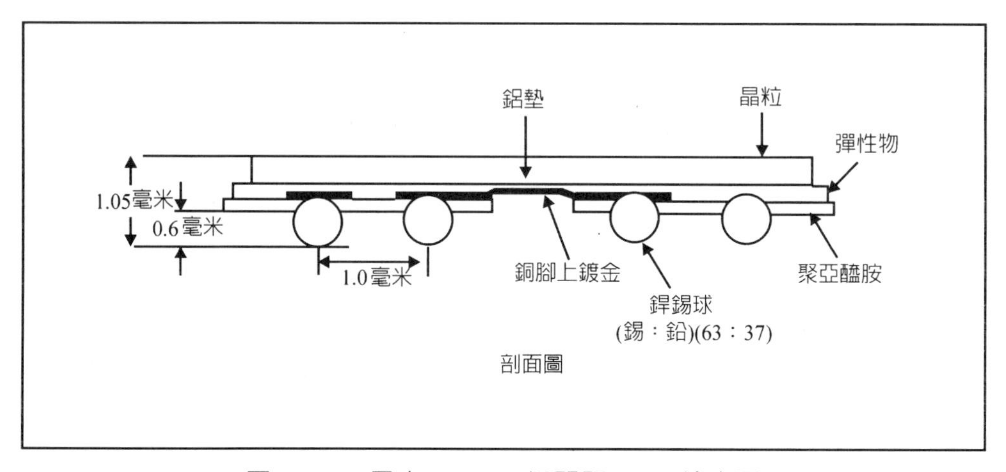

圖 11.15 日立(Hitachi)細間距 BGA 輪廓圖

高鋁紅柱石(mullite)又名莫來石，是 $3Al_2O_3 \cdot 2SiO_2$ 組成的鋁矽酸鹽。爲針狀晶體，斜方晶系。熔點 1850℃，高溫穩定。耐火度高而機械強度大，可供製造理化學用或火星塞等瓷器、矽石。製法是用黏土和礬土爲原料，在旋轉窯燒成。

氧化鋁(alumina)亦稱鋁氧、礬土、無水礬土，爲高溫電絕緣瓷器，除可作陶瓷基板外，也可製有化學抵抗性的坩堝、反應管、耐火材料或吸附材料等。

氧化鈹(beryllium oxide)的分子式爲 BeO，分子量 25.01。將鈹的碳酸鹽或硝酸鹽強熱即得。白色粉末有毒。熔點 2570℃，沸點 3900℃，比重 3.02(0℃)。極難溶於水，可溶於氫氟酸(HF)，加熱則可溶於濃硫酸或硝酸。即使高溫，化學性也穩定。適合做核反應器的減速材料或反射材料，火箭尖端部及燃燒室，陶瓷、瓷金(cermet)及特殊玻璃等。只是價格比氧化鋁貴很多，使用於 I.C.包裝的百分比較低。

常用包裝材料的熱特性、機械特性，分別如表 11.3 或表 11.4 所示。

粘晶粒(die attach)時大多使用導電性環氧樹脂(conductive epoxy)。以愛默生及邱敏(Emerson & Cuming)公司的 Eccbond 57C 爲例，其特性如表 11.5 所列。

表 11.3　常用包裝材料的熱特性

	室溫熱膨脹 (10^{-7} ℃$^{-1}$)	室溫熱導係數 (卡)(公分/秒・平方公分・℃)
金屬		
鋁(Al)	230	0.52
銅(Cu)	170	0.96
金(Au)	140	0.74
鐵－鎳－鈷(Fe-Ni-Co)合金	50	0.04
鐵－鎳合金	50-100	0.03
鉬(Mo)	50	0.32
鎳(Ni)	130	0.16
矽(Si)	45	0.31
銀(Ag)	190	1.00
鎢(W)	45	0.38
玻璃		
矽酸硼	46	0.003
矽酸鋁	47	0.003
石英(quartz)	5	0.003
硼矽酸鉛	90	0.003
陶瓷		
氧化鋁(Al_2O_3)	63-68	0.07-0.09
氧化鈹(BeO)	70	0.60
塑膠		
環氧樹脂(epoxy)	700	0.0004
酚(phenolic)	800-1,000	0.0005
矽氧橡膠(silicone rubber)	3,000	0.0007
鐵弗龍(teflon)	800-1,000	0.0006

表 11.4　包裝材料的機械特性

材　料	熱膨脹係數 ($\times 10^{-6}$/K)	彈性係數 (GPa)	熱導係數 (瓦/米－K)
矽(Si)	2.6-3.6	10.2-16.3	150
二氧化矽(SiO_2)	0.6-0.9	7.1	1.4
氮化矽(Si_3N_4)	2.8-3.2	32.6	3.0
聚亞醯胺(polyimide)	20-50	3-4	0.12-0.2
金(Au)	1.4	78	318
鋁(Al)	23	70.5	229
銅(Cu)	16.7	112.7	394
銅合金(Cu alloy)	16.3-17.3	117-132	151-351
鎳－鐵合金(42合金)	4.14	147	15
柯伐(kovar)	4.4	143	16.7
鉬(Mo)	3.7-5.3	343	130
共晶銲錫(63%錫，37%鉛)	24.7	32.1	49
錫5%，鉛95%	29.8	7.4	63
金80%，錫20%	12.3	59.2	24
氧化鋁(Al_2O_3)	6.7-7.1	262-378	19-25
氮化鋁(AlN)	4.4-4.9	326-357	70-170
玻璃環氧樹脂(glass epoxy)	16	0.26	0.36
銅鎢合金(Cu-W)	6.0-7.0	347	210
環氧樹脂(epoxy)	12-22	13.2-17.3	0.67
銀環氧樹脂	33	1.96-6.86	1.26

表 11.5　Eccobond 57C 導電性環氧樹脂之特性

使用之溫度極限	－47～＋140℃
覆蓋剪斷強度	700磅/吋^2
屈曲強度	10,200磅/吋^2
體電阻係數	0.6毫歐姆/公分
熱導係數	60英熱單位/(時)(呎^3)(°F/吋)
烘烤溫度	室溫至107℃
應用	代替銲錫、粘晶粒、電容等

量子材料(Quantum Materials)公司的恐水(hydrophobic)快烤 505 系粘晶粒樹脂之特性如下：

配方：液態的雙順丁烯(bismaleimide)，添加銀(Ag)

黏滯度(viscosity)（在 25℃）：7.5～11.0 千分泊(Kcps)

搖溶指數(thixotropic index) 0.5/5 (rpm)：3.4～5.4

放在罐子內的生命期（室溫）大於 48 小時。

平均晶粒切力(晶粒 0.3 吋×0.3 吋×0.014 吋，在鍍銀的銅導線架上)：大於 35 公斤－力。

離子污染：Na^+，K^+，Cl^-，F^-每種均小於 10 ppm（百萬分之 10）。在-40℃的儲存期：6 個月

濕氣吸收（168 小時，85℃，相對濕度 85%）重量百分比小於 0.01%。

泊(poise)是流體黏度的單位，符號為 P。泊的百分之一叫分泊(centi poise, CP)。流體在管中形成層流而流動，和該流動之方向或垂直的方向之流速梯度，假設是 1cm/sec。為維持此速度梯度，沿著流動之方向的每一

平方公分所作用之力為一達因(dyne)時，此流體的黏度叫 1 泊(poise)。

有時粘晶粒(die attach)是利用導線架上的晶粒銲墊(die pad)鍍金，以增加導熱性。此時為了降低金的熔點，可以加一片助熔材料(preform)。同樣地，密封包裝的上蓋和底座以高溫爐熔接時，也可以加助熔材料，一些常用的助熔材料的成份和熔點，如表 11.6 所列。

表 11.6　助熔材料的成份和熔點（和純金比較）

成　份	溫　度(℃)
80%金(Au)，20%錫(Sn)	280
92.5%鉛(Pb)，2.5%銀(Ag)，5%銦(In)	300
97.5%鉛(Pb)，1.5銀(Ag)，1%錫(Sn)	309
95%鉛(Pb)，5%錫(Sn)	314
88%金(Au)，12%鍺(Ge)	356
98%金(Au)，2%矽(Si)	370
100%金(Au)	1063

銲線(wire bonding)就是把晶粒上的銲墊(bonding pad)和導線架或基板上的釘腳接在一起，以便和外電路連接。目前最重要的銲線材料是金(gold, Au)，利用熱超音波(thermo sonic)銲方法。線的直徑約 0.8 密爾(mil, 1 mil=10^{-3} 吋)到 3.0 密爾，粗細由它的散熱或功率大小而決定。功率非常大的包裝，可以用到粗為 10 密爾的帶(ribbon)。

金的原子序是 79，原子量是 196.97。為具有黃金色美的光澤的金屬。呈面心立方晶體，為電的良導體，僅次於銀、銅。電導率為銀的 67%，電阻係數為 $2.2\times10^{-6}\Omega$-cm (18℃)。熔點 1064℃，沸點 2966℃，比重 19.3(20

℃)。在所有金屬中，金的延展性最好，比熱 0.0309 卡／℃克。硬度 2.5～30。在化學上爲非常穩定的物質，不溶於酸，但可溶於王水(aque regia)。在高溫下與氧、硫不起反應，但與溴及氯可直接作用。純金以 24 K 表示，含金 75％時則以 18K 表示。積體電路用金線中金的純度 4N (99.99%)以上，事實上要以 5N (99.999%)的純金，添加一些特定元素溶解成 4N 純度的合金。

如果用鋁線，鋁純度可分爲 4N 和 5N 兩種。5N 的鋁線材，其再結晶溫度很低，在室溫也會軟化，而使強度下降，因此拉伸線加工困難，只能用於 100μm 線徑以上。在高純度鋁中添加微量鎳(Ni)可以提昇耐濕性。

陶瓷封裝用的鋁線則爲 Al-1%Si，其規格標準含有 4N 以上的鋁和 1.0±0.15％的矽(Si)。其他雜質 Mg、Fe、Ca、Cu、Mn 等合計在 0.01％以下。

銲線的步驟如 11.16 圖所示。(a)以氫氣或電子點火燒成金球，(b)以超音波(ultrasonic)和熱壓力使金球和銲墊連接，(c)將線拉起來，(d)根據鋼針(capillary)構造的不同，而有無尾(tailless)、輪廓(contour)或指甲頭(nail head)等三種方式的第二銲點連接法。(e)鋼針提起，以氫或電子點火再燒一個金球，做下一次銲線的起點。

如果看鋼針上下移動的情形，再將一個週期分爲 360°，則可利用一圓型凸輪(cam)來控制其銲接動作，如圖 11.7 所示。1.銲接頭原位置。2.第一點尋找。3.第一點銲接。4.以程式控制弧度。5.第二點尋找。6.第二點銲接。7.銲接頭重新設定，回到原位置。

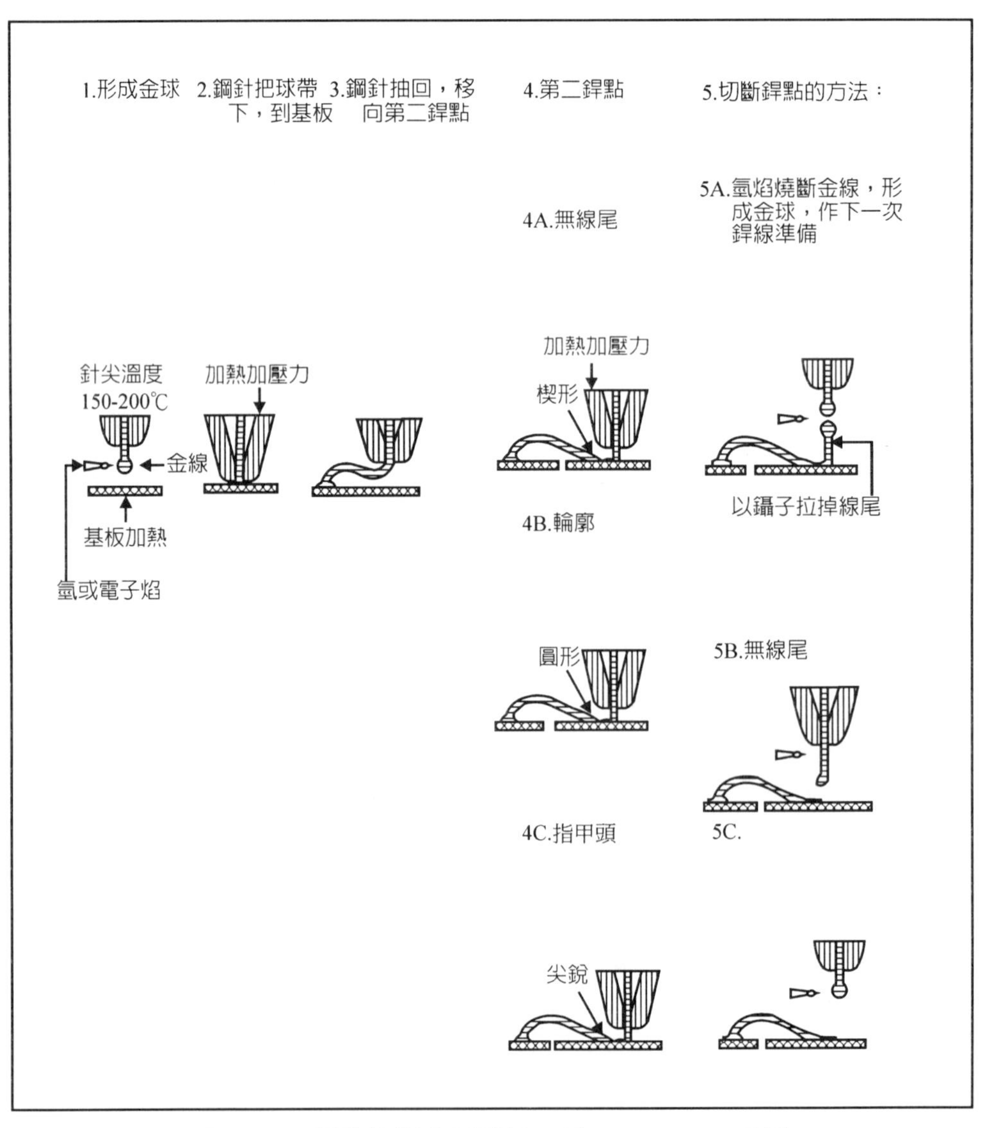

圖 11.16　銲線的順序圖蓋社工具(Gaiser Tool)公司

第一銲點打在晶粒上，爲球型。第二銲點打在導線架的釘腳上（鍍有金或銀）爲楔型(wedge)。如圖 11.18 所示。鋼針的外觀和針尖的部份放大如圖 11.19 所示。圖 11.19(b)中，OR 爲外半徑，CD 爲槽的直徑，T 爲針尖直徑，H 爲孔的直徑。

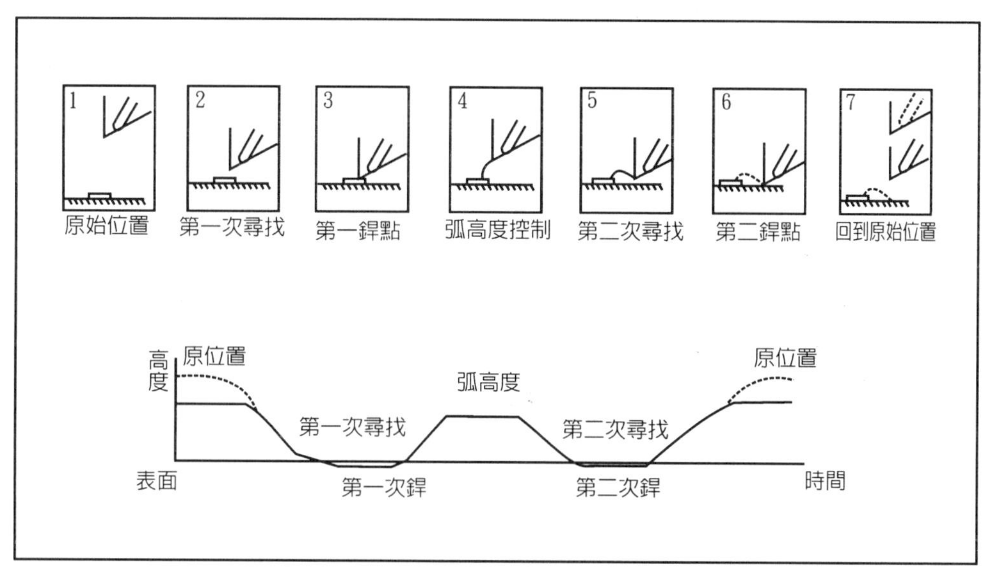

圖 11.17　鋼針上下移動的情形

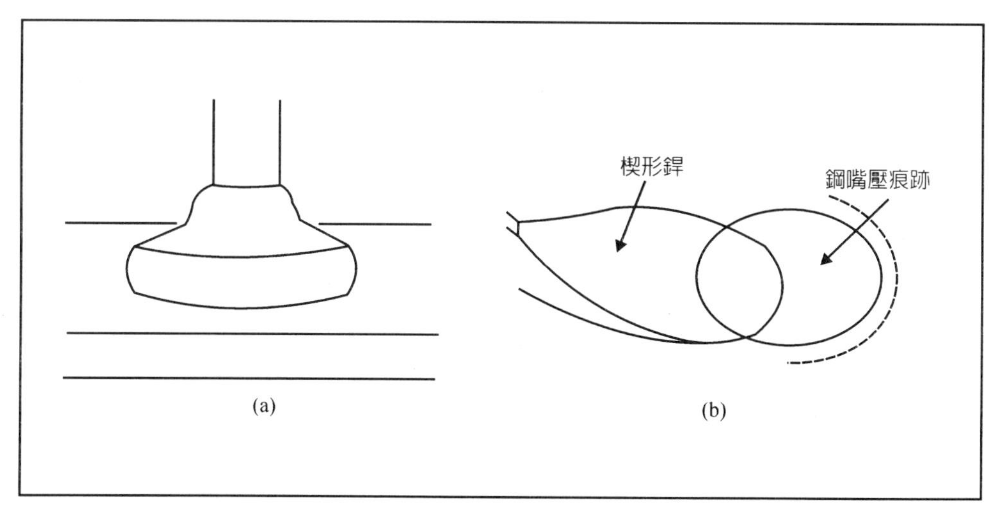

圖 11.18　金線銲接(a)球型第一銲點，(b)楔型第二銲點

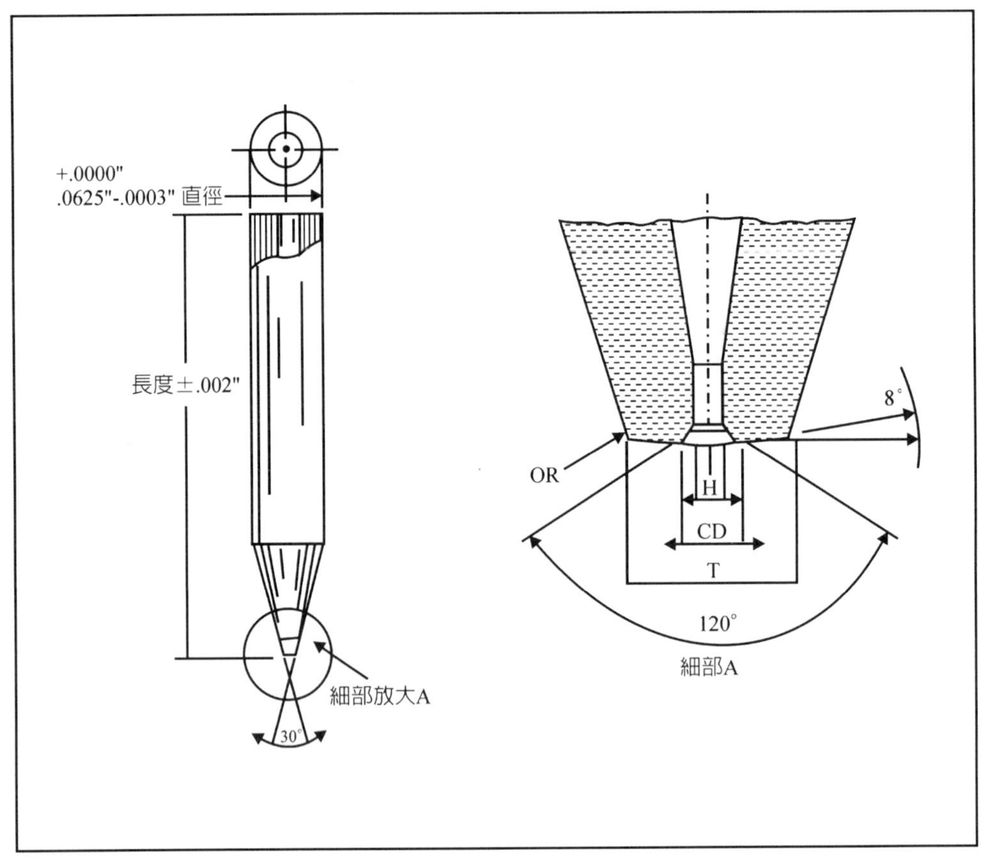

圖 11.19　鋼針(a)外觀，(b)針尖放大圖。微瑞士(Microswiss)的鋼針

測試銲線拉力的方法稱爲拉力測試(pull test)，方法是用一個鉤子放在銲線的中央下方，用力往上拉，直到線斷爲止。看斷線時的力量（克）和斷點位置，以決定銲線品質是否爲可接受的。圖 11.20 顯示，1.爲線斷了，最理想，2.爲在球上方斷了，3.爲球銲失敗，4.爲楔銲後銀斷裂，5.爲楔銲界面失敗。

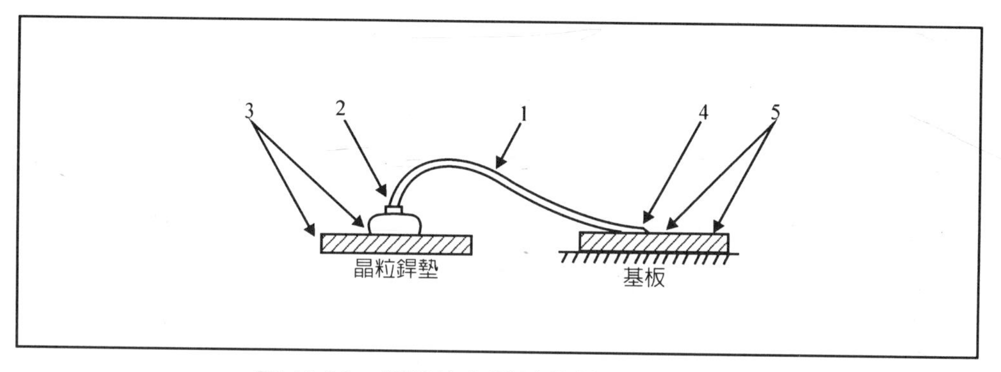

圖 11.20　銲線拉力測試的幾種失敗模式

11.6　密封技術和材料

幾種密封技術中，最流行的是利用沖床(press)、模子(mold)、鑄模(die)，把銲線後的半導體半成品以環氧樹脂(epoxy)密封(seal)起來，如圖 11.21 所示，其中每一個空穴即爲一個半導體元件。

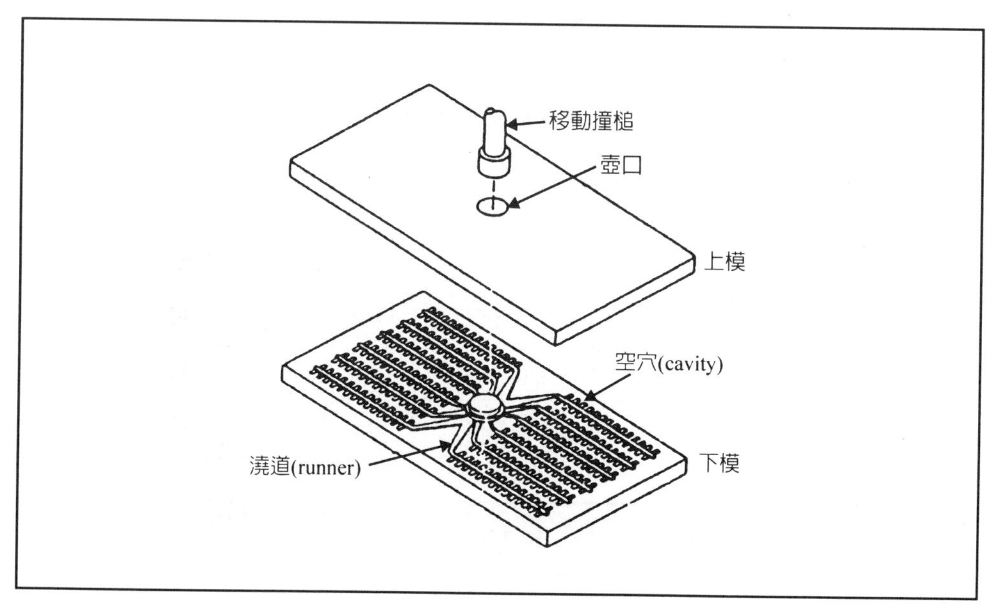

圖 11.21　模子的概略圖

主要銲接技術有電阻銲接、軟銲接、合金銲、玻璃銲、塑膠封裝等，其特性比較，如表 11.7 所列。包裝的重要參數之一爲熱阻(thermal resistance)，如表 11.8 所列。各種材料的概略圖，如圖 11.22 所示。各種材料的熱膨脹率，如圖 11.23 所示。

表 11.7　幾種包裝—密封技術

密封製程	包裝形式	修補能力	密封度(托)	包裝內部極大溫度上升(℃)	機器投資	可能的困難
電阻銲接 (resistance weld)	TO-5，TO-8	無	10^{-8}	100	中等	不易密封大型包裝
軟銲錫 (soft solder)	小平面包裝 陶瓷包裝嵌金屬	有	10^{-8}	175	低	和銲錫相容的熱設計
合金銲 (braze)	小平面包裝 陶瓷包裝嵌金屬	無	10^{-8}	150～300	中等	金－錫脆、金－鍺較具展性
玻璃密封 (glass frit)	平面包裝 陶瓷包裝	無	10^{-8}	400～600	中等	脆 非金屬
塑膠(環氧樹脂) (plastic epoxy)	QFP，BGA等	無	無法測量	100～150	中等	模子設計，不密封

表 11.8　幾種半導體包裝形式的熱阻

包 裝 型 式	熱阻（℃／W）			最容易散熱的路徑
	接面到蓋子	蓋子到周圍	接面到周圍	
TO-5	35-110	115-200	150-250	上蓋儘可能靠近
TO-18	80-150	270-350	350-500	上蓋儘可能靠近
TO-46	80-150	220-330	300-450	上蓋儘可能靠近
TO-92	100-20	150-300	250-400	集極腳
迷你塑膠	—	—	450-500	集極腳
TO-116塑膠雙排直立	100-150	50-150	200-300	接地的腳
TO-86陶瓷平面	35-100	150-250	250-350	陶瓷至面（上下）

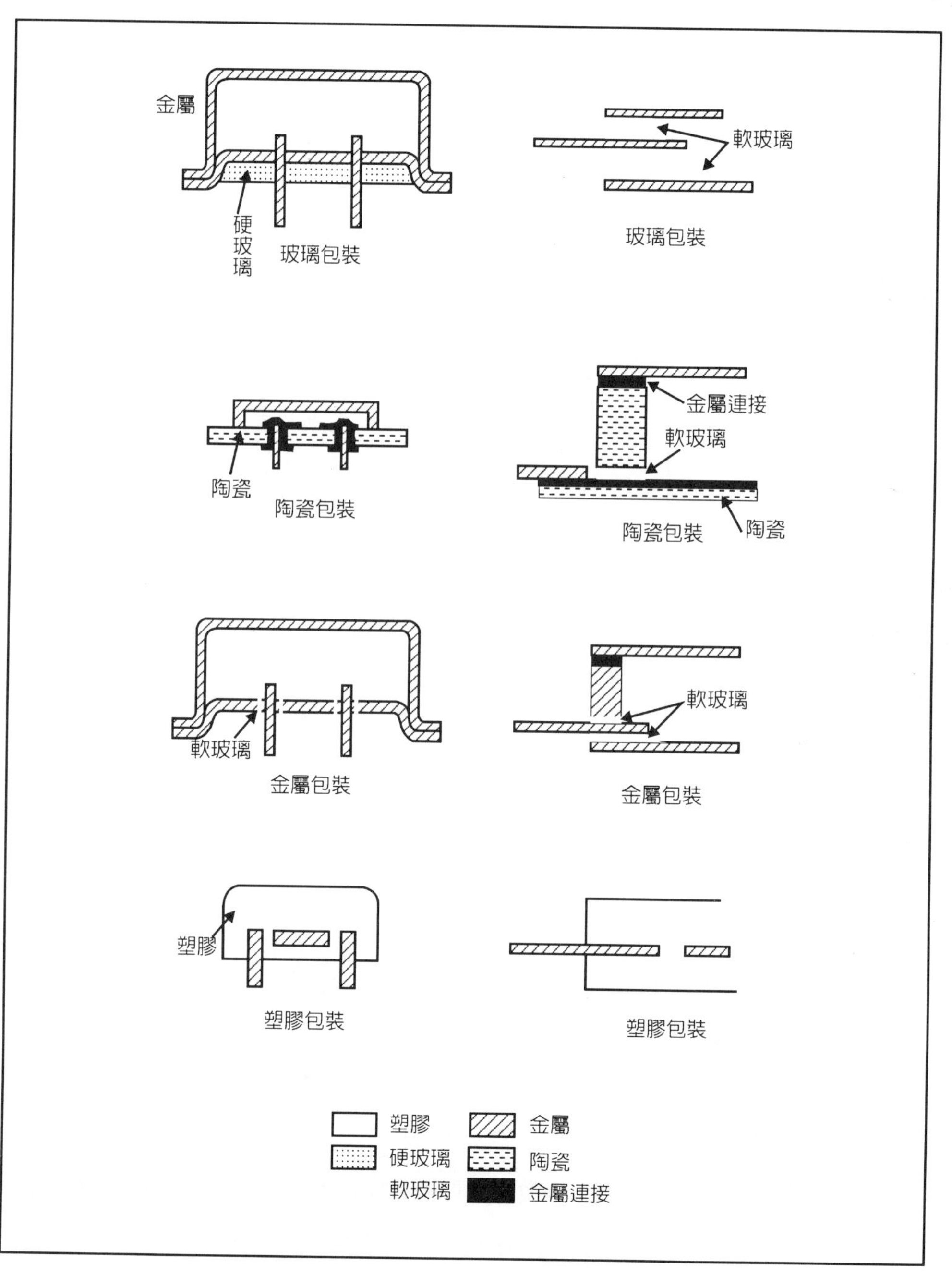

圖 11.22　各種包裝材料

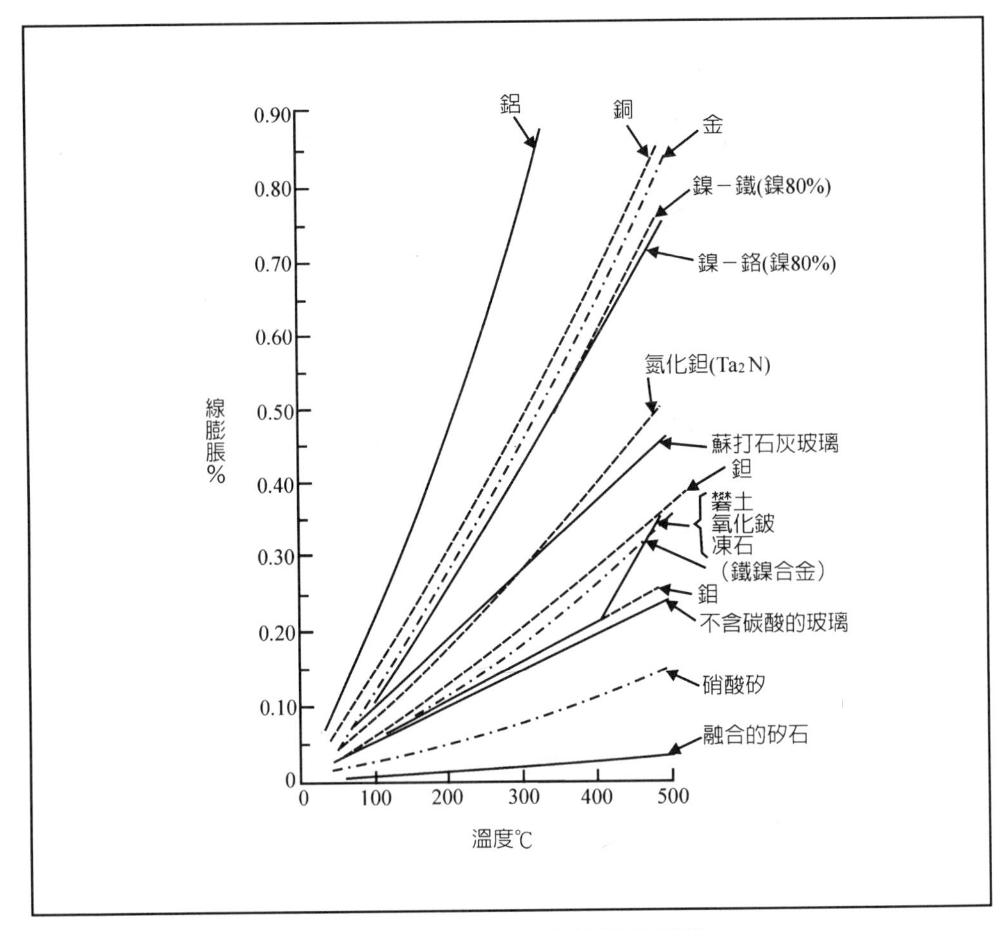

圖 11.23　各種材料的線性熱膨脹

塑膠包裝的主要材料環氧樹脂(epoxy)的主要成份，如表 11.9 所列。

環氧樹脂(epoxy resin)是一分子中含兩個以上的環氧基的預聚合物，以及使用硬化劑使其硬化的樹脂之總稱。具有黏著劑特有的優良特性，也用於乙烯聚合物的穩定劑、混凝土的改質劑。

環氧樹脂的品質或特質參數，主要爲顏色、含環氧化物重量、軟化點、熔解黏滯度、水份含量、揮發物含量、可水解的氯含量，總含氯量、含溴量。以及從其內部萃取水份，分析的電導係數、酸鹼指數(pH 值)、鈉離子、氯離子含量等等。環氧樹脂的檢驗項目，如表 11.10 所列。最重要的螺旋流程檢驗，可測出其流動性，並預測封膠狀況。

表 11.9　環氧封裝樹脂的主要原料（沛洋實業, Samsung Cheil Ind., Starcom）

項目	主　要　原　料	功　　　能	百分比(%)
1	環氧膠(epoxy resin)	結合封裝體	5~20
2	溴-防火劑(Br-epoxy)	有機防火材	2<
3	固化劑(hardener)	凝固用	5~10
4	催化劑(accelerator)	催化環氧膠與固化劑的化學作用	1<
5	填充物(filler)	提升封裝體結構強度、熱傳導及熱擴散	60~93
6	偶合劑(coupling agent)	強化有機物與無機物介面的附著力	1<
7	改質劑(modifier)	降低封裝體內熱應力	5<
8	脫模劑(release wax)	協助封裝體脫離模具之用	1<
9	防火劑(flame retardant)	無機防火材	0.5~3
10	著色劑(colorant)	染色	1<

固化劑中含酐（無水物）、聚羧酸、胺、聚酚等成份。催化劑中含胺化合物、有機膦、有機硼酸鹽和劉易士基鹽(Lewis base salt)。填充料含熔矽土、結晶矽土、綜合矽土等。偶合劑含環氧樹脂、甲基、胺基、乙烯基等。改質劑含聚矽氧，丙烯　等。脫膜劑的成份以蠟為主。防火劑含三氧化銻。著色劑含碳黑。劉易士基(Lewis base)為電子對的施體(donor)。劉易士基鹽(Lewis base salt)的一個例子為氯化銨(NH_4Cl)。

印字(mark)製程大多已從油墨(ink)印字改為雷射刻字(laser mark)。也就是利用雷射(laser)將產品品名、批號、出廠日期、製造公司等資料印在包裝外表面，常用於印字（或刻字）的有二氧化碳(CO_2)雷射。摻釹的釔鋁石榴石雷射(Nd：YAG laser)。事實上，雷射是刻字，也就是將封裝表面刻去一些材料，以顯示出品名等資料。雷射刻字和油墨印字的比較，如表 11.10 所列。

表 11.10　環氧封裝樹脂檢驗項目

項次	測 試 項 目	機(儀)器	單　位	備　　註 (測試條件或方法)
1	螺旋狀流程	測試鑄模	吋	以EMMI-66 (175℃, 70Kg /cm^2測試)
2	流出／流膜	測試鑄模	毫米	
3	凝膠時間	測試板	秒	175℃
4	熱硬度	硬度錶		
5	凝膠成份	篩子	毫克/100克	
6	融化黏滯度	流程錶	泊(poise)	
7	空隙	x-光	毫米，%	
8	黏著	脫模力錶	公斤力/平方公分	
9	包裝污染	微視覺系統	—	
10	線彎曲(被沖動)	x-光	—	
11	由薄片脫落	微視覺系統	%	
12	鋁腐蝕	溫度循環測試等	%	
13	包裝破裂	微視覺系統	—	

EMMI：epoxy molding material inspection：環氧樹脂壓模材料檢驗
參考資料：沛洋實業

二氧化碳雷射是在玻璃或石英管的兩端加裝一特製窗片，填入 CO_2 氣體，藉放電產生活性介質的一種雷射。是一般常用的氣體雷射之一。除了 CO_2 雷射以外，工業上也常用氬(Ar)、氪(Kr)、氙(Xe)的情性氣體離子雷射，或汞－鎘(Hg-Cd)蒸氣的氣相離子雷射，氦－氖溫和氣體的雷射(He-Ne laser)、氮氣(N_2)的雷射等。

表 11.11　雷射印字與油墨印字的優缺點比較表

	油　墨　印　字	雷　射　刻　字
優點	1.印刷結果清晰，對比良好 2.印刷錯誤時，可以輕易的重新印字	1.速度快，通常產率爲25-28SPM或5000-9000UPH以上 2.成本較低 3.低污染，通常有集塵裝置 4.刻字深度已得到良好控制，適合1毫米厚度以下的包裝 5.刻字內容可經由軟體編輯增加效率，降低成本 6.不容易被重新刻字
缺點	1.一班機型速度較慢 2.較高污染 3.油墨，印字頭等耗材的使用造成較高成本 4.較高級產品易被重新印字（仿冒） 5.印後需要烘烤 6.印字時直接和元件接觸，較容易造成元件接腳缺陷	1.輸出結果偏黃，與背景對比較差 2.刻字錯誤時，不容易重新刻字

SPM：shot per minute 每分鐘射幾次，UPH：unit per hour 每小時作幾個

CO_2 雷射的波長爲 10.6 微米，解析度可達 0.5 微米，印字速度每秒 150 個字。

Nd：YAG 雷射是在釔鋁石榴石(yttrium aluminum garnet，分子式 $Y_3Al_5O_{12}$)中摻入釹離子(Nd^{3+})。激發出波長爲 1.064 微米的紅外光雷射。如將其調變爲 0.53 微米的綠色光，可使用於雷射通信。晶體主要是藉晶體拉昇法製造，因 YAG 折射率大，故也可供製造人造寶石。

11.7 參考書目

1. 呂文鎔，半導體黏晶關鍵技術，精密機械工業，87 年，春季號，1998。
2. 呂文鎔，黏晶裝置中黏晶速度與黏晶精度關係分析，科儀新知，第十九卷，第五期，1998。
3. 林光隆，電子構裝覆晶接合技術，科儀新知，第二十卷，第二期，1998。
4. 胡應強、許文輔，未來半導體封裝成型製程一 3P 封裝成型技術，科儀新知，第十九卷，第五期，1998。
5. 張人傑，覆晶接合方法介紹，電子與材料，第一期，1999。
6. 樓康寧、許淩堂，電子構裝設備—高速自動銲線機，科儀新知，第十九卷，第五期，1998。
7. 劉台徽譯，積體電路打線封裝材料，電子月刊，第四卷，第五期，1998。
8. R. R. Bowan et al., Practical Integrated Circuit Fabrication, ch.14, Integrated Circuit Engineering Corporation, 學風。
9. C. Y. Chang and S. M. Sze, ULSI Technology, ch.10, McGraw Hill, 新月。
10. S. M. Sze, VLSI Technology, 1st Ed. ch. 13, 2nd Ed. ch. 13 McGraw Hill, 中央。
11. S. Wolf and R. N. Tauber, Silicon Processing for the VLSI Era, vol. 1, 2nd ed., ch. 17, Lattice Press.

10.8 習　題

1. 試簡述幾種流行的 I.C.包裝形式的特點，(a)BGA，(b)CSP，(c)QFP，(d)LOC，(e)覆晶，(f)PGA，(g)TSOP，(h)TO。

2. 試述電漿清洗之作用。
3. 試比較幾種密封製程，(a)seal，(b)mold，(c)weld，(d)braze。
4. 試比電鍍錫中的吊鍍和滾鍍。
5. 試簡述環境測試的項目和重要性。
6. 試比較油墨印字和雷射刻字。
7. 試簡述以下各材料之特質，(a)epoxy，(b)alumina，(c)Kovar，(d)solder，(e)polyimide，(f)gold preform。
8. 試比較各種雷射，(a)He-Ne，(b)CO_2，(c)Nd-YAG，(d)Kr。
9. 試述(a)粘晶粒推力測試，(b)銲線拉力測試，(c)壓模 EMMI 測試，(d)預燒測試。
10. 試述環氧樹脂的主要成分及檢驗項目。

第十二章　厚膜和混成電路用材料

12.1　緒　論

厚膜(thick film)電路就是利用陶瓷基板，把電阻、電容、導線用網簾(screen)印刷(print)，高溫燒烤而製成的電路。膜的厚度大約爲 0.5 至 1 密爾(mil)或以上。有時候，也要使用幾個離散的(discrete)元件，如晶片電容(chip capacitor)、晶片電阻(chip resistor)或積層電感(integrated layer inductor)。至於主動元件(active device)，如電晶體、二極體當然一定要從外面加上去。厚膜電路有時也和單石(monolithic)積體電路合在一起使用。當主動元件加在厚膜電路，那就形成了混成電路(hybrid circuit)。

大致上說來，厚膜電路和完全由離散元件組成的電路比起來，它是體積小、重量輕、寄生電容少、散熱容易、可靠度高。厚膜電路中的網簾印製的電阻或電容可以修整(trim)，以補償其他零件的參數的變化，而可以得到最佳的電路功能。厚膜和混成電路還有設計容易、製造期較短、選擇零件方便等優點。對投資設廠的人來說，製程設備便宜，庫存量控制減少，都是它的長處。

圖 12.1 是一個由電路概略圖轉換爲厚膜電路的佈局的例子。其中 R 爲電阻，D 爲二極體(diode)，Q 爲電晶體(transistor)。12.1(b)圖的外圍爲銲墊，用以連接到外電路。

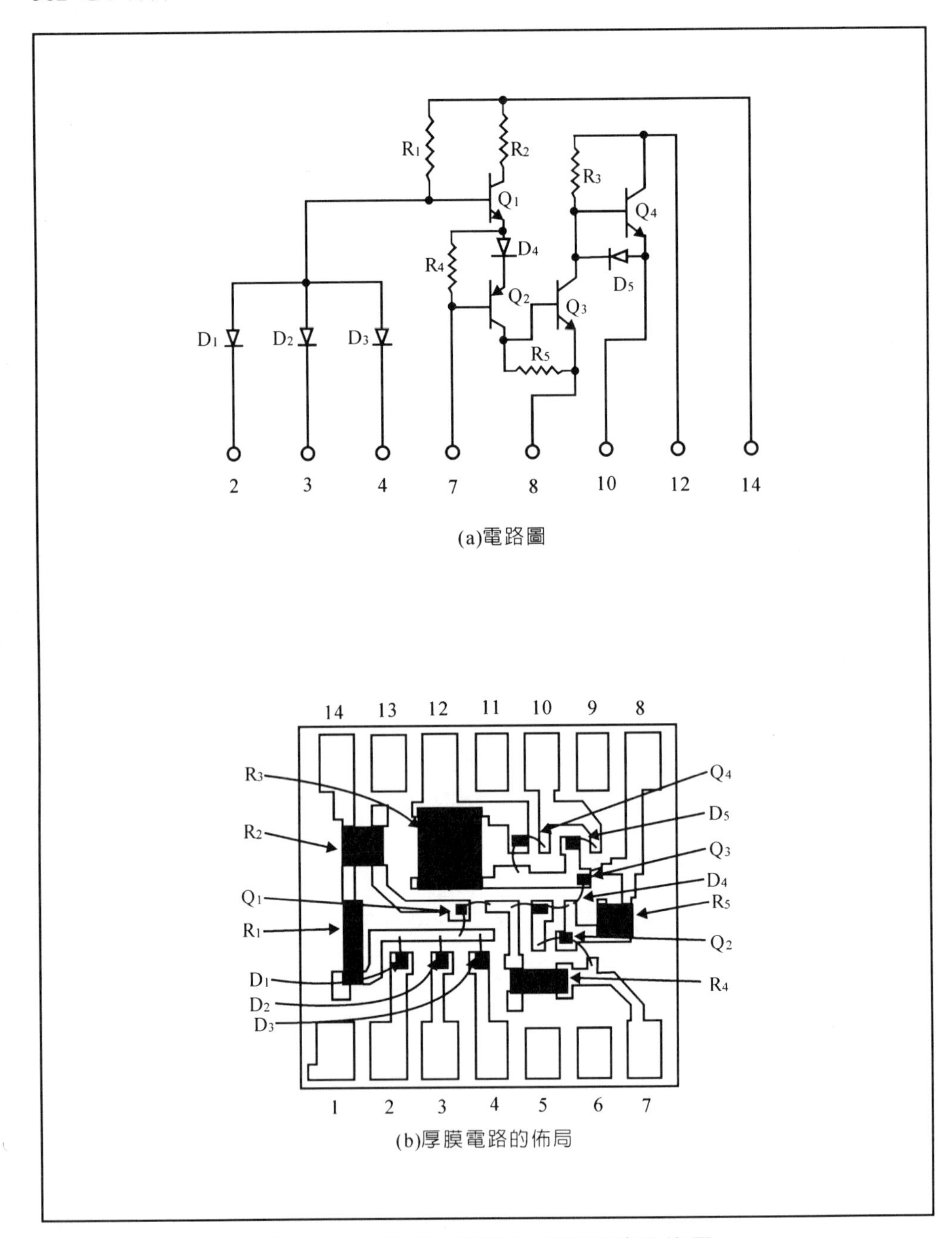

圖 12.1　由電路圖轉換為厚膜電路的佈局

厚膜和混成電路的製程流程，如圖 12.2 所示：

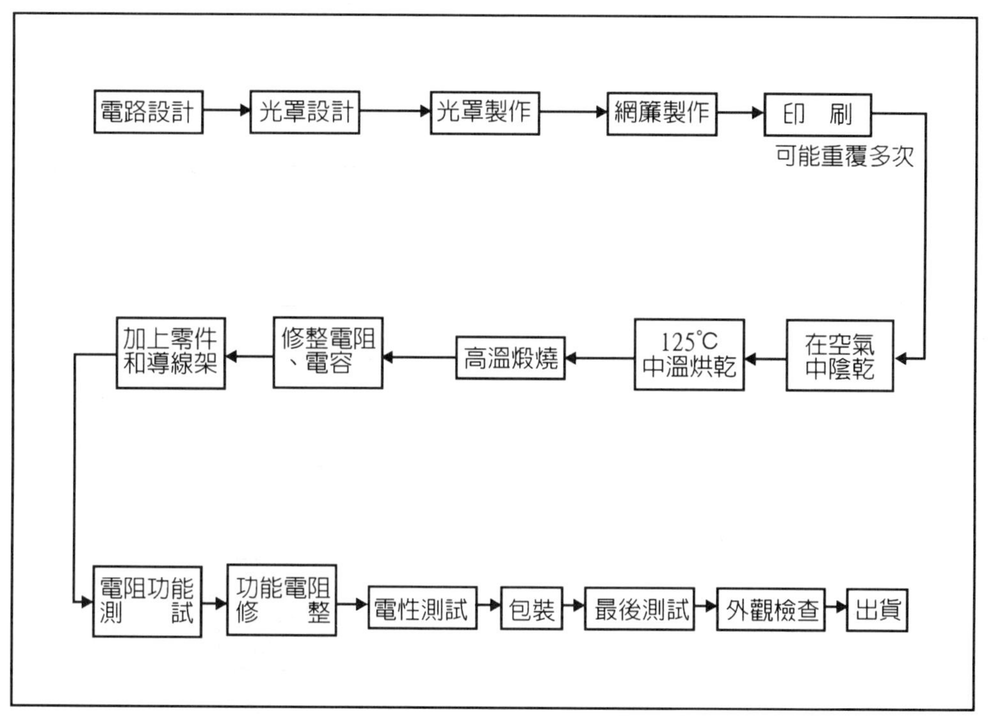

圖 12.2　厚膜和混成電路的製作的流程圖

12.2　厚膜電路的零件

厚膜電路中最主要的成份是電阻、電容和電感，我們先簡單地介紹它們的構造圖和特性。四種電阻的結構，如圖 12.3 所示。

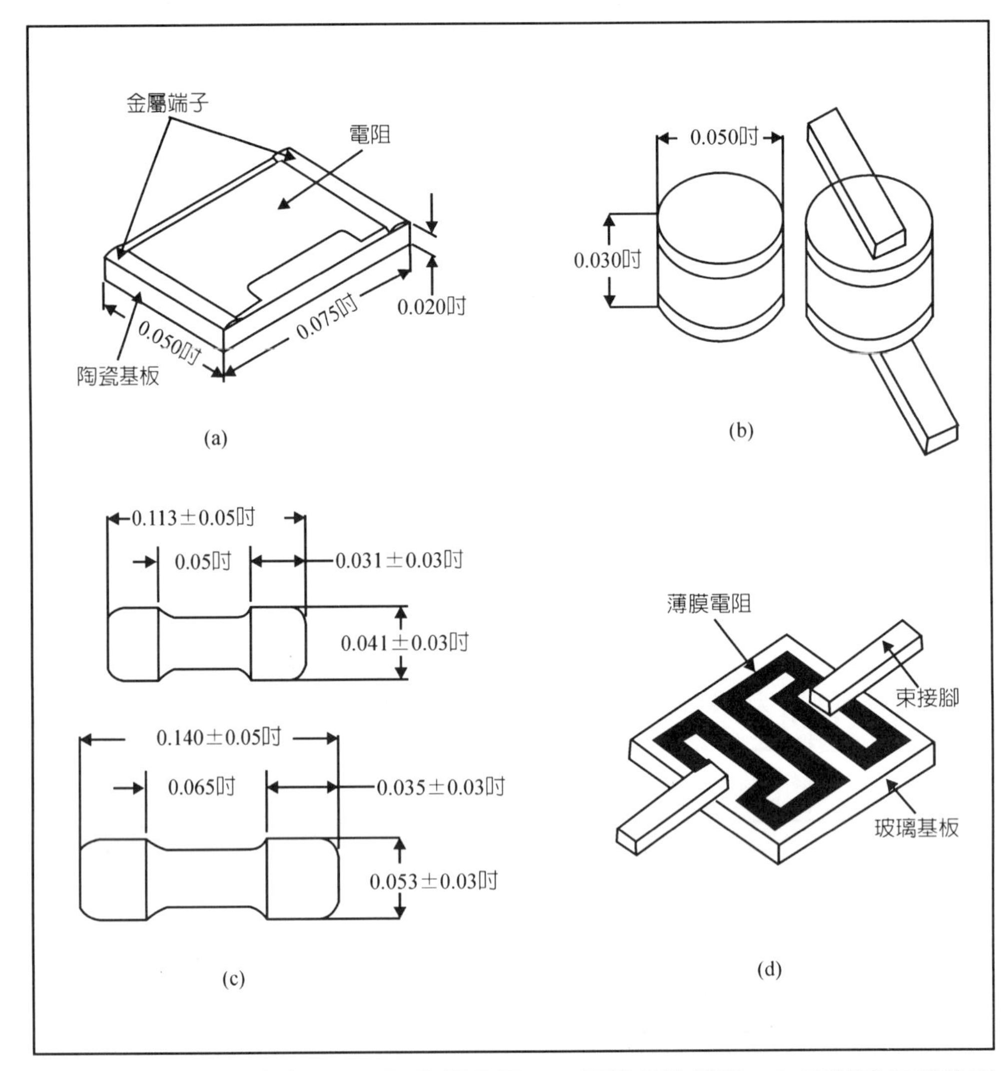

圖 12.3　幾種厚膜電路用的電阻的構造圖，(a)厚膜晶片電阻，(b)二種迷你顆粒電阻，(c)迷你金屬膜電阻，(d)薄膜束接腳電阻片

厚膜電路中，電阻的能力範圍，如表 12.1 所列。

厚膜電路中的電容有矽（以金氧半結構形成）、晶粒電容、瓷質(porcelain)、網簾印製的(screened)、玻璃、陶瓷介電（分二級）和乾鉭(tantalum)質電容等。各種電容值的範圍如圖 12.4 所示，其應用範圍如表

12.2 所列。一矽晶片電容，如圖 12.5 所示。一網簾印製的電容，如圖 12.6 所示。

表 12.1　厚膜電阻的能力

項　　目	能　力　範　圍
電阻範圍	50Ω到10MΩ
片電阻係數範圍	10Ω到1MΩ／口
電阻公差	小到±0.5%
溫度係數	±100 ppm/℃
耐電壓	500V/in
功率密度	40到50W/in^2
長期安定度	△R<0.5%
溫度範圍	-55到＋175℃

表 12.2　厚膜電容的種類和應用

	電　容　類　別					
電路功能	矽	網簾印製	玻璃	磁器 (Ⅰ或Ⅱ類)	陶瓷	鉭(Ta)
旁　　路	○	○	○	○	○	○
阻擋直流			○		○	○
偶　　合	○	○	○	○	○	○
調　　節	○		○	○	○	○
計　　時			○	○	○	○
濾　　波	○	○	○	○	○	○
放 電 能					○	
溫度補償					○	

○表示適用

一鉭電容如圖 12.7 所示。

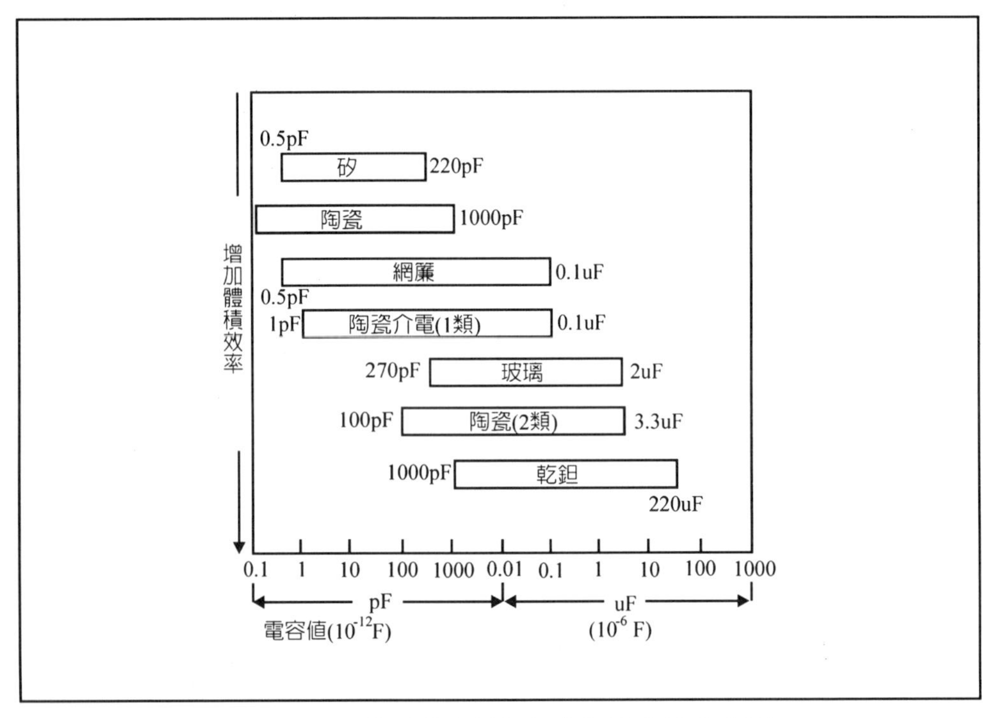

圖 12.4　厚膜電路中各種電容器電容值的範圍

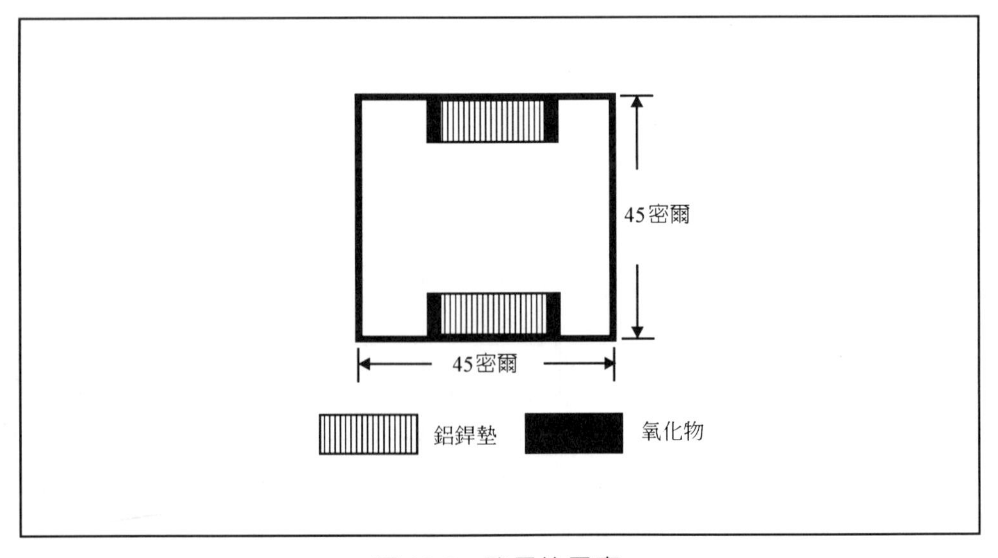

圖 12.5　矽晶片電容

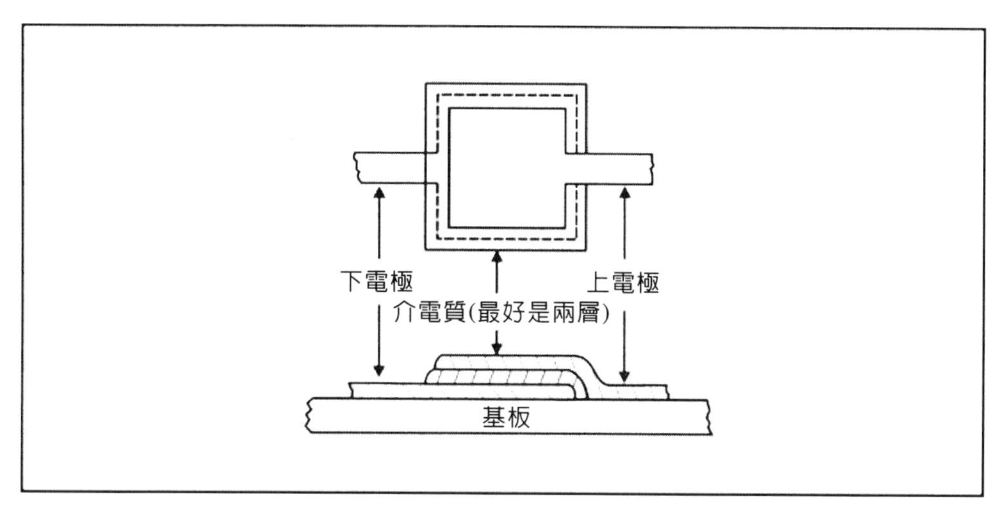

圖 12.6　網簾印製的電容之構造圖

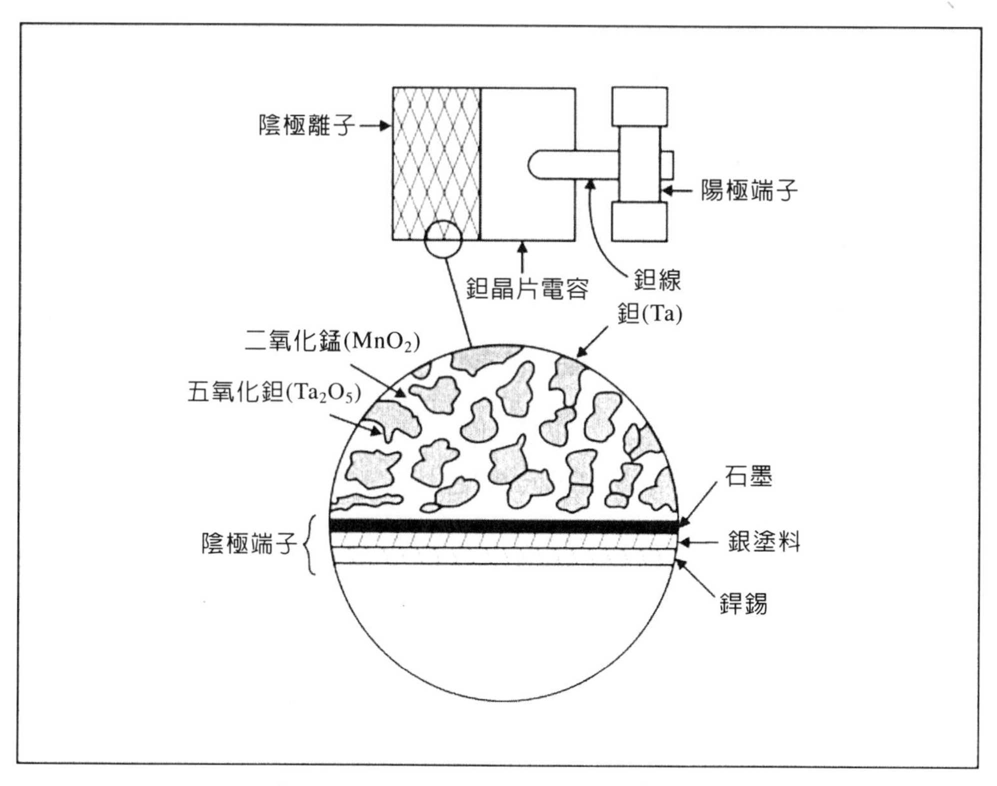

圖 12.7　固態鉭晶片電容的結構和構造

厚膜電感是以導電材料印製於陶瓷基板上。有方形螺旋和圓形螺旋二種，如圖 12.8 所示。螺旋中間部分做成中空，可以提升品質因數（quality factor，Q 值），即傳送功率和消耗功率的比值大。

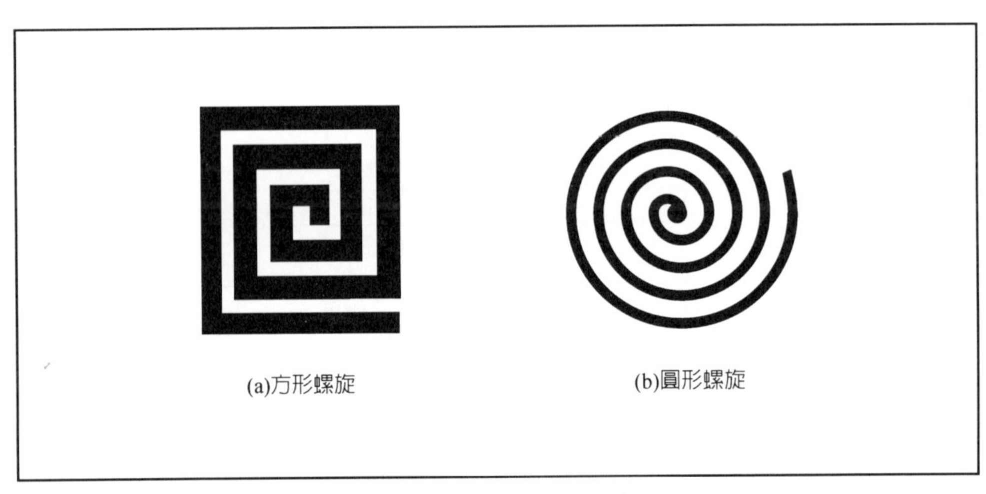

圖 12.8　厚膜螺旋電感

用於厚膜電路上的主動元件(active device)，則以各種小型包裝的電晶體為主，如 TO-5，TO-18，TO-46，TO-52（均屬金屬上蓋包裝），TO-92，TO-105，TO-106，TO-98（均屬塑膠包裝）等。

另外單石積體電路(monolithic I.C.)、晶粒承載器(chip carrier)、、無腳倒立包裝(leadless inverted package, LID)，甚或覆晶(flip chip)、裸晶(bare chip)，也可以直接放在厚膜電路內，而構成混成電路(hybrid circuit)。

12.3　網簾或光罩的製作

製作網簾(screen)或光罩(mask)的步驟是先劃好電路佈局圖，製作精細圖案(artwork)，再用照相機縮小圖案，而後就可製作網簾或或光罩框架。

將佈局圖繪在方格子上，再用麥拉(mylar)紙，或稱紅寶石紙(rubylith)，紅膠片。因為 mylar 品質安定，公差只有 ±0.002 吋。最先繪製的圖案是放大的，mylar 紙有二層，也就是根據圖案，利用小刀將其中一層不透光的凝膠除掉一部份，這種方法簡單、安定度高，對比好。mylar 的底層材料有聚酯(polyester)、壓克力(acrylic)等。影響其安定度的因素有濕度、溫度、製程中潤濕或烘烤，以及老化等。

網簾和光罩的區別是，前者是利用織網材料及塑膠或凝膠感光乳劑(emulsion)敷蓋而成，後者是完全是金屬材料製作而成。網簾框架是用以支撐網目，主要材料為木、塑膠或酚(phenolic)以及金屬等三大類。其中以鑄鋁最好，因為它輕、堅強、安定，可以反覆使用。網目材料有尼龍(nylon)、多元酯和不銹鋼等。決定品質的因數有張力強度、耐化學侵蝕、彈性、耐磨擦、安定和模版感光乳劑的附著性、吸濕性等。

金屬光罩的材料以銅(Cu)、鈹－銅(Be-Cu)、鎳(Ni)、不銹鋼 304、鉬(Mo)、鎢(W)和鐵－鈷－鎳合金(Fe-Co-Ni alloy)等材料。而用以蝕刻金屬光罩的蝕刻劑為：鉬是利用 H_2SO_4：HNO_3：H_2O，HNO_3：HCl：H_2O，或 NaOH 等蝕刻。其餘金屬如銅、銅合金、鎳、鎳－鐵合金、鎳－銀合金或磷青銅等，都是用氯化鐵($FeCl_3$)或鉻酸鹽和硫酸的混合溶液等蝕刻。

氯化鐵(iron chloride，$FeCl_3$)是暗紅色晶體，具潮解性，比重 2.898，熔點 300℃，沸點 317℃，液體呈紅色。在空氣中加熱變成氧化鐵(Fe_2O_3)。和乙醇、乙醚作用會生成加合物，其六水化合物為黃褐色的柱狀或板狀晶體，具顯著的潮解性。水溶液起水解作用而呈強酸性。如受濕氣及光的作用則分解放出氯化氫。能使蛋白質凝固。

鉻酸鹽(chromate)，通常是指可用通式 M_2CrO_4 表示的一鉻酸鹽，但廣義的則把多鉻酸鹽也包括在內。含鉻酸離子，多呈黃色。鹼金屬、鎂、鈣的鹽易溶於水，而鋇、銀、汞、鉛的鹽則難溶於水。加酸可生成重鉻酸鹽，爲強氧化劑。在酸性溶液中，與重鉻酸鹽的作用相同。

12.4 厚膜電路的基板材料

陶瓷(ceramic)材料最適宜做厚膜材料的基板。如同積體電路中的針格陣列(PGA)、密封包裝(hermetic package)，陶瓷材料有高的機械強度、高電阻係數，化學惰性、高熱導係數等特質。低介電常數以避免電容效用，適當的介電強度以承受電壓而不會崩潰，低消耗因數以避免電功率損失。這些都和陶瓷的微結構、成份及製程有關。其餘像材料的表面處理、平坦度，屈曲強度、耐壓強度、導磁係數、吸濕阻力、氧化阻力、低熱膨脹係數和密度等也都是相當重要的。

陶瓷材料的基本組成爲：

1. 電磁瓷(electrical porcelain)，由黏土(clay)、高嶺土(kanoline, $Al_2Si_2O_5(OH)_4$)、火石 SiO_2，長石(feldspar, $KAlSiO_8$)組成。黏土提供塑性，以便利製造，導電性可以利用添加鹼土金屬的離子(Ca^{+2}、Mg^{+2}、Ba^{+2})，並降低玻璃含量而達成。
2. 凍石(steatite)，由滑石(talc)、雲母(mica, $Mg_3Si_4O_{10}(OH)_2$)和黏土組成。
3. 礬土(alumina)，即氧化鋁 Al_2O_3，可藉由添加 Si^{+4}、Ti^{+4} 或 Mg^{+2}，Ca^{+2} 以取代 Al^{+3} 的位子，而改變其導電性。製造時，以高溫(1800～1900℃)燒結(sinter)，以減少其孔洞，提高光、電特性。氧化鋁磁瓷的彈性係數(elastic modulus)高，而且它的斷裂強度是所有耐火氧化物(refractory oxide)中最高的。

4. 氧化鈹(beryllia, BeO)，室溫時它的熱導係數約為銅(Cu)的一半，可耐驟熱驟冷(thermal shock)。BeO 在 1700℃以下，在空氣、真空、氫、一氧化碳、氬、和氮中都安定。介電常數比礬土還低。
5. 苦土(magnesia)即氧化鎂陶瓷，電絕緣比氧化鋁好，尤其是在高溫。有高熱膨脹係數，可作絕緣熱電偶(thermocouples)的引線或加熱心。
6. 氧化鋯(zirconia, ZrO_2)陶瓷，不易製造，因為在 1000℃時，它會由四方晶系轉變為單斜晶系。

以壓片鑄造法製造薄陶瓷基板的方法，如圖 12.9 所示。先製作出大片基板，再依客戶需求切為正方形或長方形小片。

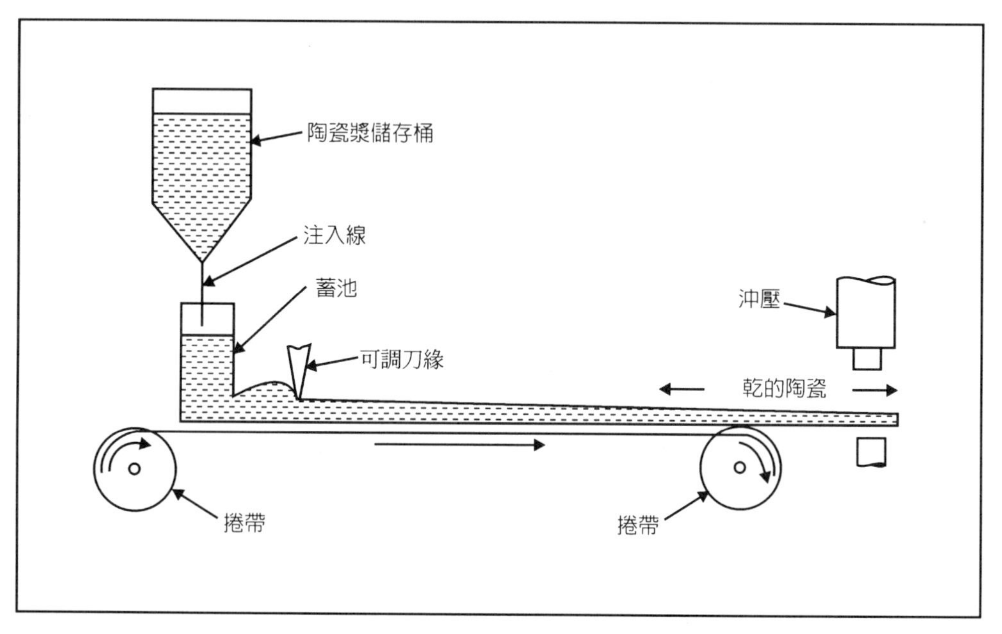

圖 12.9　以壓片鑄造法製陶瓷基板

各種基板的線膨脹(linear expansion)和熱導係數(thermal conductivity)分別如圖 12.10、圖 12.11 所示。一些相關材料，也列在一起以作比較，基板的物理特性，如表 12.3 所列。

表 12.3　陶瓷基板的特性

材　料	張力強度 (psi)	膨脹係數 (μ in/in℃)	傳熱係數 (Win/in^2℃)	介電線性		體電阻係數 (@150℃) (Ω-cm)
				相對介電常數	消耗因數	
礬土 (Al_2O_3)	25,000	6.4	0.89	9.2	0.03	＞100
氧化鈹 (BeO)	15,000	6.0	5.8	6.4	0.01	＞100
鈦酸鋇 ($BaTiO_3$)	4,000	9.1	0.007	6,500	1.8	0.2
二氧化鈦 (TiO_2)	7,500	8.3	0.017	80	0.03	0.5

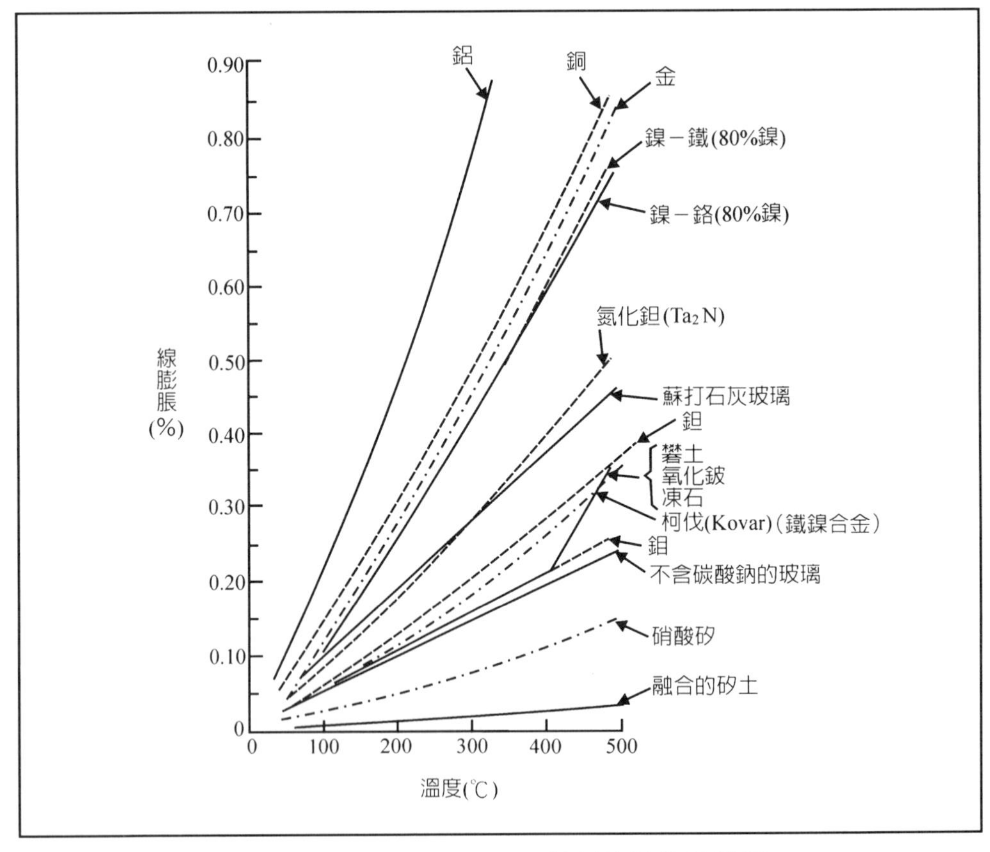

圖 12.10　各種基板和相關材料的線性熱膨脹

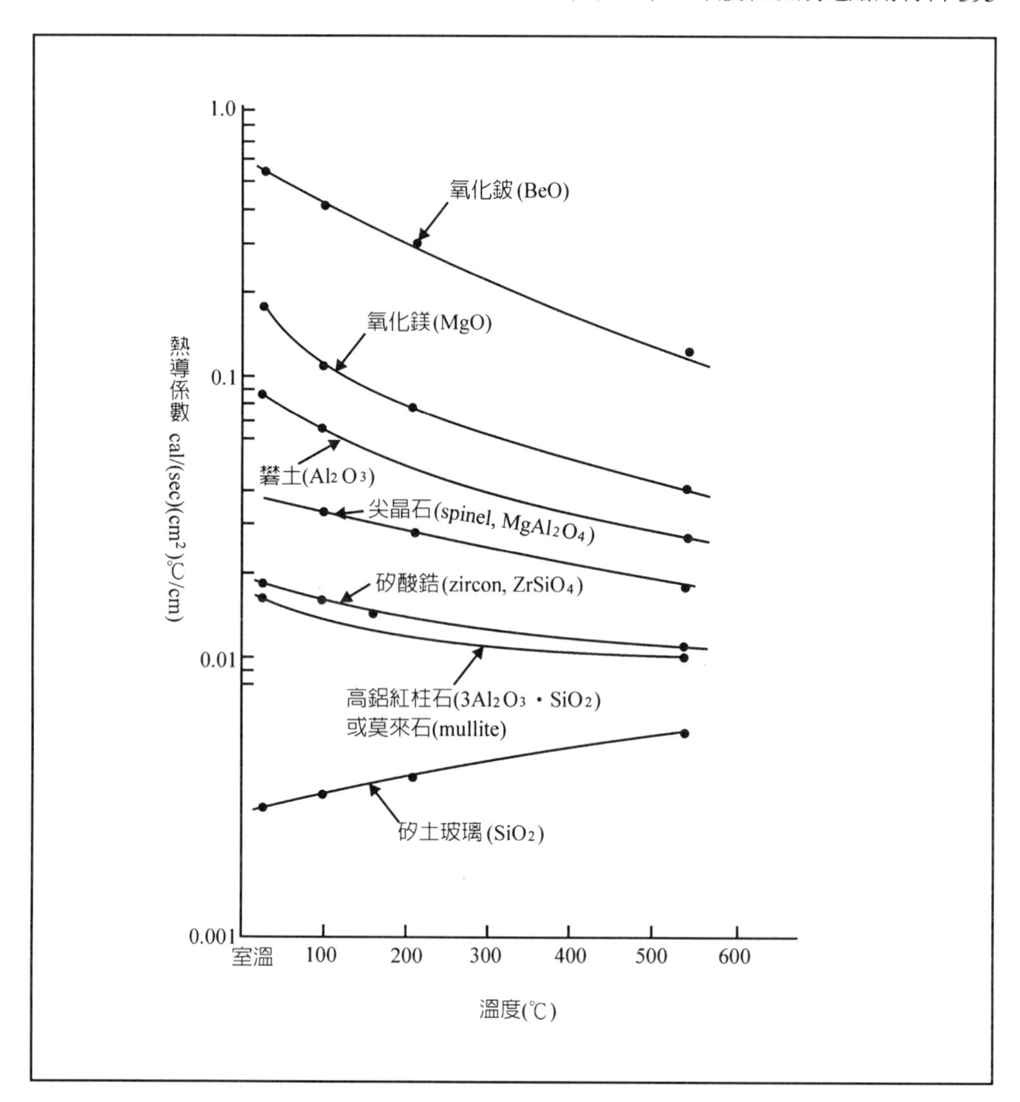

圖 12.11　各種高密度基板材料的熱導係數

陶瓷基板清洗時，要先看污物是否爲水溶性，是否會和酸、鹼起反應。一般而言用三氯乙烯(trichloroethylene)或弗利昂(freon)，以蒸氣脫脂(degrease)或以超音波(ultrasonic)振盪清洗均可。如果是水溶性污物，可以用去離子水(deionized water)或高純度的酒精(alcohol)清洗。測試陶瓷基板是否已清洗乾淨，可以用表面沾濕性測試，接觸角測試或摩擦係數測試。

12.5 導體、電阻、介電材料

1.導體材料

厚膜電路中使用導體材料，主要目的爲製作導體以傳遞信號，粘接導線和晶粒(die)或晶片(chip)元件，做爲電阻的終端、做爲電容的電極，銲線，低値電阻。一迷宮型低値電阻，如圖 12.12 所示。

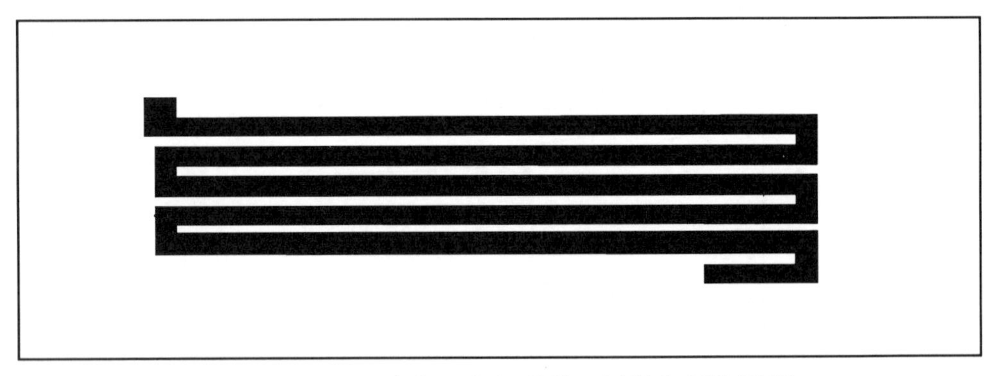

圖 12.12　一個迷宮圖案的導體可以做為低值電阻

厚膜電路中導體的組成爲三個主要的成份，(1)金屬或有機金屬化合物，大小和成份精密地控制。(2)玻璃或氧化物分佈於其中，以調整其導電係數。(3)有機媒體，以得到適當的流動特性。

測量導體特性的項目，有導體糊原料的黏滯係數(viscosity)和固體成份的含量，印製烘烤後導體膜的厚度、導電係數、和銲錫沾濕能力、抵抗銲錫萃取(leach)的能力，遷移阻抗(migration resistance)，和基板的附著力等。最常用做厚膜導體的材料爲鈀－銀(Pd-Ag)和鈀－金(Pd-Au)、金(Au)、金－鉑(Au-Pt)和銀等幾種。

多種金屬墨漿的可銲錫能力(solderability)，以錫鉛 10：90，溫度 625 °F，浸 20 秒，測試結果如表 12.4 所列。看有多少面積百分比可以均勻而且連續爲銲錫敷蓋。

表 12.4　金屬膜的可銲錫能力

材　　料	分　　級	主 要 問 題
銅(Cu)	普通－差	氧化
銀(Ag)	普通－好	浸蝕
金(Au)	普通－好	浸蝕
銀－鈀(Ag-Pd)	好	－
銀－金－鈀(Ag-Au-Pd)	好	－
銀－鉑(Ag-Pt)	好	－
金－鉑(Au-Pt)	好	－
金－鈀(Au-Pd)	好	－
金－鉑－鈀(Au-Pt-Pd)	好	－
鉑(Pt)	普通－好	不規律
鈀(Pd)	普通	氧化
鉬－錳(Mo-Mn)	差	需要電鍍
鉬(Mo)	差	需要電鍍
鎢(W)	差	需要電鍍
鈦－鋯(Ti-Zr)	差	需要電鍍

金屬墨漿張力附著測試(tensile adhesion test)，試其和 90～96％氧化鋁的附著力結果，如表 12.5 所列。

表 12.5　金屬膜附著測試

材　　料	分　　級	張力強度(kg/cm)
銅(Cu)	普通	170
銀(Ag)	普通	—
金(Au)	差	—
銀－鈀(Ag-Pd)	好	210
銀－金－鈀(Ag-Au-Pd)	普通	204
銀－鉑(Ag-Pt)	好	140-320
金－鉑(Au-Pt)	好	210
金－鈀(Au-Pd)	普通	140
金－鉑－鈀(Au-Pt-Pd)	好	320
鉑(Pt)	普通－好	140-350
鈀(Pd)	差－普通	—
鉬－錳(Mo-Mn)	極佳	700
鉬(Mo)	普通	—
鎢(W)	極佳	700
鈦－鋯(Ti-Zr)	極佳	700

2.電阻材料

用來作製作厚膜電阻的材料，一般可分類為：

(1)有機金屬或樹脂鹽酸(resinate)，金屬的氯化物置於有機溶劑內。有腐蝕性，而且不安定。

(2)微粒的金屬摻在玻璃內。

(3)窯業金屬(cermet)。

(4)碳粉在石碳酸(phenolic)內。

窯業金屬的電阻是利用一些金屬如金(Au)、銀(Ag)、、鉑(Pt)、鈀(Pd)、鎢(W)、銦(In)、鋨(Os)、銥(Ir)、釕(Ru)、銠(Ph)、鉈(Tl)等，以元素或化合物的形式，置於有機溶液，再沉積於玻璃粒子上而製成。其餘成份為樹脂如乙基纖維素(ethyl cellulose)、溶劑如香油腦或醋酸丁基(butyl acetate)，和少量的表面活性劑(surfactant)、沾濕劑，以得到良好的印製特性。一個典型的電阻糊(paste)的成份，如表 12.6 所列。

表 12.6　電阻糊的成份表

材　　料	功　　能	重量百分比
金屬或氧化物	導電	27
玻璃質(glass frit)	熔劑	40
樹脂(resin)	流動	6
溶劑(solvent)	稀釋	26
表面活性劑(surfactant)	分散開	1

以網簾印製的金屬材料厚膜電阻，寬度為 10 密爾的電阻值，如表 12.7 所列。

表 12.7　金屬厚膜電阻值

材　　料	分　級	電　阻　(Ω/cm)
銅(Cu)	好	11.8
銀(Ag)	好	7.9
金(Au)	好	23.6
鉑(Pt)	普通	78.7
銀－鈀(Ag-Pd) 80:20	普通	59
銀－鉑(Ag-Pt) 80:20	普通	78.7
金－鉑(Au-Pt) 80:20	差	256
金－鈀(Au-Pd) 80:20	差	394
銀－金－鈀(Ag-Au-Pd) (20:55:25)	差	181
金－鉑－鈀(Au-Pt-Pd) (60:20:20)	差	394

厚膜電阻的電性參數還有片電阻(sheet resistance)，單位是Ω/口；電阻的溫度係數(temperature coefficient of resistance, TCR)，單位 ppm/℃；短時間過載電壓，單位是伏特；極大額定功率消耗，單位是 mW/mm^2；和靜電放電造成之電阻改變，單位是％△R。

一個理想的厚膜電阻的正視圖，如圖 12.13 所示。而實際上煅燒(forge)後的電阻，一定有或多或少的變形，而形成高低起伏的構造，如圖 12.14 所示。

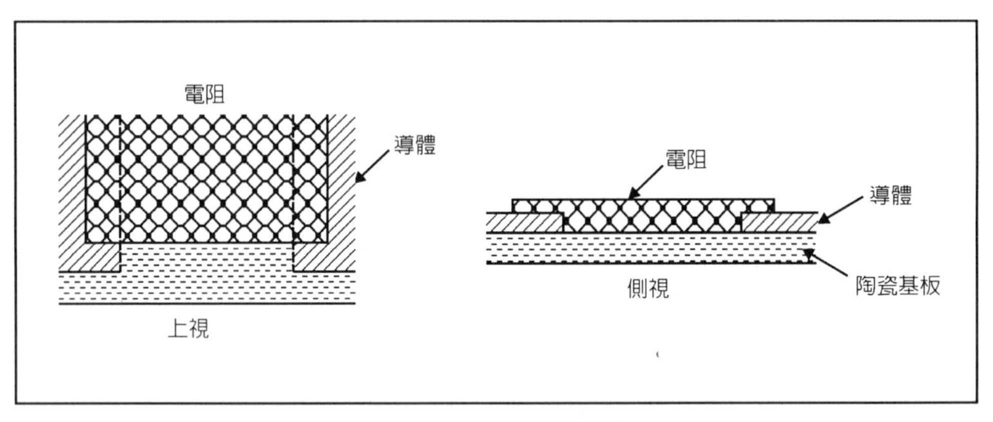

圖 12.13　一個理想的厚膜電阻

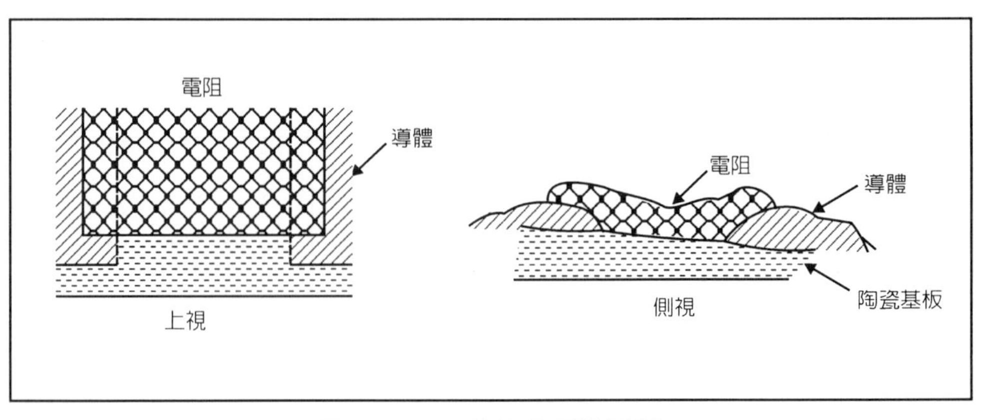

圖 12.14　燒後的厚膜電阻

電阻修整(trim)時，阻值的大小和切痕(kerf)的方向有很大的關係。如圖 12.15 所示，Y 切會比 L 切導致很快的阻值上升。

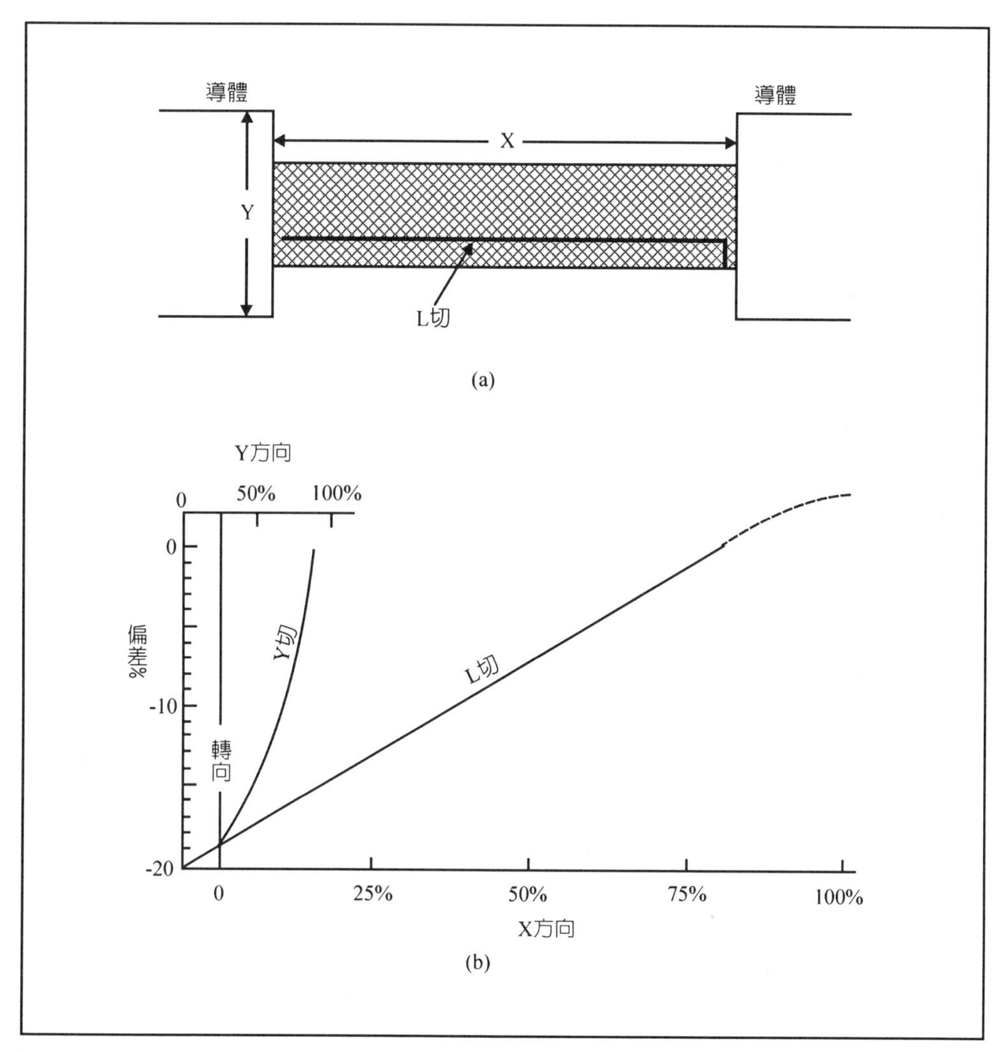

圖 12.15　以雷射修整機對厚膜電阻做(a)理想的 L 切，(b)L 切或 Y 切，電阻增加的情形

電阻印製時，是以一個滾輪(sequeege)向下壓而且移動，使電阻糊透過

網簾(screen)中的孔洞而流到基板(substrate)上。如圖 12.16 所示。印製後在一個高溫爐內的烘烤溫度側繪圖，如圖 12.17 所示。先升溫燒盡溶劑，恆溫燒烤，最後降溫退火(anneal)。

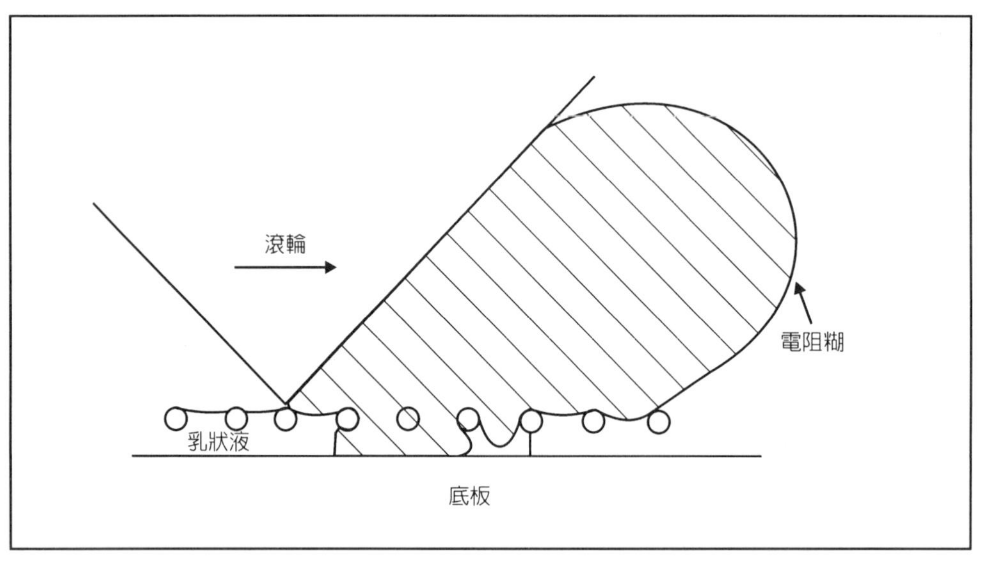

圖 12.16　在接觸式印製電阻時滾輪、基板、網簾的關係

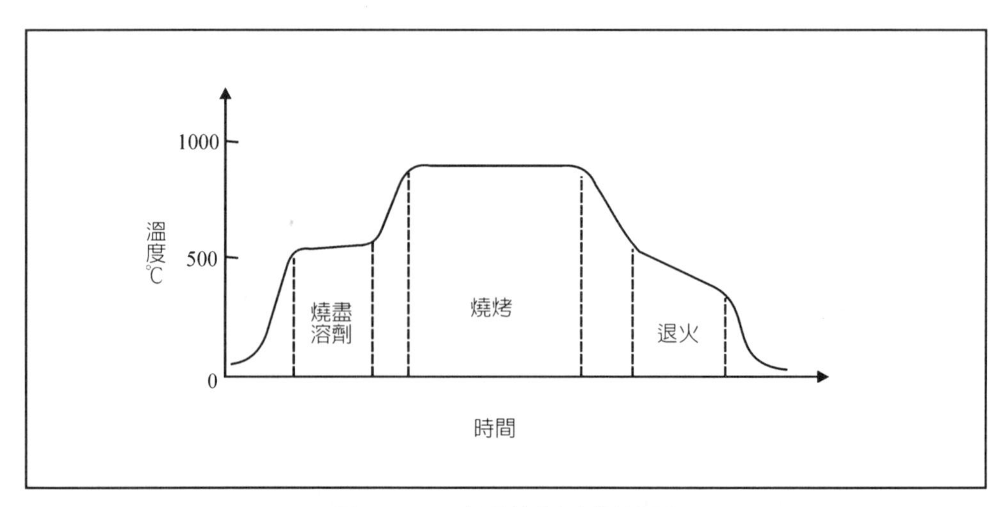

圖 12.17　高溫爐溫度側繪圖

電阻糊的儲存要注意勿使溶劑揮發，勿使金屬粒子聚結，使用前必要時得以磨坊(mill)使電阻糊的罐子滾動，以得到分佈均勻的材料。厚膜電阻的電阻係數和其溫度係數，除組成成份外，燒製(firing)溫度也會有很大的影響。

3.介電材料

厚膜電路中，最重要的介電材料是鈦酸鋇(barium titanate,$BaTiO_3$)，因爲它有很大的介電常數(dielectric constant)。鈦酸鋇是碳酸鋇($BaCO_3$)和二氧化鈦(TiO_2)，經過熱化學反應而製得。另一種原始材料爲鈦酸鉛鋯($ZrPbTiO_x$)。原材料的性質主要由純度顆粒小大、成份間的化學量比例(stoichiometry)而決定。

鈦酸鋇有鐵電(ferroelectric)性質，它也像鐵磁材料，會自發的偏極化(spontaneous polarization)、磁滯(hysteresis)，有區域(domain)的結構，在低於居里溫度(Curie temperature)Tc 時，區域會移動，而產生偏極化，因爲正、負離子的平均中心點在晶格內相對移動，因而有距離。一些鈦酸鋇的重要電器特性，如表 12.8 所列。

表 12.8　多晶鈦酸鋇的電器特性

性　　質	由玻璃結晶	陶　　瓷
平均粒子尺寸，微米	0.8	10
$BaTiO_3$含量，體積%	61	95
相對介電常數@1 KHz	1,200	1,700
直流崩潰電場	240	100
電阻係數(Ω-cm)	10^{12}	10^{11}

有時厚膜電路中有二層或以上的導體，此時就需要有交越(crossover)的低介電常數絕緣體了。一個例子爲 CaO 8%，PbO 17.2%，MgO 0.6%，

Na_2O 2.4%，K_2O 1.7%，Al_2O_3 9.1%，B_2O_3 4.5%，SiO_2 56.5%。另一個為硼矽酸鉛的介電常數只有 6-9。將 $BaTiO_3$ 加入 SiO_2 玻璃也可使介電常數大幅下降，用作交越電路。

作為交越介電質(crossover dielectric)材料的特性，如表 12.9 所示。

表 12.9　交越介電材料的特性

特　　性	單　位	厚　膜	厚／薄膜	測試條件
介電常數	—	9-12	6-9	1 KHz
消耗因數	%	0.05-0.25	0.5-1.0	1 KHz
電容的溫度係數	ppm/℃	<75	<100	—
絕緣電阻	ohm	$>10^{12}$	$>10^{10}$	100 VDC
崩潰電壓	volt	>400	>500	—
燒溫度	℃	850-900	850-900	—
熱膨脹係數	$℃^{-1}$	4.6×10^{-6}	6.3×10^{-6}	0-300℃

12.6　廠務設施、機器、儀器

1.製程機器及量測儀器

(1)基板準備用切割機(scriber)、裂片機(fracturer)，以鑽石點切割或斷裂基板。測徑卡尺(caliper)、測微計(micrometer)或低倍顯微鏡檢查基板。以超音波清洗機(ultrasonic cleaner)，配合三氯乙烯或弗利昂清洗基板。

(2)網簾使用框架固定，並適當調整張力。清洗機用於印製後或每天收工前，將網簾上的剩餘墨糊清洗乾淨。

(3)各種墨糊，包括電阻、導體、介電材料，都以有輪子的磨子滾動、攪拌，使其均勻分散闢，而且不改變顆粒大小或成份。以黏度計(viscometer)測量其黏滯係數(viscosity)。

(4)印刷機(printer)是最重要的製造機器，滾輪的硬度可以用滾輪計(sequeegeometer)測量。印製前，基板可以用振動碗或其他形式的自動送料機傳送基板。印刷時，重要的製程參數爲網簾和基板的距離和對準，滾輪或網簾的剛性等。

(5)烤箱(oven)或熱板(hot plate)、紅外光燈(infrared lamp)均爲低溫（低於350℃）的設備，只要把基板上部份揮發物除去。

(6)高溫爐(furnace)，以鍊帶傳送基板，和球柵陣列(BGA)回流(reflow)用高溫爐相似，以鎳鉻(nichrome)或鉻鋁鈷耐熱材料(kanthal)線爲加熱器，溫度範圍在 1000～1100℃左右。爐管可以用陶瓷、金屬或石英擋板(muffle)或用紅外光(infrared)爐，則可以大幅縮小長度、重量、佔地面積。

溫度控制是利用矽控整流器(silicon controlled rectifier, SCR)，鍊條材料爲英高鎳(inconel)、鎳鉻合金或不銹鋼。燒烤的目的是把有機接著劑和溶劑燒掉，金屬成份則或氧化或還原，而得到適當的電阻係數。測量溫度用的熱電偶材料用的有 8 種，如表 12.10 所列。K 或 J 型可調到 1025℃，多用於封裝爐。R 或 S 型可調到 1400℃，可用於前段製程的高溫爐。C 或 D 型的溫度範圍更高。

(7)雷射修整機(laser trimmer)或氣擦式(air abrasive)修整機，可修整電阻值。方法是切掉基板上一部份的電阻材料。電阻修整的結果是阻值越來越大。如修整電容，則電容值只會變小。雷射修整機利用釔鋁石榴石雷射(YAG laser)摻釹離子(Nd^{+3})，或二氧化碳雷射(CO_2 laser)。氣擦式修整機則使用硬度適當的材料，並以適當的壓力來修整，但要有集塵機(dust collector)以保持廠房的乾淨，機器便宜，但精確度差。

修整機(trimmer)並且配備有量測議器如數位電錶、電容錶，以提供快速的自動修整。一般厚膜工廠的雷射修整機，已可做到一邊測電阻值，一邊修整，快速而精確。

表 12.10　各種熱電偶的材質

項　次	型　式	材　　料
1	K	alumel-chromel　鋁鎳合金，鉻鎳合金
2	J	iron-constantan　鐵－銅鎳合金（康銅）
3	R	Pt-Pt + 13%Rh　鉑－鉑銠合金
4	S	Pt-Pt + 10%Rh　鉑－鉑銠合金
5	B	Pt + 30%Rh-Pt + 6%Ph　鉑銠合金
6	C	W+5%Ru-W+26%Mo　鎢釕－鎢鉬合金
7	D	W+30%Ru-W+25%Mo　鎢釕－鎢鉬合金
8	L	platinel II　鉑鎳合金，英吉哈工業(Englehard Industries)註冊商標

(8)測厚儀(thickness measurement meter)可以用一唱針(stylus)輕輕劃過基板上已烤乾的材料，以測量厚度和變化(profile)。它的缺點是當發現厚度不對，已經來不及了，只能做下次的參考。也有用光學儀器可以測量尚未烘烤的基板的厚度。

(9)電性測試。

(10)有時也要粘晶粒機(die attach machine)、銲線機(wire bonder)，型式如同 I.C.封裝製程。

2.廠務設施

在材料準備區和網簾印刷區要有環境控制，包括溫度、濕度和塵埃的控制，以傳遞箱(pass box)傳送前後段半成品。溫度對各種墨糊的黏滯度有影，濕度會影響溶劑的揮發。大致上來說，溫度應該在 70～80°F的範圍，相對濕度在 30～50%，溫度變化要在±2°F，濕度變化要在±5%。

高溫爐和（或）烤箱需要有 220V，3 相電源。也要有通風設備以排出有機物的副產品，光學量測儀器要有防震設施。氣擦式修整機需要無油、無水的壓縮空氣。

12.7　接著零件、封裝

離散元件(discrete device)如晶片電阻、晶片電容、二極體、電晶體等，可以像半導體封裝製程一樣以粘晶粒(die attach)機、銲線機(wire bonder)等將其粘接到厚膜基板上。只是自動化(automation)比較困難。離散元件和積體電路的封裝也如同第十一章，有環氧樹脂(epoxy)壓模、密封的(hermetic)包裝等方式。

塑膠壓模封裝材料有環氧樹脂、酚(phenolic)、苯二甲酸二丙烯樹脂(dially phthalate)、尿酸(urethane)、矽樹脂(silicone)、聚酯(polyester)等。如要用於軍事用途，則必須用密封包裝，而且經過測漏(leak test)，較精細的測漏是利用氦氣(He)，快速測漏則要利用於射性元素氪(Kr)。

將完成封裝後的零件，或厚膜電路，或混成電路安裝到印刷電路板(printed circuit board, PCB)上，有穿孔式(through hole)或表面接著式(surface mounting)。前者適用有長的接腳或引線之零件或模組，後者的使用則日漸增廣。此時就要浸助銲劑(flux)，並浸銲錫(solder dip)以完成製程。

助銲劑(flux)就是具有以低於某物質之熔點的溫度，促進該物質熔化之物質。焊接時用於促進焊料在被加熱的接合部順暢，流通，或防止氧化，可使用焊糊或氯化鋅($ZnCl_2$)。其中銲錫常用的助銲劑爲松香或稱松脂(rosin)，它是半透明琥珀(amber)色固體，質脆而硬，可燃，比重爲 1.08，熔點 100～150℃。酸數(acid number)大於 150，閃點（著火點）爲 187℃。易溶於乙醇、苯、乙醚、冰醋酸、油及二硫化碳，不溶於水。除用作熔接劑之外，還可作爲肥皂、油漆、潤滑油劑，乳香劑、酯樹膠、感壓黏著劑、油墨等。

酸數(acid number)又稱中和數(neutralization number)，顯示油的酸、鹼度。酸數是中和一克油需要毫克重量的鹽酸(HCl)或氫氧化鉀(KOH)。

上錫或銲錫可以用浸銲錫式(solder dip)，即用波銲錫機(wave soldering machine)，或電鍍銲錫(solder plating)，或銲錫回流(solder reflow)等方式。使用的銲錫最理想爲共晶(eutectic)成份，即錫 63%、鉛 37%，其熔點 183℃是所有錫鉛合金中最低的。有時需要雙面銲接，那麼第一面就要改用高熔點銲錫，如錫 5%、鉛 95%，熔點就提高至 315℃。也有銲錫含銀（和／或添加銅、鋅、鎘），含銦（和／或添加錫、鉛、鎘、銀、銅），含鉍—鎘合金（和／或添加錫、鉛、銻）。而含鉍(Bi)8%的錫膏之熔融溫度到達 135～178℃。無鉛銲錫的目的是使操作員免於鉛中毒，將成爲未來銲錫的主流。

銲錫很容易氧化，生成的 SnO_2 或 PbO_2，就沒有接著的功能。所以波銲錫機要用氮氣將整個融熔的銲錫包圍，並不斷以風使其滾動。整個銲錫爐表面，此時像鏡子一樣亮。

銲錫回流的方式如同球柵陣列(BGA)的植錫球，可以用高溫爐。也可以用紅外光使銲錫回流。銲接製程也要避免發生曼哈頓效應（Manhatton effect，墓塖效應），不要使零件直立起來。

表 12.11　各種銲錫的組成份

銲　錫　成　份	固 相 線	液 相 線	助銲劑量%
錫－鉛(Sn-Pb) 63-37	183℃		9.5
錫－鉍－鉛(Sn-Bi-Pb) 46-08-46	135	174	8.5
錫－銀－鉛(Sn-Ag-Pb) 63-02-35	178	183	8.5

銲接以後的電路板，需要清洗，因爲助銲劑的殘渣很難看，而且會腐蝕電路板和電子元件。早期使用 freon 等清潔溶劑，因它會破壞臭氧(ozone)層，使紫外光指數超過人所能承受的範圍，後來改用的氟碳(fluorocarbon)，但又會造成地球溫度上升的溫室效應(green house efffect)，嚴重時可能發生聖嬰現象、聖女嬰現象等，不是造成乾旱就是造成洪火。因此逐漸有人改良助銲劑，而有水洗、半水洗，甚至最理想是免洗製程，水洗和免洗錫膏的比較，如表 12.12 所列。這種溫和松香活化劑(rosin mildly activated, RMA)免洗銲膏已使用多時，並得到穩定之滿意度。松香活化劑它是一種合成樹脂(synthetic resin)，添加穩定的活化劑及較低吸水性以及固態成份，而使地球的受傷害程度減少。錫膏的測試項目，如表 12.13 所列。

表 12.12　水洗和免洗錫膏之比較

	水 洗 錫 膏	免 洗 錫 膏
錫球(solder ball)	易清洗去除	較不易去除
酸性添加物	10-15%	2%
印刷性	差	較佳
穩定性	較差（因含有機酸）	較佳
對鋼版壽命影響	不利（因含樹脂較少）	較佳
化學特性	腐蝕性較高	溫和
殘留性（residue）	乙二醇較強抓著力 細腳殘留不易	較穩定

表 12.13　錫膏之測試項目

項次	測試內容
1.	酸鹼度測試（pH值）
2.	鹵化物(halide)測試，氟化物(fluoride)測試
3.	銅鏡(copper mirror)測試
4.	表面絕緣阻抗值(surface insulation resistance, S.I.R.)測試
5.	腐蝕(corrosion)測試
6.	溶劑萃取(solvent extract)測試
7.	沾濕平衡(wetting balance)測試
8.	探針(probe)測試

12.8　參考書目

1. 卓聖鵬，探討第二代的 SMT：MCM，電子技術，第 85 期，1993 年 4 月。
2. 卓聖鵬，SMD 探討最適合之迴焊方法，電子技術，第 108 期，1995 年 8 月。
3. 林敬二等，化學大辭典，高立。
4. 遠鵬，SMT 技術解惑，電子技術，108 期，1993 年 3 月。
5. 趙幼誠，CHIP 元件的技術動向，電子技術，第 85 期，1993 年 4 月。
6. 蔡承煌，水洗？半水洗？免洗？電子技術，85 期，1993 年 4 月。
7. 蔡承煌，細腳零件之最佳利器—鋼刮刀，電子技術，85 期，1993 年 4 月。
8. A. B. Glaszer and G. E. Subak-Sharpe, Integrated Circuit Engineering, Addison and Wesley, 台北。

9. C. A. Harper, Handbook of Thick Film Hybrid Microelectronics, 中央。

12.9 習　題

1. 試簡述厚膜電路的製作流程。
2. 試述厚膜電路中各種材料特性，(a)基板，(b)電阻，(c)電容，(d)導體，(e)絕緣體。
3. 試解釋(a)晶片電阻，(b)晶片電容，(c)積層電感，(d)交越電容。
4. 試簡述厚膜和混成電路之製作機器，(a)網簾印刷機，(b)高溫迴流爐，(c)雷射修整機，(d)波銲錫爐。
5. 試解釋(a)viscosity，(b)solder leach resistance，(c)solderability，(d)dielectric constant，(e)dissipation factor。
6. 試解釋各種材料(a)rosin，(b)RMA，(c)eutectic solder，(d)$BaTiO_3$，(e)rubylith，(f)alumina，(g)beryllia，(h)cermet，(i)inconel。
7. 試述銲錫膏的成分，比較水洗和免洗錫膏。
8. 試述無鉛(Pb)銲錫的重要性。
9. 試比較陶瓷材料，(a)Al_2O_3，(b)BeO，(c)ZrO_2。
10. 試述厚膜電路的測試儀器，(a)viscometer，(b)測厚儀，(c)沾錫測試，(d)溶劑淬取測試。

第十三章　奈米材料

13.1　緒　論

半導體矽(Si)積體電路的線寬已逐漸減小到次微米，0.35 微米、0.25 微米、0.18 微米、0.13 微米。美國半導體工業協會(semiconductor industry association, SIA)預計，到 2010 年，半導體元件的尺寸將繼續降到 0.10 微米，即 100 奈米(nano meter)以下。到那時候，就會出現量子尺寸效應(quantum size effect)、小尺寸效應(small size effect)、表面效應(surface effect)和巨觀量子隧道效應(macroscopic quantum tunneling effect)。科學研究發現，當微粒尺寸小於 100 奈米時，由於以上四種效應，物資的很多性能發生質變，從而呈現不同於巨觀物體，又不同於單個獨立原子的奇異現象；如熔點降低、蒸氣壓升高、活性增大等。

奈米(nanometer)代表十億分之一公尺，奈米科技原始概念是從原子和分子的層次操控物質，組合出極其微小的新材料、新機器。1959 年諾貝爾物理獎得主費曼(R. Feynman)提出奈米科技的概念「如果有一天，人們能隨心所欲地排列原子和分子，加工並製造元件，將創造出什麼樣的奇蹟？」。1991 年日本恩益禧(NEC)的研究員飯島澄男(S. Iijima)用電弧放電法(arc discharge)發現一種只有頭髮五萬分之一的奈米碳管(carbon nano tube, CNT)。它的質量是相同體積鋼的六分之一，強度卻是鋼的十倍。諾貝爾化學獎得主斯莫利(R. Smalley)認爲，奈米碳管將是未來最佳纖維的首選材料，也將被廣泛用於超微導線、超微開關和奈米級電子電路等。

奈米材料大部分是人工合成的，但是自然界中早就存在奈米微粒和奈米固體，其中有許多祕密等待人們去發現。例如蓮花(lotus)的表面細緻，放大千百倍也看不見細孔，表面結構與粗糙度爲奈米尺寸大小，如同光滑的鏡面，不易沾惹塵埃，有自潔現象。蜜蜂的腹部存在奈米磁性微粒，具指南針的作用，使蜜蜂能判明飛行方向。鵝毛與鴨毛排列整齊，毛與毛之間隙縫小到奈米尺寸，所以水分子無法穿透，卻極爲通氣。細胞是活生生的奈米技術的例子，它不僅燃燒轉變成能量，而且能按照去氧核糖核酸(deoxyribo nucleic acid, DNA)中的遺傳密碼生產，並排出蛋白質(protein)和酵素(enzyme)。透過重組不同特性的 DNA 基因(gene)工程技術，已能製造出新的奈米元件－如能分泌激素的細菌細胞。人類和獸類的牙齒是由羥基磷灰石組成的，它具有奈米結構，晶界有接近生物體的薄層，因而韌性好。人工合成羥基磷灰石需要 1000℃以上的高溫，也難以得到定向的結構。這就引發出一個十分有趣的新領域－仿生合成。1994 年美國著手研製「痲雀」衛星、「蚊子」導彈、「蒼蠅」飛機、「螞蟻」士兵等。

奈米科技(nanotechnology)是指在奈米尺度上研究物質的特性和相互作用，以及利用這些特性開發新產品的一門多學科整合的科學和技術。也就是和奈米微粒、團簇(cluster)，甚至分子、原子打交道。最終目標是直接利用物質在奈米尺度上所表現出來的新穎的物理、化學和生物學等特性，製造出具有特定功能的產品。

13.2 奈米材料的特性

奈米材料是指材料的大小在 1～100 nm 之間的微小物質。廣義的奈米材料是三維空間中，至少有一維是在奈米尺度的範圍，或由它們作爲基本單元構成的材料。奈米材料處於巨觀(macroscopy)塊材，和微觀(microscopy)原子之間的介觀(mesoscopy)世界。這是近年來引起人們極大興趣和開發的新領域。介觀物理以量子穿隧(quantum tunneling)現象爲主，有以下四種效應：

1.小尺寸效應

當超細微粒的尺寸與光波波表、超導(superconductor)的相干(coherence)波長、電子的德布羅意(de Broglie)波長等的物理特徵尺寸相當，或更小時，晶體周期性的邊界條件將被破壞；非晶態的奈米微粒表面層附近原子密度減小，導致聲、光、熱、電磁等物性呈現小尺寸效應(small size effect)。

(1)光吸收顯著增加，吸收峰的電漿共振頻率移動。改變晶粒尺寸、控制吸收的位移，可作電磁波屏蔽、隱形飛機。

(2)磁有序態向無序態轉變，有高矯頑力(coercive force)。依此特性，可製成磁性流體(ferro fluid)，磁性信用卡。

(3)奈米微粒的金屬熔點大幅下降，爲粉末冶金提供新技術。

2.表面效應

奈米微粒尺寸小，表面能高，位於表面的原子佔相當大的比例。這些原子由於配位不足，有高的表面能，因此活性極高、極不穩定，很容易和其他原子結合，從而產生表面效應(surface effect)。例如金屬的奈米粒子在空氣中會燃燒，無機的奈米粒子暴露在空氣中會吸附氣體，並與氣體進行反應。粒徑和比表面積的關係，如表 13.1 所列。

表 13.1　粒徑對比表面積

粒徑(nm)	比表面積(m^2/g)
10	90
5	180
2	450

3.量子尺寸效應

當粒子尺寸下降到某一值時，金屬費米能階(Fermi level)附近的電子能階由準連續變爲離散(discerte)能階。半導體微粒存在不連續的最高被佔據分子軌道能階，和最低未被佔據的分子軌道能階，使能隙變寬。此現象稱爲量子尺寸效應(quantum size effect)。超微粒子只有有限個導電電子，低溫下能階是離散的，有間距出現。當能階間距大於熱能、靜電能、靜磁能、或光子能，必須考慮量子尺寸效應。推算絕對溫度 1K 時。粒徑小於 14 nm，就會出現量子尺寸效應。

4.巨觀量子隧道效應

微觀粒子有貫穿電位障(potential barrier)的能力，稱爲隧道效應(tunneling effect)。近年來，人們發現一些巨觀量，如微顆粒的磁化強度、量子相干元件(quantum coherent device)中的磁通量(magnetic flux)等也有隧道效應，稱爲巨觀的量子隧道效應(macroscopic quantum tunneling effect)。此效應限定了磁帶(magnetic tape)、磁碟(magnetic disk)進行資訊貯存的時間極限，確立現存微電子元件進一步微型化的極限。當微電子元件進一步細微化時，必須要考慮量子效應(quantum effect)。

奈米材料的其他特性說明如下：

奈米金(Au)微粒的熔點僅 327℃，奈米銀(Ag)的熔點爲 100℃，奈米鉛(Pb)的熔點爲 15℃。奈米銅(Cu)的熔點爲 39℃，比熱提高 2 倍。許多奈米金屬在空氣中會燃燒。製成奈米微粒可大幅提高催化作用(catalysis)。奈米鉑(Pt)爲活性極高的催化劑(catalyst)。5 nm 以下的金(Au)微粒，成爲高活性的觸媒，-70℃可氧化一氧化碳(CO)，室溫可氫化還原氧化氮(NO_x)，可作防毒面具用。

奈米金屬微粒因電子數較少，不再遵守費米－德瑞克統計(Fermi Dirac statistics)，強烈地趨向電中性。奈米銅(Cu)不導電，電阻隨粒徑減小而增大。10～15 nm 的銀(Ag)變爲非導體，電阻的溫度係數也下降，甚至出現負值。20 nm 的二氧化矽(SiO_2)和氮化矽(Si_3N_4)電阻下降，開始導電。鈦酸鋇($BaTiO_3$)等鐵電體(ferroelectric)，當尺寸進入奈米量級時，就會變爲順電性(paraelectric)。奈米鈷(Co)微粒嵌於銅膜中，出現巨磁電阻(GMR, giant magnetoresistive effect)效應，高頻電流向導體表面集中，電阻增加。使磁碟(magnetic disk)的記錄密度提高 17 倍。此現象也可應用於位移和角度等的感測器。材料奈米化之後，固溶擴散能力提高，原本不混溶的金屬，在奈米晶體狀態時，發生固溶，產生合金(alloy)，如 Ag-Fe、Ti-Mg、Cu-Fe 等。奈米材料也爲常規的複合材料(composite material)的研究增添了新的內容。

奈米陶瓷(ceramic)的燒結(sinter)速度可提高 10^{12} 倍，燒結溫度降低，而且韌性(toughness)大增。奈米碳化矽(SiC)陶瓷的斷裂韌性，比常規材料提高 100 倍。奈米晶體銅(Cu)出現超塑性(superplastic)，延伸率(elongation)超過 500%。在高分子(polymer)材料中加入奈米材料製成刀具，比金剛石（莫赫硬度，Mohs hardness 9）製品還堅硬。

和大塊材相比較，奈米微粒具極強的光吸收能力，吸收帶普遍向短波長方向移動，出現藍移(blue shift)現象，依此可設計波段可控的新型吸光材料。奈米微粒對各種波長光的吸收帶有寬化現象，大塊金屬有不同顏色，表示它們對可見光的各種波長反射和吸收能力不同。各種金屬奈米微粒，幾乎都呈黑色。奈米矽(Si)在尺寸爲 6 nm 時會發出波長爲 800 nm 的紅外線強光，4 nm 時發光帶延伸到可見光的範圍，淡淡的紅光，使人們長期追求矽發光的努力成爲現實。矽在多孔矽以量子線(quantum wire)存在，會發紅光。表面的矽量子點(quantum dot)也可能是多孔矽發光的原因之一。這些現象，使矽可能成爲跨世紀重要應用的光電材料。奈米氧化物，對紅外線(infrared)、微波(microwave)有良好的吸收特性。奈米氧化物，如 Al_2O_3、Fe_2O_3、SiO_2、ZrO_2，也可見到發光現象。

奈米材料的物性變化，增加或降低的項目，如表 13.2 所列。

表 13.2　奈米材料的物性變化

增　加	降　低
強度／硬度	密度
擴散係數	彈性係數
延性／韌性	導熱性
電阻	熔點
比熱	
熱膨脹係數	
磁性	
光吸收性	

在奈米體系中，電子波函數(electron wave function)的相關長度與體系的特徵尺寸相當。這時電子不能被看成粒子(particle)，電子的波動(wave)性充分展現。奈米體系在維度上的限制，使得有很多新奇的物理特性，人們必須重新認識，而建立一些規律。在奈米電子學(nano electronics)，電阻的概念不再是歐姆定律(ohm's law)。在奈米力學中，機械性質如彈性模數(elastic modulus)、摩擦和粗糙概念也有變化。在奈米化學，要研究原子簇(atom cluster)化合物對吸附質／載體系統的遺傳因子(DNA)電子性質，和對基底表面結構的影響。在奈米生物學，將利用人工分子剪裁，進行分子基因(gene)和物種(spice)再構，人們可根據自己的需要，製造出多種多樣的生物「產品」。

奈米科技的工作有一半以上使用掃描穿隧電子顯鏡(STEM, scanning tunneling electron microscope)為分析和加工手段。主要研究方向之一為奈米機器人(robot)、奈米生物機器和奈米生物零件。另外二種常用的儀器為(1)高解析度穿隧電子顯微鏡(HRTEM, high resolution tunneling electron microscope)，在高眞空 10^{-9} 托爾、200 KV 下可得到 1.94 埃(Å)的解析力。

(2) 原子力顯微鏡 (AFM, atomic force microscope) 可測量表面形貌 (topography)。

奈米材料改變世界可從以下三方面討論：

1.在微小方面：單原子記憶體的技術，可以使全球 100 億年份的書籍（每年以 100 萬冊計，相當於 1 萬兆冊），儲存於一顆方糖大小的記憶體內。

2.在超薄方面：遺傳基因去氧核糖核酸(deoxyribo nucleic acid, DNA)電子電路的技術，將於十年後促成如紙般薄的電子顯示器。

3.在速度方面：預計到數年之後量子電腦(quantum computer)只要數十分鐘，即可完成目前電腦要花上數百年才能完成的計算。

這些假設，雖然今日會令人瞠目結舌，理論上是可能的。奈米技術如果成熟運用，將會造成革命性的改變，尤其在材料化工、生物科技和光學。

如何識別眞假奈米技術呢？一是看其材料的顯微結構尺寸是否小於 100 nm。二是看其材料和元件是否具有不同於常規材料的、新穎和重大的物理、化學或生物特性或功能。這兩個條件缺一不可。用手捏起來很細、滑滑的感覺，可能在 20 微米或以下。正確的檢驗要用穿透電子顯微鏡(transmission electron microscope, TEM)照片，有眞實的比例尺，從照片上觀測出粉末的粒徑、形貌和團聚情形。二是要有粉末的比表面積數據。奈米固體材料則須用預磨、拋光和金相腐蝕，在顯微鏡下測定其晶粒尺寸。奈米改性是奈米材料應用的主流方向，如果性能無明顯改進，即是冒牌的奈米技術。至於奈米元件，目前尚未達到實用化的程度。

13.3　奈米材料以維度區分

奈米材料是指尺度介於 1～100 奈米的材料。廣義的說，奈米材料是指材料的三維空間中，至少有一維是在奈米尺度的範圍，或由它們作爲基本單元，由其所構成的材料。較嚴格的定義是材料還呈現許多特異的性質，如量子尺寸效應，表面效應、量子穿隧效應等，才稱為奈米材料。圖 13.1 顯示電子氣(electron gas)的狀態密度。維度限制分別為沒有限制、一維限制量子井(quantum well)、二維限制量子線(quantum wire)、和三維限制量子點(quantum dot)。對應的能態密度(density of states)，分別為拋物線、梯階、三角脈衝和 δ 函數。

1.零維奈米材料－量子點(quantum dot)

一個材料的三維尺度均在奈米量級，如奈米微粒、量子點、原子簇(atom cluster)等。原子簇中以碳原子簇為大家熟知，也就是富勒烯(fullerene)，化學名芙，它是由一群碳原子組成的，如 C_{60}、C_{70}、C_{80}、C_{90}、C_{120}……等。奈米微粒是比原子簇大的材料，介於原子和固態塊材之間的原子集合體。

人造原子(artifical atom)有時稱為量子點，是由一定數量的實際原子組成的聚集體，尺寸小於 100 nm，量子效應十分顯著。也有人把人造原子擴大，包括零維的量子點、準一維的量子棒和準二維的量子圓盤，甚至把 100nm 左右的量子元件(quantum device)也看成人造原子。

量子點(quantum dot)有時也稱人造原子，是二十世紀九〇年代提出來的一個新的概念，它是由一定數量的原子組成的聚集體，尺寸小於 100 nm。在量子點，電子被限制於量子井之中。一個量子點的例子，如圖 13.2(a)所示。20 nm 的砷化鎵(GaAs)在二層砷化鋁鎵(AlGaAs)之間，外圍還有 n 型摻雜的砷化鎵，以便和外電路連接。砷化鎵的三維尺寸均接近電子的波長。製造此量子點元件是在基座上以分子束磊晶(molecular beam epitaxy, MBE)長幾個單層的砷化鎵，就會自我形成島狀。原子力顯微鏡(AFM)可觀察出量子點的大小和密度。

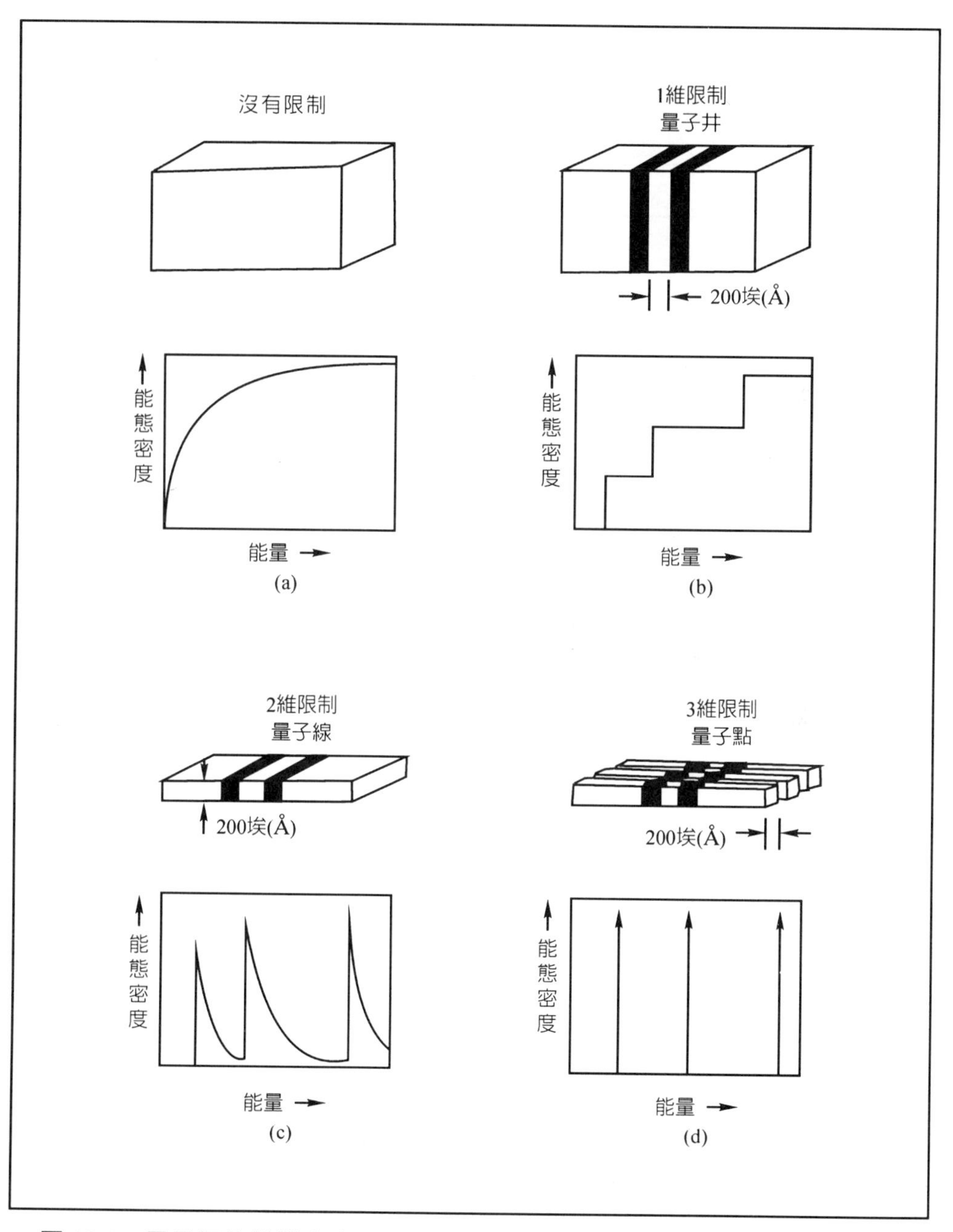

圖 13.1　電子氣的狀態密度(a)沒制限制，(b)量子井，(c)量子線，(d)量子點

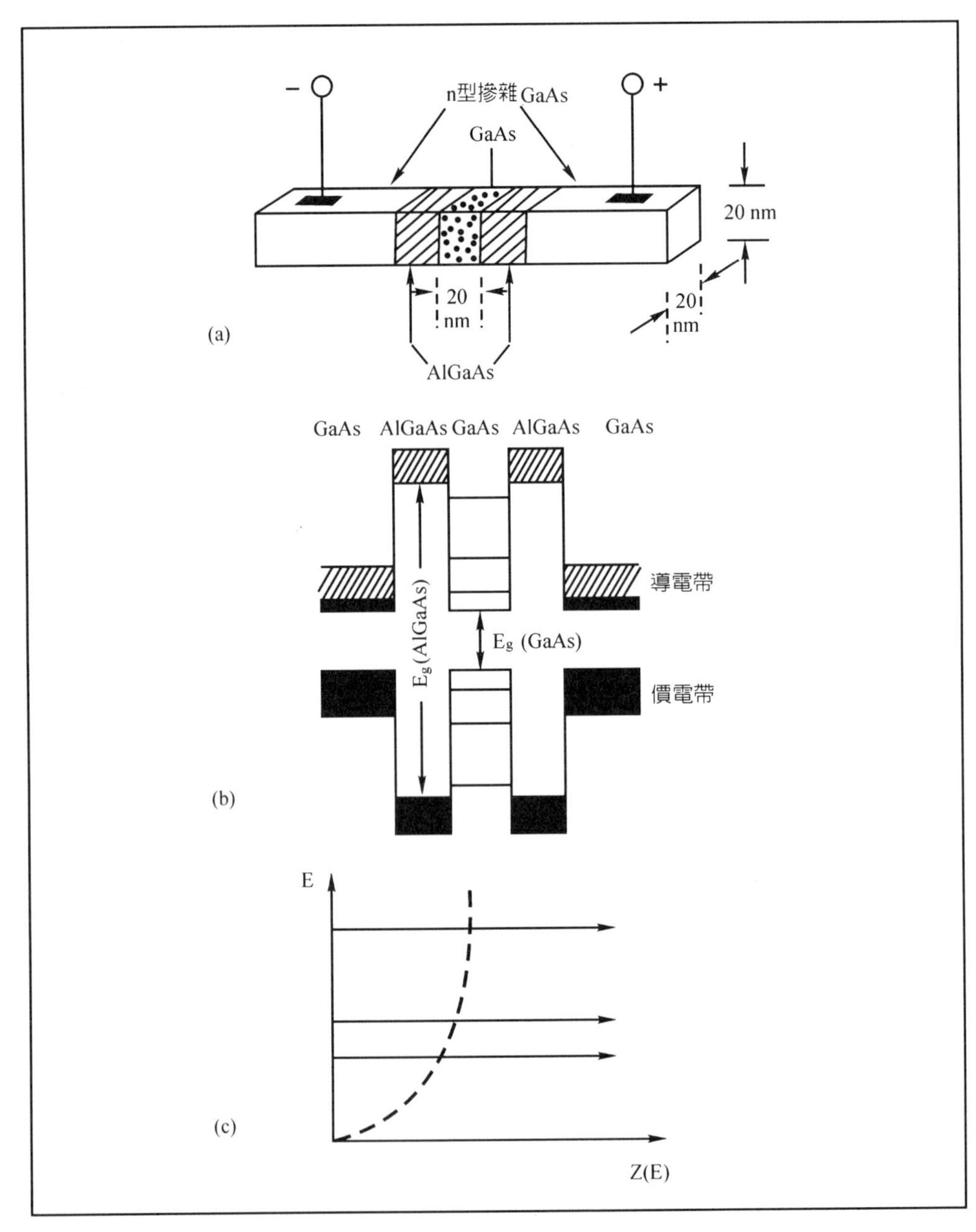

（資料來源：Hummel, Electronic Properties of Materials）

圖 13.2　(a)量子點的結構圖，(b)GaAs 和 AlGaAs 的能帶圖，能隙差經過放大，(c)量子點的能態密度不連續，虛線代表塊材晶體的能態密度

如圖 13.2(b)，砷化鎵的能隙(energy gap, E_g)為 1.42eV，比砷化鋁鎵的能隙(E_g＝1.44eV)小。量子點砷化鎵的能帶(energy band)被分裂為離散的能階(discrete energy level)。為清楚起見，本圖把 GaAs 和 AlGaAs 的能隙之差放大了。電子在量子點砷化鎵的導電帶，只能存在於這些離散的能階之上，而且被困在砷化鋁鎵的電位障(potential barrier)之中。AlGaAs 和外圍 GaAs 的導電帶(conduction band)以斜線表示，部分導電帶有電子，以黑色表示。價電帶(valence band)除量子點以外，完全被電子填滿，以黑色表示。量子點結構的能態密度(density of states)不連續，如圖 13.2(c)所示，在此圖虛線表示塊材晶體的能態密度，為拋物線。

圖 13.3(a)顯示此量子點元件的部分能帶圖，為簡化起見，只顯示各組成成分的導電帶。黑色代表有電子，斜線代表空白。中間的量子點 GaAs，能階是離散的(discrete)。圖 13.3(b)顯示當此元件加上足夠的偏壓，右側能量低，表示正電位，因電子是帶負電。電子上升到較高的能階，而能由左側 n-GaAs 穿透左側電位障，流向量子點，再穿隧右側電位障，最後流到右側 n-GaAs，完成電流的移轉。量子點元件的尺寸，大約是一般場效電晶體的百分之一。量子點元件的製作，可以用分子束磊晶(MBE)、金屬有機化學氣相沉積(MOCVD)、電化學、電解拋光或原子層磊晶成長等方法。

2.一維奈米材料

一個材料有二維尺度在奈米量級，依其形狀可以分別稱為奈米棒(nanorod)、奈米棍、奈米絲、奈米線、奈米管(nanotube)及奈米軸纜(nanocable)等。長度與直徑比率小的叫奈米棒，大的叫奈米絲，其界限並沒有統一的標準，大約是以其長度亦在奈米尺寸者稱為棒，長度大於 1μm 為絲或線。由半導體或金屬所構成的奈米線，通常也稱為量子線(quantum wire)。一維奈米材料的某些性質與其長度／直徑比有強烈的相關性，所以控制此一比率是一大挑戰。

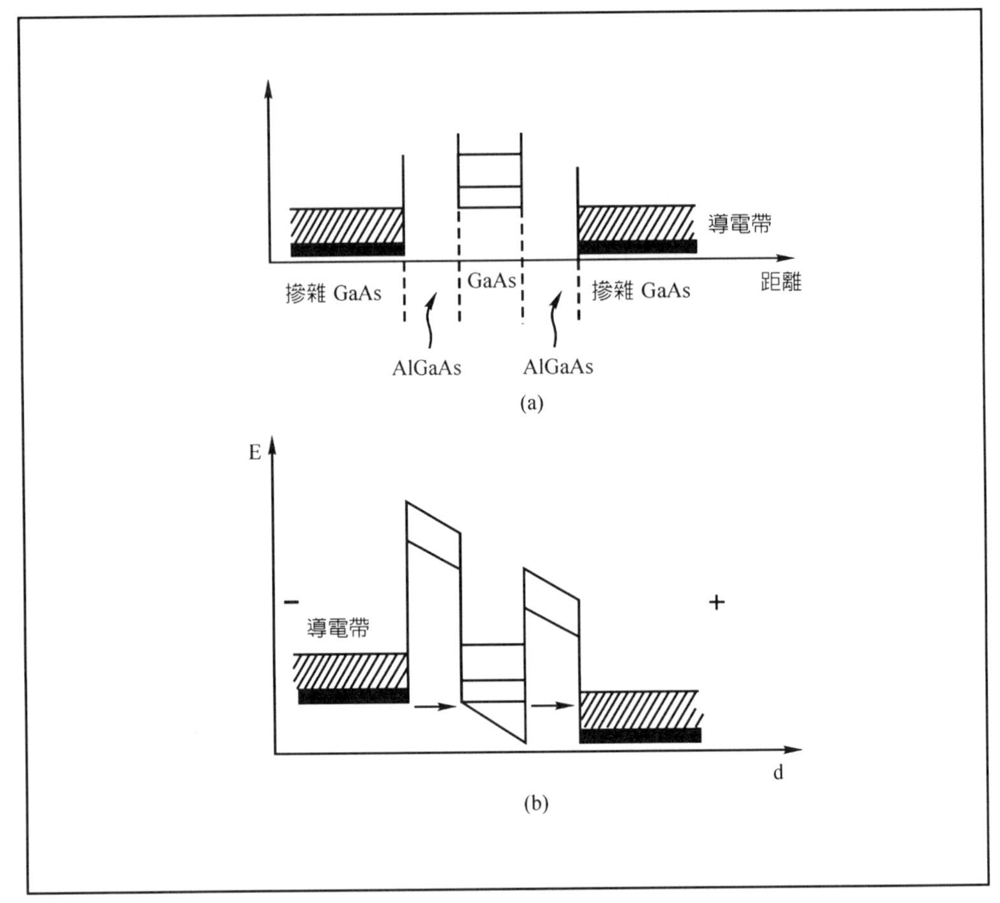

圖 13.3　量子點元件的能帶圖，(a)平衡，不加偏壓，(b)加偏壓，右邊比左邊為正電位

在一維奈米材料中，研究最多，也最有潛力的是奈米碳管(carbon nanotube, CNT)。製備奈米絲，可以用奈米碳管爲前驅體(precursor)，在流動的氬(Ar)氣保護下，讓其與一氧化矽(SiO)氣體於 1700℃反應而合成。或以奈米碳管和高蒸氣壓的氧化物或鹵化物反應而得。

3.二維奈米材料

只有一個維度的尺寸在奈米尺寸範圍內，基本單元又稱量子井(quantum well)，這就是奈米薄膜和奈米多層膜。如鏡片上鍍的反射薄膜，二極體雷射(laser)材料的多層膜。但是要分子排列，或站立、或斜倚、或躺下，必須靠分子自身的力量，也就是自組單分子膜或自組多層膜。自組裝(self assembly)在生物界是指生物機器的巨分子具有完全相同的形狀與化學結合傾向，以確保它一旦結合，就會按照預先設計的方式連爲一體。

奈米薄膜的製作可以用固態的粒子沉積，液態的旋轉塗佈、浸塗佈、噴霧、熱解(pyrolysis)，或氣態的有機金屬熱分解、金屬有機化學氣相沉積、溶膠－凝膠(sol-gel)、分子束磊晶、雷射蒸鍍(laser ablation)等方法。

奈米結構就是將奈米結構單元（奈米晶、奈米顆粒、奈米管、奈米棒和奈米單層膜）按照一定的規則，規律地排成二維或三維的結構。人們有更多自由度去設計和合成奈米結構，奈米結構將給奈米材料合成和應用帶來新的發展，甚至是一場革命。

13.4　碳六十(C_{60})和奈米碳管、奈米碳球

13.4.1　碳六十

碳簇(carbon cluster)的開山祖師是碳六十(C_{60})。碳六十原是太空中發現的物質。1985 年美國化學家史莫利(R.E. Smalley)用雷射激光法，在石墨(graphite)上製造出碳六十。碳六十是由六十個碳原子組成的中空球體，直徑僅爲一奈米長，形狀像一顆足球，又稱巴基球(bucky ball)。爾後科學家們又製造出碳七十、碳八十四，甚至碳一百多的碳球。

碳六十的結構爲三十二面體，其中有二十個六邊形，和十二個五邊形。構成碳簇的原子數稱爲幻數(magic number)。目前已發現的碳簇幻數有 20、24、28、32、36、50、60 和 70 等，具有高穩定性，其中又以 C_{60} 最穩定。因此可以用酸溶去其他的碳團簇，而獲得較純的 C_{60}，但往往在 C_{60} 中還混有 C_{70}。碳六十和碳七十的結構，如圖 13.4 所示。

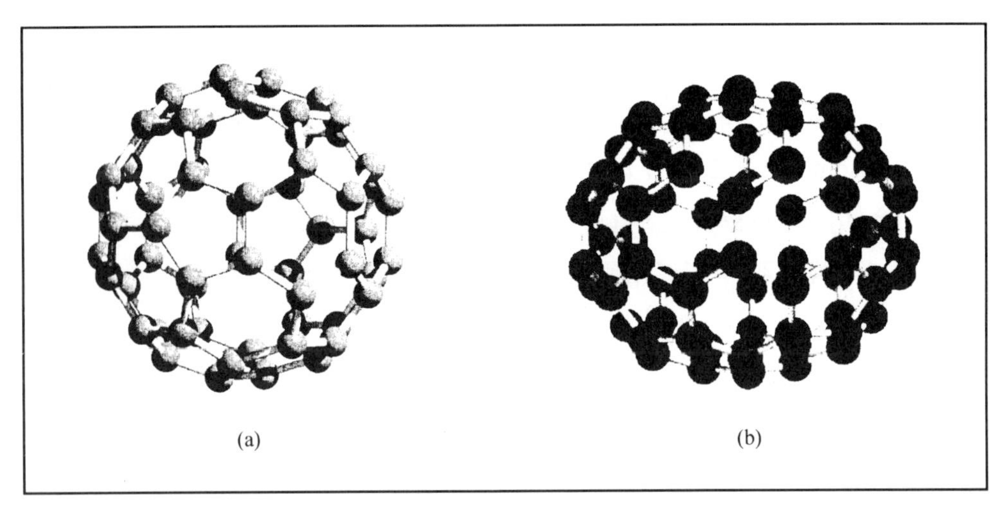

（資料來源：馬遠榮，奈米科技）

圖 13.4　(a)C_{60} 分子結構圖，(b)C_{70} 分子結構圖

碳六十和碳的同素異構物(isomer)鑽石(diamond)、石墨(graphite)完全不同，而且物理性質也很奇特。純 C_{60} 固體是絕緣體，用鹼金屬(alkaline metal)摻雜之後，成爲導體。適當的摻雜成分，可以使 C_{60} 固體成爲超導體(superconductor)。摻鉀(K)的 C_{60} 超導，臨界溫度(critical temperature)T_c＝18K，摻銣(Rb)、銫(Cs)的 C_{60} 超導，臨界溫度爲 33 K。

13.4.2　奈米碳管

1991 年日本恩益禧(NEC)研究員飯島澄男(Sumio Iijima)在研究碳簇時，以高解析度電子顯微鏡發現一種直徑 1～30 奈米的圓筒形材料，就是奈米碳管(carbon nanotube, CNT)。奈米碳管是目前自然界中發現的最細管子，具熱傳導性、強度性、化學性穩定，而且又安定。奈米碳管有可能取代矽，成爲尖端產業的主要材料。單層奈米碳管的結構有三種形式，如圖 13.5 所示。

奈米碳管有獨特的電學性質，由於電子的量子限域(quantum confinement)，電子只能在單層石墨片中沿奈米管的軸向運動，徑向運動受限制。奈米碳管可以爲導體或半導體，由直徑和其它參數決定。

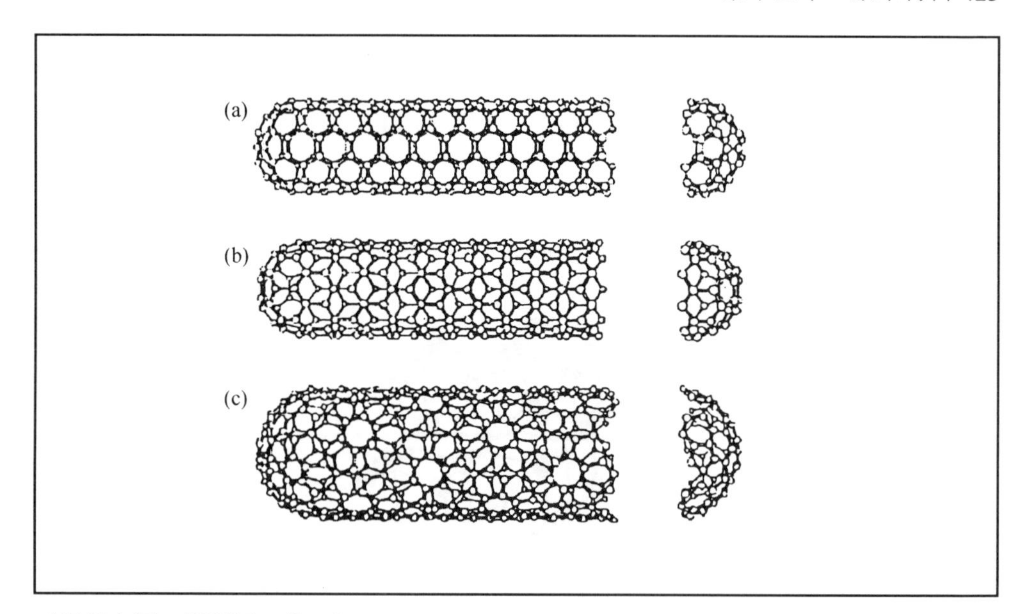

（資料來源：洪昭男，化工）

圖 13.5 單層奈米碳管(a)椅狀，(b)鋸齒狀，(c)不對稱掌狀

碳有五種同素異形體(isomer)，即鑽石、石墨、木炭、碳簇分子和奈米碳管(carbon nanotube CNT)。鑽石或石墨的結構，分別如圖 13.6 或圖 13.7 所示。圖 13.6 的石墨爲單一層，圖 13.7 的石墨爲立體結構。高純度奈米碳管每公克售價約 750 美金，是黃金的 80 倍。奈米碳管就是直徑約 1～30 奈米的圓筒形材料。它和金剛石(corundum)有相同的熱導和力學特性，質量輕、抗張強度爲不銹鋼的 100 倍。彈性好，即使彎折超過 90 度仍不會折斷，預期它將是非常好的填充材料，可用以加強複合材料(composite material)之強度。導電性佳，可承受電流強度約 10^9 A/cm^2，爲銅線的 10000 倍。導熱率大約 3000 W/mK，爲鑽石的 1.5 倍。對熱穩定，在眞空 2800℃仍不會分解，有氧(O_2)存在 750℃高溫下，仍可存在 30 分鐘。微晶片內的金屬導線在 600～1000℃即發生融化。一般預料奈米碳管在次微米積體電路元件將扮演相當重要的角色。奈米碳管可作爲掃描穿透電子顯微鏡

(STEM)的針尖、奈米元件的連線、光導纖維等用途。多壁(multiple wall nanotube, MWNT)奈米碳管製作的奈米秤，可測量 10^{-15} 克(femto gram)，據說連病毒的重量也稱的出。

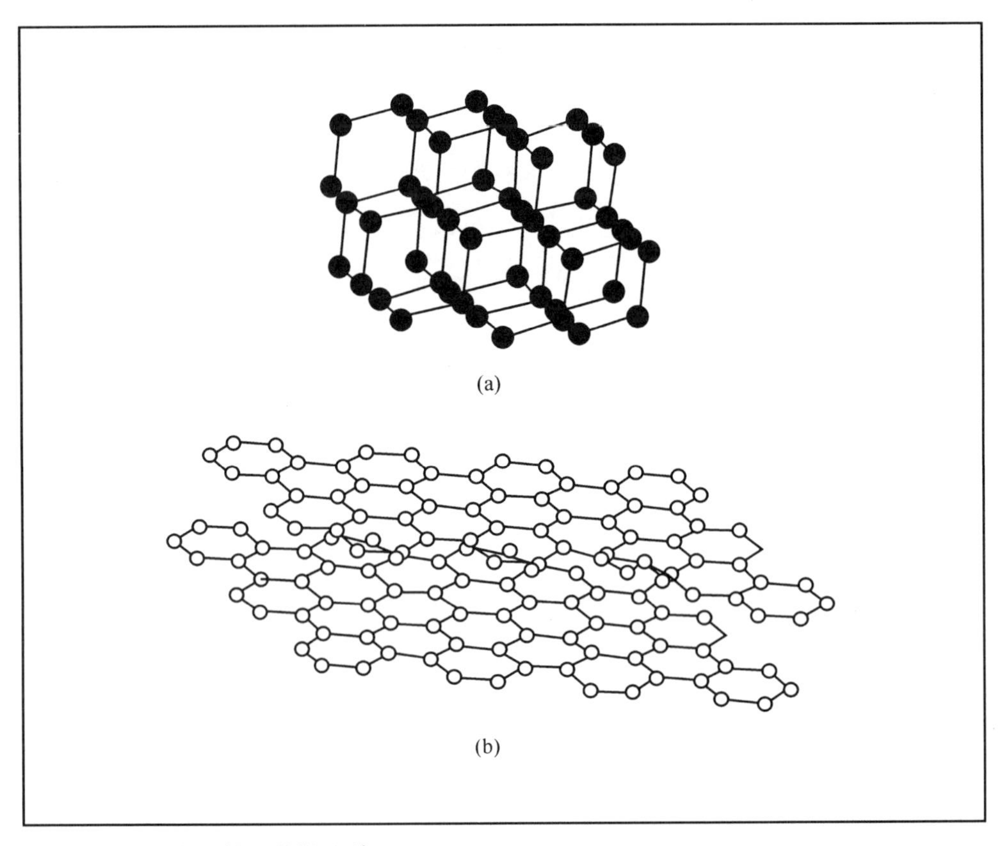

（資料來源：辛玉麟，科學月刊）

圖 13.6　(a)鑽石結構，(b)石墨結構

奈米碳管製備的基本原理是利用含碳的物質，使碳原子重新排列成奈米碳管的結構。

1.電弧電漿法，由二支石墨棒在直流電場（約 30 V，100～200 A）及惰性氣體（He 或 Ar，10～100 托耳）環境下，火花放電而生成。此法也可製碳六十、中空奈米碳球、填充金屬奈米碳球。飯島澄男(S. Iijima)在 1997 的專利(patent)發表的電弧裝置，如圖 13.8 所示。在此裝置，二碳棒電極直徑約 1 公分。放電五分鐘在負碳電極棒上有碳沉積，直徑約 2 公分。

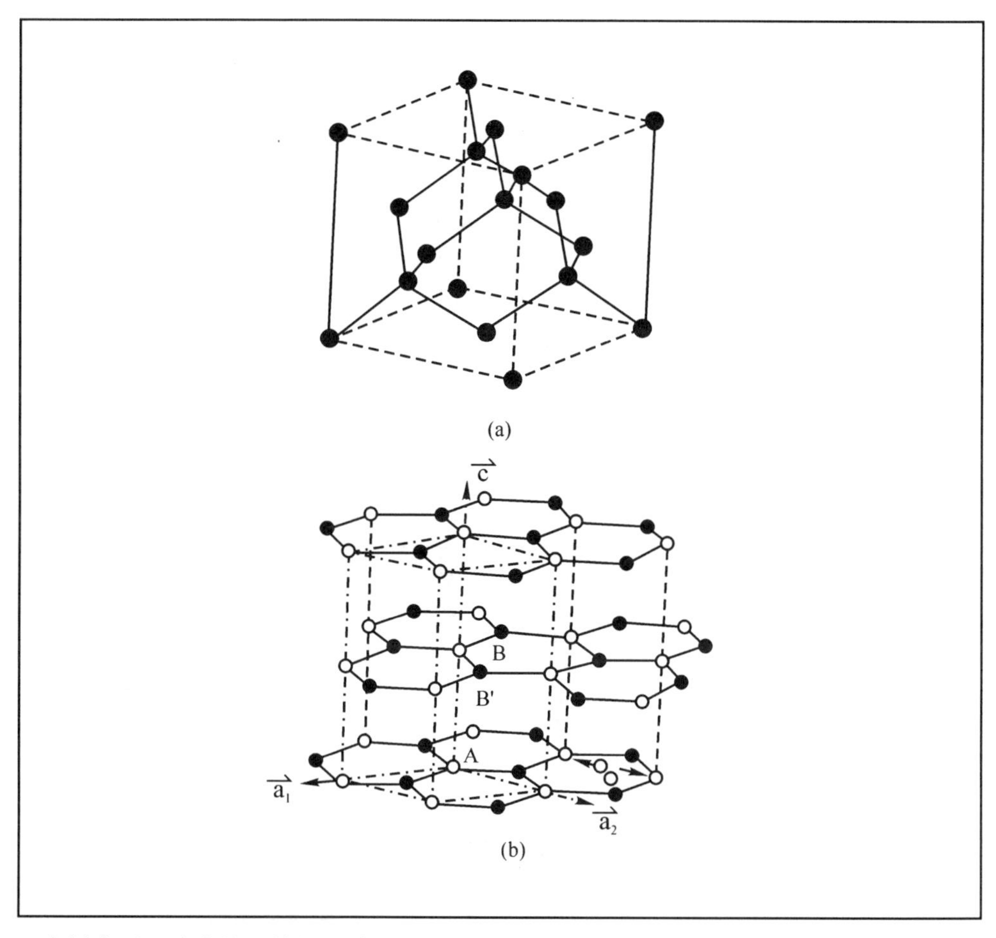

（資料來源：馬遠榮，科學月刊）

圖 13.7　(a)鑽石結構，(b)石墨結構

2.金屬催化熱裂解，在高溫爐中(＞700℃)，由 Fe、Co、Ni 金屬顆粒作催化劑，熱裂解乙炔(acetylene, C_2H_2)、甲烷(methane, CH_4)、苯(benzene,

C_6H_6)、乙烯(ethylene, C_2H_4)或酞青素鐵($FeC_{32}N_8H_{16}$)而生成單層奈米碳管(single wall nanotube, SWNT)。多壁式奈米碳管的生長，不需要催化劑。

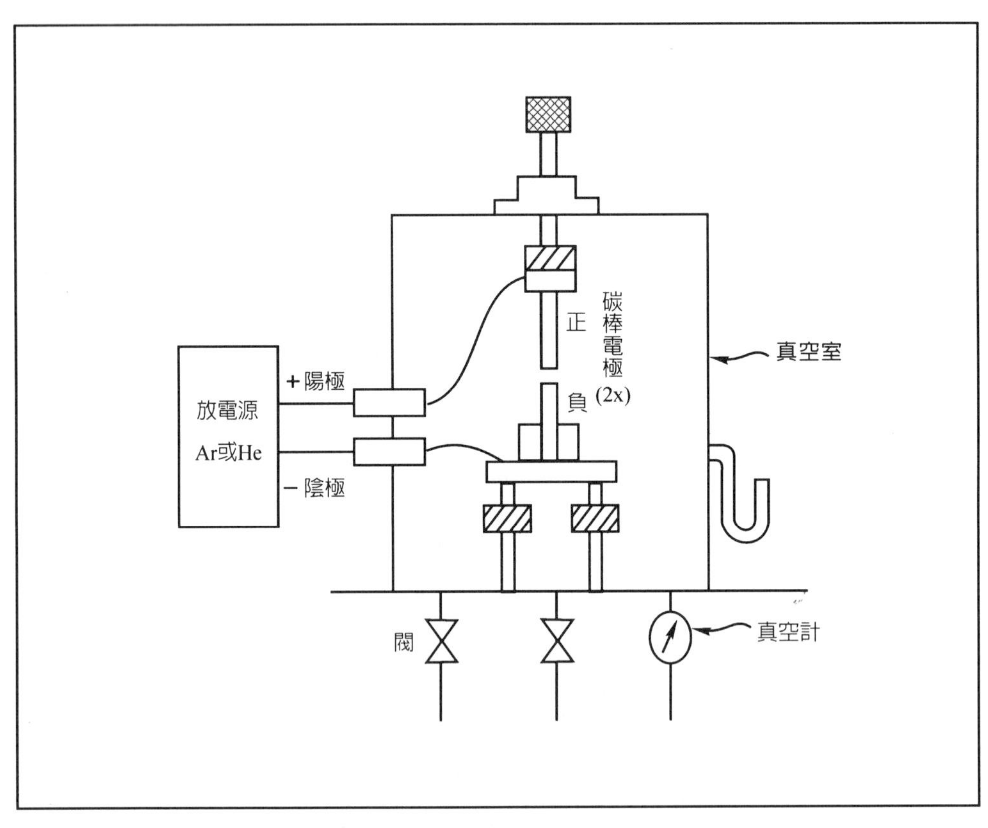

（資料來源：黃連良，化工資訊）

圖 13.8　電弧法合成奈米碳管的裝置

3.雷射激光法，由聚焦的高能量摻釹的釔鋁石榴石雷射(Nd：YAG laser; YAG: yttrium aluminum garnet)光束於 1200℃高溫爐中揮發石墨棒生成。用 Co-Ni 作催化劑，由流動氬(Ar)將單壁碳管載入水冷的銅收集器，生成物純度高。雷射蒸鍍也可製作同軸奈米碳管(nano cable)。

4.將 $Fe(CO)_5$ 噴灑到一密閉容器，通入 CO，加熱至 1000℃，高溫將

$Fe(CO)_5$的 CO 解離，與 CO 產生穩定的 CO_2，留下另一個高能碳原子回來撞擊 Fe 原子，在 Fe 上沉積碳原子，而生成單層奈米碳管。

奈米棒及奈米線則是在矽基板上，以金(Au)爲催化劑，以 $SiCl_4$ 和 H_2 爲反應氣體源，升溫至金矽共晶(eutectic)，利用氣相反應物、液相催化劑成長固相鬚晶。此法稱爲氣－液－固法(vapor-liquid-solid, VLS 法)－VLS 機制的示意圖，如圖 13.9 所示。圖 13.9(a)爲剛開始形成金一矽液態合金，圖 13.9(b)爲矽的鬚晶(whisker crystal)逐漸成長。

奈米碳管在工業上的應用有以下幾方面：

1.場發射顯示器(field emission display, FED)，利用尖端放電原理，數十萬根奈米碳管在眞空中做爲電子放射源，直接平舖在銀幕下方，每個像素(pixel)都有個別專屬的電子槍，銀幕可以做的像薄膜電晶體－液晶顯示器(TFT-LCD)一樣薄，耗電量少，造價便宜。奈米碳管發射電子，撞擊螢光(phosphor)板，如圖 13.10 所示。此種顯示器的特點是不需偏向板，陰極電壓小於 1000 V，可大面積應用，較短的反應時間和廣視角。缺點是不夠穩定，對電場變化極爲敏感。在一個 600×480 的顯示器中有 30 萬個光點，每個光點需要紅、綠、藍三原色(RGB)，將近需要 100 萬個場發射器。如何控制這些場放射器與陽極距離一致，讓它們在同一電壓下得到相同的電場，仍是一大問題。方法之一是將奈米碳管和薄膜電晶體(thin film transistor, TFT)結合，CNT 負責發射電子，TFT 負責控制。

2.氫氣(H_2)儲存媒體，目前儲氫的方法有液化氫(liquid hydrogen, LH_2)、壓縮氫、金屬氫化物及活性碳等。中空的多層碳奈米管有助於使氣體凝結成液體，而留於管中。奈米碳管在室溫下儲存 6.5%重量比例的氫，效果更優於活性碳(active carbon)。管徑 2 nm 的單層碳奈米管的儲氫能力約爲 50 Kg H_2/m^3，接近美國能源部所制定的電動汽車儲氫材料商業化標準的 65 Kg H_2/m^3。

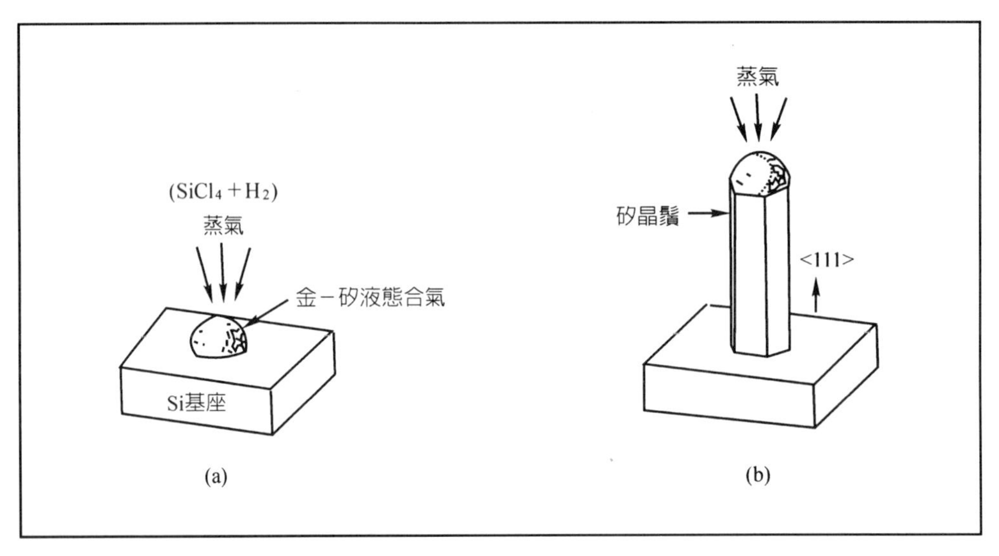

（資料來源：呂英治，化工）

圖 13.9　氣－液－固法成長奈米鬚晶

3.強化複合材料(composite material)的添加劑。添加 5%重量比率的奈米碳管於複合材料中，可增加導電度 0.01～0.1 S/cm，能有效防止靜電，加強機械強度。

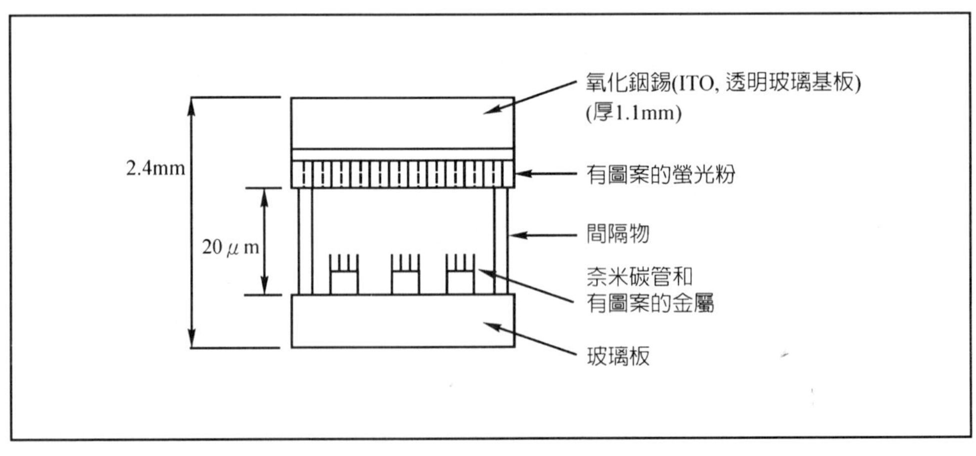

（資料來源：丁傑，化工資訊）

圖 13.10　以單層碳奈米管作為電子源的 CNT-FED

4.微探針或微電子裝置，奈米碳管因細長、彈性佳、導電度強，可做掃描探針光譜儀(scanning probe spectro-photometer)、掃描穿隧顯微鏡(scanning tunneling microscope, STM)或原子力顯微鏡(atomic force microscope, AFM)的探針。

5.超微細化學偵測器，奈米碳管的未飽和碳鍵(C＝C)與二氧化氮(NO_2)(<200ppm)、或氨(NH_3)(<1%)作用，會有大幅改變，靈敏度是傳統金屬氧化物偵測器的 1000 倍。

6.鋰離子電池(lithium ion battery)，改進充放電效率，儲能的能力為鎳－鎘(Ni-Cd)電池的二倍。鋰離子電池如圖 13.11 所示，陰極由鋰離子氧化物如鋰鈷氧化物(lithium cobalt oxide, $LiCoO_2$)組成。陽極由石墨組成，兩極間塡充有機溶劑製成的電解質，中間以高分子隔膜隔開。放電時鋰離子向陽極泳動，充電時鋰離子向陰極泳動。藉由鋰離子這樣來回移動，鋰離子電池便可反覆地充放電。目前鋰離子電池利用石墨(graphite)做陽極材料，如以奈米碳管替代石墨，儲存電能可增加。

7.微電子元件，據推測以碳(C)為基礎的元件非常有潛力取代以矽(Si)為基礎的半導體元件，以製造場效電晶體、整流二極體。

8.無線通訊，碳奈米管是體積小、效率高而且穩定的微波發射材料，可縮小基地台所需的空間，並延長微波放大器工作壽命。

13.4.3　中空奈米碳球

中空奈米碳球(hollow nanocapsule)和奈米碳管形狀相似，但徑長比遠小於奈米碳管，而成顆粒狀。可以將中空奈米碳球看為只具有奈米碳管兩端部分的結構。奈米碳球上石墨中央部份是六圓環，邊角或轉折部分則有五圓環或七圓環。化學性質和碳六十相似。電弧放電製備奈米碳管時，控制電極表面溫度和蒸氣密度，可提高中空奈米碳管的產率。再用管柱層析設備，將其純化。

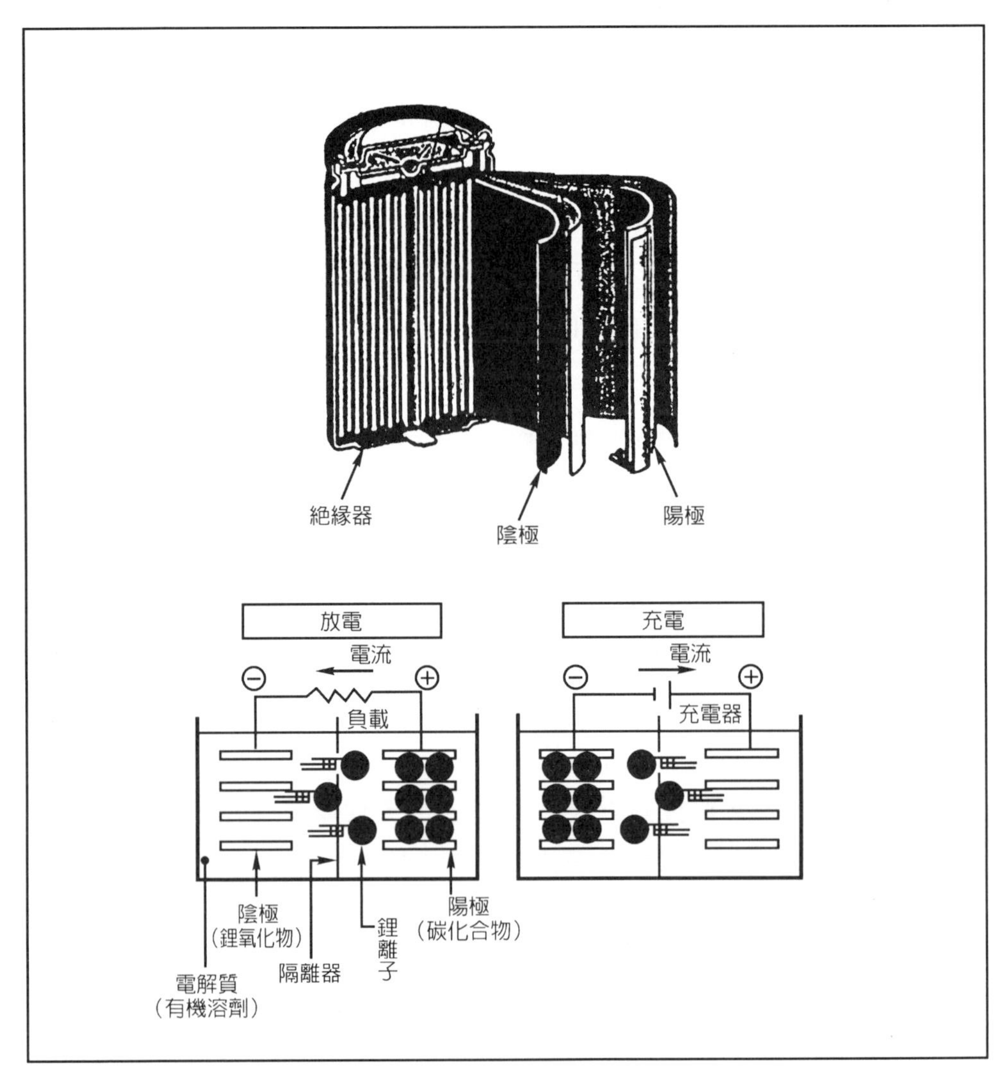

(資料來源：丁傑，化工資訊)

圖 13.11　鋰離子電池的構造

中空奈米碳球能吸收紫外光，可見光、紅外光與微波範圍，具有相當於鑽石的導熱、導電性與硬度。

碳六十、奈米碳管和中空奈米碳球的性質比較，如表 13.3 所列。

將中空奈米碳球內部塡充金屬，結構的中心部分可爲過渡金屬(transition metal)或稀土金屬(rare earth metal)，外層由多層石墨層的結構所包覆。多層石墨結構外殼可以保護中心的奈米金屬粒子不會被氧化破壞，因此可提高空氣敏感性材料的應用。也可避免一般奈米微粒凝集成大顆粒的現象發生。塡充金屬奈米碳球的特性會因塡入不同類的金屬而改變。如包覆放射性物質，放射線會穿過碳球壁放射出來，但是放射性化學品不會洩漏出來，未來可應用於放射醫學、放射線治療、處理放射線物質等。

表 13.3　奈米碳簇材料之性質比較

	C_{60}	中空奈米碳球	奈米碳管
尺　　度	D＝1.1 nm	d＝1～100 nm	d＝1～100 nm ℓ＝數 μ m
結　　構	單層	多層石墨層	單層或多層
吸光範圍	355－365 nm (紫外)	寬吸收 (紫外、可見、紅外、微波)	寬吸收 (紫外、可見、紅外、微波)
螢光放射	弱 650－725nm(紅→紅外) 量子效率0.8%	強 390－650nm(藍光) 量子效率36%	不發螢光
在溶劑中的分散性	難 (～2mg/ml)	易 (～40mg/ml)	非常困難

13.5　奈米粉末、塗層、晶體的製備

奈米材料廣義區分之型態有奈米粉末(nanopowder)、奈米塗層、奈米薄膜、奈米絲(nanowire)、奈米棒(nanorod)、奈米管(nanotube)和奈米固體（塊材）。

奈米粉末又稱超微粉或超細粉，一般指粒度在 100 奈米以下的粉末或

顆粒，是一種介於原子、分子和巨觀物體之間，處於中間物態的固體顆粒材料。奈米粉末可直接使用於磁性材料、磁性流體、電流流體、二次電池（可充電電池，如 NiH_2、Li）的電極、導電膠、半導體化學機械研磨漿料、觸媒、表面改質塗層、化粧品、顏料、給藥藥劑載體。

奈米絲（棒、管）是指直徑爲奈米尺度，而長度較大的線狀材料。製作方法有電子束蒸鍍、雷射金屬蒸鍍。可用於微導線、微光纖、場發射顯示器(field emission display, FED)、發光二極體等。

奈米塊材是將奈米粉末高壓成型，或控制金屬液體結晶而得到的奈米晶粒材料。主要用途爲超高強度材料、智慧金屬材料等。

奈米粉末可直接燒結(sinter)成塊材，或間接再製成薄膜。所以奈米粉末的製備研究和工業化量產，爲奈米材料應用的根本。奈米粉末的製備一般可分爲物理方法（蒸發－冷凝法，機械含重化）和化學方法（化學氣相法、化學沉積法、水熱法、溶膠－凝膠法、溶劑蒸發法、電解法等）。

1.蒸發－冷凝法

又稱物理氣相沉積法(PVD, physical vapor deposition)，是利用眞空蒸發、激光、電弧射頻感應、電子束照射等方法使原料氣化或形成電漿，然後在介質中驟冷使之凝結，特點爲純度高、結晶組織好、粒度可控制；但設備貴、技術高。

2.機械合金法

利用高能球磨方法，控制球磨條件，以獲得奈米級的粉末。技術簡單、效率高，可製備出高熔點金屬和合金、金屬間化合物、金屬陶瓷等奈米粉末。

3.化學氣相法

以揮發性金屬化合物做原料，以氣體方式在氣相中發生化學反應後形成化合物微粒。如果同時利用電漿輔助，可使粒度分佈均勻無團聚，但成本高，不適合工業化量產。

或以金屬有機物爲原料，在氣態熱分解而製得粉末。例如以四丁基氧鋯酸鹽(TBOZ, Zr $(OC_4H_9)_4$)爲原料，製得 ZrO_2 奈米粉末。原料成本較高。

4.化學沉澱法

將沉澱劑(OH^-、$CO_3^=$、$SO_4^=$等)加入金屬鹽溶液進行沉澱處理，再將沉澱物過濾、乾燥、煅燒，就製得奈米級化合物粉末，是典型的液相法。

5.水熱法

透過金屬或沉澱物與溶劑介質（水或有機溶劑），在一定溫度和壓力下發生水熱反應，直接合成化合物粉末。

6.溶膠－凝膠法(sol-gel)

以易於水解的金屬結合物（無機鹽或金屬醇鹽）爲原料，使其在某種溶劑中與水發生反應，經過水解和縮聚過程逐漸凝膠化，再經乾燥和煅燒而得到氧化物奈米粉末。此法也是製備薄膜和塗層的有效方法。以檸檬酸(citric acid)爲結合物的溶膠－凝膠法，被廣泛用於製備氧化物超導材料。

7.溶劑蒸發法

加熱直接將溶劑蒸發，隨後溶質從溶液中過飽和析出，使溶質和溶劑分離。

8.電解法

包括水溶液電解和熔融鹽電解，可製得高純度金屬奈米粉末。

奈米塗層材料可供表面防護和改性之用。製備方法有化學氣相沉積、物理氣相沉積、磁控濺鍍等。奈米塗層主要有靜電屏蔽塗層、高介電絕緣塗層（如 $BaTiO_3$）、磁性塗層（如 Fe_3O_4）、紅外線屏蔽塗層（如氧化釔，Y_2O_3）、紫外線反射塗層和紅外線微波隱形塗層。

奈米晶體的製備，最早用金屬蒸發冷凝－原位(in-situ)冷壓成型。也可以用機械研磨法、非晶晶化法、金屬昇華法、或沉積法。高品質、大尺寸的奈米晶體要求界面清潔、緻密、無微孔隙、晶粒細小均勻。奈米晶體材料中的微孔隙及雜質對材料的性能有顯著的影響，不同密度的晶體表現出不同的性能。

無機－有機奈米複合材料，可以用溶膠－凝膠法(sol-gel)製備。用金屬烷氧化物，或金屬無機鹽在較低溫製備無機氧化物，反應涉及溶膠－凝膠過程中的水解，及水解中間產物(intermediate)的聚合或縮合。

13.6 奈米材料對傳統產業的應用

奈米材料的研發，可提升產業的技術層次與競爭力，並創造高附加價值的新興產業。傳統產業因奈米技術而高科技化，其發展規劃如表 13.4 所列。

表 13.4 傳統產業奈米化加值之創新產品

產業類別	奈　米　加　值	創　新　產　品
人纖	奈米粉體表面改質，分散技術	導電、抗紫外線、抗電磁干擾、光纖、殺菌
塑膠	奈米機能配方技術	高介電、抗菌、耐磨、導電、分離膜
塗料	奈米空孔結構技術	耐磨、抗菌、紫外線、耐蝕、防火、防污
建材	奈米界面處理技術	自清潔、絕熱、防霧
造紙	自我組裝製程技術	保鮮袋、導電、高級銅板紙
金屬	奈米晶格控制技術	電極、觸媒、磁流體(ferrofluid)、超塑
化工		奈米觸媒、感測器

資料來源：工研院

13.6.1　紡織工業上的應用

1.奈米免洗服裝：奈米布料有自潔功能，沾上油污用水沖洗即可。也有抗菌性能，材料精細，甚至可以代替紙張，製成軍用防水地圖。奈米層狀銀(Ag)系纖維，對大腸桿菌、葡萄狀菌的抗菌率達 99.9%，對預防淋病、肝炎、殺死蟎蟲有顯著效果。

2.抗紫外線奈米服飾：奈米複合聚酯(polyester)纖維布料，加入了奈米級的無機粉體材料，如奈米氧化鈦(TiO_2)或氧化鋅(ZnO)，紫外線的透過率小於 1%。抗紫外線能力強，效果持久，而且外觀柔軟、光澤優雅，可與天然纖維交織、混紡，提高布料穿著舒適性。紅外線吸收軍服有保暖作用，減輕衣服重量 30%。

3.超疏水奈米纖維：將高分子聚丙醯腈(polyacrylonitrile)以模板擠壓得到奈米尺寸凹凸幾何形狀，具超疏水性，使水蒸氣可以透出其表面，可同時達到拒雨水逸汗水的雙重功效。

4.可吸附奈米粒子的纖維：可望除去導致病房症候群的甲醛(formaldehyde)等物，應用對象如壁紙與淨水濾過器等。

13.6.2　化工上的應用

1.奈米鈦粉：能讓塗料耐磨、耐腐蝕。與樹脂化合後產生多種全新塗料，比同類產品優越許多。

2.奈米氧化鈦：金紅石型(rutile)可作爲白色染料的原料，改進紙張的可印性和不透明度。銳鈦礦型(anatase)可應用於空氣淨化、光催光、水處理、抗菌。合成纖維可作抗紫外線布料。

3.奈米氧化鐵：透鐵染料無毒、無味、耐溫、耐候、耐酸、耐鹼、高彩度、高著色力、高透明度、強烈吸收紫外線。可應用於高級汽車塗料、建築塗料、塑料、尼龍、橡膠、油墨等。

4.奈米氧化鋅：可使橡膠用量減少 3 至 7 成，提高耐磨性，防老化、抗磨擦著火。並且抗紅外線可製造隱型飛機的塗料。

5.化粧品及減肥：包括傳統的衛生產品：如粉、噴霧、香水、除臭劑等。防曬皮膚回春製品強吸收紫外線，市場銷售量更大。將奈米微粒的氣味加強劑加入低卡路里的基材，可使人有效減重。

13.6.3 醫學與建康

1.抗菌劑：奈米氧化鋅(ZnO)粉末，在陽光尤其是紫外光的照射下，在水和空氣中能自行分解電子和電洞。電洞會使空氣中的氧變為活性氧，有極強的化學性，能與多種有機物（包括細菌內的有機物）發生氧化反應，從而把大多數病菌和病毒殺死。如對大腸桿菌或葡萄球菌的殺菌率均高到98～99%。

2.礦物中藥：礦物中藥製成奈米粉末後，藥效大幅提高，並具高吸收率，劑量小的特點。製成貼製或含服製，可避開腸胃吸收時體液環境與藥物反應的不良反應。也可將難溶礦物中藥製成針劑，提高吸收率。

3.疾病檢測指示劑：奈米粒子對環境中的化學變化極敏感，可對人體內的病原體及早預測，如腫瘤只有幾個細胞大小，就可將其檢測出來，加以治療。

4.導向劑：以奈米 Fe_3O_4 磁性顆粒為載體的藥物，注入人體，藥物在外磁場的作用下會聚集於體內的局部，從而可在對人副作用很小情況下，對病理位置作高濃度的藥物治療。對癌症、肺結核等有固定病症的疾病十分適合。

5.細胞分離：奈米微粒比病毒、細胞、紅血球均小。利用奈米微粒進行細胞分離、可作代替羊水診斷、準確判斷出胎兒細胞是否有遺傳缺陷。也可能在腫瘤早期的血液中檢查出癌細胞。檢查血液中的心肌蛋白，以幫助治療心臟病。

6.細胞染色：提高觀察細胞內組織的分辨率。以奈米金(Au)微粒製成溶膠，加入婦女尿中，可判斷是否懷孕。

7.智慧藥物，適時釋放胰島素(insuliu)治療糖尿病(diabetes)。在癌細胞發展到威脅生命之前消滅它。

8.美容美髮護理：奈米氧化鋅(ZnO)粉末對皮膚無刺激性。本身爲白色，可以簡單著色，有很強的吸收紫外線的功能，具滲透、修複功能，能大幅提高護理效果。

13.6.4　環境與能源科技上的應用

1.污水處理純淨化；奈米級淨水劑的吸附力提高 10～20 倍，可除去污水中的懸浮物、鐵銹和異味。通過奈米孔徑的過濾裝置，可除去水中的細菌、病毒。

2.汽車尾氣排放無害化；製作催化劑使石油的硫(S)含量小於 0.01%。在燃煤中加入奈米級助燒催化劑，幫助煤充分燃燒，提高能源利用率，防止有害氣體的產生。

3.鉛酸蓄電池；利用奈米矽基氧化物爲母體，對鉛酸蓄電池的密封反應效率達 99.6%；重覆充放電由 200 次增加到 500 次，預計可達 1000 次。

4.貯氫材料。

奈米材料的應用，綜合如表 13.5 所列。

表 13.5　奈米材料的應用

性　　能	用　　　　途
力學性能	超硬、高強、高韌、超塑性材料。 陶瓷增韌如摻釔的氧化鋯粉末(Y-TEP, Y-toughen ZrO_2 powder)。 高硬塗層。
光學性能	光纖，奈米SiO_2對波長大於600nm的光傳輸損耗小。 紅外線反射，Au、Ag、Cu、SnO_2、In_2O_3、ITO，使高壓鈉燈、攝影用碘弧燈提升發光效率，延長壽命。 紅外線吸收，Al_2O_3、TiO_2、SiO_2、Fe_2O_3，使衣服保暖，減輕重量。 紫外線吸收，TiO_2可製防曬油和化粧品。SiO_2塗層可防止有機玻璃的紫外線輻照老化。 寬頻帶微波吸收，Al_2O_3、Fe_2O_3、SiO_2、TiO_2的複合粉末可做隱形材料。 光貯存、光開關、光電發光材料，奈米CdSe製成LED、紅外線感測器。
磁性	磁流體，Fe_3O_4奈米粒子分散在含油酸的水中，用於旋轉軸的防塵密封、潤滑劑、揚聲器。 磁記錄，提高信號雜訊比、改善圖像品質。 光快門，光調節器、抗癌藥物載體、愛滋(aids)病毒檢測。 軟磁：Fe-Si-B加入Cu、Nb，磁導率高，作電源變壓器、轉能器。 永磁：$Na_2Fe_{14}B$稀土，有高磁能積、複合稀土永磁。 巨磁阻：Fe/Cr多層膜可作磁頭、精密度磁轉能器。
催化作用	奈米鎳可將有機化學加氫、脫氫反應加快。 Fe、Ni、Fe_2O_3可作汽車尾氣淨化劑。 TiO_2光催化可降解細菌，TiO_2薄膜可用於汽車擋風玻璃和後視鏡防污、防霧、高速公路隧道照明燈長期潔淨、建築物外壁自潔。 Au觸媒可使CO氧化爲CO_2，作防毒面具。 Ag、Ni可用於火箭燃料，提高炸藥效果。
電學性能	奈米銀可製導電漿料。 Fe_2O_3、TiO_2、Cr_2O_3、ZnO等作靜電屏蔽，代替碳墨，減少人體靜電對電視圖像的干擾。 電極、超導體、量子元件、壓敏電阻。

表 13.5　奈米材料的應用（續）

敏感特性	奈米SnO_2作濕敏感測。 NiO、FeO、$Co\text{-}Al_2O_3$、SiC作溫敏感測。 Au作紅外線感測。 SnO_2作氣敏感測、檢測CO、C_3H_8、C_2H_5OH；且奈米ZrO_2作氧感測器，奈米鼻可探測NO_2、NH_3。
熱學特性	耐熱材料、熱交換材料、低溫燒結材料
其　他	Al_2O_3、Cr_2O_3、SiO_2、金剛石作拋光液。 助燃劑、阻燃劑、印刷油墨、潤滑劑、塗料。 顏料：奈米化減少光散射、光的純度佳，展現自然鮮艷的色澤。加上顏料的耐水、耐光、耐候特性，可在印刷、塗料、室外列印開創大的應用空間。 塗料、油墨、接著劑：用於建築塗料、汽車漆、耐熱漆，提高色彩度。自潔抗菌塗料只要下一場雨，房子就煥然一新，也可製成奈米洗衣機、奈米馬桶。 塑橡膠：提高材料耐熱性，易加工，高透明，使保特瓶提升阻氣；兼具透明耐磨、防紫外線、保鮮。 武器：微型軍將要誕生，袖珍武器將會稱雄天下，有間諜草、械器蟲、間諜飛行器、微型攻擊機器人、奈米衛星。

13.7　參考書目

1. 丁傑，碳奈米管應用簡介，化工資訊，2000.8，pp. 25-33，2000。
2. 尹邦躍（張勁燕校閱），奈米時代，2002，五南。
3. 李言榮、惲正中（張勁燕校閱），材料物理學概念，2003，五南。
4. 辛玉麟、黃國柱，翻轉世界的物質－奈米碳管，科學月刊，三十三卷十期，pp. 848-853。
5. 呂英治等，一維奈米材料－奈米棒及奈米線的成長，化工，49 卷 1 期，pp. 33-41，2002。

6. 林景正，奈米材料技術與發展趨勢，電子月刊，六卷三期，pp. 206-224，2000。
7. 林清富等，矽半導體發光的可能性，光訊，93 期，pp. 11-17，2001。
8. 洪昭南等，奈米碳管結構及特性簡介，化工，49 卷 1 期，pp. 23-32，2002。
9. 姚康德、成國祥（張勁燕校閱），智慧材料，2003，五南。
10. 馬遠榮，奈米科技，2002，城邦文化。
11. 張立德（張勁燕校閱），奈米材料，2002，五南。
12. 黃建良，奈米碳管的合成，化工資訊，2000.8，pp. 14-24，2000。
13. 黃建良等，多層奈米管之熱重分析，化工，49 卷 1 期，pp. 53-59，2002。
14. 黃建良等，熱化學氣相沉積合成單層碳奈米管，化工，49 卷 1 期，pp. 60-65，2002。
15. 黃贛麟，中空奈米碳球性質簡介，化工資訊，2002.6，pp. 12-15，2002。
16. 黃贛麟、張兆綱，填充金屬奈米碳球簡介，化工資訊，2002.6，pp. 16-18，2002。
17. 葉念慈等，砷化銦（鎵）量子點異質結構與量子點雷射，光訊 88 期，pp. 24-27，2001。
18. R. E. Humnel, Electronic Properties of Materials. 3rd ed. 2001 Springer, 偉明。

13.8 習題

1 .試述奈米材料的特性，(a)量子尺寸效應，(b)小尺寸效應，(c)表面和界面效應，(d)巨觀量子隧道效應。
2. 試述自然界中的奈米材料及其特點。
3. 試述奈米材料的改變世界，(a)微小方面，(b)超薄方法，(c)速度方面。

4. 試述奈米材料的檢測設備，(a)STEM，(b)HRTEM，(c)AFM。
5. 試述碳六十(C_{60})的構造及特質。
6. 試述奈米碳管的構造及特性。
7. 試述(a)量子點，(b)量子線，(c)量子井的構造及特性。
8. 試述奈米碳管的製備法，(a)電弧合成法，(b)金屬催化熱裂解，(c)雷射激光法。
9. 試述奈米材料的製備，(a)粉末，(b)塗層，(c)晶體。
10. 試述奈米材料在傳統產業的應用，(a)紡織，(b)化工，(c)醫學與健康，(d)環保和能源。

索　引 (Index)

A

B

D

E

F

G

H

I

J

K

L

M

N

O

P

Q

R

S

T

U

V

W

國家圖書館出版品預行編目資料

電子材料／張勁燕編著.
--三版.--臺北市：五南，2004［民93］
面；　公分
含參考書目及索引
ISBN 978-957-11-3610-3（平裝）
1.電子工程 - 材料
448.614　　　93007149

5D11

電子材料

作　　者 — 張勁燕(214.1)
發 行 人 — 楊榮川
總 編 輯 — 王翠華
主　　編 — 穆文娟
出 版 者 — 五南圖書出版股份有限公司
地　　址：106台北市大安區和平東路二段339號4樓
電　　話：(02)2705-5066　傳　　真：(02)2706-6100
網　　址：http://www.wunan.com.tw
電子郵件：wunan@wunan.com.tw
劃撥帳號：01068953
戶　　名：五南圖書出版股份有限公司
台中市駐區辦公室/台中市中區中山路6號
電　　話：(04)2223-0891　傳　　真：(04)2223-3549
高雄市駐區辦公室/高雄市新興區中山一路290號
電　　話：(07)2358-702　傳　　真：(07)2350-236
法律顧問　元貞聯合法律事務所　張澤平律師
出版日期　1999年10月初版一刷
　　　　　2001年 2 月二版一刷
　　　　　2004年 5 月三版一刷
　　　　　2012年 9 月三版四刷
定　　價　新臺幣500元